零起点学办公自动化
——Office 2013视频教程

徐　军　主编　　陈勇慧　任福华　副主编

清华大学出版社
北京

内容简介

本书以 Word 2013、Excel 2013、PowerPoint 2013 为主要内容，通过大量实例对知识点进行剖析，能够让读者快速掌握教材内容。本书附带的 DVD 光盘配有来自一线教师亲自录制的视频，讲解生动、内容简练，是读者自学的得力帮手。书中配有视频教学大纲、实例教学大纲、大量的上机实验题库，可为读者提供丰富的上机操作指导，并为每个上机实验提供了完整的视频操作讲解。

该教材新颖之处在于每章开始提供了本章说明、本章主要内容、本章拟解决的问题，明确教学目标、教学内容，通过教学安排让读者快速掌握章节内容，按章节内容提供的上机实验针对性强，能迅速提高读者的动手能力。

本书适用于初学者、大中专院校学生、办公室文员，也可作为教师教学参考书。读者通过配套光盘，利用视频讲解，也可以自学书中全部内容。本书是目前办公自动化书籍中视频讲解较为完整、上机实验较为丰富、上机实验视频完全同步的一本书籍。

图书在版编目(CIP)数据

零起点学办公自动化——Office 2013 视频教程/徐军主编. —北京：清华大学出版社，2014(2019.12 重印)

ISBN 978-7-302-37806-8

Ⅰ. ①零…　Ⅱ. ①徐…　Ⅲ. ①办公自动化—应用软件—教材　Ⅳ. ①TP317.1

中国版本图书馆 CIP 数据核字(2014)第 198052 号

责任编辑：闫红梅　王冰飞
封面设计：何凤霞
责任校对：梁　毅
责任印制：杨　艳

出版发行：清华大学出版社
网　　址：http://www.tup.com.cn，http://www.wqbook.com
地　　址：北京清华大学学研大厦 A 座　　**邮　　编**：100084
社 总 机：010-62770175　　**邮　　购**：010-62786544
投稿与读者服务：010-62776969，c-service@tup.tsinghua.edu.cn
质量反馈：010-62772015，zhiliang@tup.tsinghua.edu.cn
课件下载：http://www.tup.com.cn，010-62795954
印 装 者：北京九州迅驰传媒文化有限公司
经　　销：全国新华书店
开　　本：185mm×260mm　　**印　　张**：25　　**字　　数**：624 千字
附光盘 1 张
版　　次：2014 年 10 月第 1 版　　**印　　次**：2019 年 12 月第 6 次印刷
印　　数：4101～4300
定　　价：49.50 元

产品编号：059653-01

前言

FOREWORD

随着社会的不断进步，现代社会中的大多数单位都通过计算机来完成日常工作。在众多的办公软件中，Office 办公套件是计算机办公中最流行的软件，其中，Word、Excel、PowerPoint 的使用频率最高。

本书详细讲解 Word 2013、Excel 2013、PowerPoint 2013 中的各种常用操作，力求让每一位用到本教材的人都能熟练地掌握这三款软件的常用功能。

1. 本书特色

(1) 一线教学、由浅入深。
(2) 设计精心、步骤详细。
(3) 内容广泛、强调技巧。
(4) 接近工作、实用性强。
(5) 教学全程、视频讲解。
(6) 配套光盘、案例丰富。
(7) 一书在手、办公无忧。

2. 本书光盘

(1) 教学网站。
(2) 视频素材。
(3) 视频教学大纲。
(4) 视频教学实例。
(5) 教学视频讲解。
(6) 上机实验素材及答案。
(7) 上机实验视频讲解。
(8) PPT 电子课件。

3. 本书组成与作者

全书共分为 18 章，第 1 章是 Office 概述，第 2 章介绍 Word 基本组成，第 3 章讨论 Word 文档操作，第 4 章讲述 Word 文档编辑，第 5 章介绍 Word 文档格式化，第 6 章讲述 Word 表格处理，第 7 章讨论 Word 图文混排，第 8 章介绍 Excel 工作簿，第 9 章讲述 Excel 工作表与单元格格式，第 10 章介绍 Excel 表格操作，第 11 章讨论 Excel 公式应用，第 12 章讲述 Excel 数据处理，第 13 章介绍 Excel 常用函数，第 14 章讨论 PowerPoint 概述，第 15 章讲述 PowerPoint 文档编辑，第 16 章介绍 PowerPoint 中对象的插入，第 17 章讨论 PowerPoint 动画与播放，第 18 章讲述页面设置及打印。其中，任福华编写了第 1 章、

第 2 章、第 3 章；孙立编写了第 4 章；邢嘉林编写了第 5 章；金铃编写了第 6 章；逯彬编写了第 7 章；刘文文编写了第 8 章、第 9 章；徐军编写了第 10 章、第 11 章、第 12 章；菊娜编写了第 13 章、附录 A；陈勇慧编写了第 14 章、第 15 章；刘景艳编写了第 16 章、附录 B；康梅编写了第 17 章、第 18 章、附录 C；徐军、陈勇慧对全书进行了视频录制。本书由徐军任主编，对全书进行了统稿；由陈勇慧和任福华任副主编，对全书进行了核对与修改。

限于编者的学识、水平，疏漏、不当之处敬请读者不吝斧正。

本书技术支持邮箱：cjxy_xj@163.com。

本书技术支持电话：13947167640。

编　者

2014 年 7 月 1 日

目录

CONTENTS

第1章 Office概述

本章说明:

Microsoft Office是一套由微软公司开发的办公软件,它为Microsoft Windows和Apple Macintosh操作系统而开发。无论Office 2013还是Office 2010、Office 2007都是微软Office产品历史上以前版本中最具创新与革命性的版本,全新设计的用户界面、方便快捷的操作方式、更多的文件格式兼容,使Microsoft Office各组件功能高效地发挥出来。

本章主要内容:

- Microsoft Office的发展
- Microsoft Office软件安装、启动、卸载
- Windows系统下的常用操作
- 输入法的使用

本章拟解决的问题：

(1) 如何进行 Microsoft Office 软件的安装、卸载？
(2) 如何使用 Windows 系统下常用快捷键？
(3) 如何通过运行对话框启动 Word 软件、Excel 软件、PowerPoint 软件？
(4) 如何将 Windows 系统下文件扩展名显示出来？
(5) 如何将 Windows 系统下的文件全部显示出来？
(6) 如何防范 U 盘上的病毒？
(7) 如何查看 Windows 系统下文件的属性？
(8) 如何将 Windows 系统下的窗口或屏幕复制到 Word 文档中？
(9) 如何添加或删除输入法？
(10) 如何通过软件键盘添加常用符号？

Microsoft Office 是微软公司推出的强大办公组合，它包含了许多产品，并且根据不同的国家和地区有不同的语言版本。Office 2013 与 Office 2010、Office 2007 在用户界面上和功能上变化不大，因此在学习过程中无论是 Office 2007 用户还是 Office 2010 用户都可以使用本教材来进行学习。本教材的内容全面兼容 Office 2013 和 Office 2010、Office 2007 这 3 个版本，在讲解过程中以 Office 2013 为例来进行讲解。

1.1 Microsoft Office 的发展

1.1.1 Microsoft Office 历史版本

表 1-1 介绍了 Microsoft Office 办公软件版本的历史发展情况。Office 2013 是微软推出的新一代办公软件，共有 5 个版本，分别是 Office 家庭高级版、Office 小企业版、Office 家庭与学生版、Office 家庭与企业版、Office 专业版。Office 2013 可支持 32 位和 64 位 Windows 7 及 Windows 8，其开发代号为 Office 15。

表 1-1 Microsoft Office 历史版本

序号	版本	发布时间
1	Office 3.0	1993 年
2	Office 4.0	1994 年
3	Office 4.2	1994 年
4	Office 4.3	1994 年
5	Office 95	1995 年
6	Office 97	1997 年
7	Office 2000	1999 年
8	Office 2003	2003 年
9	Office 2007	2007 年
10	Office 2010	2009 年
11	Office For Mac 2011	2010 年
12	Office 2013	2012 年

1.1.2 Microsoft Office 功能组件

Office 2013、Office 2010 或 Office 2007 主要包括如表 1-2 所示的功能组件。

表 1-2 Microsoft Office 功能组件

序　　号	功 能 组 件	简　　介
1	Microsoft Word	文稿编辑处理软件
2	Microsoft Excel	数据统计分析电子表格软件
3	Microsoft PowerPoint	幻灯片制作及演示软件
4	Microsoft Access	创建数据库及程序应用管理软件
5	Microsoft Outlook	发送和接收电子邮件及管理软件
6	Microsoft Publisher	创建和发布各种格式的出版物
7	Microsoft OneNote	电子记事本应用及管理软件
8	Microsoft InfoPath	电子表单应用及管理软件
9	Microsoft SharePoint	网站同步管理软件
10	Microsoft Lync Server	企业整合沟通平台
11	Microsoft SkyDrive Pro	支存储服务
12	Microsoft Exchange Server	E-mail 服务器管理软件
13	Microsoft Project	项目管理软件
14	Microsoft Visio	运行流程图和矢量绘图的软件

1.2 Microsoft Office 软件的安装、启动、卸载

下面以 Office 2013 软件为例来讲解 Microsoft Office 软件的安装。

1.2.1 Microsoft Office 软件的安装

(1) 运行安装光盘或安装程序文件夹下的 Setup. Exe 文件，启动安装程序。

(2) 选择所需的安装类型，单击【立即安装】按钮，则为典型安装。如果需要有选择的安装，则单击【自定义】按钮，如图 1-1 所示。

(3) 当选择【自定义】后在每个组件上单击，将会打开一个弹出菜单，在弹出菜单中选择安装方式，如图 1-2 所示。

- 从本机运行：这是典型安装，安装默认的组件，安装完成后，可以从硬盘上启动 Office 2013，不需要光盘启动，但有些功能没有安装到计算机上，当使用时需要原安装光盘再进行安装。
- 从本机运行全部程序：是将 Office 2013 的所有组件全部安装在硬盘上，以后在使用时不需要安装。
- 首次使用时安装：只有在第一次使用时会提示安装，不使用时就不安装。
- 不可用：也就是不安装到硬盘。如果安装到计算机上，选择【不可用】就是卸载该组件。

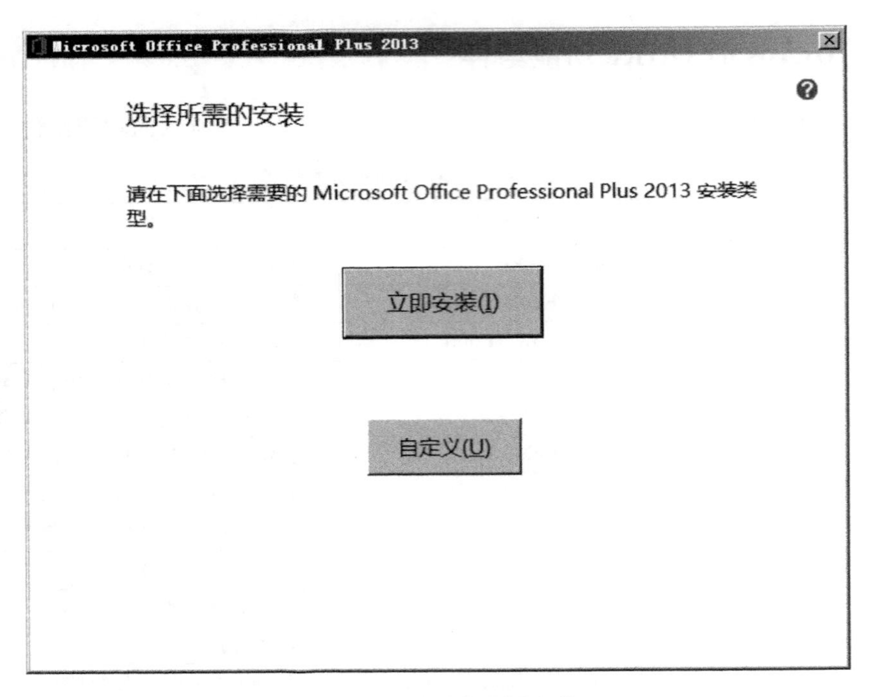

图 1-1　用户选择所需安装

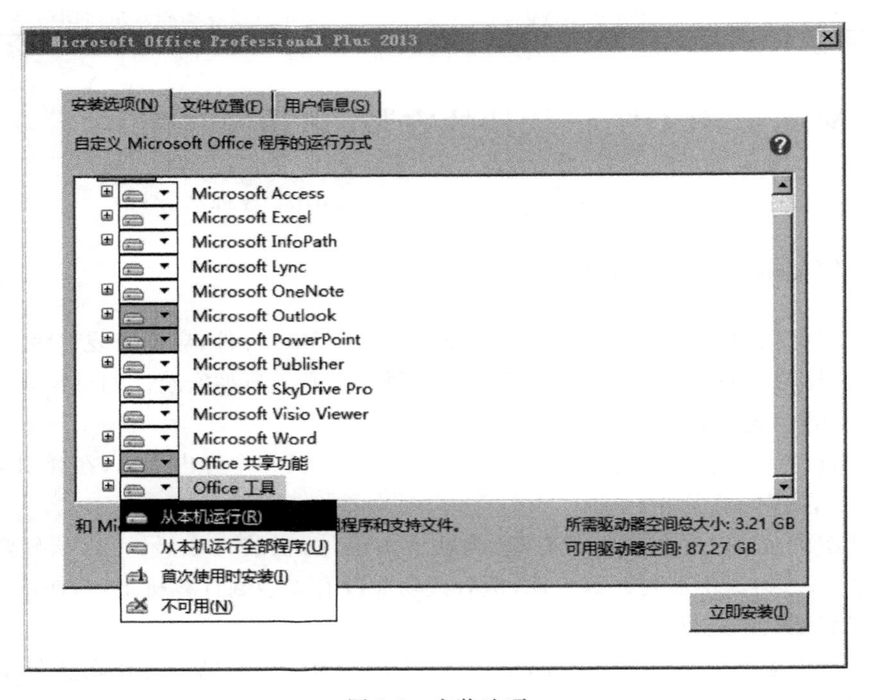

图 1-2　安装选项

（4）确定软件安装位置，如图 1-3 所示。

（5）输入用户信息，需要输入用户全名、缩写、公司/组织信息，如图 1-4 所示。

Microsoft Office Professional Plus 2013
安装选项(N)
文件位置(F)
用户信息(S)
选择文件位置
将在您的计算机上安装 Microsoft Office Professional Plus 2013。如果要在其他位置安装此产品，请单击"浏览"，然后选择位置。
C:\Program Files\Microsoft Office
浏览(B)...
本地安装源所需空间: 764 MB
程序文件所需空间: 2.36 GB
所需驱动器空间总大小: 3.21 GB
可用驱动器空间: 87.27 GB
立即安装(I)

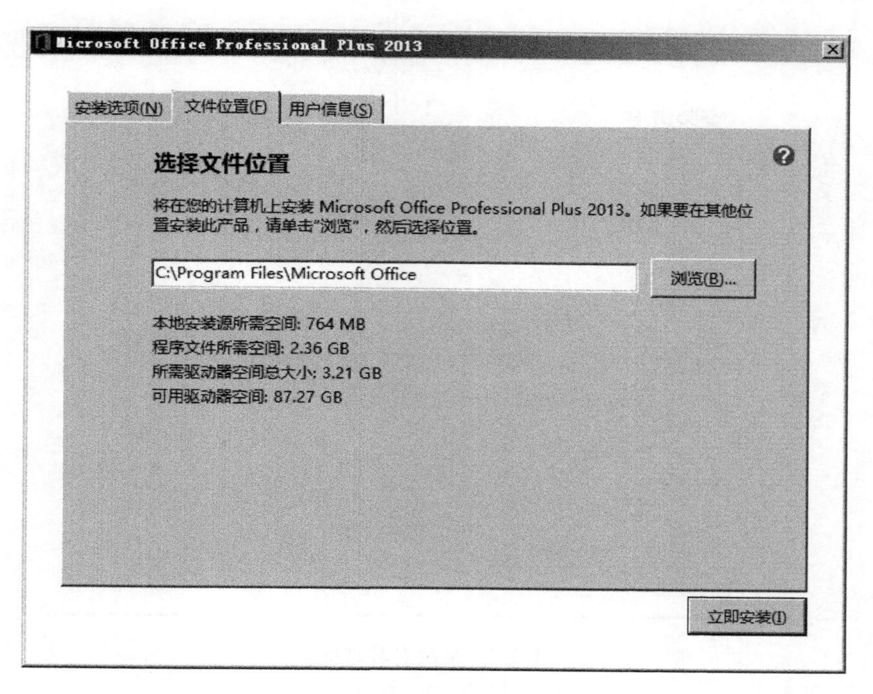

图 1-3　软件安装位置

Microsoft Office Professional Plus 2013
安装选项(N)
文件位置(F)
用户信息(S)
键入您的信息
键入您的全名、缩写和组织。
Microsoft Office 程序使用此信息识别在 Office 共享文档中进行更改的人员。
全名(E):
缩写(I):
公司/组织(O):
立即安装(I)

图 1-4　用户信息

(6) 安装开始，如图 1-5 所示。

(7) 安装完毕，单击【关闭】按钮即可完成 Microsoft Office 2013 的安装，如图 1-6 所示。

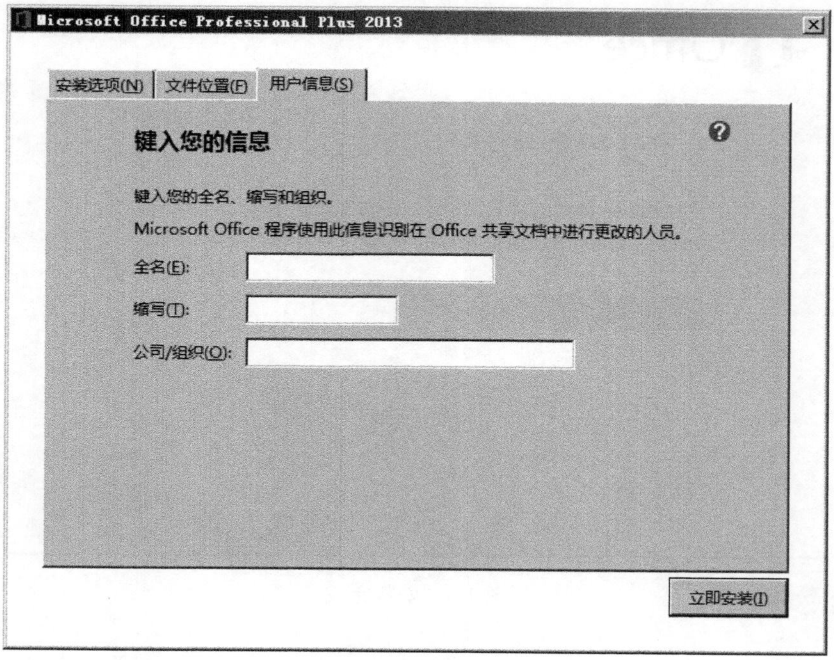

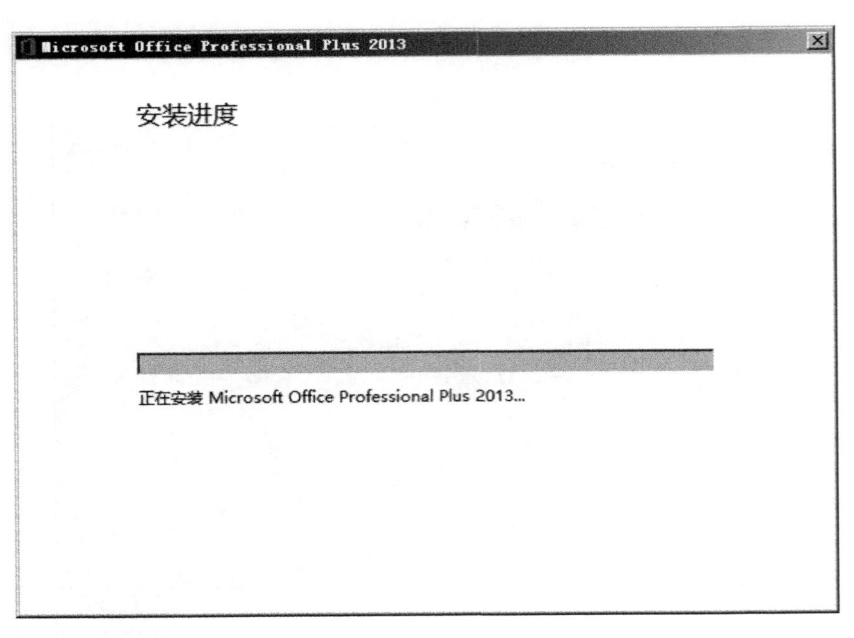

图 1-5　显示安装进度

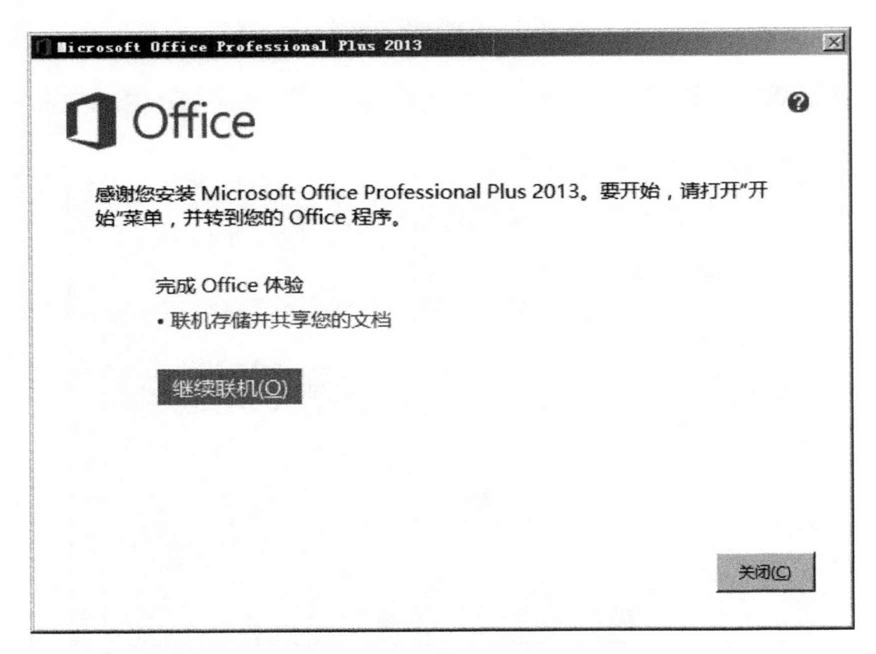

图 1-6　安装完成

1.2.2　Microsoft Office 软件的启动

在 Microsoft Office 软件安装完成以后，可以通过下列几种方式完成对 Microsoft Word、Microsoft Excel、Microsoft PowerPoint 的启动。

(1) 选择【开始】→【所有程序】→Microsoft Office 2013→Word 2013/Excel 2013/PowerPoint 2013，参见图1-7。

(2) 通过Windows运行窗口输入相应的程序可以启动Word、Excel、PowerPoint。

- 启动Word，程序为Winword.exe。
- 启动Excel，程序为Excel.exe。
- 启动PowerPoint，程序为PowerPnt.exe。

例如，利用运行窗口启动Word软件，如图1-8所示。

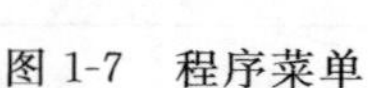
图1-7 程序菜单

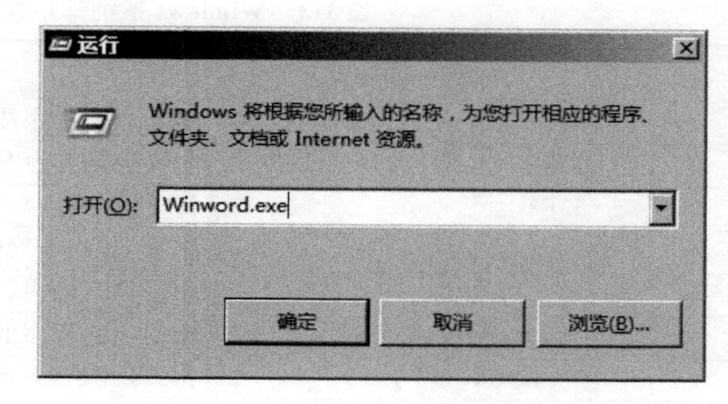

图1-8 启动Word

(3) 通过文档文件启动。

双击Word文档、Excel工作簿、PowerPoint演示文稿文件，即可启动相应的软件。

1.2.3 Microsoft Office软件的卸载

选择【开始】→【控制面板】→【程序】→【卸载程序】→Microsoft Office Professional Plus 2013→【卸载】，如图1-9所示。

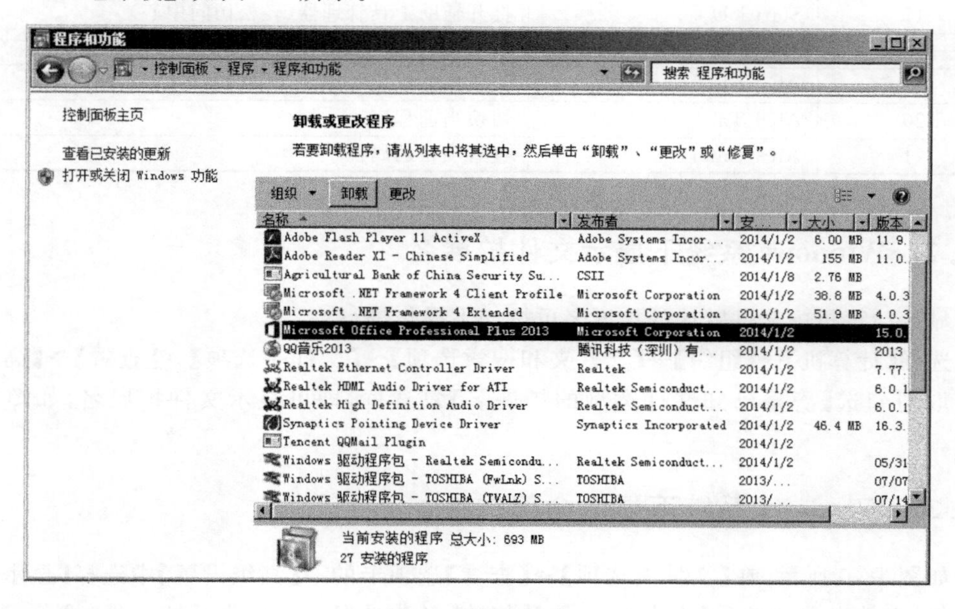

图1-9 软件卸载

1.3 Windows 系统下的常用操作

1.3.1 Windows 系统下的常用快捷键

在使用 Word、Excel、PowerPoint 时为了提高效率，非常有必要掌握 Windows 系统下的快捷键，参见表 1-3。

表 1-3 Windows 系统常用快捷键

序号	快捷键	功能
1	F1	显示当前程序或者 Windows 的帮助内容
2	F2	对文件的重命名
3	F3	打开“搜索结果”对话框
4	F4	选择“转到不同的文件夹”框并沿框中的项向下移动
5	F5	刷新窗口的内容
6	F10(Alt)	激活当前程序的菜单栏
7	Start(Ctrl+Esc)	打开【开始】菜单
8	Ctrl+Alt+Delete	打开“Windows 任务管理器”
9	Delete	删除被选择的选择项目(放入回收站)
10	Shift+Delete	删除被选择的选择项目(直接删除)
11	Start+D	显示桌面
12	Start+E	打开“我的电脑”
13	Start+F	打开“搜索结果”对话框
14	Start+L	返回用户登录界面
15	Start+M	最小化所有被打开的窗口
16	Start+R	打开“运行”对话框
17	Start+U	打开辅助工具管理器(轻松访问中心)
18	Start+Shift+M	重新恢复上一项操作前窗口的大小和位置
19	Alt+F4	关闭当前应用程序
20	Alt+Tab(Alt+Esc)	切换当前程序
21	Alt+Enter	查看项目的属性

1.3.2 Windows 系统下显示文件扩展名

显示计算机中文件默认的扩展名可按如下操作进行：

选择【计算机】→【组织】→【文件夹和搜索选项】→【文件夹选项】→【查看】→【高级设置】，取消勾选【隐藏已知文件类型的扩展名】复选框，即可显示文件扩展名，如图 1-10 所示。

1.3.3 Windows 系统下显示全部文件

如图 1-10 所示，在【文件夹选项】→【查看】选项卡的→【高级设置】中选择【显示隐藏的文件、文件夹和驱动器】单选按钮，取消勾选【隐藏受保护的操作系统文件(推荐)】复选框，即可显示出计算机系统下的全部文件。

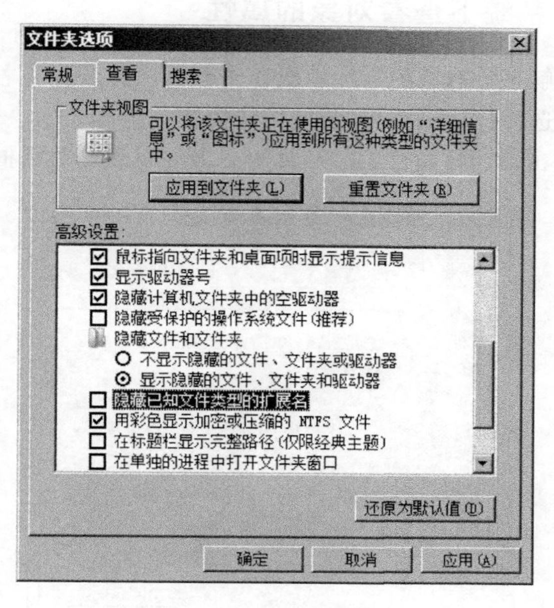

图 1-10 文件夹选项

1.3.4 Windows 系统下 U 盘病毒防范

在计算机中如果双击 U 盘，容易让 U 盘的病毒或木马程序发作，使计算机感染病毒。为了避免计算机感染病毒，可进行如下操作：双击【计算机】图标，在地址栏中输入 U 盘的盘符回车即可，或者如图 1-11 所示，单击 U 盘所在盘符，就可以避免病毒传播。

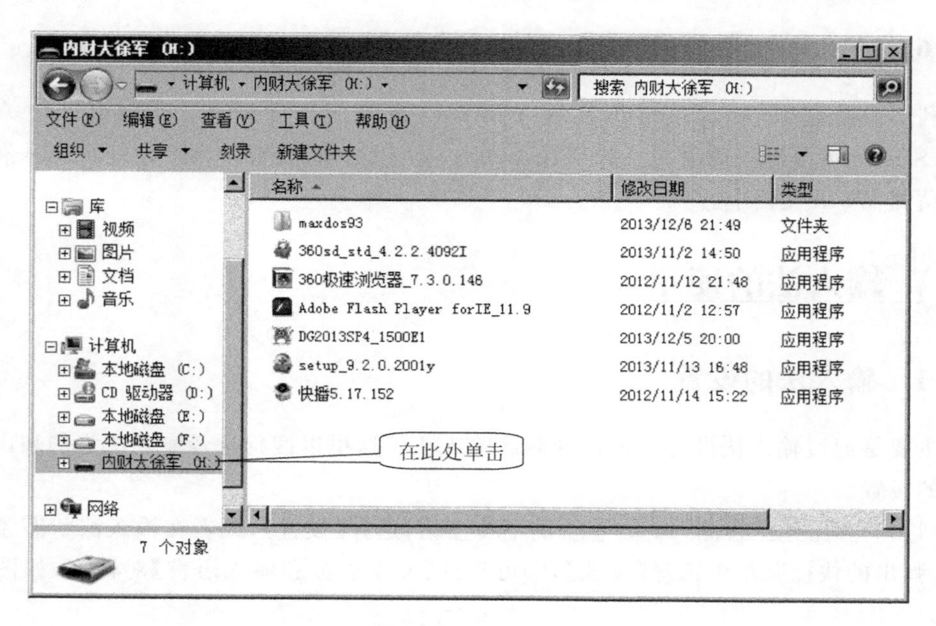

图 1-11 进入 U 盘

1.3.5 Windows 系统下查看对象的属性

通过属性可以了解某一对象的具体情况。查看某一对象的属性可在该对象上右击，从弹出的快捷菜单中选择【属性】菜单，或使用快捷键 Alt+Enter。例如，查看 C 盘属性，可以在 C 盘盘符上右击，选择【属性】菜单，即可打开磁盘属性对话框，如图 1-12 所示。

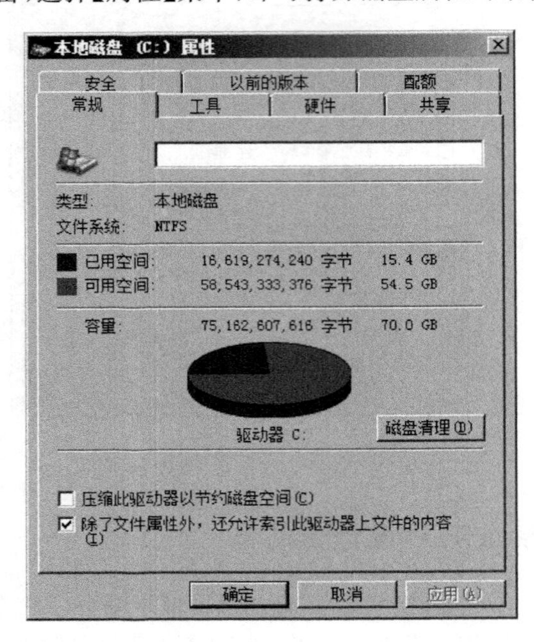

图 1-12　磁盘属性对话框

1.3.6 Windows 系统下屏幕或窗口的复制

利用快捷键 Print Screen 可复制 Windows 系统下当前屏幕；利用组合键 Alt + Print Screen 可复制当前窗口。如果在 Word 中使用粘贴，就可以将刚才复制的屏幕或窗口粘贴到 Word 文档中。

1.4 输入法的使用

1.4.1 输入法的设置

主要是通过输入法设置来增加或删除输入法。这里以搜狗拼音输入法为例来讲解输入法的设置。

(1) 单击任务栏右侧 CH S 的下拉按钮，选择【设置】，或者在输入法状态条上右击，从弹出的快捷菜单中选择【设置】，即可打开【文本服务和输入语言】对话框，如图 1-13 所示。

(2) 单击【添加】按钮，显示【添加输入语言】对话框，选择要添加的语言为"中文(简体，中国)”，将键盘设置选择为“中文(简体)—搜狗拼音输入法”，如图 1-14 所示。

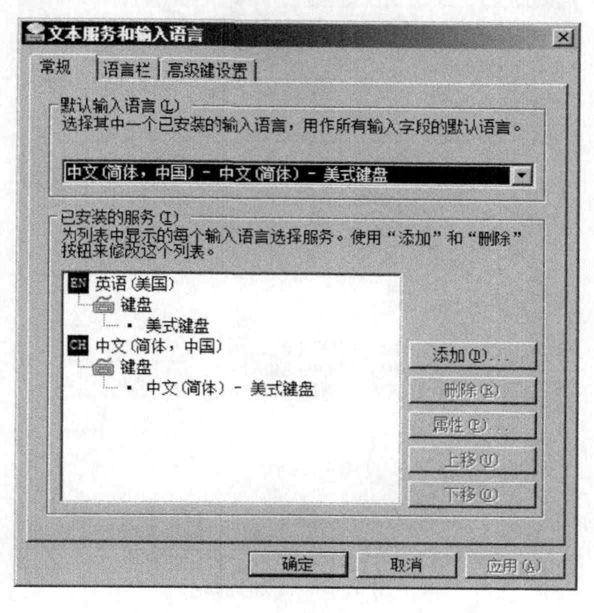

图 1-13 【文本服务和输入语言】对话框

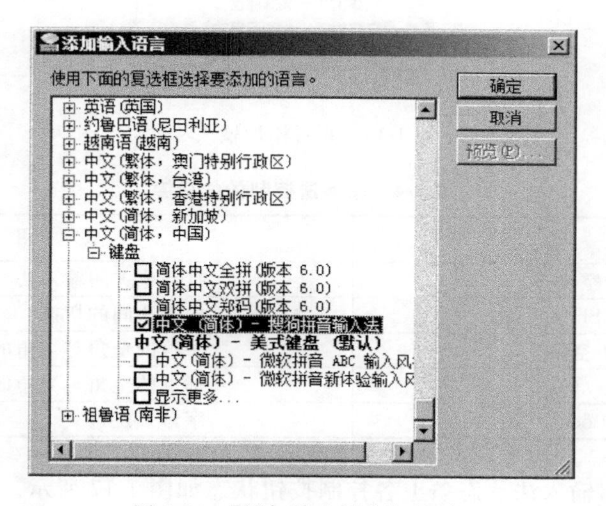

图 1-14 【添加输入语言】对话框

(3) 单击【确定】按钮，即可将“搜狗拼音输入法”添加到【文字服务和输入语言】对话框中，再次单击【确定】按钮，即可将输入法添加到语言栏中，如图 1-15 所示。

(4) 单击任务栏右下方的语言栏或按下 Ctrl+Shift 键，即可查看所添加的输入法，如图 1-16 所示。

1.4.2 输入法控制的快捷键

输入法控制的快捷键如表 1-4 所示。

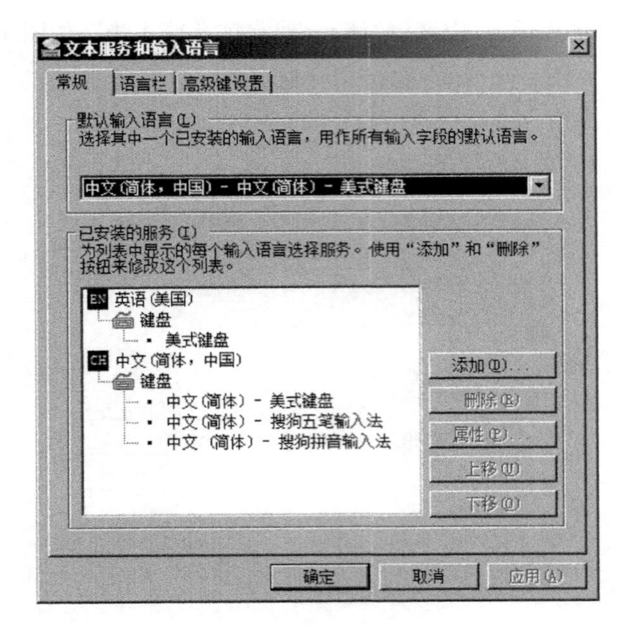

图 1-15　添加完成

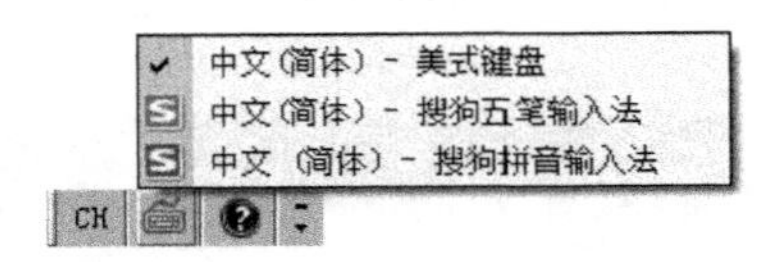

图 1-16　查看添加输入法

表 1-4　输入法控制的快捷键

按　　键	作　　用
Ctrl+空格	打开或关闭输入法
Ctrl+Shift	输入法间的切换
Shift+空格	字符的全角与半角的切换
Ctrl+ .(点)	标点的全角与半角的切换
Caps Lock	字母锁定键

打开输入法后，输入法状态条上各控制按钮状态如图 1-17 所示。

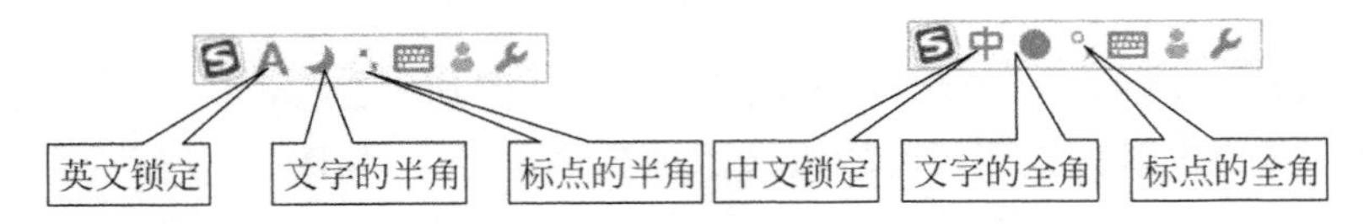

图 1-17　输入法状态条

1.4.3　软键盘的使用

标准的键盘只提供英文字母、数字、各种符号的输入。除了这些基本输入外，需要输入一些特殊字符或符号时，可以借助于输入法软键盘来实现。通过搜狗软键盘实现特殊输入。如图 1-18 所示。

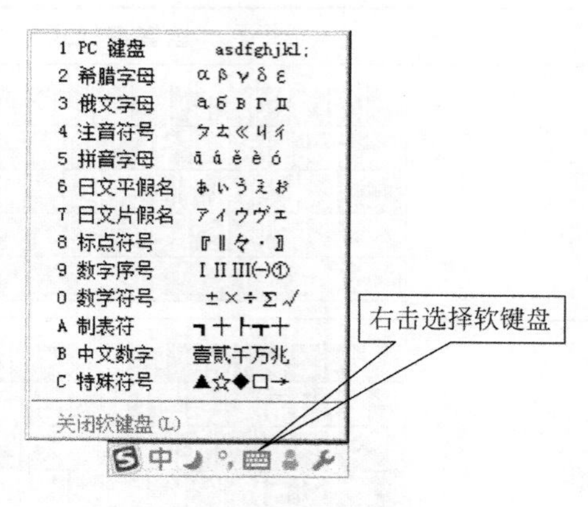

图 1-18　软键盘

在快捷菜单中可以看到 PC 键盘、希腊字母、俄文字母等，还有数字序号、数学符号、制表符等一些特殊符号。当选择了一种以后，软键盘会自动变成相应的符号，表 1-5 显示了常用的软键盘上的符号。

表 1-5　软键盘上的符号

软键盘名称	软键盘样式
PC 键盘	
希腊字母	
标点符号	
数字序号	

续表

软键盘名称	软键盘样式
数学符号	
中文数字	
特殊符号	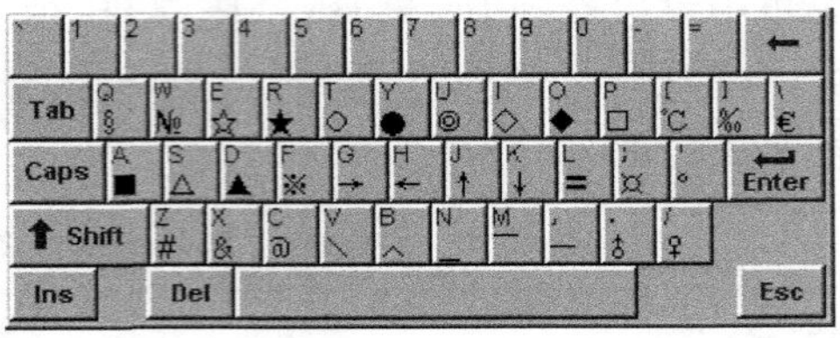

第2章　Word基本组成

本章说明：

Word是Office的一个重要组件，适于制作各种信函、传真、公文、报纸、书刊、简历等，也可以制作表格。掌握本章知识是学习Word的开始，也能为后面熟练操作Word软件打下扎实的基础。

本章主要内容：

- Word窗口组成
- Word视图的使用
- Word帮助的使用

本章拟解决的问题：

(1) 如何在快速访问工具栏中添加新工具？
(2) 如何通过大纲视图输入具有层次结构的文档？
(3) 如何将大纲视图输入的文档转换成 PPT 文档？
(4) 如何实现文档中文字内容的前后照应？
(5) 如何显示 Word 的帮助目录？
(6) 如何将 Word 帮助目录中的文字粘贴到 Word 文档中？
(7) 如何查阅 Word 文档的现有格式？

2.1 Word 窗口组成

Word 启动成功后，窗口由文件菜单、快速访问工具栏、文档名称、标题栏、控制按钮、制表位及缩进、水平标尺、功能区、滚动条及按钮、编辑区、垂直标尺、状态栏、视图切换按钮、缩进比例按钮等组成，如图 2-1 所示。

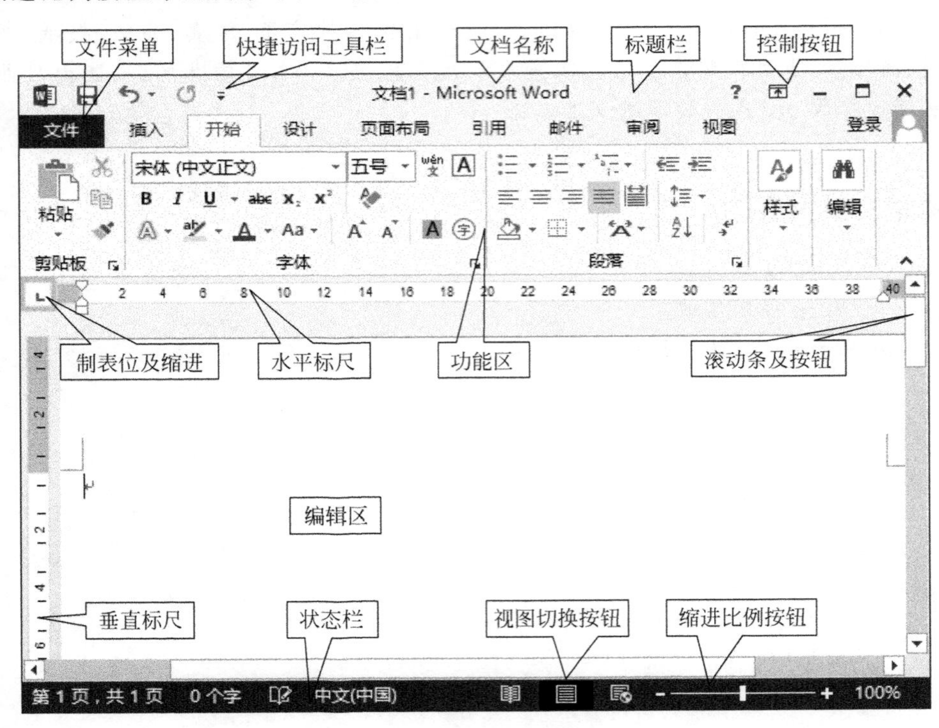

图 2-1　Word 窗口组成

下面详细介绍 Word 窗口的主要组成部分。

1. 文件菜单

单击【文件】菜单，如图 2-2 所示，可以进行文档的信息、新建、打开、保存、另存为、打印、共享、导出、关闭、账户、选项等操作。

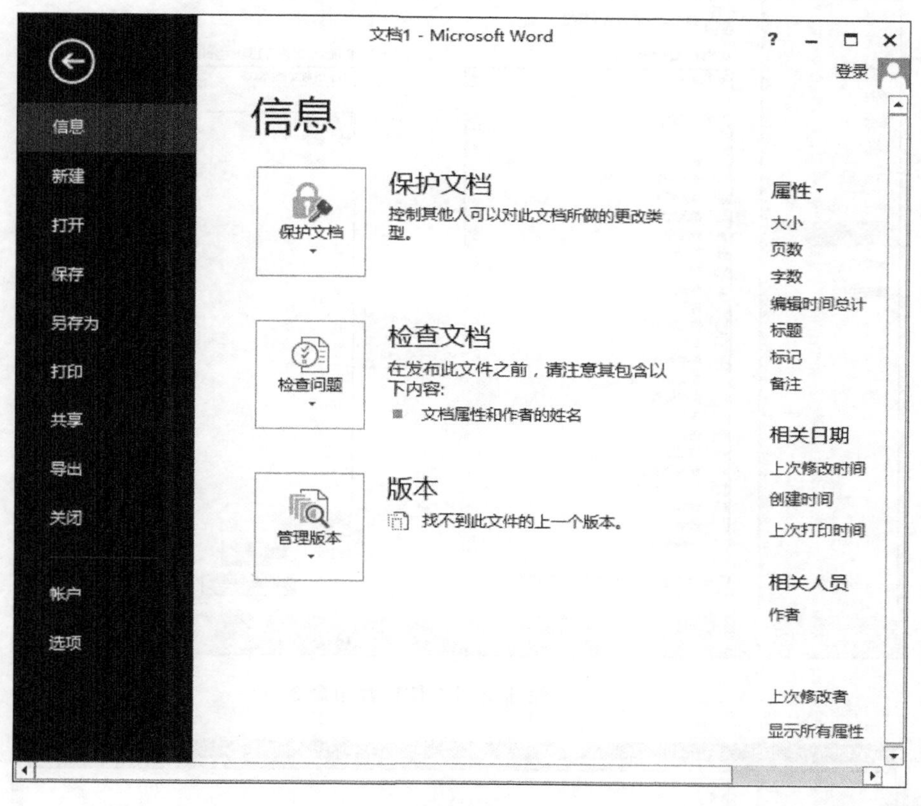

图 2-2 【文件】菜单

2. 快速访问工具栏

快速访问工具栏是把用户频繁使用的工具添加进来，使操作更加方便快捷。在默认状态下，快速访问工具栏包含 3 个工具：保存、撤销、重复。

例如将“打印预览”添加到快速访问工具栏中为例进行讲解，具体操作步骤如下。

(1) 选择【文件】→【选项】，在弹出的【Word 选项】对话框左侧列表框中选择【快速访问工具栏】选项，如图 2-3 所示。

(2) 在该对话框的【从下列位置选择命令】下拉列表框中选择【所有命令】，如图 2-4 所示。

(3) 在左侧的【所有命令】的列表框中选择【打印预览和打印】，单击【添加】按钮或双击【打印预览和打印】，就可将其添加到右侧的【自定义快速访问工具栏】列表框中，如图 2-5 所示。

(4) 添加完成后，单击【确定】按钮，即可将常用的命令添加到快速访问工具栏中，如图 2-6 所示。

3. 标题栏

标题栏主要有以下几个作用：

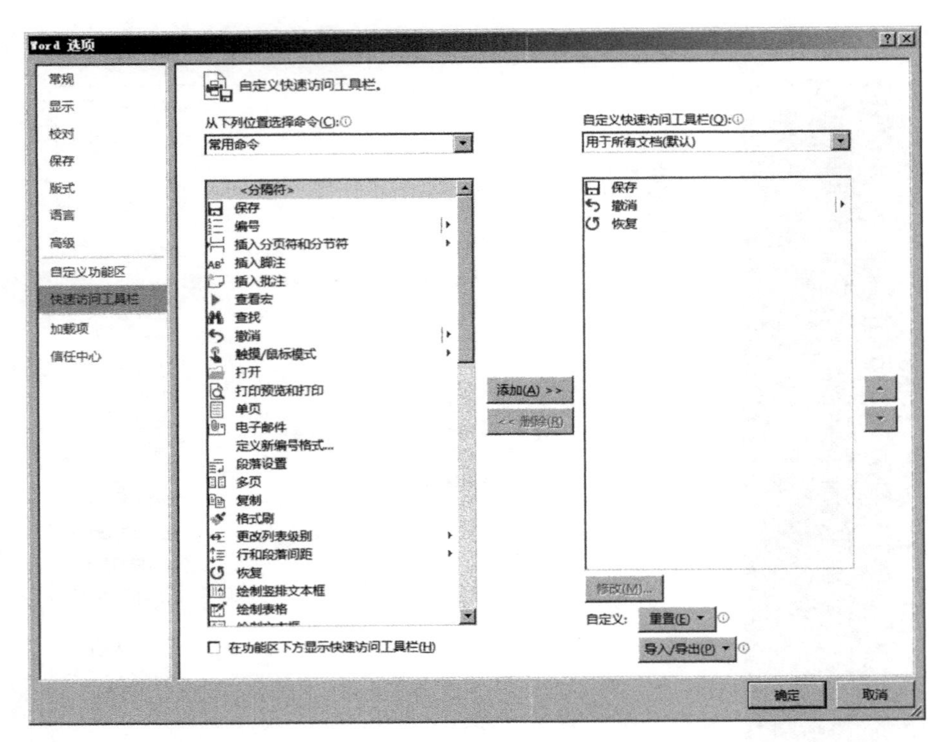

图 2-3　快速访问工具栏常用命令

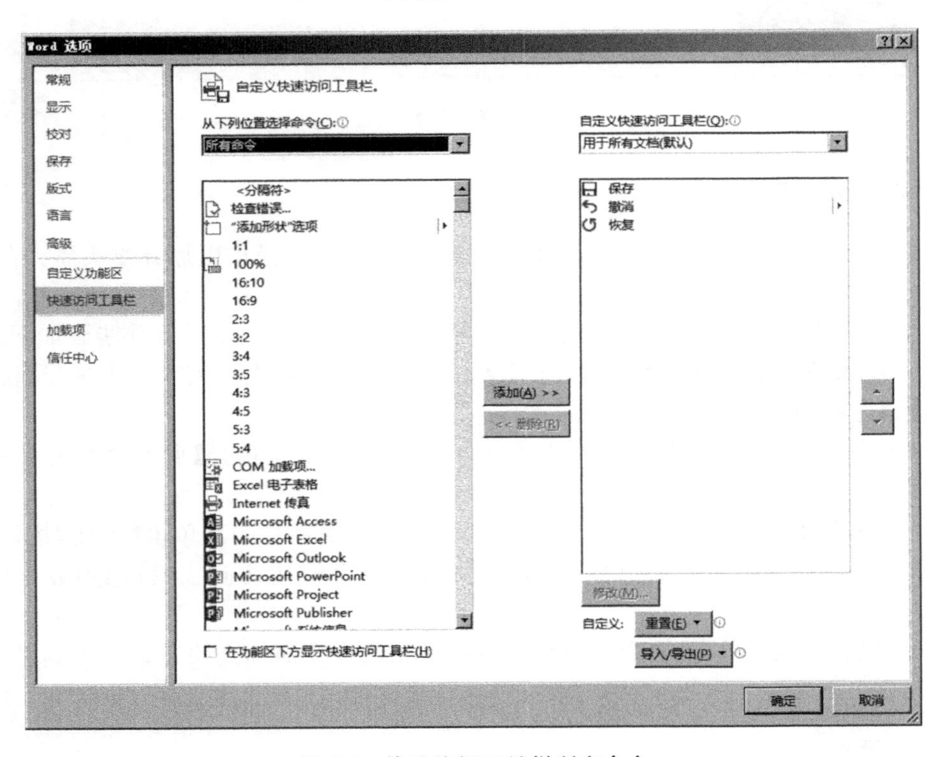

图 2-4　快速访问工具栏所有命令

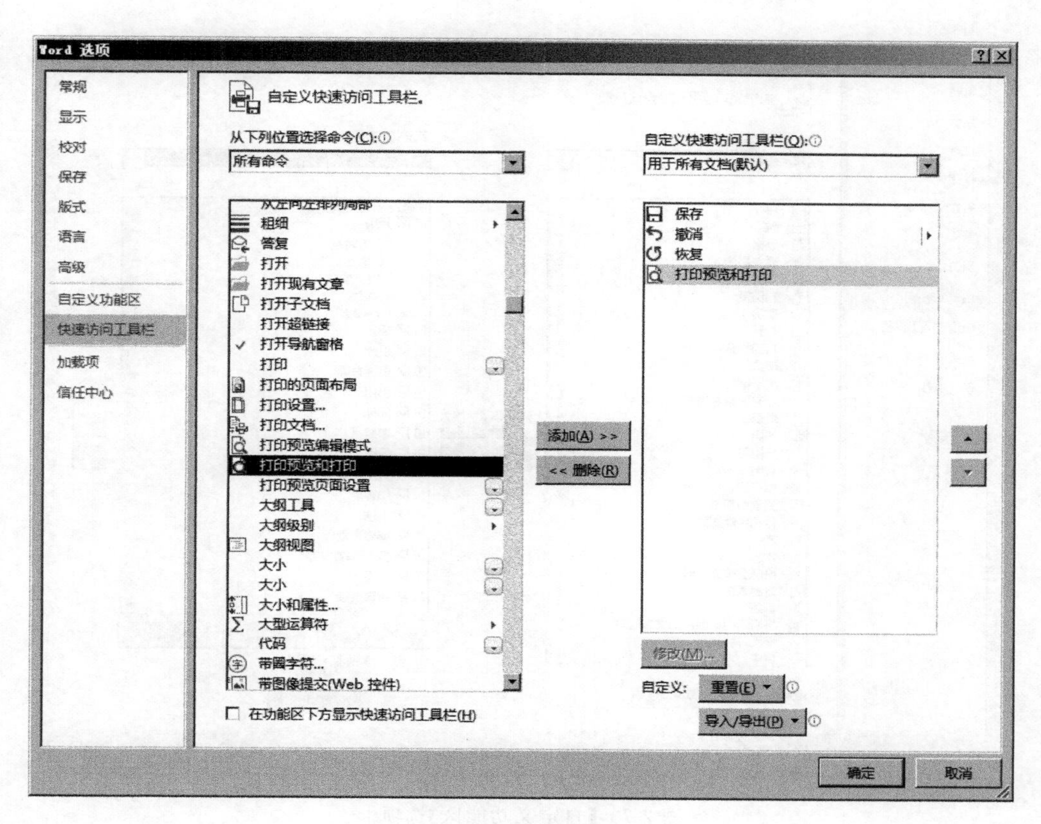

图 2-5　添加打印预览和打印

图 2-6　添加打印预览和打印

(1) 显示窗口的标题及文件的名称。

(2) 判断是否为当前窗口。

(3) 可以通过鼠标移动窗口。

(4) 双击可以最大化或还原窗口。

4. 控制按钮

控制按钮包括帮助、功能区显示选项、最小化、最大化或向下还原、关闭按钮。

5. 功能区

在 Office Word 中，功能区是菜单和工具栏的主要替代控件，功能区主要包括开始、插入、设计、页面布局、引用、邮件、审阅、视图 8 个基本选项卡，用户也可以自定义功能区进行自定义功能选项卡设置，如图 2-7 所示。

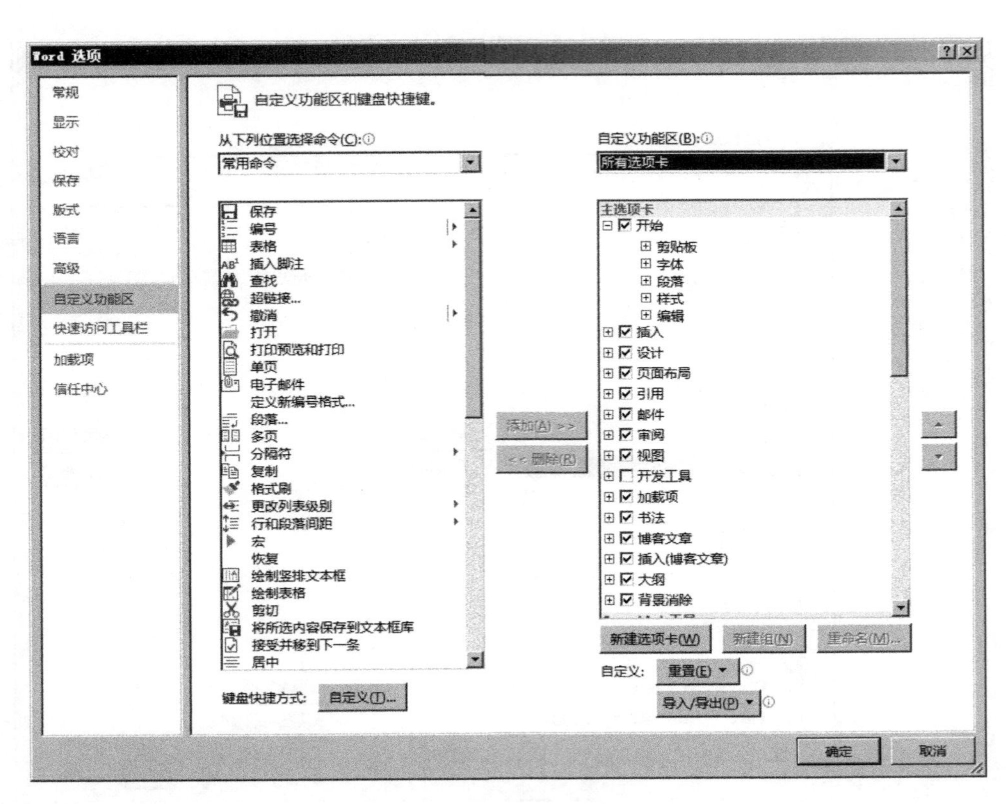

图 2-7 【自定义功能区】选项卡

6. 标尺

标尺有水平标尺和垂直标尺。利用视图选项卡就可以打开或隐藏标尺，如图 2-8 所示。标尺主要有以下几个作用：

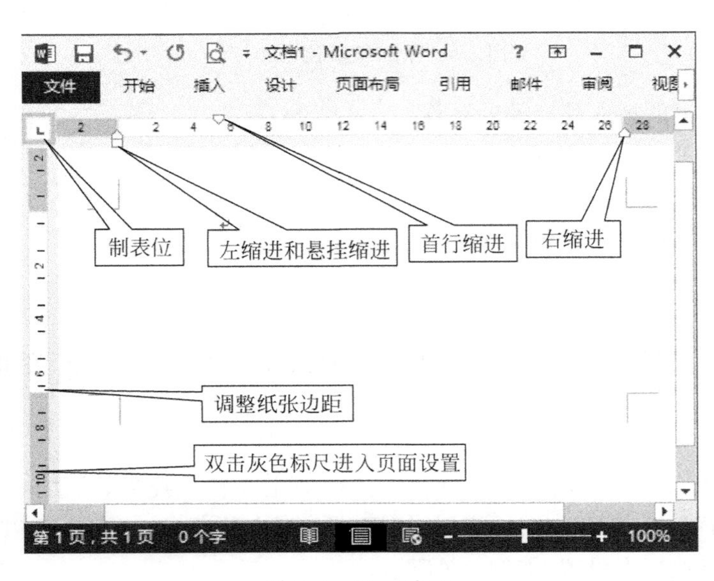

图 2-8 Word 标尺

（1）在灰色标尺上双击就可以进入页面设置。

（2）在标尺的灰白交界位置让鼠标指针变成平行指针或垂直指针后拖动就可以调整纸张的左右边距和上下边距。

（3）可以设置制表位。

（4）可以调整段落缩进。

7. 编辑区

编辑区就是文档的4个直角之间中间的区域，4个直角区域以外就是页边距，左边距也称选定区，主要是进行文本选取，如图2-9所示。

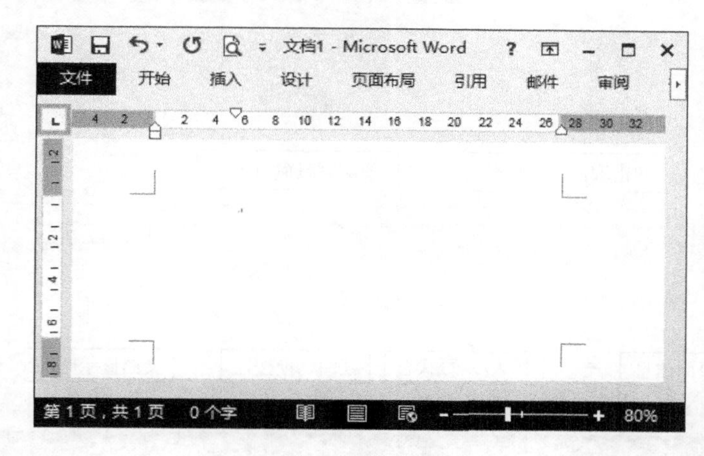

图2-9　编辑区

8. 滚动条及按钮

滚动条及按钮的作用如图2-10所示。

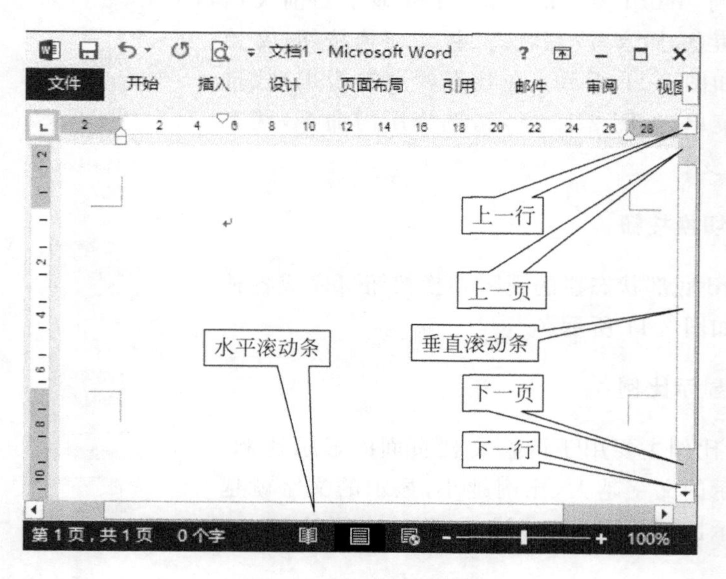

图2-10　滚动条及按钮

9. 窗口拆分

可以选择【视图】→【窗口】→【拆分】,完成窗口拆分。

拆分后【拆分】按钮就变成【取消拆分】按钮。

拆分后可以通过上下拖动拆分条调整拆分窗口的大小。

双击拆分条可以取消窗口拆分,如图 2-11 所示。通过拆分窗口来实现文档内容的前后照应。

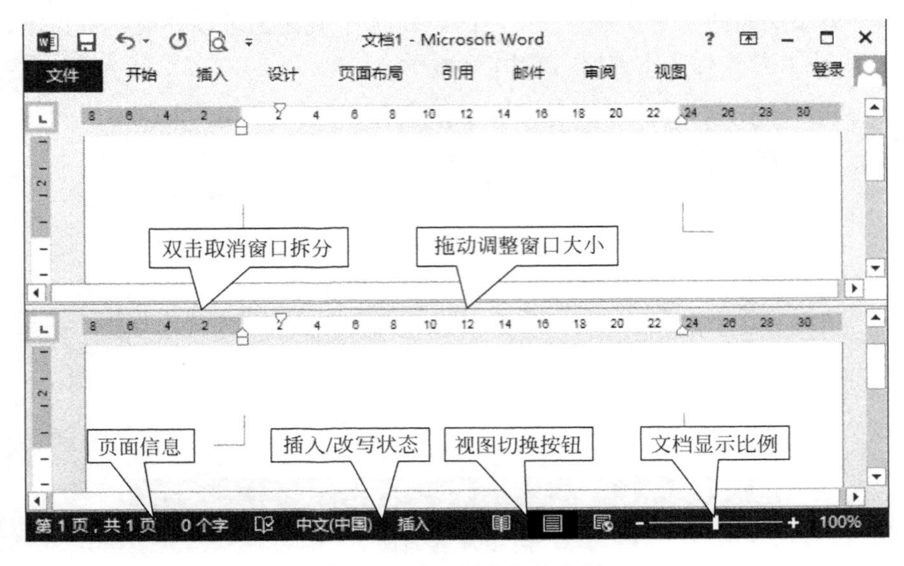

图 2-11　窗口拆分与状态栏

10. 状态栏

状态栏位于 Word 窗口的底部,主要显示当前文档信息,如页面信息、插入/改写状态、视图切换按钮、文档显示比例等,如图 2-11 所示。在状态栏上右击出现【自定义状态栏】菜单,如图 2-12 所示,选择所需命令,状态栏就会相应改变。

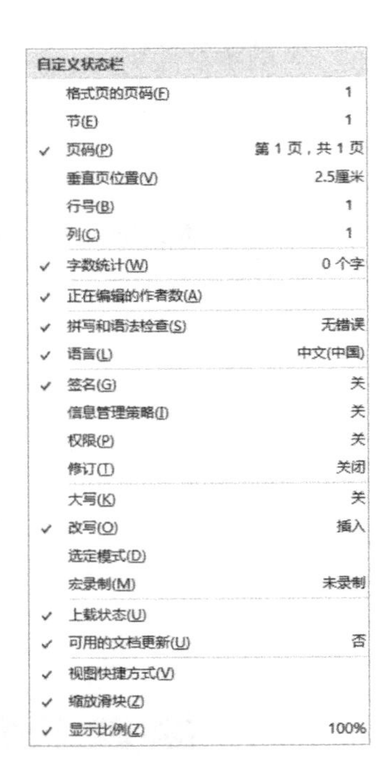

图 2-12　【自定义状态栏】菜单

11. 视图切换按钮

通过 Word 底部状态栏的视图切换按钮可完成各种视图的切换,如图 2-11 所示。

12. 文档显示比例

文档显示比例主要用于调整文档页面的显示比例,比例越大,显示的文字越大,比例越小,显示的文字就越小,文档的显示比例默认为 100%,如图 2-11 所示。

2.2 Word 视图的使用

在 Word 2013 中有 5 种视图显示方式，视图的切换可以通过【视图】选项卡中的视图组实现，或者常用视图的切换还可以通过状态栏中 3 个视图切换按钮实现，5 种视图包括阅读视图、页面视图、Web 版式视图、大纲视图和草稿视图，如图 2-13 所示。

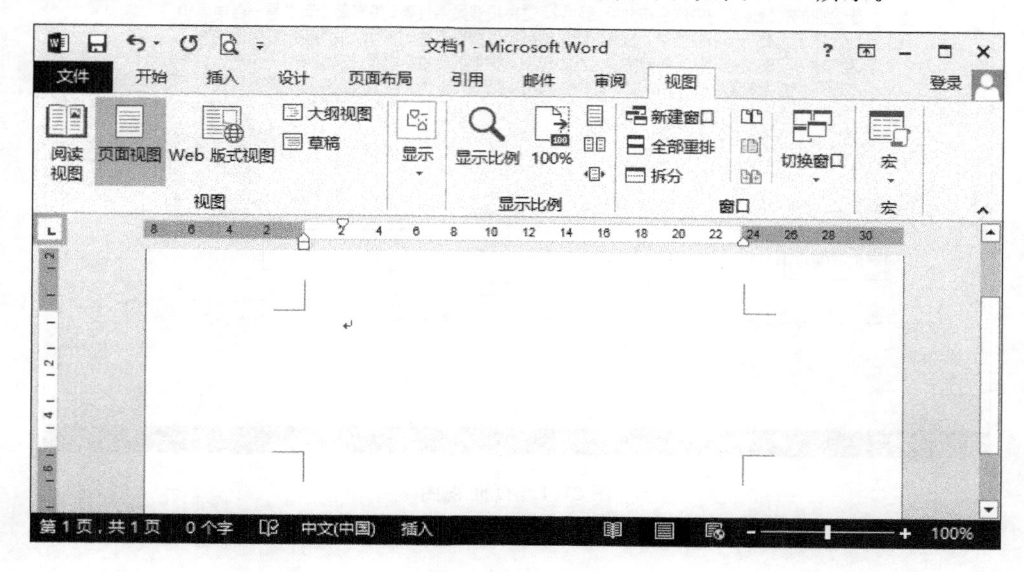

图 2-13　Word 视图

2.2.1 页面视图

页面视图是真正的所见即所得的视图，在这种视图下文档中见到的结果和打印的结果是一样的。这种视图也是最常用的一种视图方式，其布局可以直接显示页面的实际尺寸，在页面中同时会出现水平标尺和垂直标尺。在页面视图方式中，上页与下页之间有特别明显的分界并且直接显示页边距，如图 2-14 所示。

如果想要节省页面视图中的屏幕空间，可以隐藏页面之间上下页分界线，将鼠标指针移到页面的分界线上双击即可隐藏页面之间的分界线，如图 2-15 所示。

2.2.2 阅读视图

阅读视图提供了更方便的文档阅读方式。在阅读版式视图中可以完整地显示每一张页面。阅读版式视图隐藏了不必要的工具栏，使屏幕阅读更加方便。与其他视图相比，阅读版式视图字号变大，行长度变小，页面适合屏幕，使视图看上去更加明了，字迹更加清晰，如图 2-16 所示。

2.2.3 Web 版式视图

Web 版式主要用于创建 Web 页，使用 Web 版式视图相当于在 IE 浏览器中浏览文

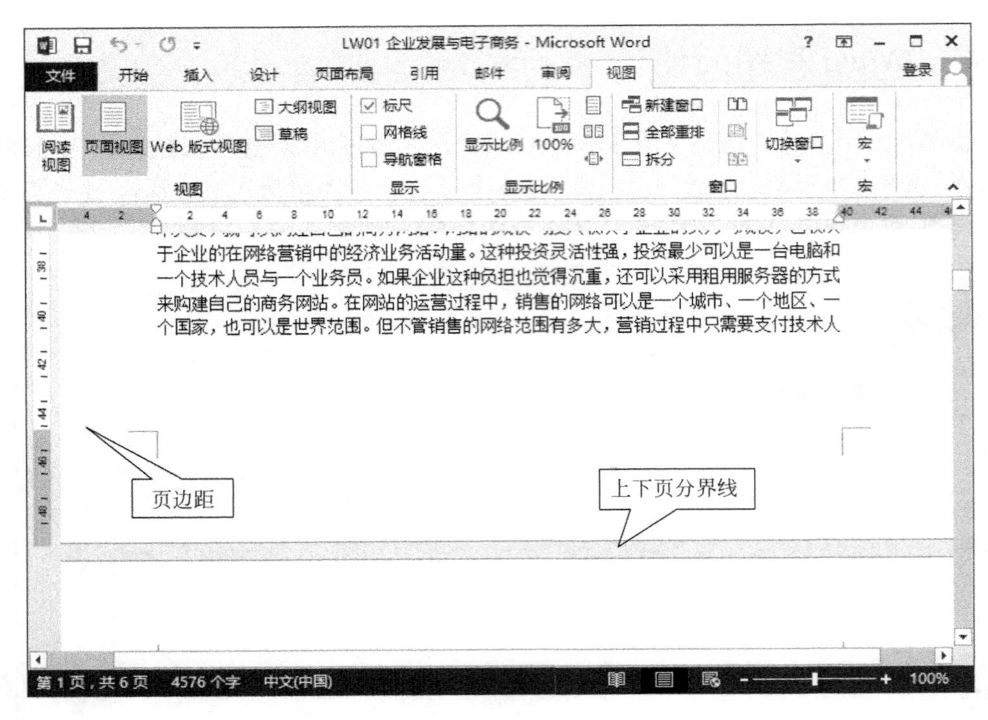

图 2-14　页面视图

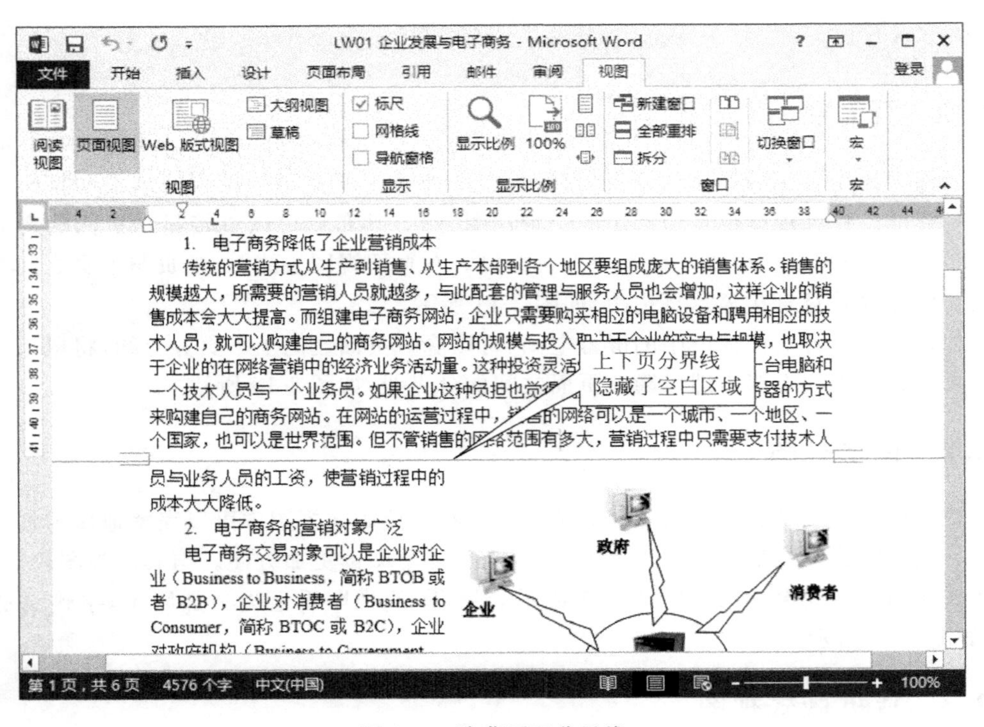

图 2-15　隐藏页面分界线

档。在 Word 文档中如果设置背景就会自动转到 Web 版式视图下，通过 Web 版式视图编辑完成的文件可保存为 HTML 文件，也就是网页文件，用户双击该文件不会用 Word 打开文档，而是通过浏览器打开，如图 2-17 所示。

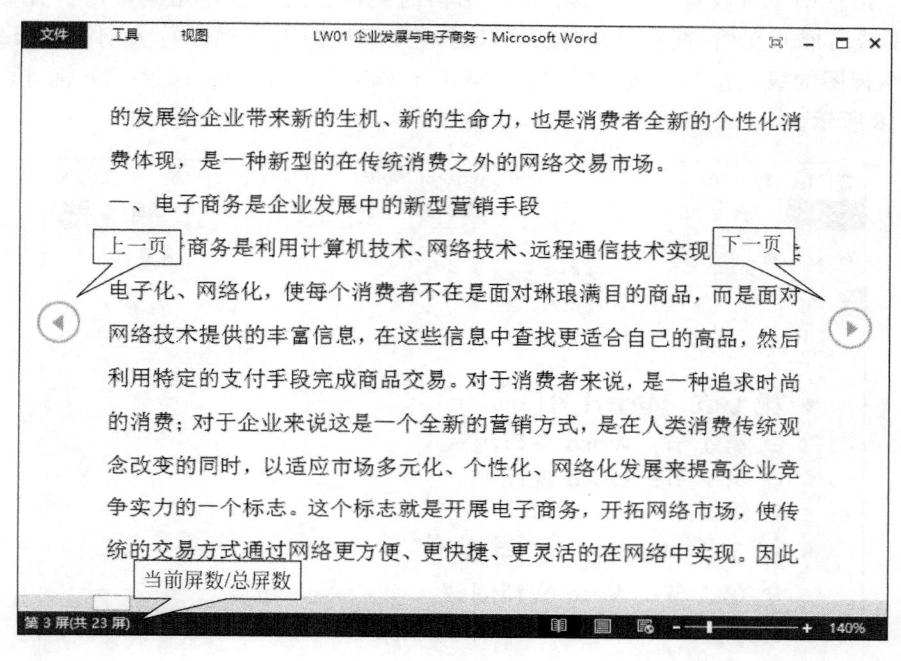

图 2-16　阅读视图

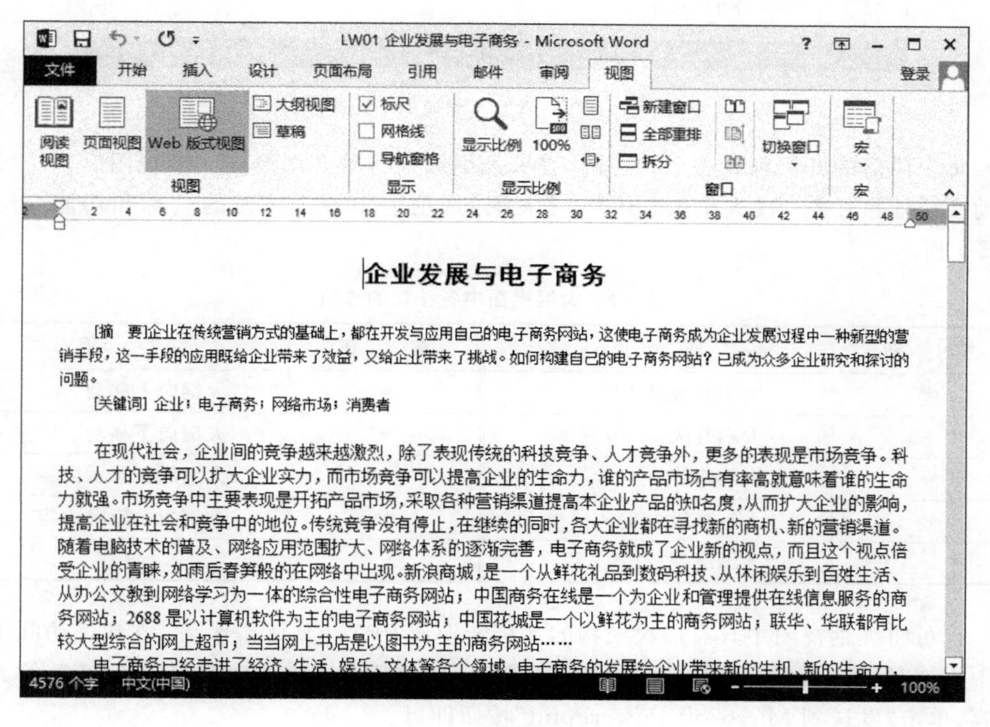

图 2-17　Web 版式视图

2.2.4 大纲视图

在大纲视图下可以建立一种具有层次结构的文档。用户在使用时可以折叠文档，只看标题；或者展开文档，查看内容；也可以通过大纲视图工具栏进行大纲视图级别的升降。大纲视图的级别包括 9 级，可以通过 Shift＋Tab 键进行升级，通过 Tab 键进行降级，如图 2-18 所示。

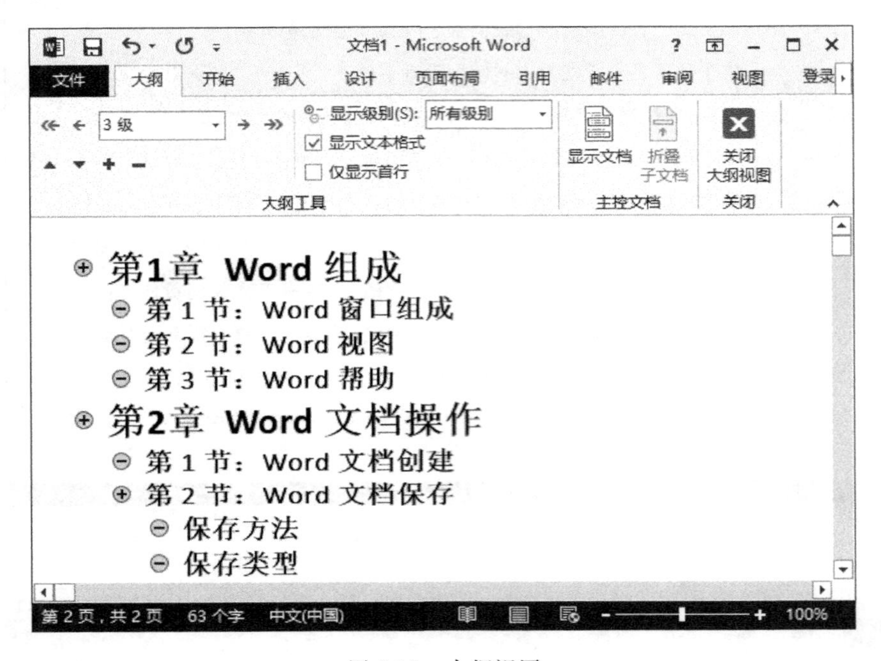

图 2-18 大纲视图

每个段落的开头都有一个实心圆，表示大纲级别符号。切换到大纲视图后，Word 将自动在功能区中显示【大纲】选项卡。【大纲】选项卡中各个按钮的名称和功能介绍如表 2-1 所示。

表 2-1 大纲视图中各按钮的作用

按 钮	作 用	按 钮	作 用
«	大纲升级第 1 级	▲	大纲向上移动
←	大纲升级	▼	大纲向下移动
→	大纲降级	＋	大纲展开显示内容
»	大纲降级为正文	－	大纲折叠隐藏内容
1 级	大纲级别，总共 9 级		

也可将大纲视图中具有层次结构的文档转换成 PPT。具体操作是：在快速访问工具栏中添加“发送到 Microsoft PowerPoint”按钮，在 Word 中选中要制作为 PPT 的文档内容，单击“发送到 Microsoft PowerPoint”按钮即可。

2.2.5 草稿视图

草稿视图取消了页面边距、分栏、页眉页脚和图片等，仅显示标题和正文，是最节省计算机系统硬件资源的视图方式，如图 2-19 所示。

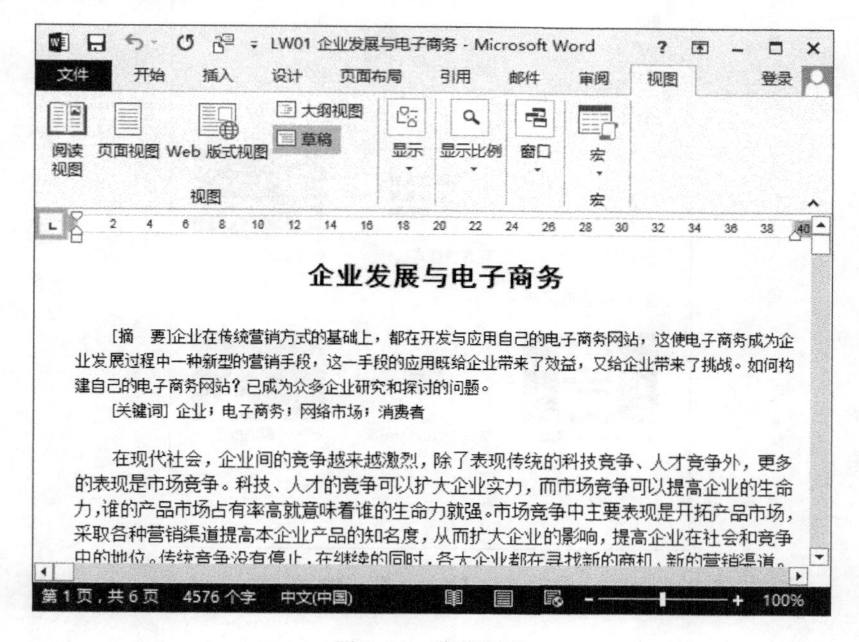

图 2-19　草稿视图

用户根据自己使用的实际情况来选择 Word 中 5 种视图中的一种来编辑自己的文档，这样可以大大地提高 Word 编辑的效率。

2.3 Word 帮助的使用

Word 帮助主要用于解决用户在编辑排版过程中遇到的问题。

2.3.1 帮助打开

(1) 通过快捷键 F1。

(2) 单击标题栏右侧的“?”按钮，将弹出如图 2-20 所示的窗口。

2.3.2 帮助使用

Word 帮助主要是通过下面两种方式来使用的。

(1) 通过帮助目录来选择所需要的帮助，单击【Word 帮助】窗口中的“显示目录”可打开目录。

(2) 通过输入关键字搜索帮助。

例如查找“邮件合并”帮助，输入关键字后进行搜索，结果如图 2-21 所示。

图 2-20 【Word 帮助】窗口

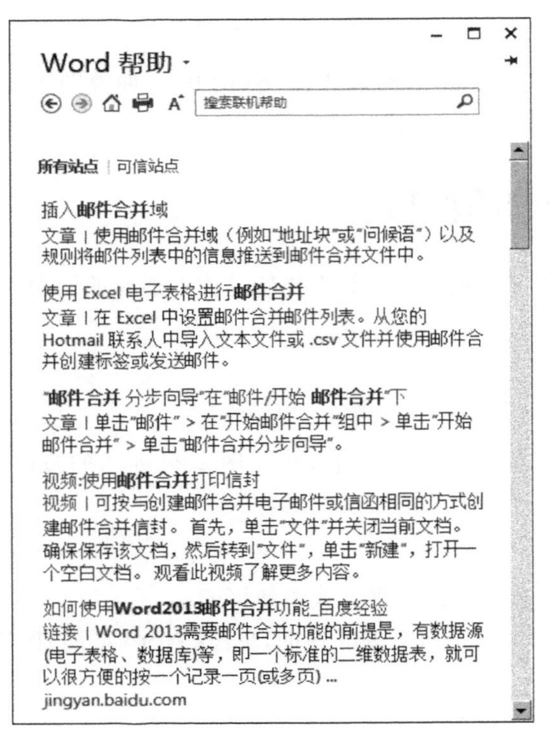

图 2-21 Word 帮助搜索邮件合并

2.3.3 显示格式

对于已经排版好的文档想查阅某些文字所用的格式，可以先将光标停在这些文字的位置上，然后按快捷键 Shift+F1 即可显示格式信息，如图 2-22 所示。

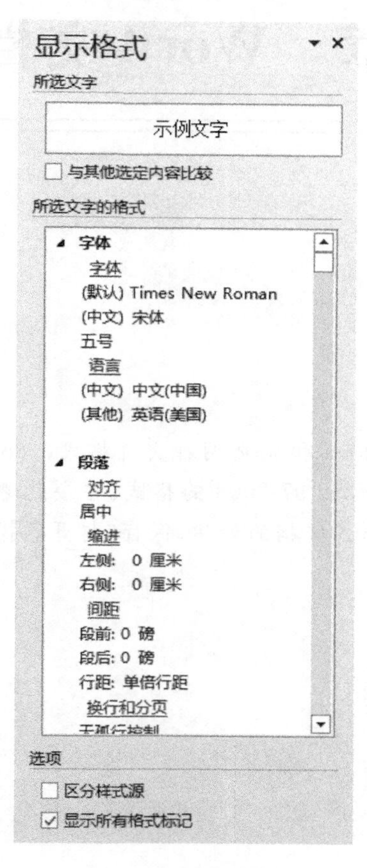

图 2-22 Word 显示格式

第3章　Word文档操作

本章说明：

Word 文档主要有.docx 和.doc 两种文件格式，.docx 是 Word 2013 的默认格式，.doc 是保存时为 Word 97-2003 的格式，主要为兼容 Word 以前版本。通过本章学习主要掌握 Word 文档的创建、保存、打开等操作。

本章主要内容：

- Word 文档的创建
- Word 特殊文档的使用
- Word 文档的引用与审阅
- Word 文档的保存
- Word 文档的打开
- Word 文档的关闭

本章拟解决的问题：

(1) 如何创建文档？
(2) 如何创建稿纸文档？
(3) 如何制作中文信封？
(4) 如何进行邮件合并？
(5) 如何制作图书目录？
(6) 如何在文档中使用脚注与尾注？
(7) 如何使用批注功能？
(8) 如何使用修订功能？
(9) 如何保存文档？
(10) 如何保存成 Web 页文档？
(11) 如何给 Word 文档加密码？
(12) 如何解决在断电的情况下让文档输入的内容丢失最少？
(13) 如何打开、关闭 Word 文档？
(14) 如何在打开 Word 文档后不会破坏原有内容？

3.1 Word 文档的创建

启动 Word 2013 时，系统将自动创建一个名为“文档 1”的空白文档，用户可以直接进行文字的输入和编辑等操作。在此基础上用户想创建新的文档，可以通过下面的几种方法实现。

(1) 选择【开始】→【所有程序】→Microsoft Office 2013→Word 2013→【空白文档】，即可创建新的 Word 文档。

(2) 通过 Word 中的【文件】→【新建】→【空白文档】，也可创建新的 Word 文档，如图 3-1 所示。

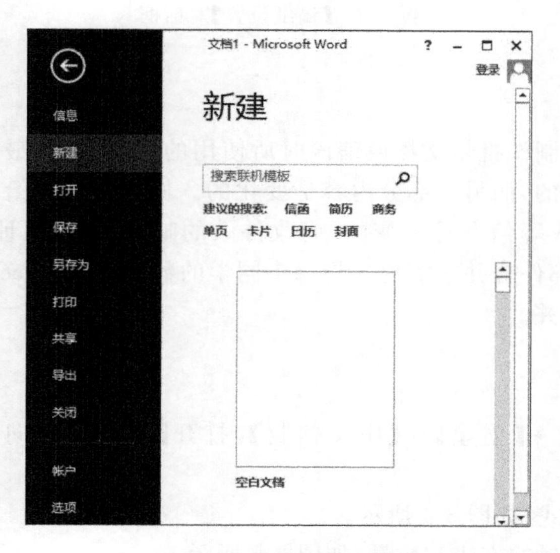

图 3-1 创建空白文档

（3）通过快捷键 Ctrl+N 创建空白文档。

3.2 Word 特殊文档的使用

利用 Word 可以创建特殊的文档，例如稿纸、邮件、目录等，也可以给现有文档添加脚注与尾注、设置批注、使用修订等，下面将依次介绍。

3.2.1 稿纸设置

选择【页面布局】→【稿纸】→【稿纸设置】，弹出【稿纸设置】对话框，在"网格"中选择稿纸格式、稿纸的行数和列数、稿纸的网格颜色，在"页面"中选择稿纸的大小及纸张方向，在"页眉/页脚"中选择页眉、页脚、对齐方式等，如图 3-2 所示。

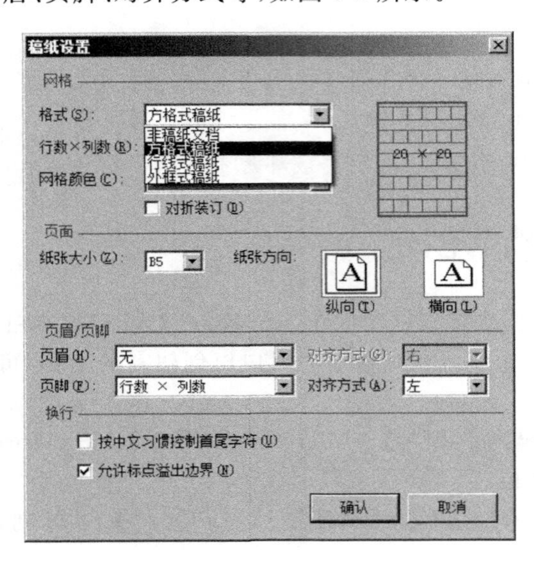

图 3-2 【稿纸设置】对话框

3.2.2 邮件合并

邮件合并主要是制作批量文档或信函时所使用的一种功能，最大特点是文档或信函的一部分内容是相同的，而另一部分内容是变化的。例如班主任给全班同学发一个成绩单，制作信封的寄件人等信息是不变的，而收件人的邮政编码、地址、姓名等信息是变化的，这时就可以使用邮件合并来实现。将每个同学的数据存在 Excel 工作簿中，通过下面的实例来讲解邮件合并。

1. 制作中文信封

（1）选择【邮件】→【创建】→【中文信封】，打开【信封制作向导】对话框，如图 3-3 所示。

（2）选择信封样式，如图 3-4 所示。

（3）选择生成信封的方式和数量，如图 3-5 所示。

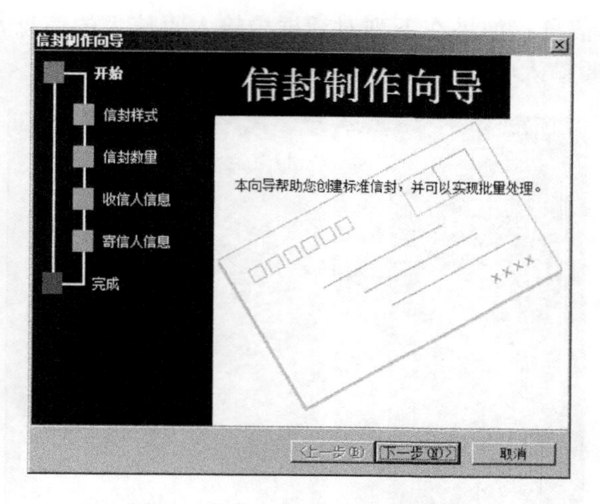

图 3-3 【信封制作向导】对话框

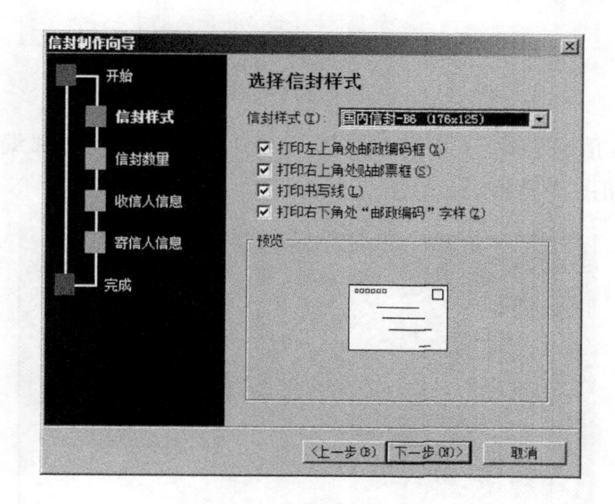

图 3-4 选择信封样式

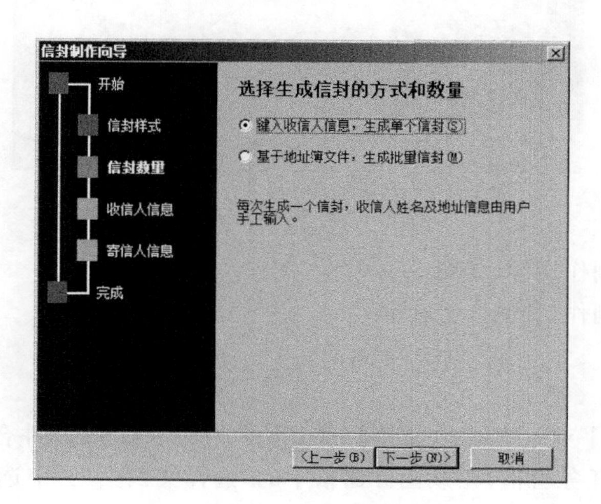

图 3-5 选择生成信封的方式和数量

(4) 输入收信人信息。如果在下列对话框中输入收信人的信息,可制作一张信封,如要批量制作,则不需要输入收信人的信息,如图 3-6 所示。

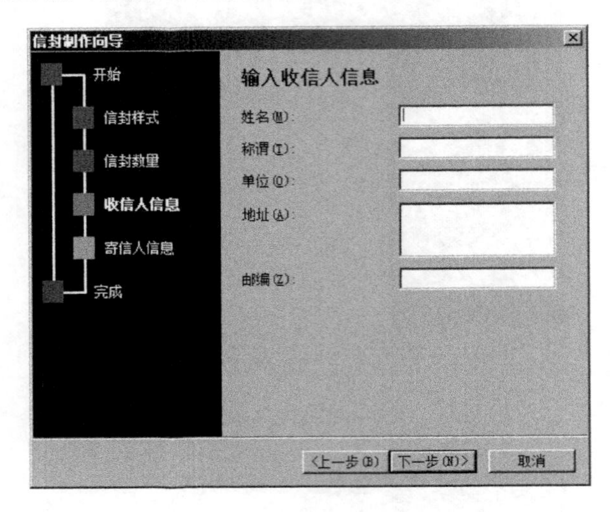

图 3-6 输入收信人信息

(5) 输入寄信人信息。因为寄信人是同一个人,单位、地址、邮编每个信封上是不变的,可以直接输入,如图 3-7 所示。

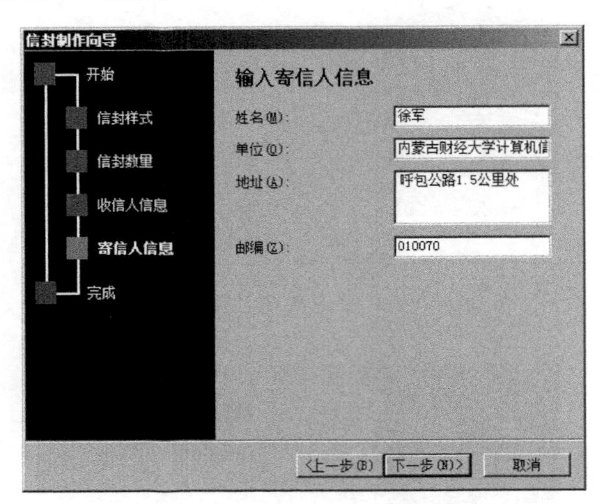

图 3-7 输入寄信人信息

(6) 完成信封制作向导,如图 3-8 所示。

(7) 完成信封制作,如图 3-9 所示。

2. 邮件合并

(1) 选择【邮件】→【开始邮件合并】→【开始邮件合并】→【邮件合并分步向导】,打开右侧的"邮件合并"任务窗格,在该任务窗格中的"选择文档类型"中选择"信函"单选按钮,如图 3-10 所示。

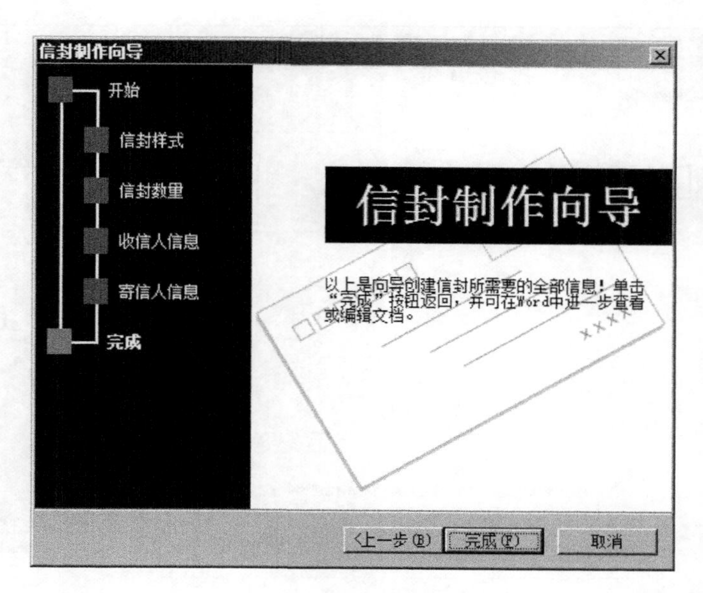

图 3-8　完成信封制作

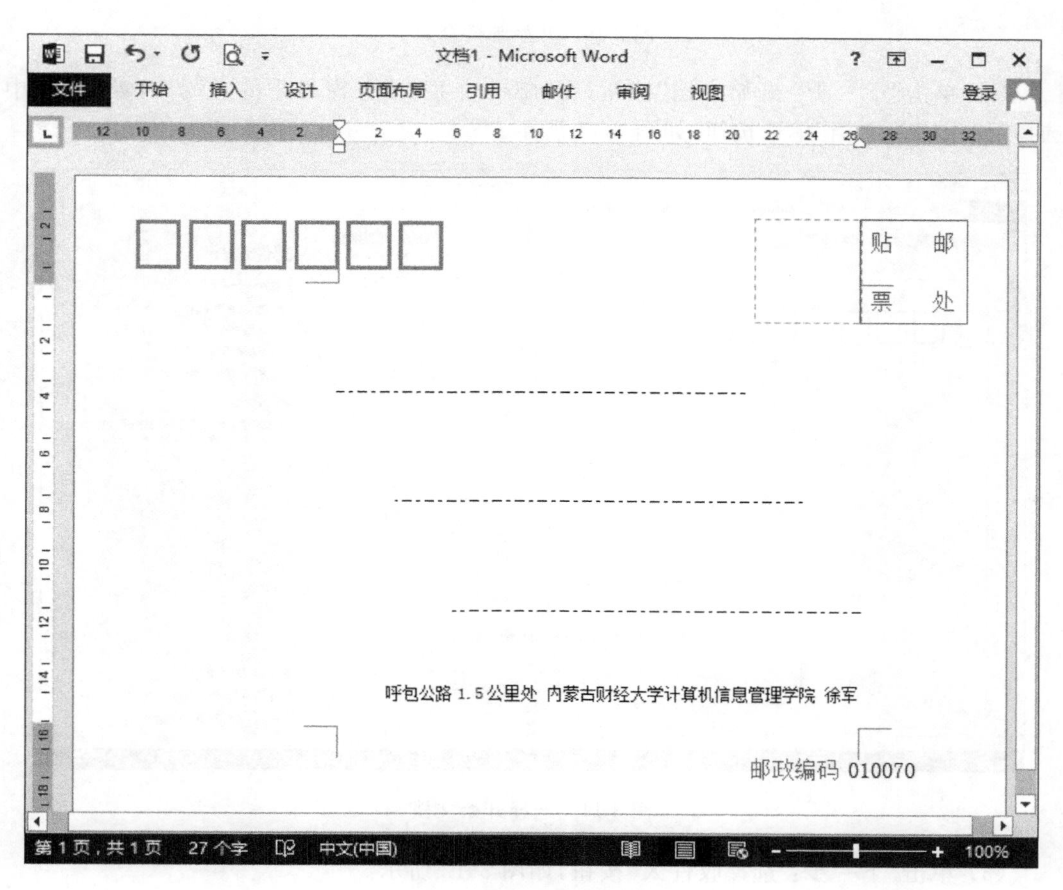

图 3-9　完成信封制作

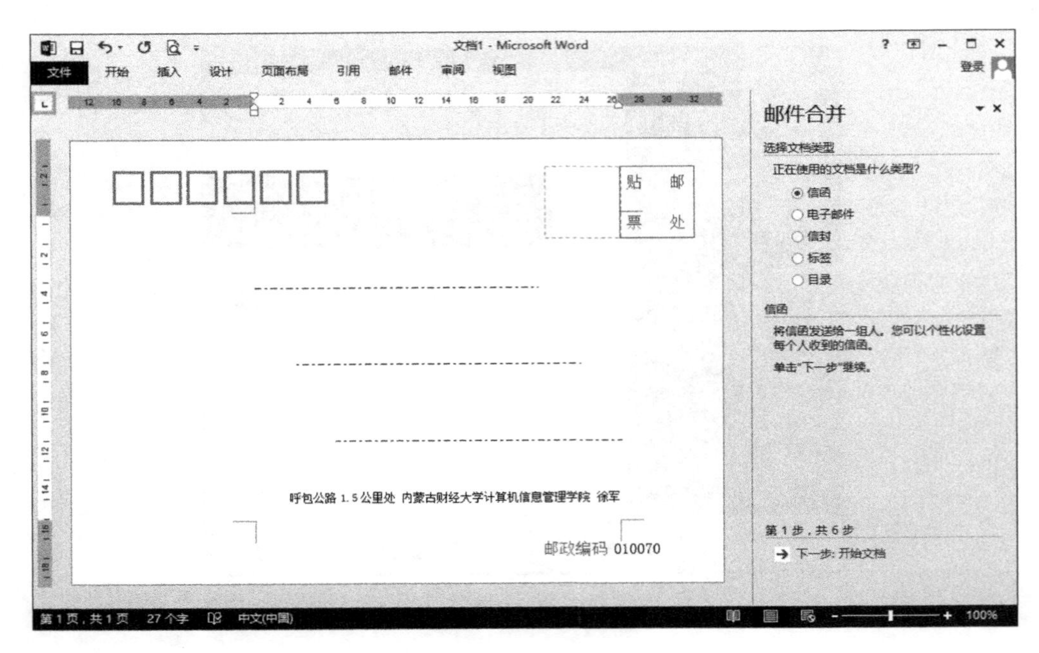

图 3-10 开始邮件合并

(2) 单击“下一步：开始文档”按钮，在“邮件合并”任务窗格中的“选择开始文档”中选择“使用当前文档”单选按钮，如图 3-11 所示。

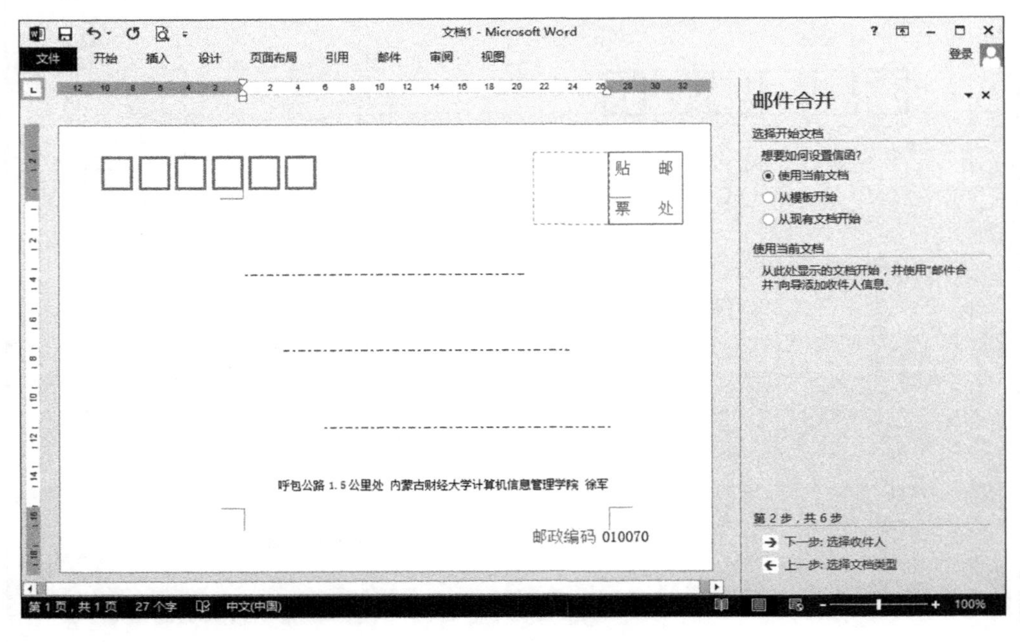

图 3-11 选择开始文档

(3) 单击“下一步：选择收件人”按钮，如图 3-12 所示。

(4) 选择“邮件合并”→“使用现有列表”→“浏览”，即可打开【选取数据源】对话框，如图 3-13 所示。

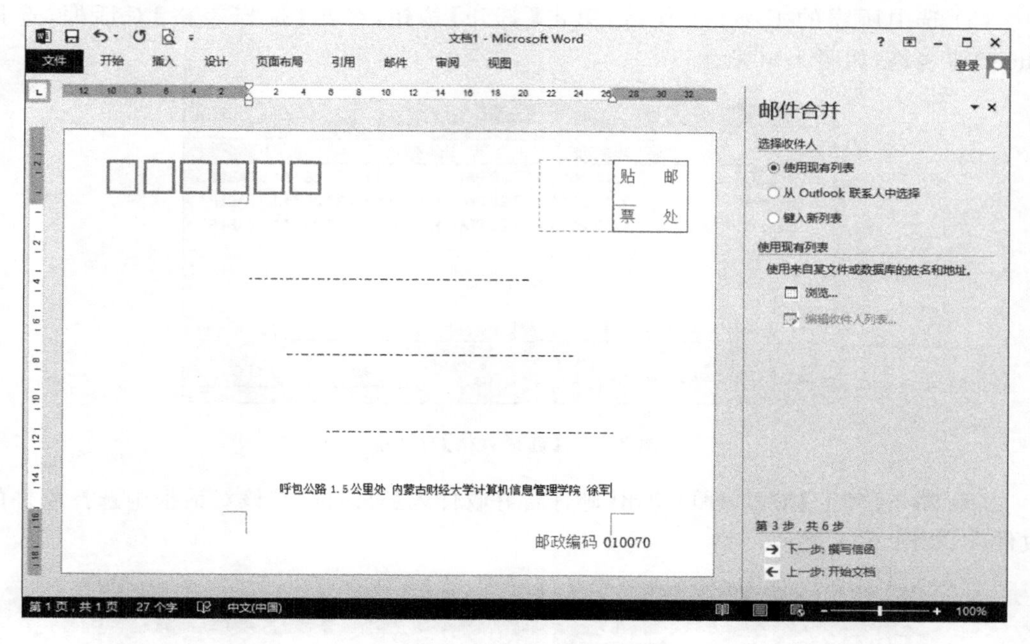

图 3-12 选择收件人

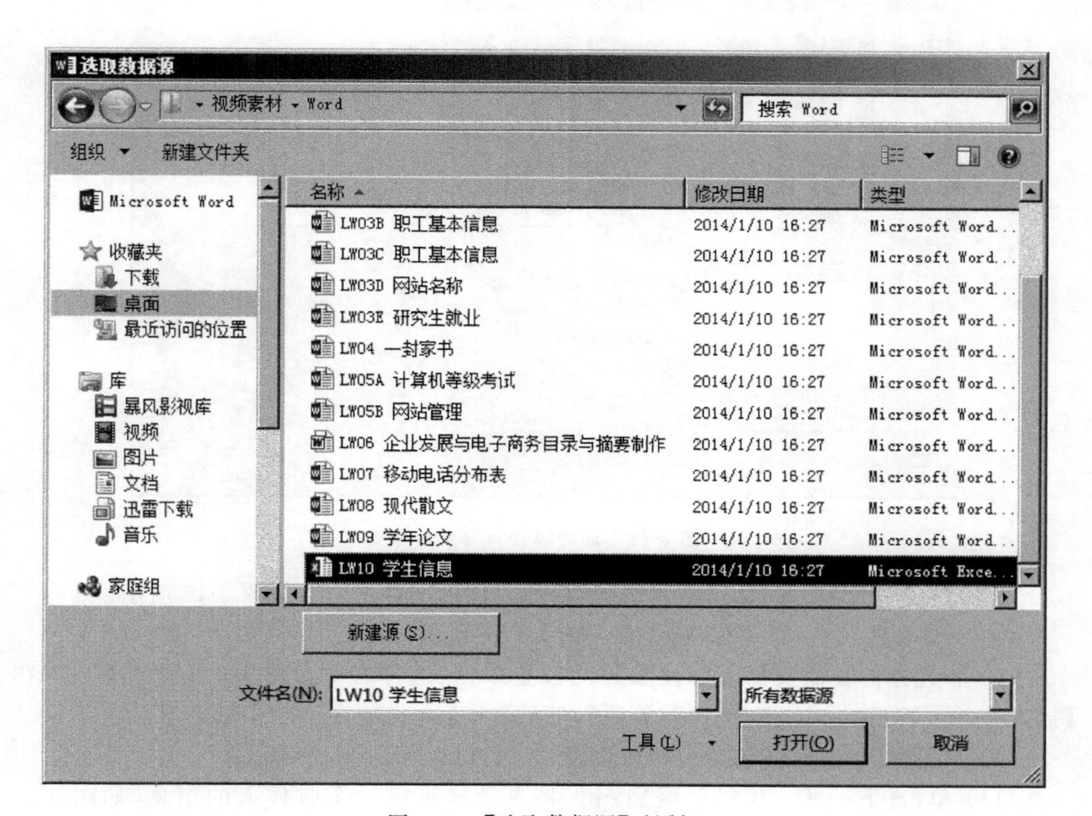

图 3-13 【选取数据源】对话框

(5) 选中所需的 Excel 工作簿，单击【打开】按钮，弹出【选择表格】对话框，选择 Sheet1 $ 表格，如图 3-14 所示。

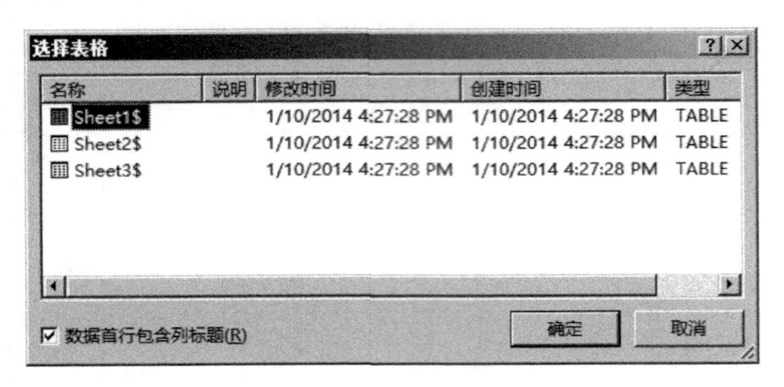

图 3-14 【选择表格】对话框

(6) 单击【确定】按钮，即可弹出【邮件合并收件人】对话框，在该对话框中选择邮件的收件人，如图 3-15 所示。

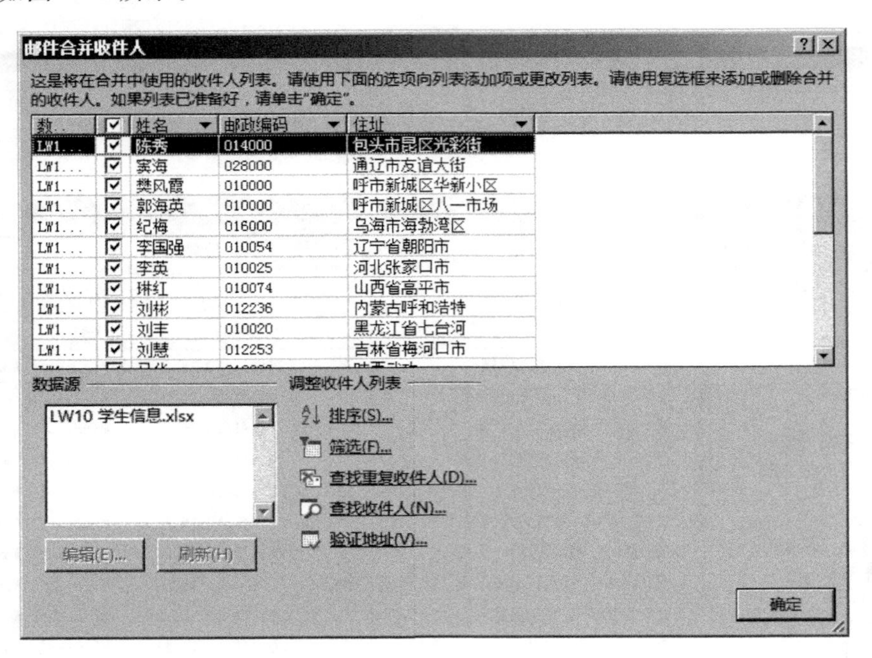

图 3-15 选择邮件合并收件人

(7) 单击【确定】按钮，即可显示"您当前的收件人选自……"，如图 3-16 所示。

(8) 单击【下一步：撰写信函】按钮，如图 3-17 所示。

(9) 将光标停在需要插入邮政编码的位置单击，选择右侧窗格中的"其他项目"，在【插入合并域】对话框中，选择"邮政编码"，然后单击【插入】按钮，如图 3-18 所示。

(10) 用同样的方法在信封中插入住址、姓名，结果如图 3-19 所示。

(11) 单击【下一步：预览信函】按钮，将自动显示第一个收件人的信息，如图 3-20 所示。

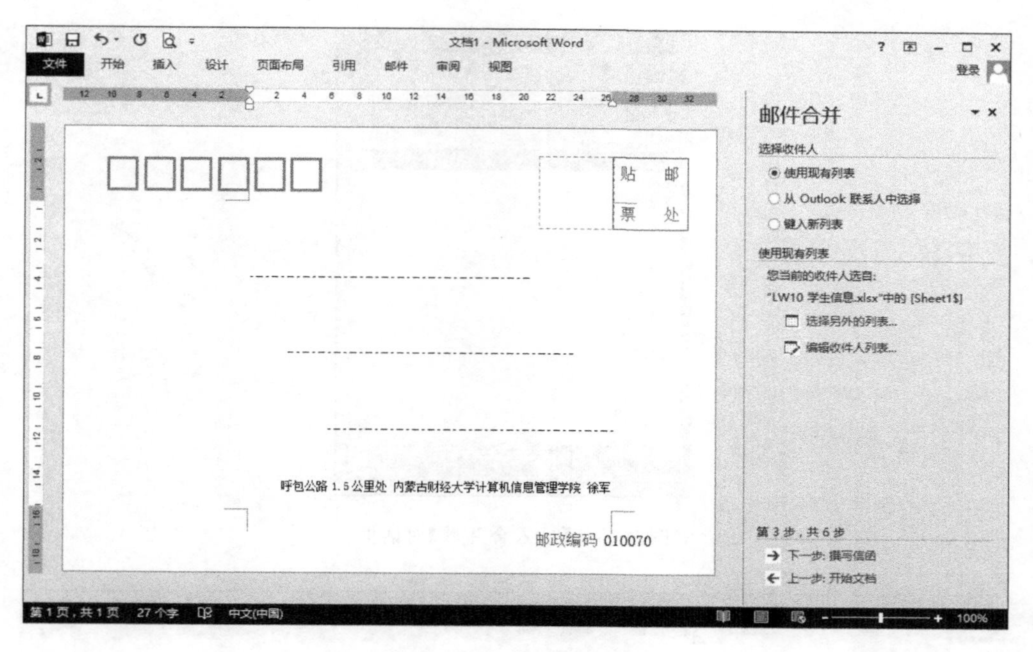

图 3-16 完成选择收件人

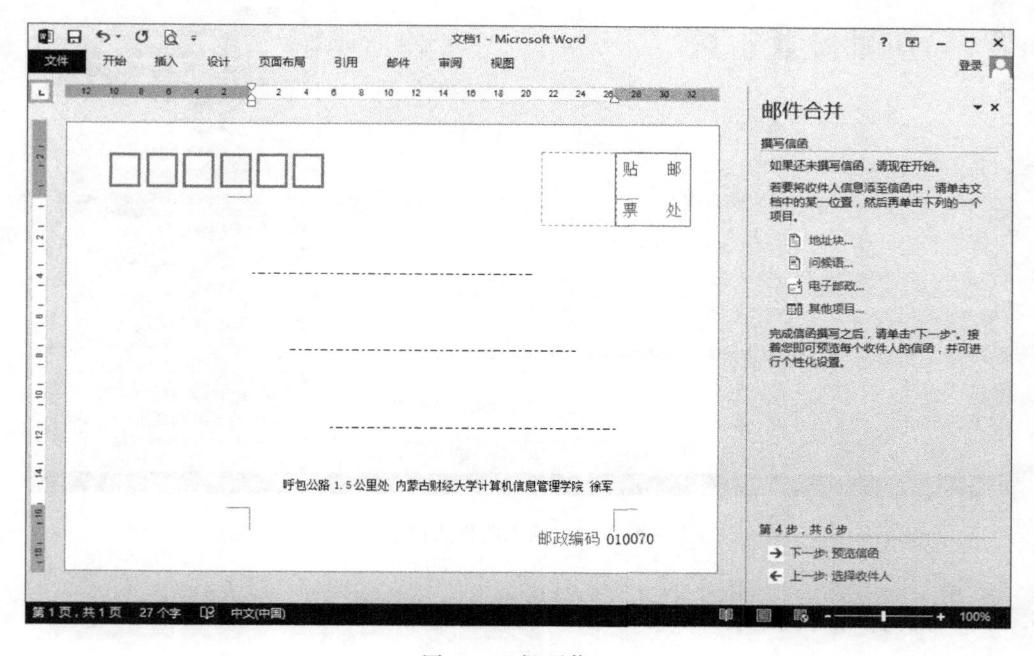

图 3-17 撰写信函

(12) 单击【下一步：完成合并】按钮，选择“编辑单个信函”，弹出【合并到新文档】对话框，如图 3-21 所示。

(13) 选择“全部”单选按钮，就是将所有记录合并到新文档中，单击【确定】按钮，完成邮件合并，如图 3-22 所示，共 24 个信封。

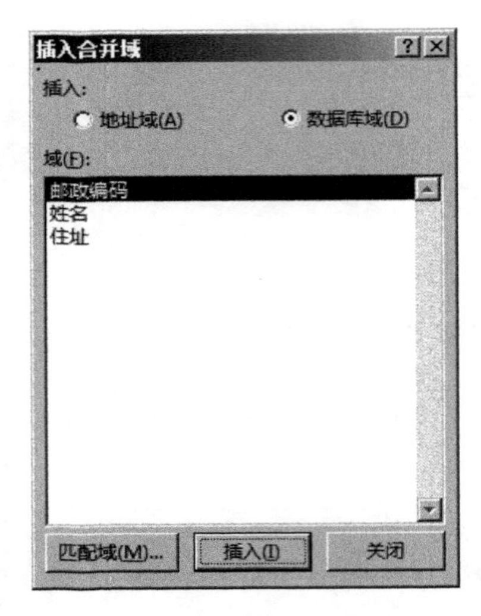

图 3-18 【插入合并域】对话框

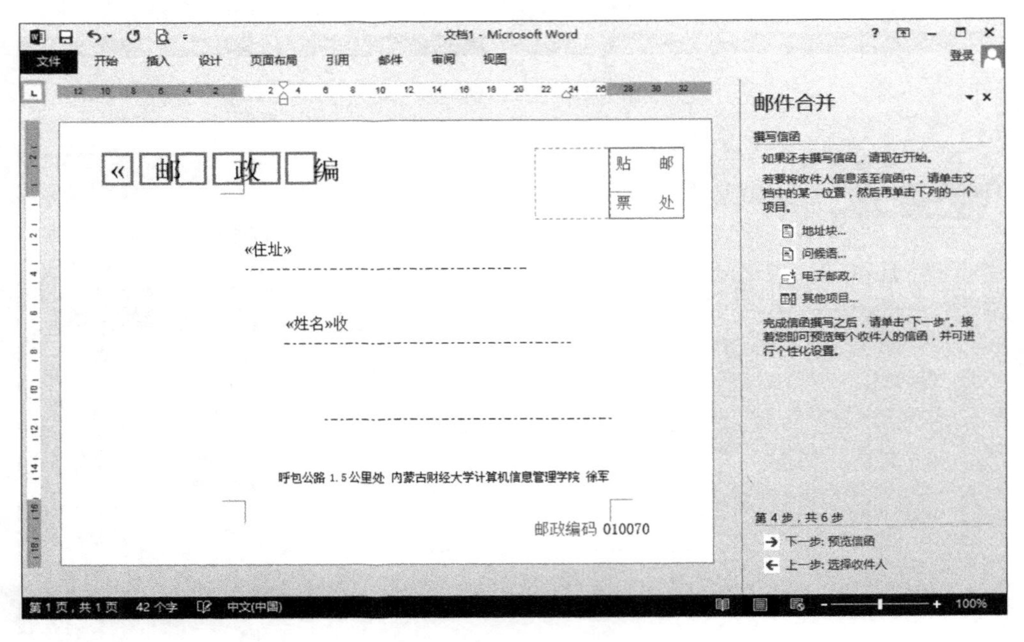

图 3-19 插入收件人信息

3.2.3 制作书刊目录

1. 自动目录

Word 文档目录有自动目录和手动目录两种制作方式，以文章“企业发展与电子商务”为例制作自动目录。

(1) 选择【开始】→【样式】，单击右下角对话框启动器，打开【样式】任务窗格，如图 3-23 所示。

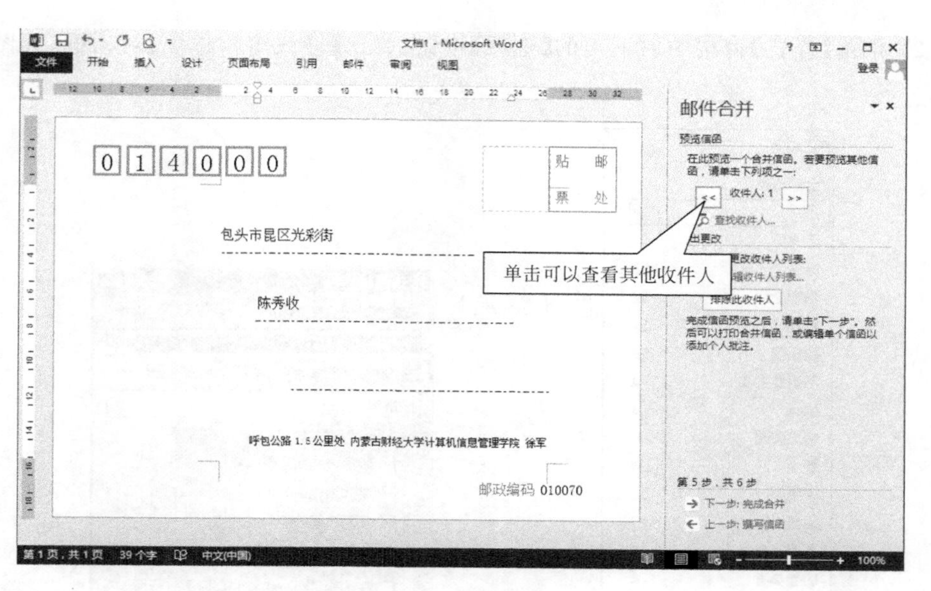

图 3-20　查看信封收件人

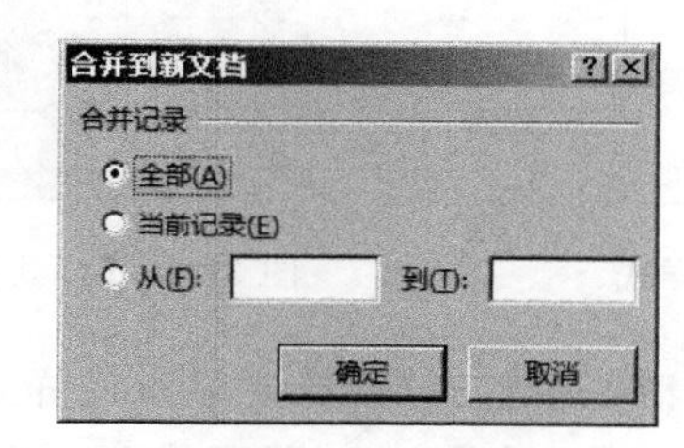

图 3-21　合并到新文档

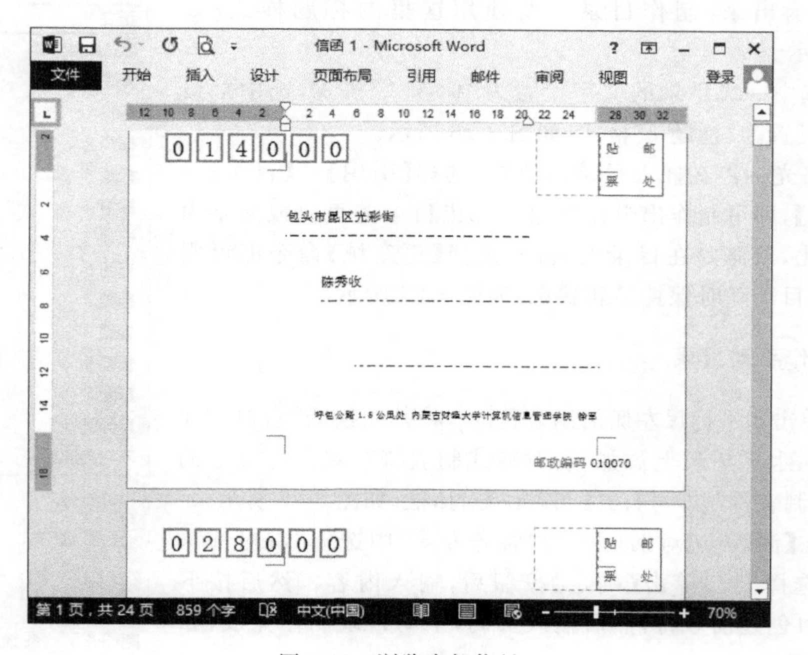

图 3-22　浏览全部信封

(2) 单击【样式】窗格中右下角的【选项】按钮，弹出【样式窗格选项】对话框，如图 3-24 所示。

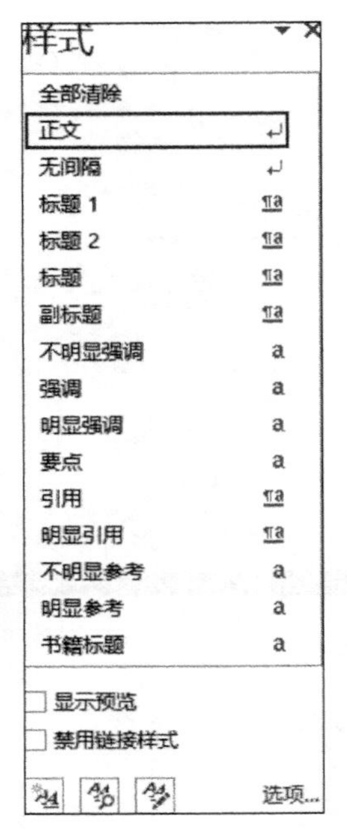

图 3-23　系统推荐样式

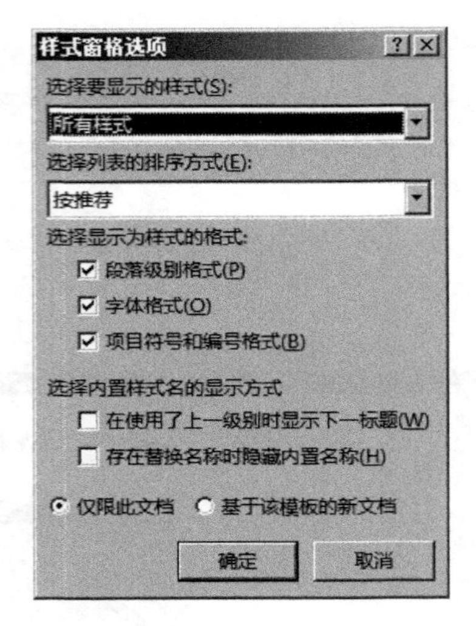

图 3-24　【样式窗格选项】对话框

(3) 在【样式窗格选项】对话框中打开"选择要显示的样式"下拉列表，选择"所有样式"，单击【确定】按钮，即可将 Word 所有样式显示出来，制作目录主要使用这里的标题样式，如图 3-25 所示。

(4) 选中一级目录的文字设置为"标题 1"格式，选中二级目录文字设置为"标题 2"格式，如图 3-26 所示。

(5) 将光标停在插入目录的位置，选择【引用】→【目录】→【自动目录】，即可制作出自动目录。如果目录的页码或文字内容发生变化，只需要在目录上右击，选择【更新域】命令即可刷新目录，让目录随时保持最新状态，如图 3-27 所示。

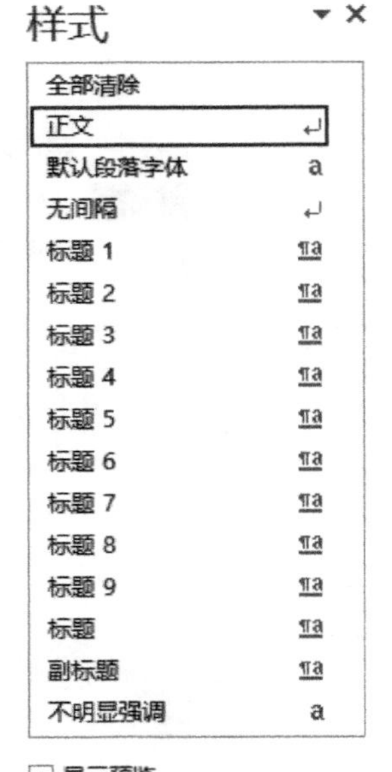

图 3-25　系统所有样式

2. 制作手动目录

(1) 单击水平标尺左侧的制表符，将其切换为"右对齐式制表符"，在水平标尺上添加"右对齐式制表符"，双击标尺上的"右对齐式制表符"，即可打开【制表位】对话框，如图 3-28 所示。

(2) 在【制表位】对话框中的"对齐方式"中选择"右对齐"，"前导符"选择"5"，单击【确定】按钮后，输入内容。然后按下 Tab 键即可创建前导符，然后输入页码，手动目录制作完成，如图 3-29 所示。

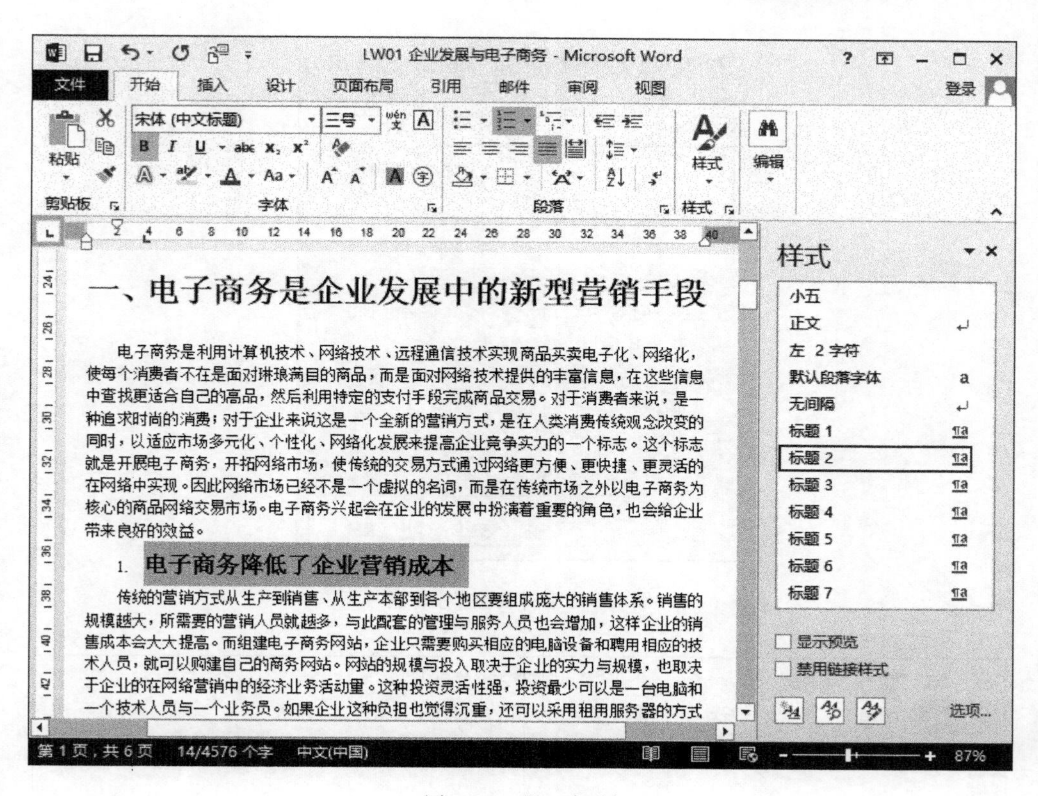

图 3-26 设置标题

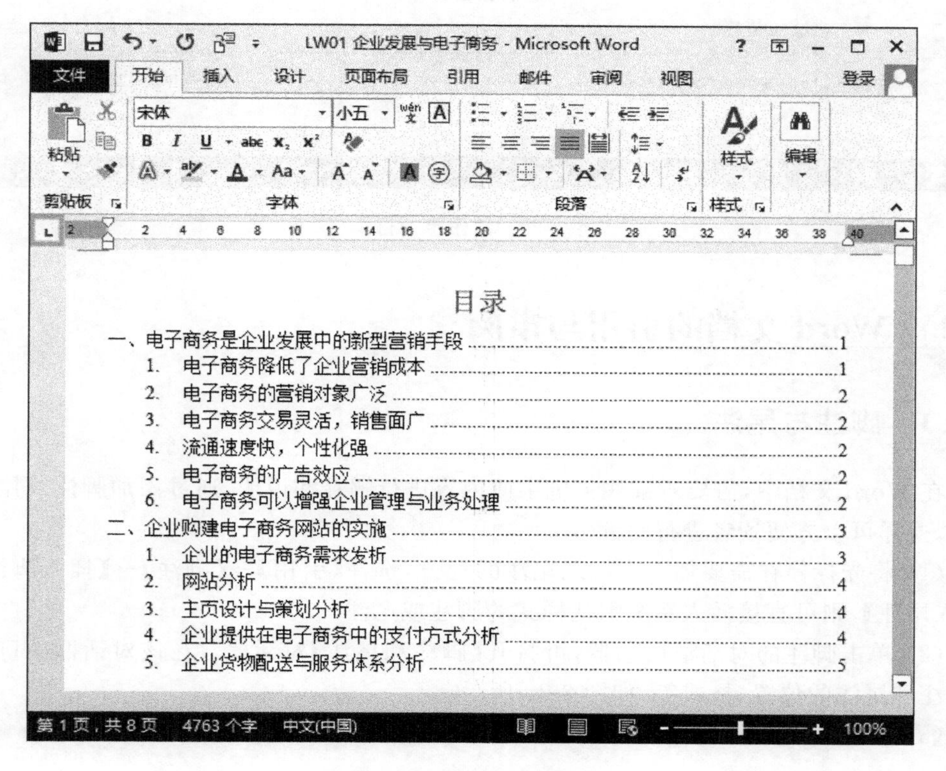

图 3-27 制作自动目录

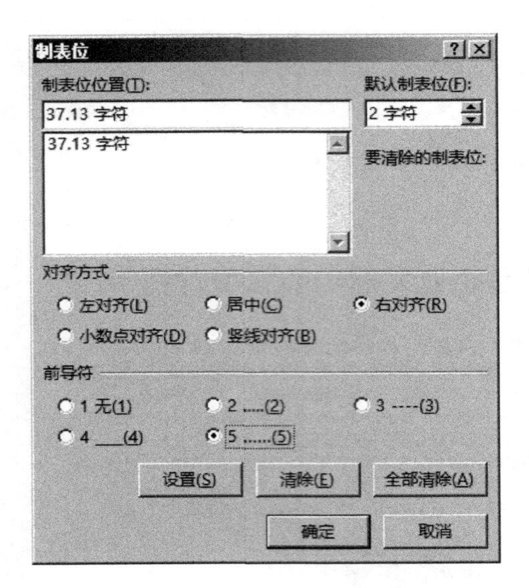

图 3-28 【制表位】对话框

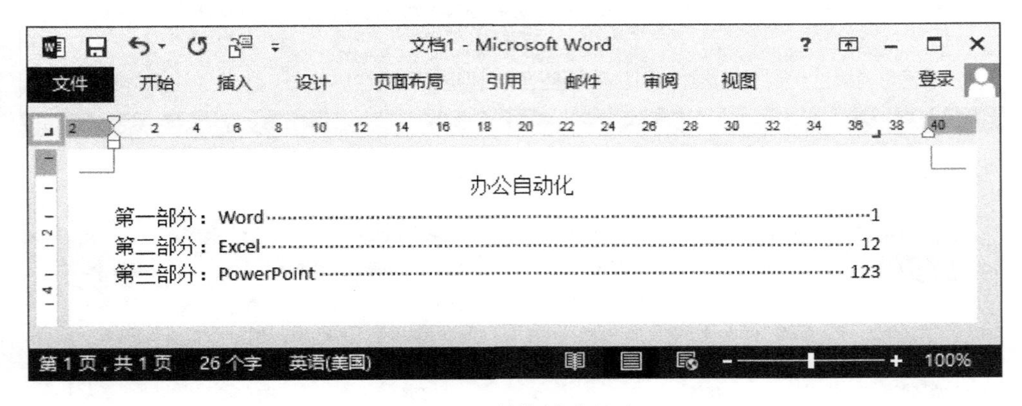

图 3-29 制作手动目录

3.3 Word 文档的引用与审阅

3.3.1 脚注与尾注

在 Word 文档中，需要对某些关键字或内容进行解释和说明，通过添加脚注或尾注来实现，这样可以方便读者进行阅读。

(1) 将光标停在需要插入脚注或尾注的地方，选择【引用】→【脚注】→【插入脚注】或【插入尾注】，则可直接插入系统默认样式的脚注或尾注。

(2) 单击脚注的对话框启动器，可打开【脚注和尾注】对话框。在该对话框中可以设置脚注和尾注的位置、格式等，如图 3-30 所示。

(3) 效果示例如图 3-31 所示。

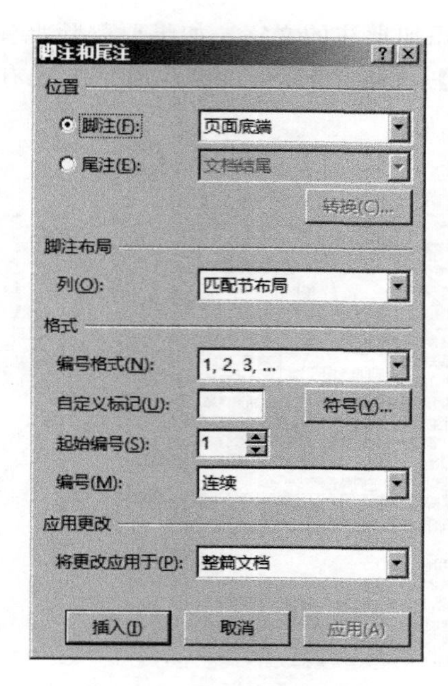

图 3-30　设置脚注或尾注

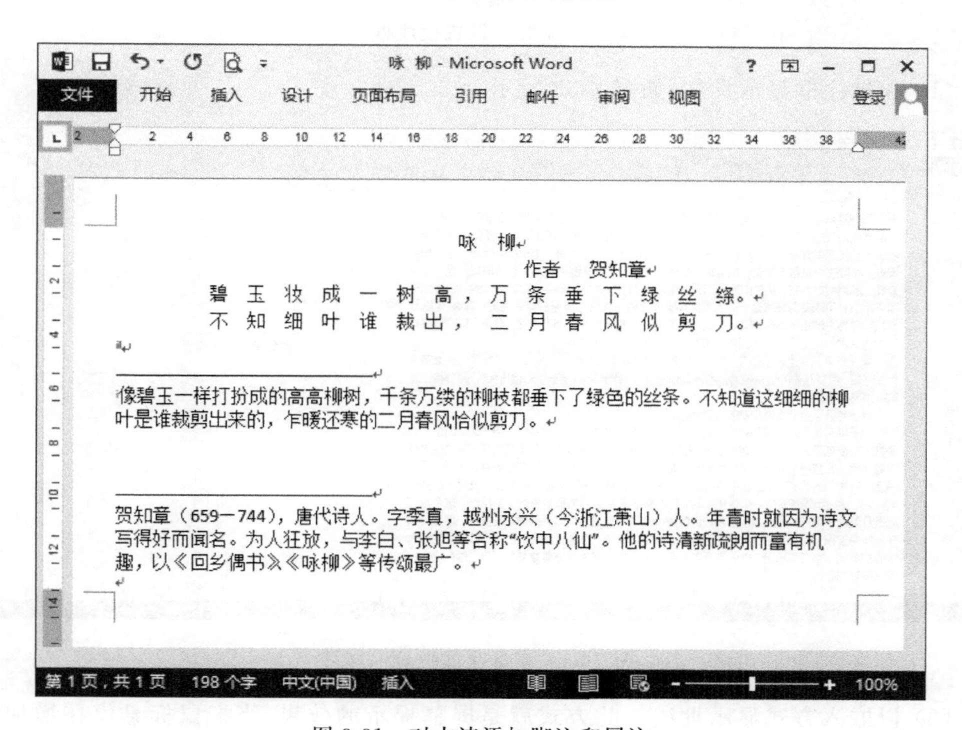

图 3-31　对古诗添加脚注和尾注

3.3.2　添加批注

在文档中添加批注，首先选中要添加批注的文档，选择【审阅】→【批注】→【新建批

注】,在批注的框中输入要添加批注的文字。如果要删除批注,将光标停在要删除的批注上,选择【审阅】→【批注】→【删除】即可。批注显示方式有 3 种,具体设置如图 3-32 所示。

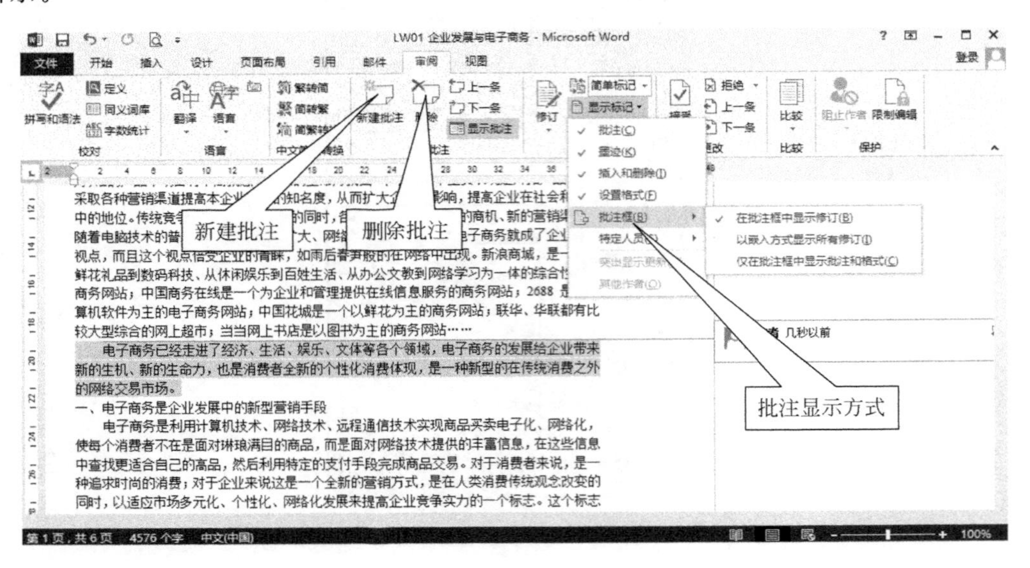

图 3-32　设置批注框

(1) 在批注框显示批注,如图 3-33 所示。

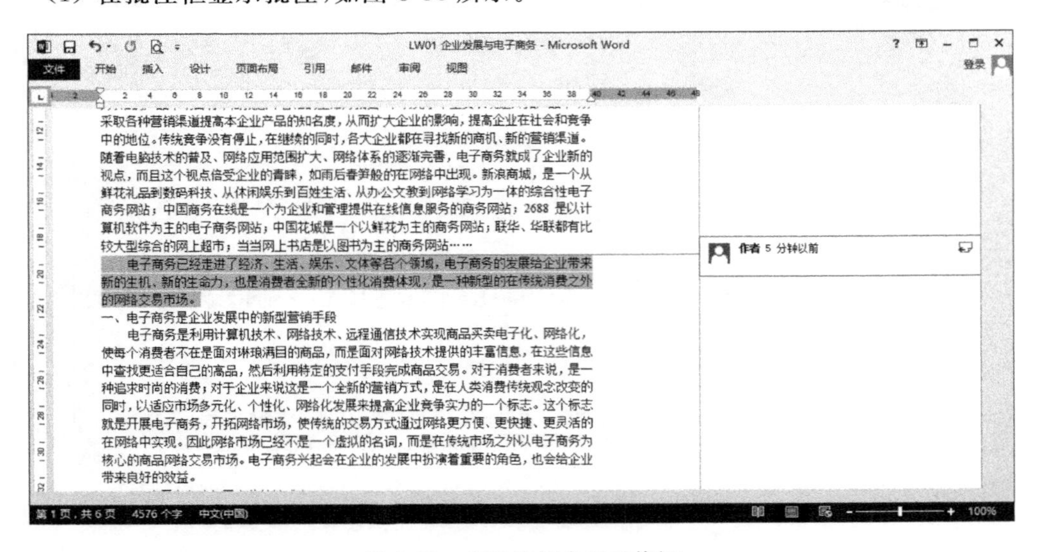

图 3-33　在批注框中显示修订

(2) 以嵌入方式显示批注。此方式就是屏幕提示的效果,当把鼠标悬停在增加批注的原始文字的上方时,屏幕上会显示批注的详细信息,如图 3-34 所示。

(3) 在审阅窗格中显示批注。连击【审阅】→【修订】→【审阅窗格】,选择"垂直审阅窗格"或"水平审阅窗格",如图 3-35 和图 3-36 所示。

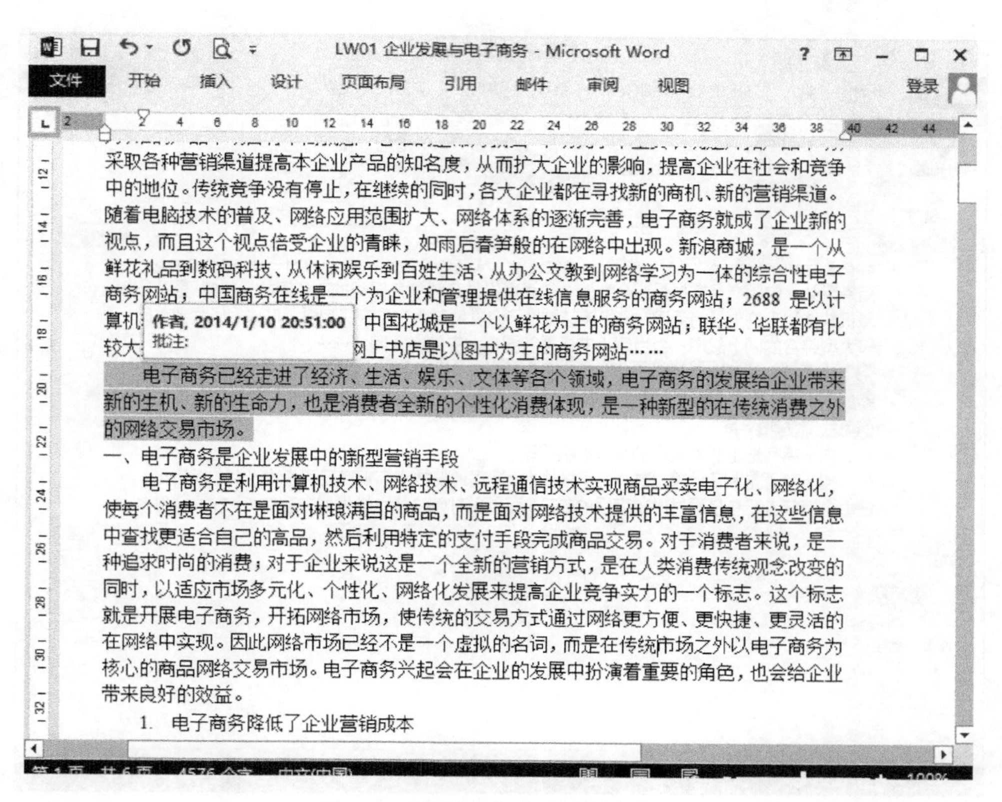

图 3-34　以嵌入方式显示所有修订

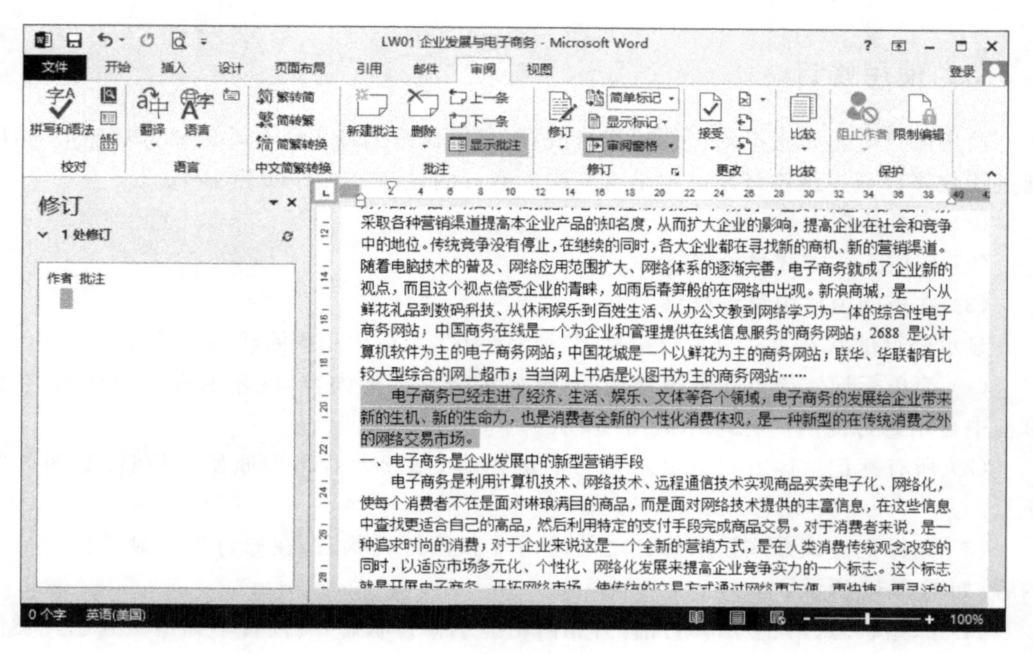

图 3-35　垂直审阅窗格

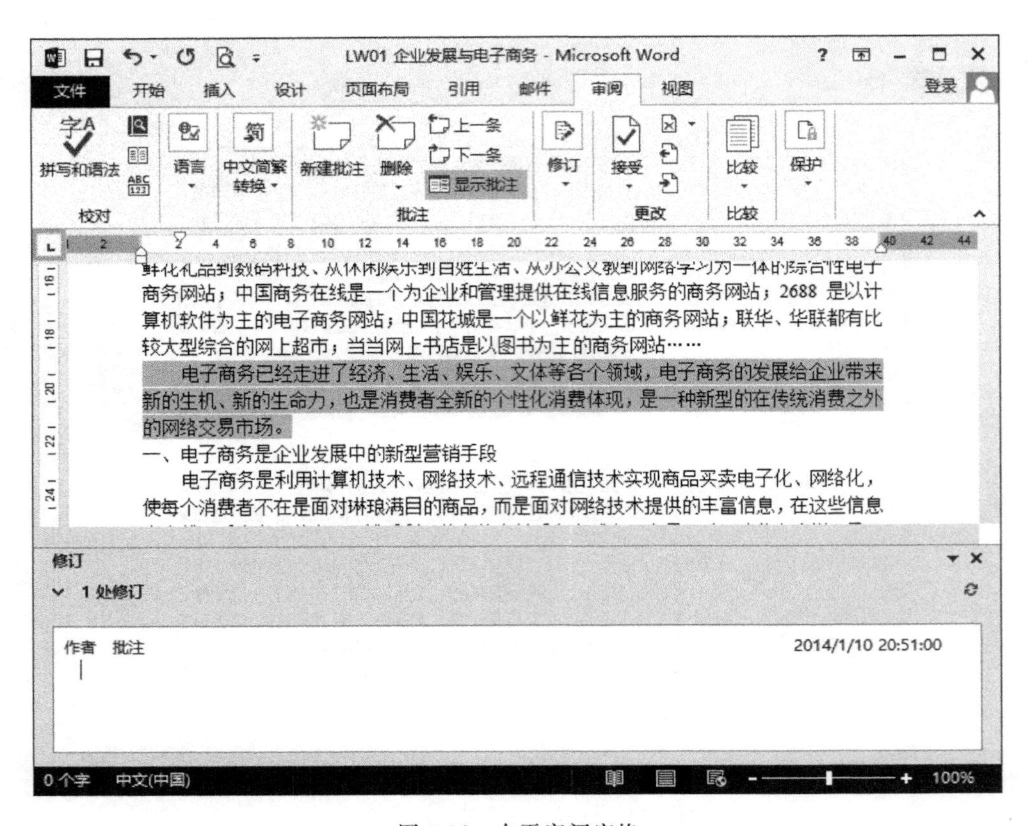

图 3-36　水平审阅窗格

3.3.3　使用修订

使用修订并不是直接对文档进行修改，而是把修改的结果暂时存到修订功能中，然后通过接收修订或拒绝修订来决定是否修改。修订的显示方式有以下 3 种。

(1) 在批注框中显示修订。

(2) 以嵌入式方式显示修订。

(3) 在审阅窗格中显示修订。

显示修订的状态方式分为简单标记、所有标记、无标记和原始状态 4 种。

(1) 简单标记。该方式是最常用的，既显示修订后的内容，也显示修订的状态，在修订框中显示修订前的内容，如图 3-37 所示。

(2) 所有标记。该方式只显示修订后的内容，阅读者看不到原始的信息，如图 3-38 所示。

(3) 无标记。该方式显示修订之前的内容和修订的状态，在修订框中显示修订后的内容，如图 3-39 所示。

(4) 原始状态。只显示修订前的内容，不显示修订状态，阅读者不知道该处已经被修改，看到的只是修订之前的内容，如图 3-40 所示。

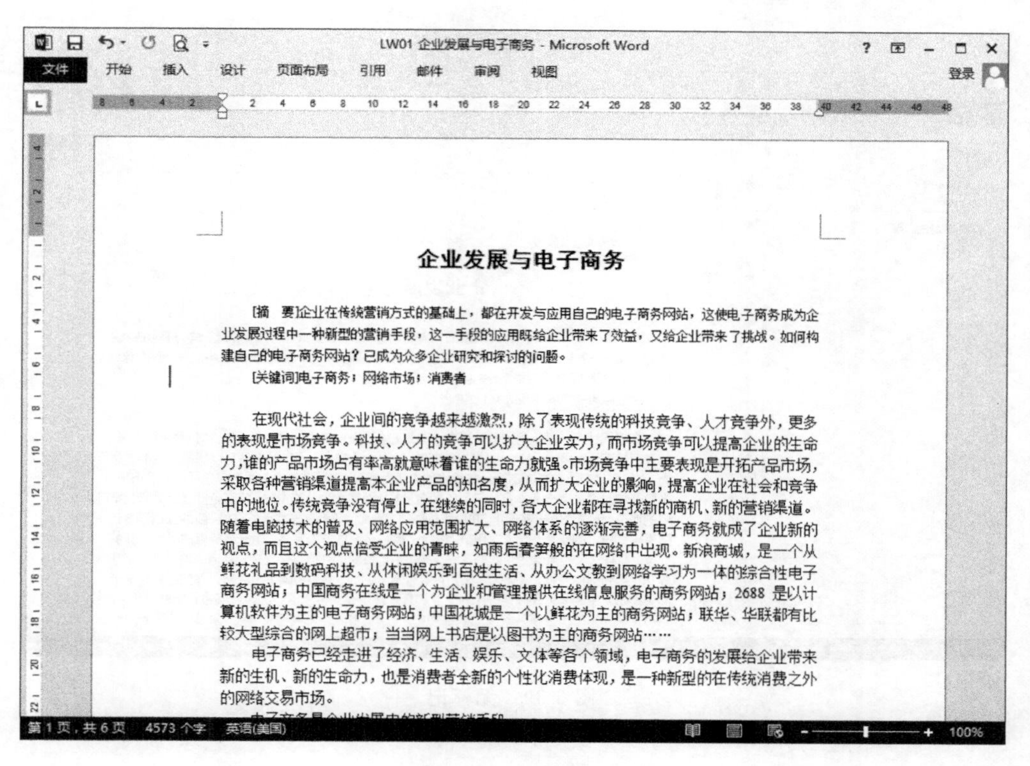

图 3-37 简单标记

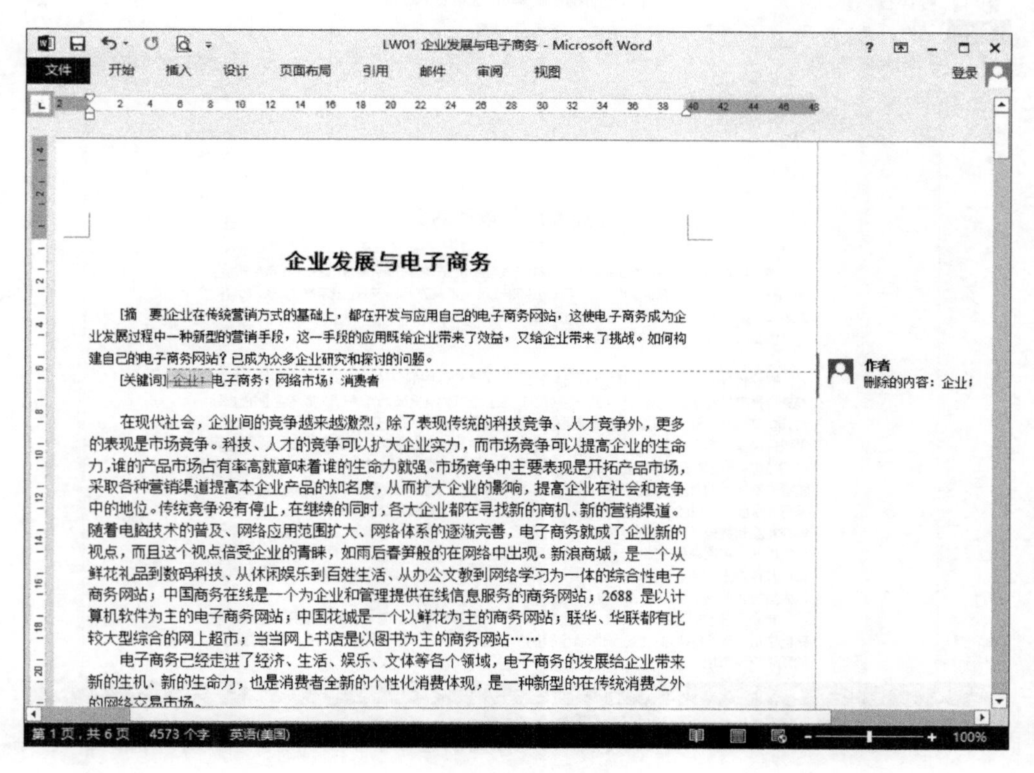

图 3-38 所有标记

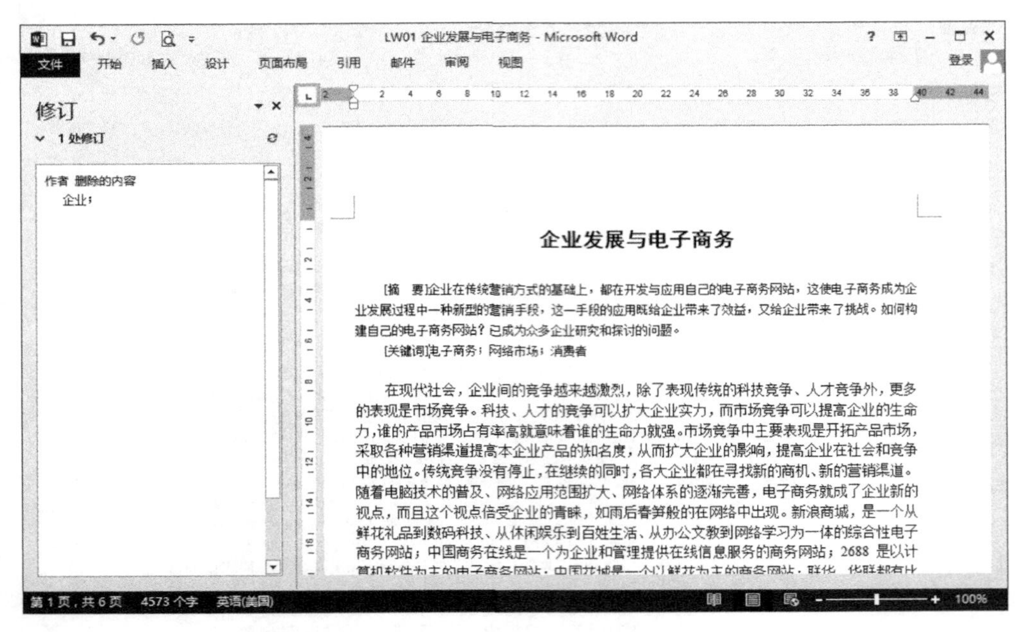

图 3-39　无标记

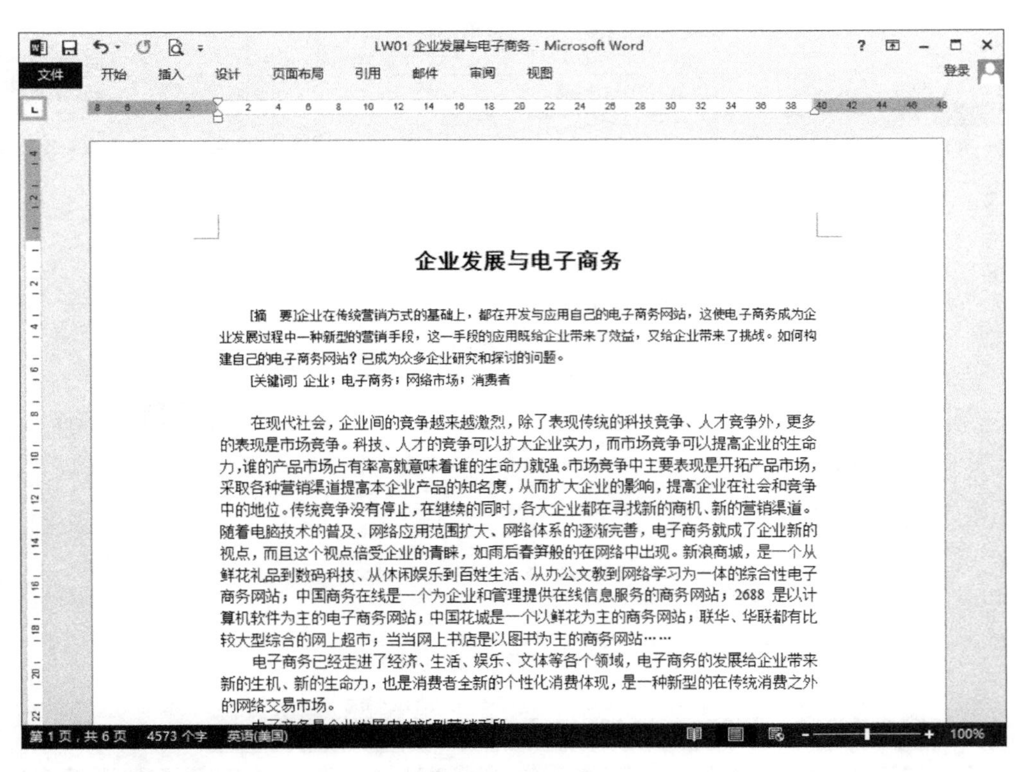

图 3-40　原始状态

3.4 Word 文档的保存

新建的 Word 文档必须及时保存，以避免因停电或死机造成文档数据丢失。

3.4.1 Word 文档的保存方法

Word 文档常用的几种保存方法如下：

(1) 通过快捷键 Ctrl+S，这也是常用的一种保存方法。

(2) 选择【文件】→【保存】/【另存为】。

(3) 通过快速访问工具栏【保存】工具。

(4) 通过 F12 功能键进行另存为。

如果是创建的新文档，保存和另存为没有区别，都会弹出【另存为】对话框；如果是打开的原始文档，保存会存到原始文档上，另存为会弹出【另存为】对话框，要求选择保存位置、输入文件名、选择文档类型等，如图 3-41 所示。

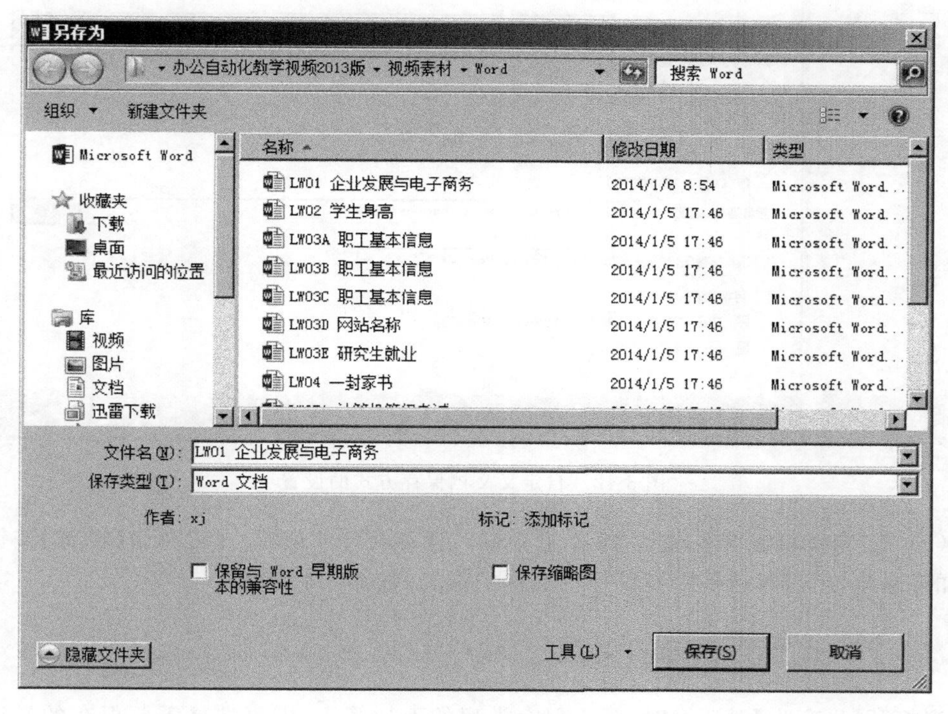

图 3-41 【另存为】对话框

3.4.2 自动保存新建或现有的文档

Word 2013 可以按照某一固定时间间隔自动对文档进行保存，这样可以大大减少断电或死机时由于来不及保存文档所造成的损失。

(1) 选择【文件】→【选项】,将会弹出【Word 选项】对话框。

(2) 在该对话框的左侧选择【保存】选项卡,即可打开右侧的【自定义文档保存方式】对话框。

(3) 在该对话框的"保存文档"区域中的"将文件保存为此格式"下拉列表中选择文件保存的类型。

(4) 选中"保存自动恢复信息时间间隔",并设置需要保存文件的时间间隔。一般系统默认的时间间隔为 10 分钟,最短保存文档的时间间隔为 1 分钟,如图 3-42 所示。

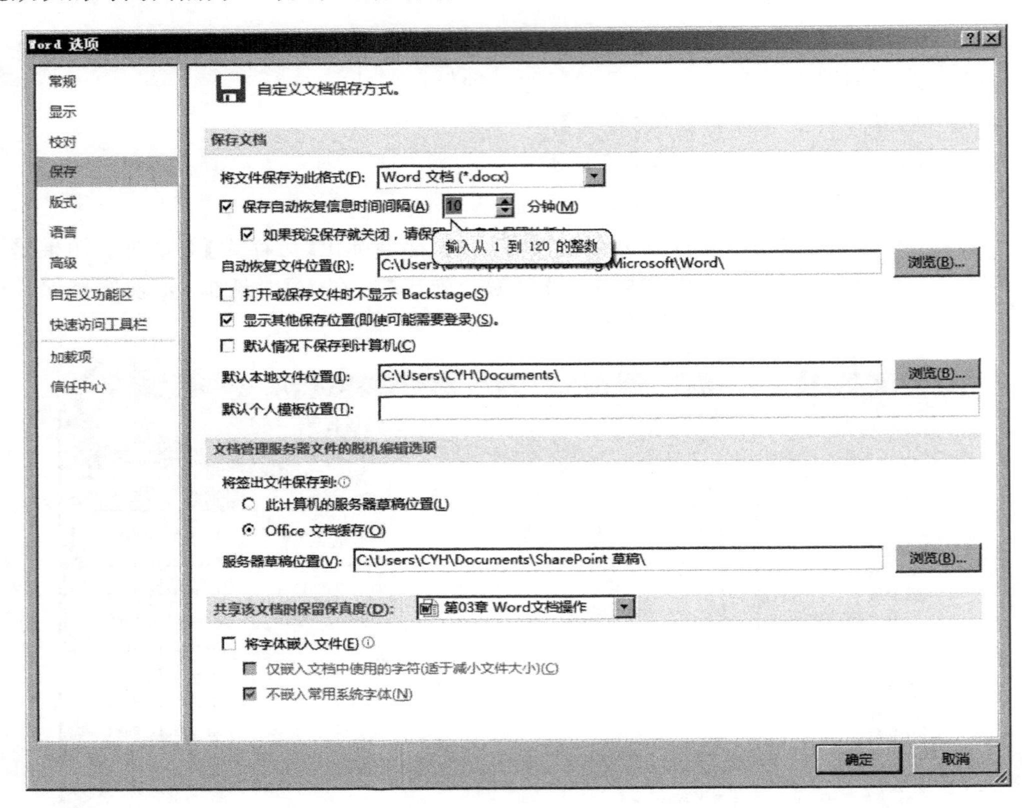

图 3-42 自定义文档保存方式的设置

(5) 在"自动恢复文件位置"文本框中输入保存文件的位置,或者单击【浏览】按钮,在弹出的【修改位置】对话框中设置保存文件的位置,如图 3-43 所示。

3.4.3 Word 文档保存的类型

当打开【另存为】对话框时,单击保存类型的下拉箭头,即可选择需要保存的类型,如图 3-44 所示,可以将 Word 文档保存为模板、网页、PDF、纯文本等格式。

3.4.4 Word 文档的加密

保存文档时可以选择为该文档加密,这样就可以防止别人盗取文档的内容。

(1) 选择【文件】→【另存为】或按下快捷键 F12 键即可弹出【另存为】对话框,在该对

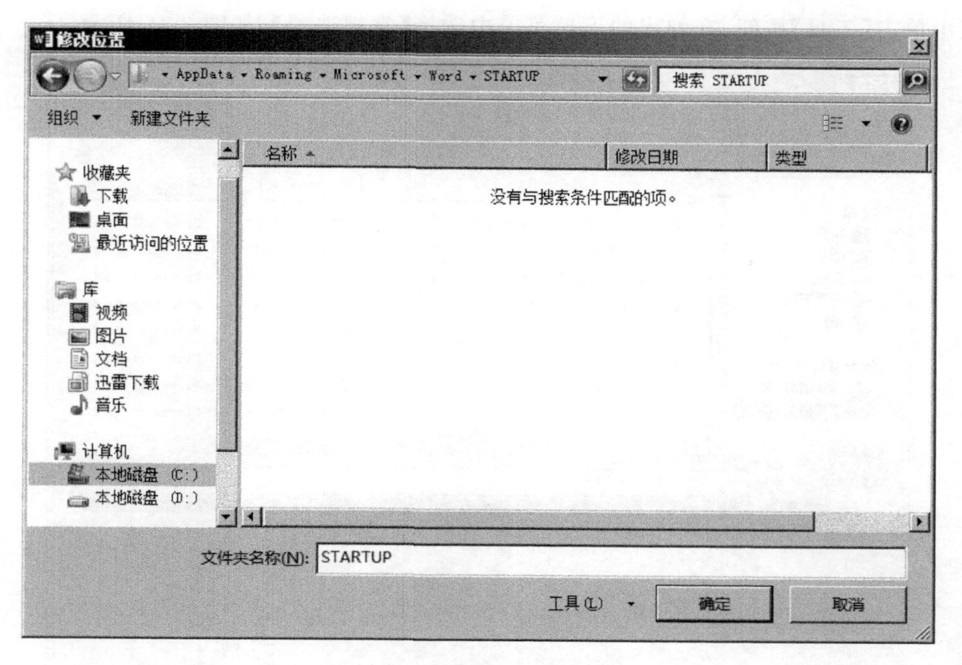

图 3-43　修改保存文件的位置

图 3-44　保存文件类型

话框中单击【工具】按钮，在弹出的下拉菜单中选择【常规选项】，如图 3-45 所示。

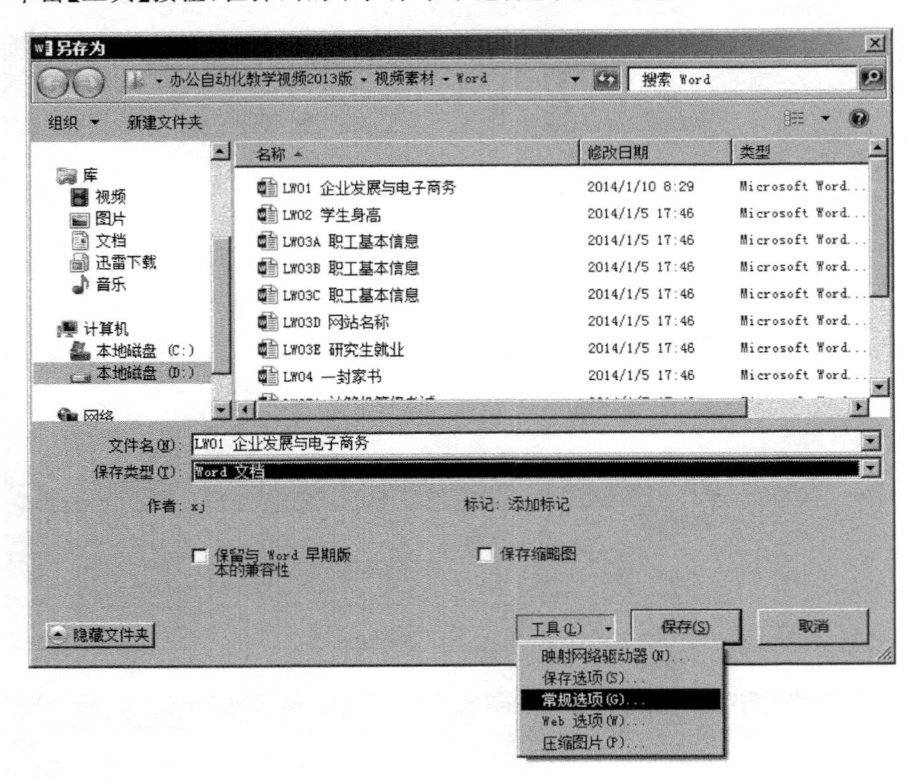

图 3-45 【另存为】对话框

(2) 在弹出的【常规选项】对话框中用户可以设置打开文件时的密码和修改文件时的密码，如图 3-46 所示。

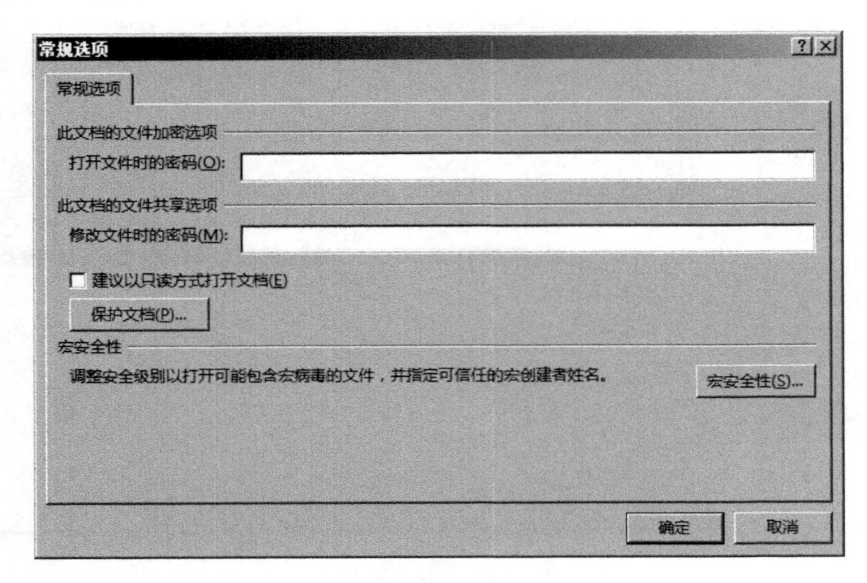

图 3-46 【常规选项】对话框

（3）输入密码后，单击【确定】按钮，即可弹出【确认密码】对话框，请求再次输入打开文件时的密码，如图3-47所示。

（4）单击【确认】按钮，即可再次弹出【确认密码】对话框，在该对话框中再次输入修改文件时的密码，如图3-48所示。

（5）输入密码后，再次单击【确定】按钮，即可为该文档加密。如果两次输入的密码不一致时，即会弹出提示"密码确认不符"的提示框，如图3-49所示。

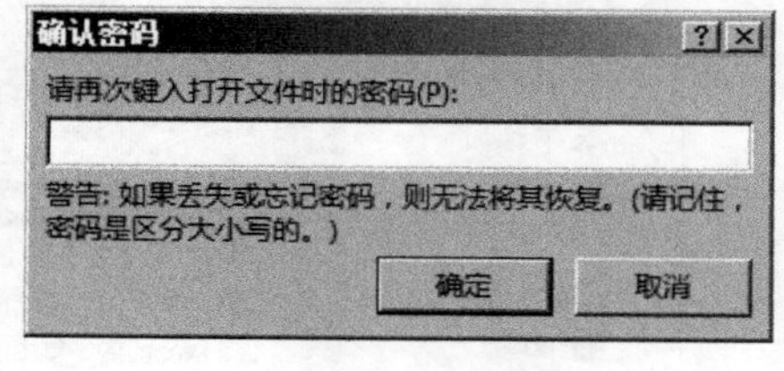

图3-47　确认打开密码

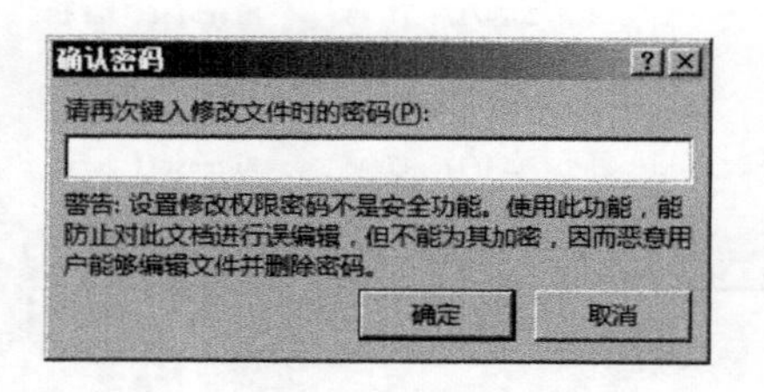

图3-48　确认修改密码

图3-49　提示框

3.5 Word文档的打开

用户将文档保存在计算机磁盘中后，可再次将其打开进行浏览或编辑。

3.5.1 Word文档的常用打开方法

（1）选择【文件】→【打开】。

（2）利用快捷键Ctrl ＋ O。

（3）双击已有的Word文档。

3.5.2 Word文档的打开方式

在【打开】对话框中，单击【打开】按钮右侧的下拉箭头，可以选择Word文档的打开方式，如图3-50所示。

（1）"打开"：可以浏览、修改，修改后可以保存到原始文档中。

（2）"以只读方式打开"：可以浏览、修改，但不能保存到原始文档中，可以更改文件名另行存储。

（3）"以副本方式打开"：将原始文件复制一个新文档，对该文档进行的操作将保存在附件中。

3.5.3 打开最近使用的文档

Word 2013具有强大的记忆功能，它可以记忆最近几次使用的文档。选择【文件】→【打开】→【最近使用的文档】，即可显示最近使用的文档及其位置。用户单击需要的文档即可打开该文档，如图3-51所示。

图 3-50 【打开】对话框

图 3-51 打开最近使用的文档

3.6 Word 文档的关闭

用户在编辑完文档后应及时关闭，这样可以节约计算机资源。关闭文档可以通过下面几种方法实现。

(1) 选择【文件】→【关闭】。

(2) 单击标题栏右侧的“关闭”按钮。

(3) 按快捷键 Ctrl＋F4 或 Ctrl＋W。

关闭文档时，如果没有保存，系统会提示用户进行保存，如图 3-52 所示。

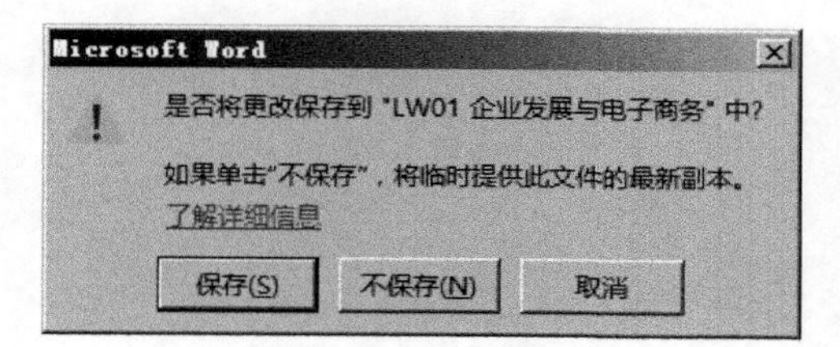

图 3-52　提示保存

第 4 章　Word 文档编辑

本章说明：

Word 文档编辑是进行排版操作的基本前提，也是进行格式设置前掌握的基本知识。通过本章的学习，可以快速地进行文字的录入、选取、修改、查找与替换等操作。

本章主要内容：

- Word 文本输入
- Word 插入点移动
- Word 文本的选取
- Word 文本查找与替换

本章拟解决的问题：

(1) 如何输入各种符号？
(2) 如何插入计算机系统的日期和时间？
(3) 如何定义数学公式？
(4) 如何使用数字编号？
(5) 如何启用即点即输？
(6) 如何控制插入点？
(7) 如何进行文本的选取？
(8) 如何操作选取的文本？
(9) 如何进行查找，如何实现继续查找？
(10) 如何实现格式替换？
(11) 如何删除文档中多余的回车？
(12) 如何删除文档中多余的空格？
(13) 如何定位到文档的某一页？
(14) 如何通过书签进行定位？

4.1 Word 文本输入

4.1.1 文字与标点的输入

文字与标点的输入有以下两种方式：

(1) 通过输入法输入(如搜狗拼音输入法或搜狗五笔输入法等)。

(2) 通过输入法软键盘输入。

4.1.2 各种符号的输入

1. 通过输入法软键盘输入符号

符号的输入可以通过输入法软键盘来输入，参见第1章的1.4节输入法使用。

2. 插入各种符号

可以选择【插入】→【符号】→【符号】→【其他符号】，如图4-1所示。

(1) 普通文本，子集中包括很多种符号，如图4-2所示。

(2) 拉丁文本，子集中包括很多种符号，如图4-3所示。

(3) Webdings，如图4-4所示。

(4) Wingdings，如图4-5所示。

(5) Wingdings2，如图4-6所示。

(6) Wingdings3，如图4-7所示。

(7) 插入特殊字符，如图4-8所示。

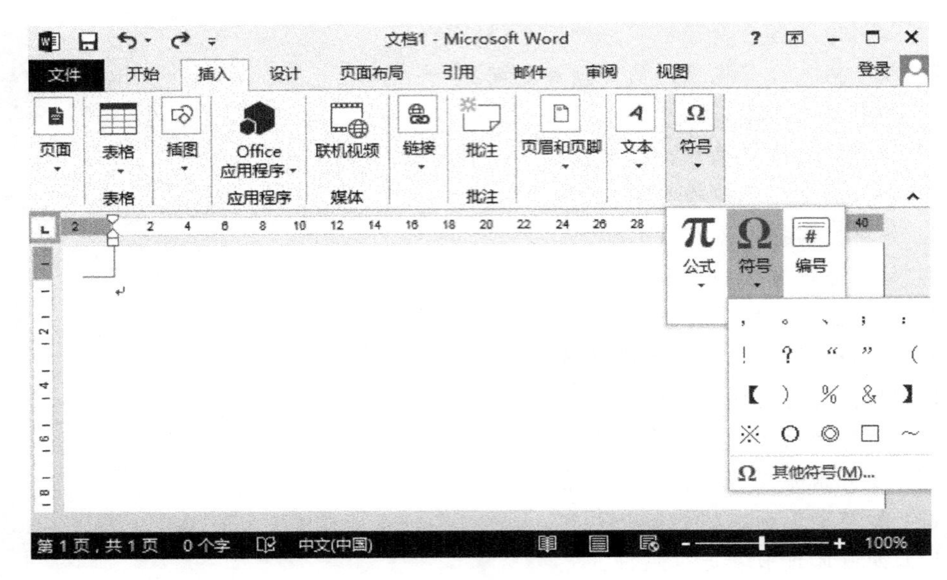

图 4-1 【符号】按钮

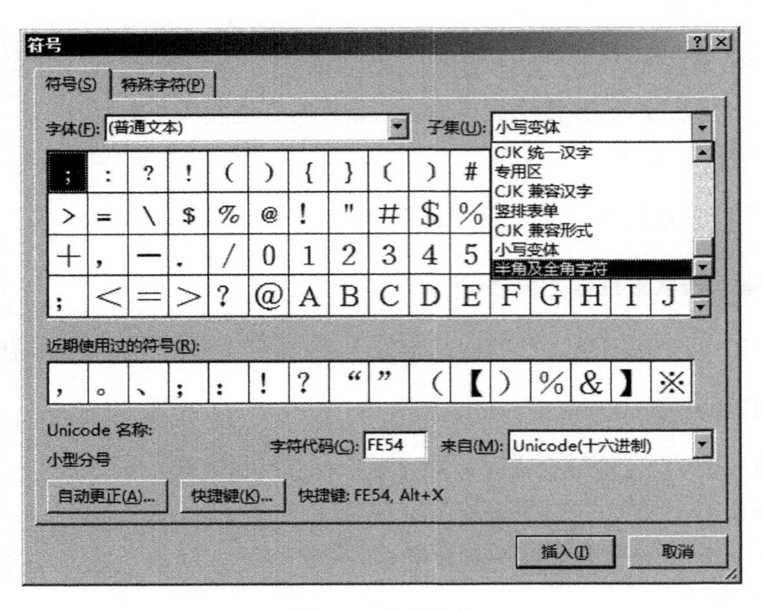

图 4-2 普通文本

图 4-3 拉丁文本

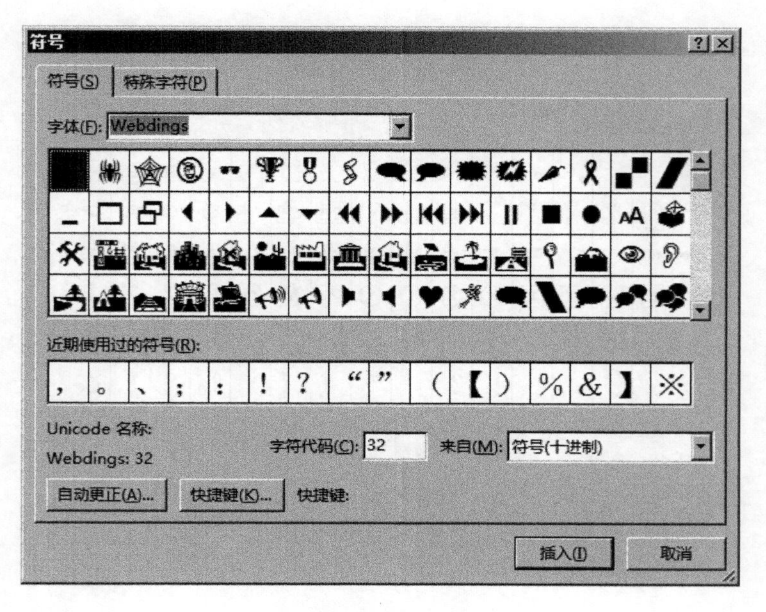

图 4-4 Webdings 符号

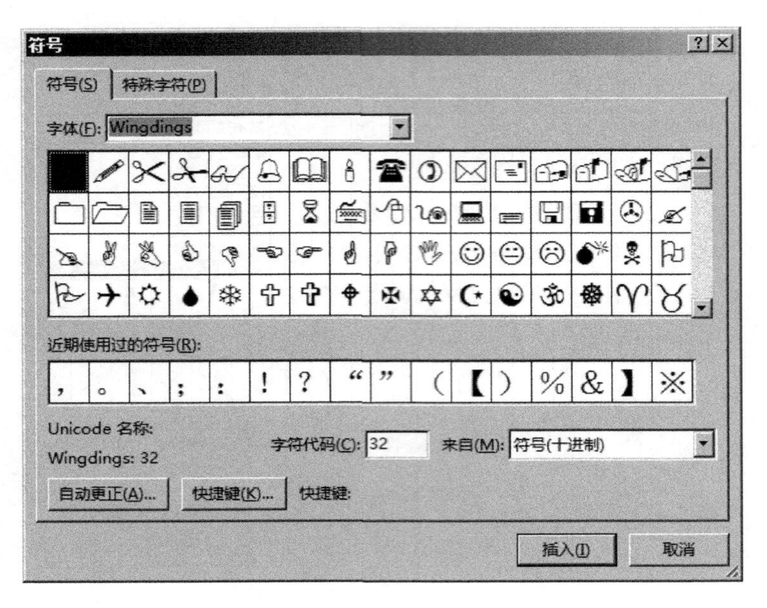

图 4-5 Wingdings 符号

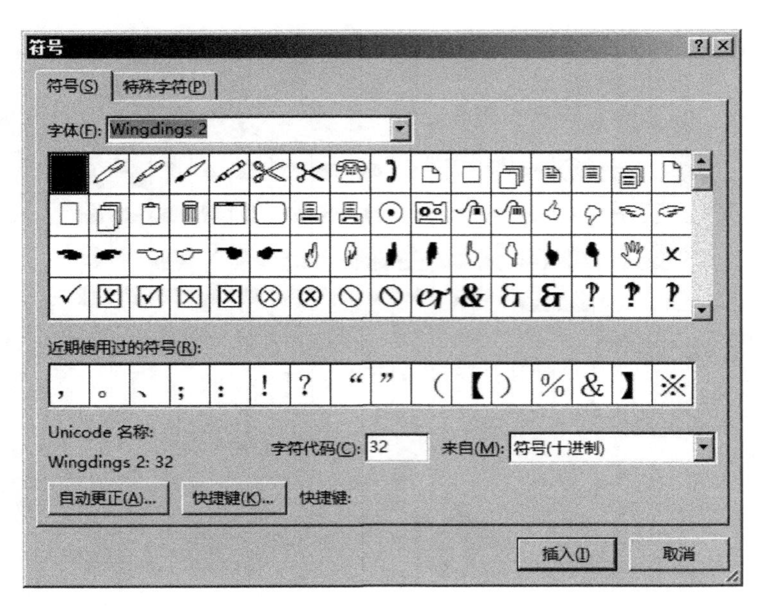

图 4-6 Wingdings2 符号

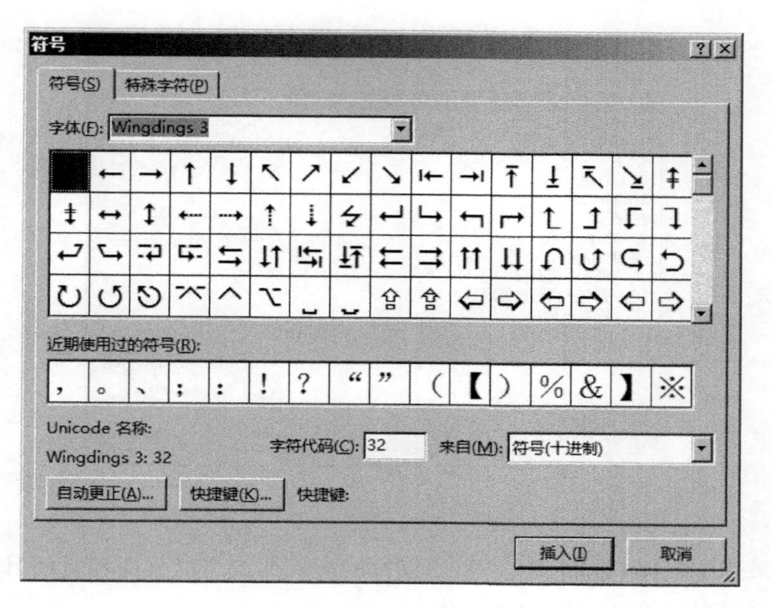

图 4-7　Wingdings3 符号

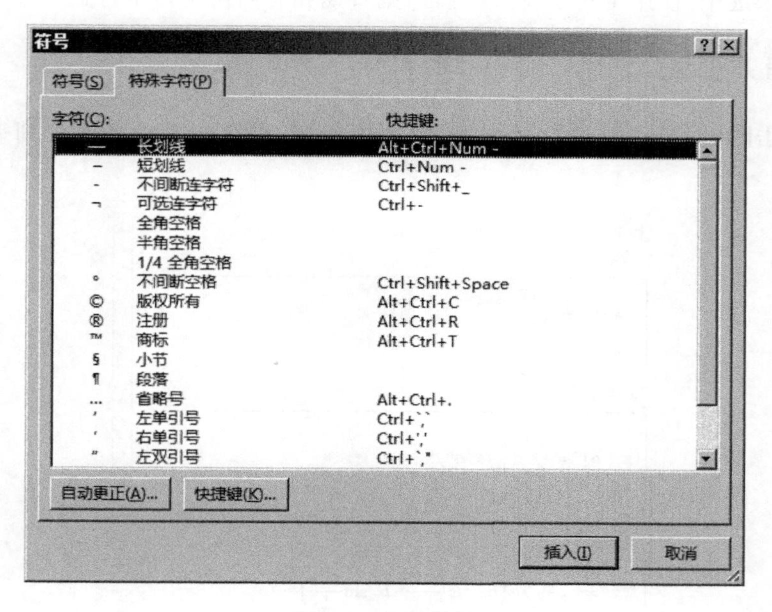

图 4-8　特殊字符

4.1.3　插入日期和时间

插入日期和时间是将系统的日期和时间插入到当前文档中，在功能区单击【插入】→【文本】→【日期和时间】，弹出【日期和时间】对话框，如图 4-9 所示。

(1) 在“可用格式”列表框中选择一种日期和时间格式。

(2) 在“语言(国家/地区)”下拉列表中选择一种语言。

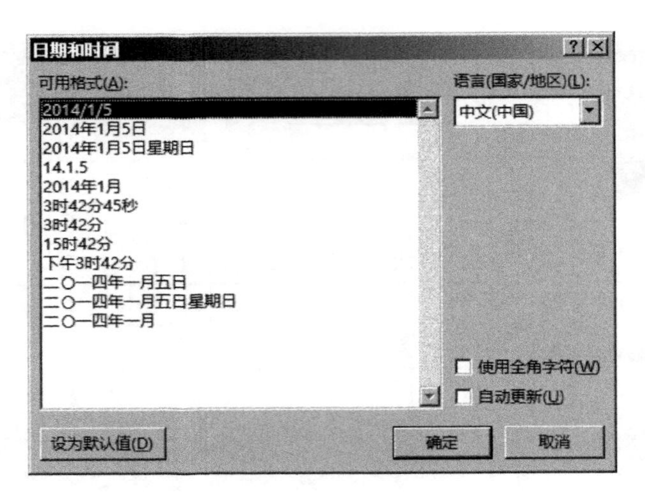

图 4-9　日期和时间

(3) 如果选中“自动更新”复选框，则以域的形式插入当前日期和时间，该日期和时间随着计算机系统的日期和时间发生变化。

(4) 如果选中“使用全角字符”复选框，则日期和时间用全角字符显示。

4.1.4　插入公式

(1) 单击【插入】→【符号】→【公式】的下拉按钮，将会打开公式下拉列表，如图 4-10 所示。

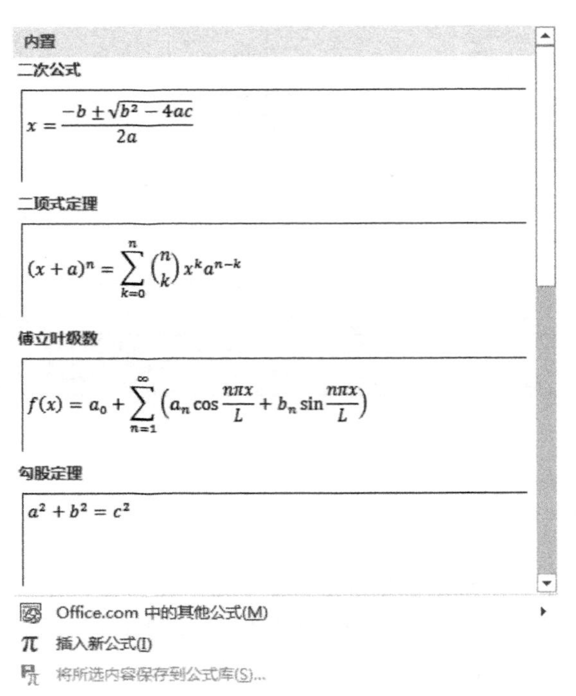

图 4-10　公式下拉列表

（2）如果在【内置】对话框中没有用户需要的公式，则可单击下面的"插入新公式"，打开【设计】选项卡，根据用户需要编辑公式，如图4-11所示。

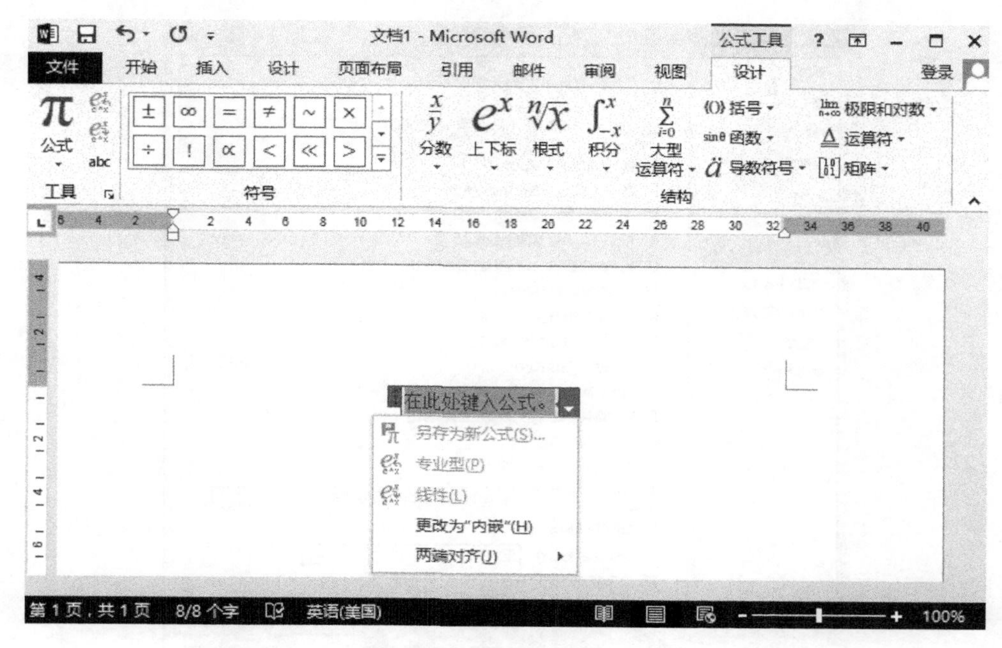

图4-11　公式设计选项卡

4.1.5　插入编号

单击【插入】→【符号】→【编号】，打开【编号】对话框。先选编号类型，然后在【编号】中输入相应的数字，如图4-12所示，插入的编号是"丙"。

图4-12　【编号】对话框

4.1.6　即点即输

即点即输就是可以在文档的任意位置双击鼠标左键直接输入内容，而不必先按回车或者空格键将光标移到想要输入文字的地方。在Word中启用即点即输功能，可按下面步骤进行操作。

(1) 启动 Word 2013，单击【文件】→【选项】，打开【Word 选项】对话框。选择“高级”，在右侧的对话框中选择“启用即点即输”复选框，如图 4-13 所示。

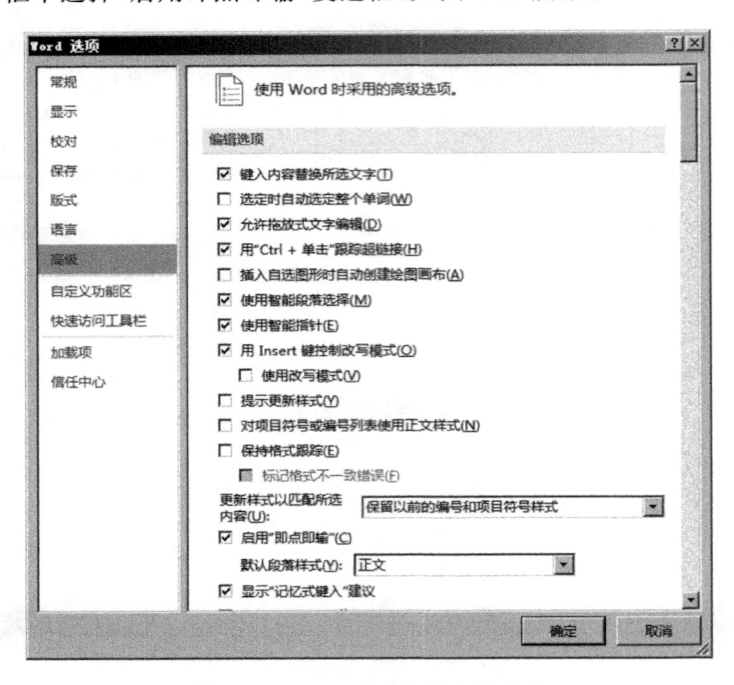

图 4-13　Word 选项中的高级菜单

(2) 在文档内任意位置双击，即可将插入点移动到该位置，如图 4-14 所示。

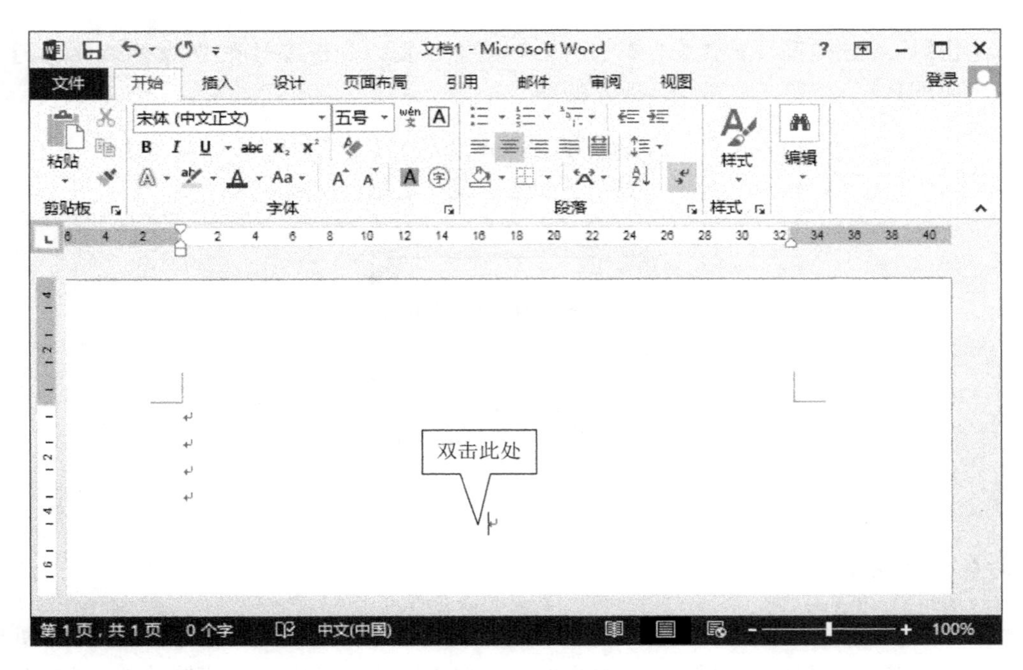

图 4-14　即点即输

4.2 Word 插入点移动

4.2.1 利用鼠标移动插入点

插入点也就是光标所在的位置，通过鼠标利用滚动条及按钮、鼠标滚轮等确定光标所在位置。

4.2.2 利用键盘移动插入点

利用键盘移动插入点，如表 4-1 所示。

表 4-1 利用键盘移动插入点

按 键	作 用
光标键→或←	光标在字符间移动
光标键↑或↓	光标在行与行之间移动
Home 或 End	光标到当前行首或行尾
Page Up 或 Page Down	光标到当前文档上一屏或下一屏
Ctrl+Home 或 Ctrl+End	光标到当前文档开始或结尾
Ctrl+Page Up 或 Ctrl+Page Down	光标到当前文档上一页或下一页

4.3 Word 文本的选取

4.3.1 用鼠标指针选取文本

用鼠标选中文本，可以利用 I 字形指针，按住鼠标左键拖动，就可以选中相应的文本。这种方法是在 Word 中最常用的方法。除此还可用以下方式来进行文本选取，如表 4-2 所示。

表 4-2 鼠标选取文本

鼠标操作	选取范围
在段落上单击左键	确定插入点，不进行选取
在段落上双击左键	选中双击位置的一个词组
在段落上三击左键	选中一个段落
Ctrl+左键在段落上单击	选中段落中的一句
在选定区单击左键	选中一行
在选定区双击左键	选中一段
在选定区三击左键	选中全部文档
在选定区 Ctrl+左键单击	选中全部文档
按 Alt+左键拖动	选中矩形文本
Shift+左键单击	选中连续文本
Ctrl+左键拖动	选中不连续文本

4.3.2 用 Ctrl 与 Shift 键选取文本

用 Ctrl 与 Shift 键选取文本,如表 4-3 所示。

表 4-3 键盘选取文本

键盘按键	选取范围
Shift+→或←	从当前位置向后或向前进行选取
Shift+↑或↓	从当前位置向上或向下进行选取
Shift+Home	从当前位置选取到行首
Shift+End	从当前位置选取到行尾
Ctrl+Shift+Home	从当前位置选取到文档开始
Ctrl+Shift+End	从当前位置选取到文档结尾
Ctrl+A	选中全部文档

4.3.3 利用 F8 扩展功能选取文本

利用 F8 扩展功能选取文本,如表 4-4 所示。

表 4-4 F8 扩展功能

按键	选取范围
单击 F8	从光标位置激活扩展功能,通过键盘或鼠标移动插入点选取
双击 F8	从光标位置选中一个词组
三击 F8	从光标位置选段落中的一句
四击 F8	从光标位置选中一个段落
五击 F8	选中全部文档
Esc 键	取消扩展功能

4.3.4 Word 文本操作

选中的文本可以进行如下操作:

(1) 文本删除:选择要删除的文本,在键盘上按 Delete 键。

(2) 文本复制或移动,如表 4-5 所示。

表 4-5 文本复制与移动

文本块复制	文本块的移动
使用快捷键 Ctrl+C 与 Ctrl+V	使用快捷键 Ctrl+X 与 Ctrl+V
使用复制→粘贴	使用剪切→粘贴
Ctrl+左键拖动	左键拖动
右键拖动→复制到此位置	右键拖动→移动到此位置

文本复制或剪切是将内容复制到剪贴板中,可以把不同的对象存入剪贴板,然后有选择地进行粘贴。剪贴板最多可以存放 24 次复制或剪切的结果。单击【开始】→【剪贴板】→右下角对话框启动器可打开"剪贴板",如图 4-15 所示。

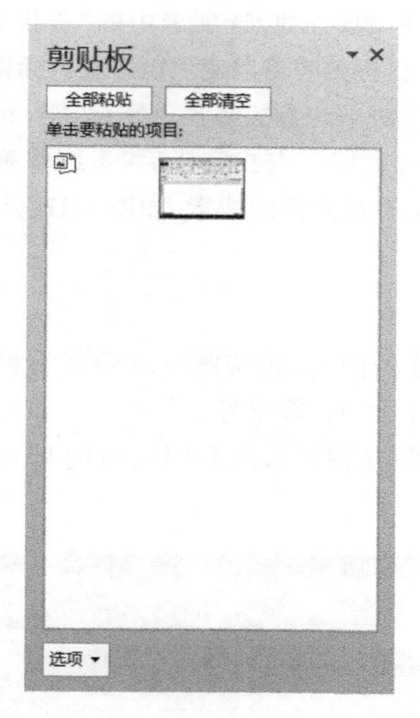

图 4-15　剪贴板

（3）文本格式设置，详见第 5 章。

4.4 Word 文本查找与替换

要在一篇文档中快速找到需要的文本，或对这些相同的文本进行统一修改，可使用 Word 提供的查找和替换功能来实现。

4.4.1 查找文本

查找是指根据用户指定的内容，在文档中查找相同的内容，并将光标定位在此。查找文本的具体操作步骤如下：

（1）将插入点光标移动到文档的开始位置，然后单击【开始】→【编辑】→【查找】→【高级查找】，或利用快捷键 Ctrl＋F，打开【查找和替换】对话框，如图 4-16 所示。

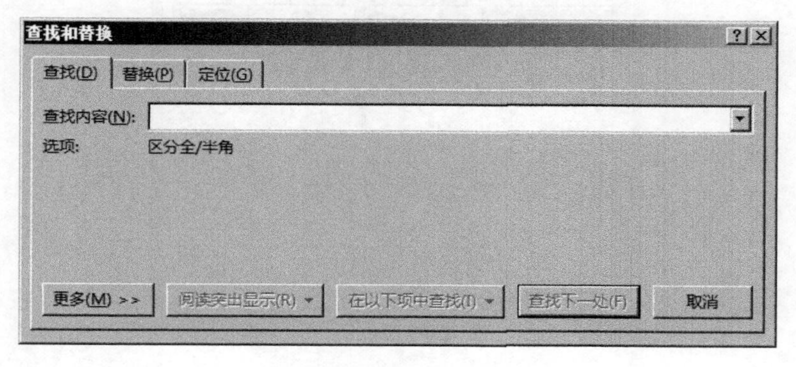

图 4-16　【查找和替换】对话框中的【查找】选项卡

(2) 在【查找和替换】对话框的【查找】选项卡中的"查找内容"中输入要查找的文字，单击【查找下一处】按钮，查找到的目标内容将以蓝色矩形底色标识。

(3) 如果需要继续查找，再次单击【查找下一处】按钮，将继续查找下一个文本，直到文档的末尾。查找完毕后，系统将弹出提示框，提示用户 Word 已经完成对文档的搜索，如图 4-17 所示。

图 4-17 提示框

4.4.2 替换文本

替换是指先查找需要替换的内容，再按照要求将其替换。例如把"电子商务"替换为"电子商务"，格式：小四、加粗、红色、着重号。

(1) 单击【开始】→【编辑】→【替换】，或利用快捷键 Ctrl+H，弹出【查找和替换】对话框，如图 4-18 所示。

图 4-18 【查找和替换】对话框中的【替换】选项卡

(2) 在该选项卡中的"查找内容"中输入"电子商务"；在"替换为"中输入"电子商务"。单击左下角的【更多】→【格式】→【字体】，则可打开【替换字体】对话框，在此可设置替换字体的格式。格式设置如图 4-19 所示。

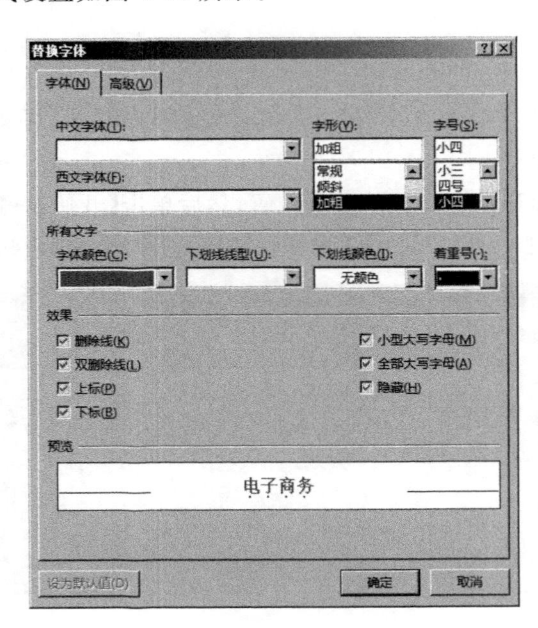

图 4-19 【替换字体】对话框

(3) 设置完字体格式后效果如图 4-20 所示。

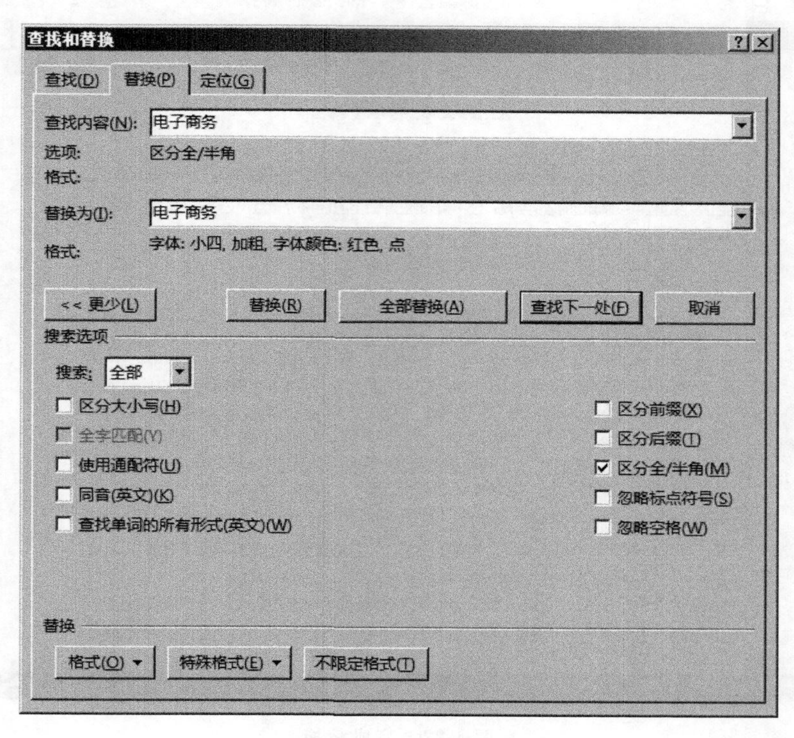

图 4-20 【替换】选项卡

(4) 如果要一次性替换文档中的全部对象,可单击【全部替换】按钮,系统将自动替换全部内容。替换完成后,系统弹出提示框,如图 4-21 所示。

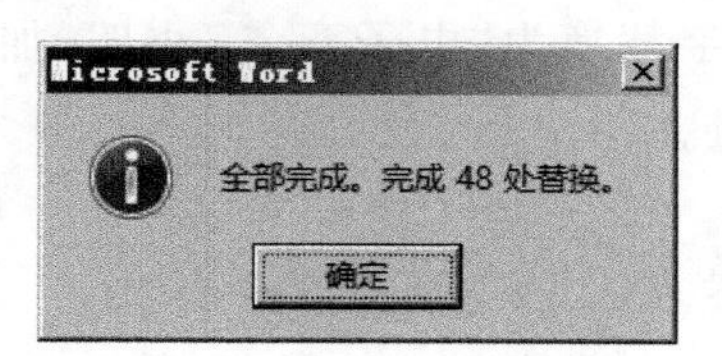

图 4-21 提示框

(5) 对文字替换完成,如图 4-22 所示。

4.4.3 继续查找与替换

(1) 使用【查找与替换】对话框中的【查找下一处】按钮可以继续查找。
(2) 关闭【查找与替换】对话框后,使用 Shift+F4 也可以继续查找。

4.4.4 通配符查找与替换

在查找过程中,比如要同时找"山东省"和"山西省"可以使用通配符。通配符有"?"与"*"两种,"?"代表一个字符,"*"代表多个字符。查找"山? 省"就可以找到山东省和山西省。

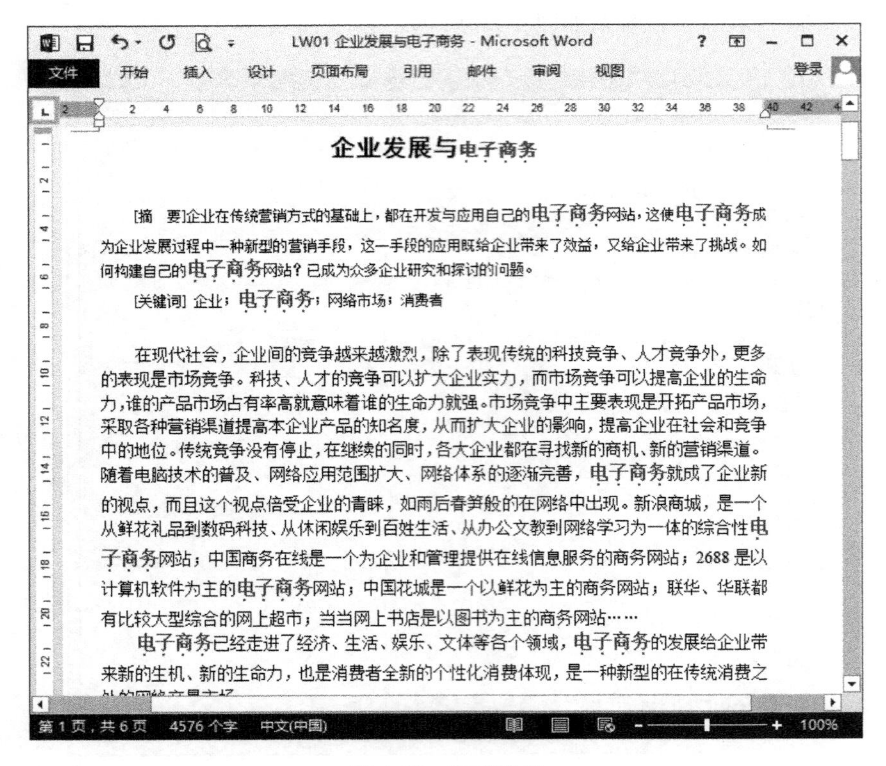

图 4-22　完成替换

4.4.5　格式替换

刚才把“电子商务”3 个字替换为“电子商务”小四、加粗、红色、着重号，这就是格式替换。

4.4.6　特殊字符的替换

特殊字符的查找与替换主要包括：

(1) 假设每一行的下面加两个回车，总计有 1000 行，这个时候如何完成。可以通过特殊格式，查找两个“段落标记”，换成一个“段落标记”。

(2) 如果要删除多余的回车，则将两个“段落标记”换为一个“段落标记”。

(3) 如果要删除多余的空格，可将“空白区域”换为空值。

(4) 如果将所有的段落合并成一个段落，可以查找“段落标记”，换成“不间断连字符”。

特殊字符菜单如图 4-23 所示。

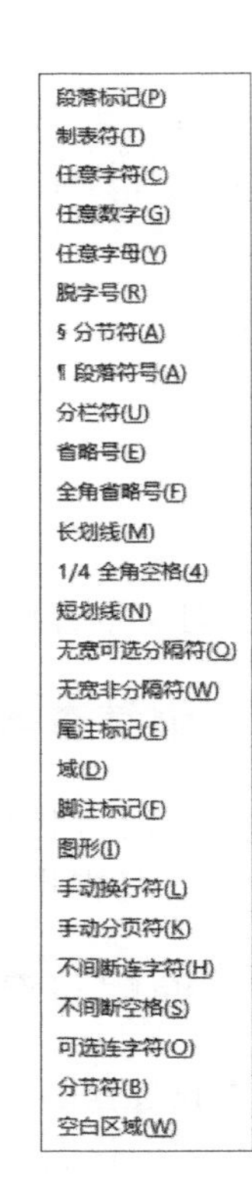

图 4-23　特殊字符菜单

4.4.7 查找定位

查找定位可以使文档定位到指定的页、指定的节、指定的行及书签等。以书签为例进行查找定位。

1. 插入书签

如果看电子版图书,也可以定位到书签。首先要定义书签,单击【插入】→【链接】→【书签】,打开【书签】对话框,如图 4-24 所示。

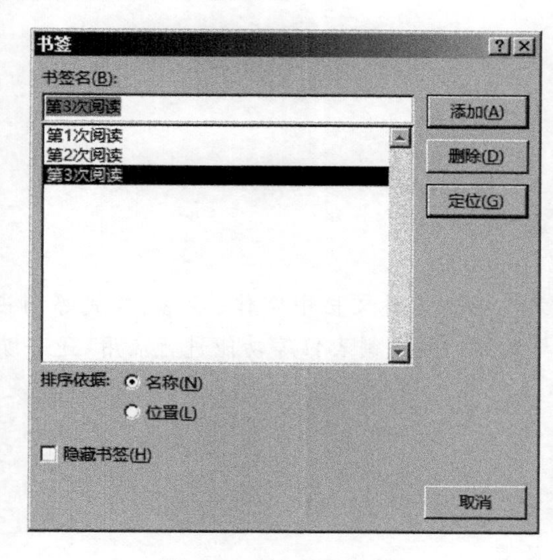

图 4-24 【书签】对话框

2. 定位书签

查找定位,可以定位到某一行,也可以定位到某一页,如图 4-25 所示。

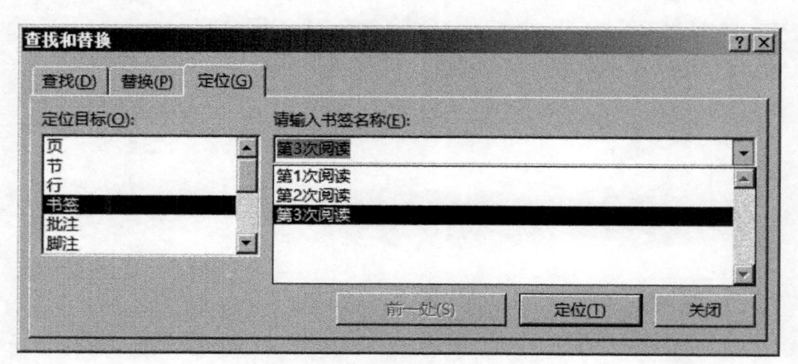

图 4-25 【查找和替换】对话框中的【定位】选项卡

第 5 章　Word 文档格式化

本章说明：

Word 文档格式化主要是对文档中字体、段落、样式等的设置，也是对项目符号与编号、边框与底纹、分栏、制表位等功能进行应用，还可以对一些特殊中文版式进行设置。

本章主要内容：

- Word 字体设置
- Word 段落设置
- Word 项目符号与编号
- Word 边框与底纹
- Word 分栏
- Word 制表位
- Word 特殊中文版式

本章拟解决的问题：

(1) 如何在选择文字时不显示浮动工具栏？
(2) 如何设置字体的效果？
(3) 如何设置段落的缩进？
(4) 如何设置段落的对齐方式？
(5) 如何更改行间距和设置段前与段后距离？
(6) 如何设置字符的提升与降低？
(7) 如何定义新项目符号？
(8) 如何设置编号？
(9) 如何设置边框样式？
(10) 如何添加底纹？
(11) 如何在指定位置分栏？
(12) 如何利用制表符输入对齐文字？
(13) 如何将文本转换成表格？
(14) 如何设置首字下沉、文字方向、拼音指南、带圈字符、纵横混排、合并字符、双行合一？

5.1 Word 字体设置

在文档中输入文本后，需要对其字体、字号等进行设置。

5.1.1 设置方法

1. 利用【开始】选项卡

通过【开始】选项卡的“字体”组可以设置字体、字号、加粗、倾斜、下划线等，在设置字号时如果字号的下拉列表中没有需要的字号，可以手工输入字号然后按回车键确认，如图 5-1 所示。

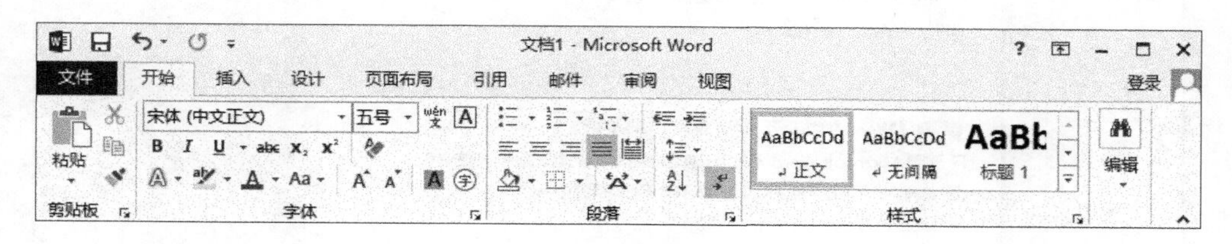

图 5-1 【开始】选项卡

2. 利用快捷菜单

在设置字体时，为了方便快捷，可直接右击鼠标弹出快捷菜单，选择【字体】命令进行设置，如图 5-2 所示。

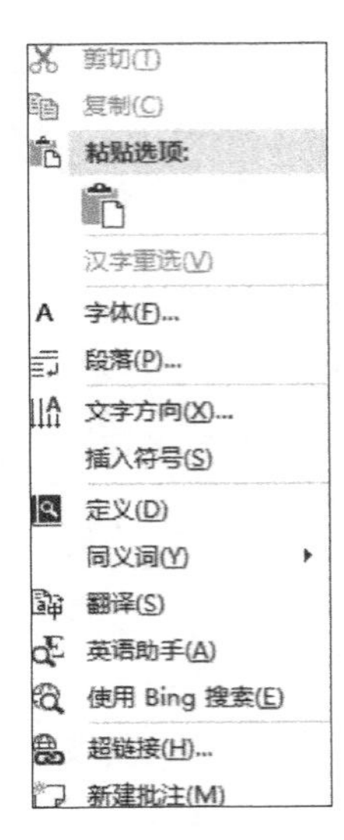

图 5-2　快捷菜单

3. 利用浮动工具栏设置字体

单击【文件】→【选项】→【常规】,在【Word 选项】对话框右侧“使用 Word 时采用的常规选项”中勾选“选择时显示浮动工具栏”复选框,如图 5-3 所示。

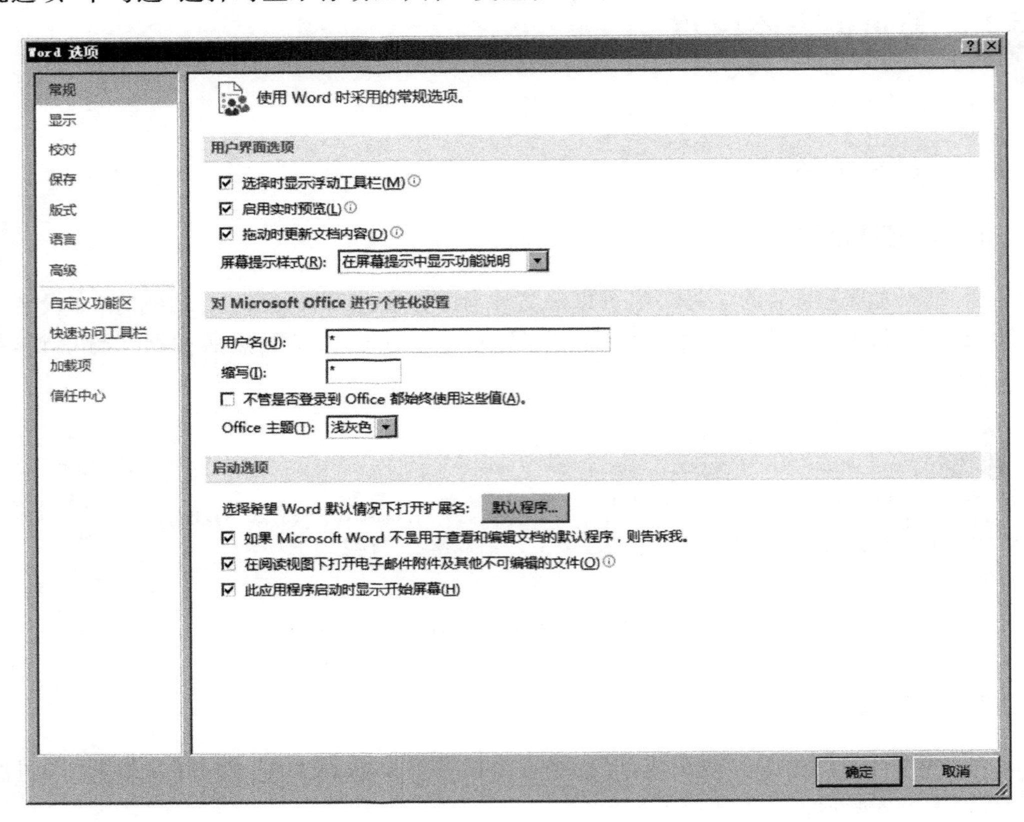

图 5-3　Word 选项

单击【确定】按钮后，在选择文本时则会自动显示浮动工具栏，如图 5-4 所示。

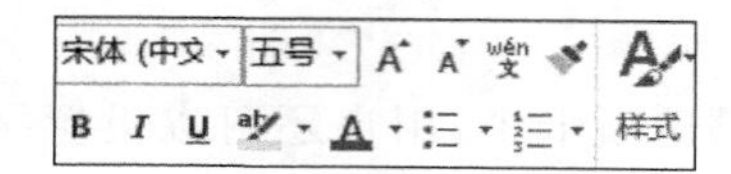

图 5-4　浮动工具栏

5.1.2　字体对话框

在文档中选中需要设置字体的文本，单击【开始】→【字体】右下角对话框启动器，弹出【字体】对话框，如图 5-5 所示。

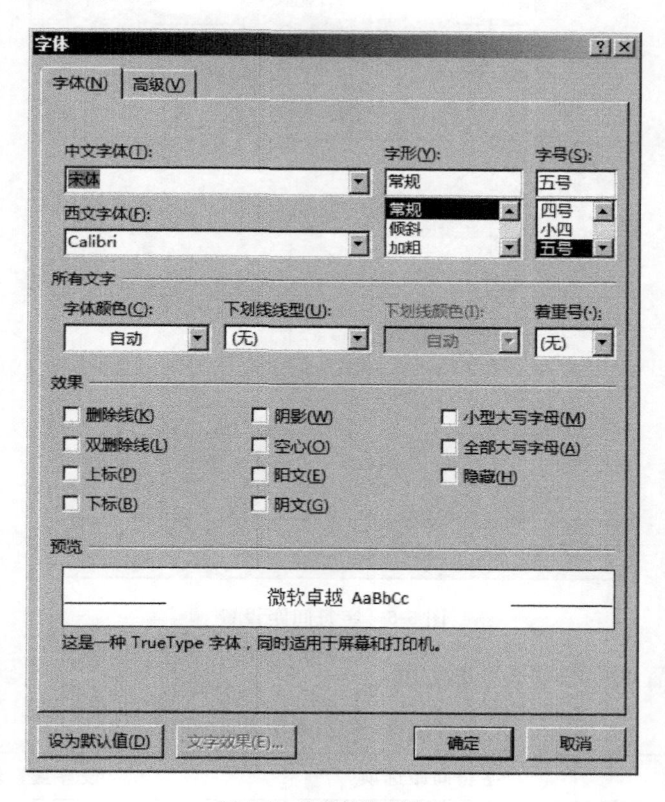

图 5-5　【字体】对话框

在【字体】对话框中可以进行如下设置：

(1) 字体设置。

(2) 字形设置。

(3) 字号设置。

(4) 字体颜色设置。

(5) 文字下划线线型。

(6) 文字下划线颜色。

(7) 文字着重号。

(8) 文字效果。

5.1.3 字间距与位置

在【字体】对话框的【高级】选项卡中,用户还可以设置字符的缩放、间距、位置等,如图 5-6 所示。

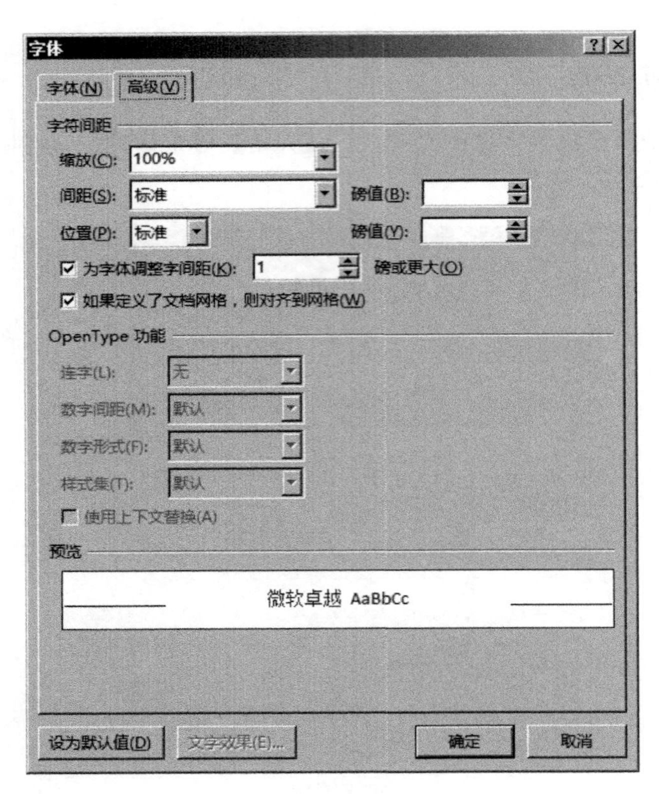

图 5-6 字符间距设置

字符间距设置的内容如表 5-1 所示。

表 5-1 字符间距设置

序号	字符间距选项	设 置 值
1	缩放	按百分比
2	间距	标准(默认项)
		加宽,按磅值
		紧缩,按磅值
3	位置	标准(默认项)
		提升,按磅值
		降低,按磅值

利用【字体】对话框中的【高级】选项卡,对"办公自动化"5 个字进行不同的设置,效果如图 5-7 所示。

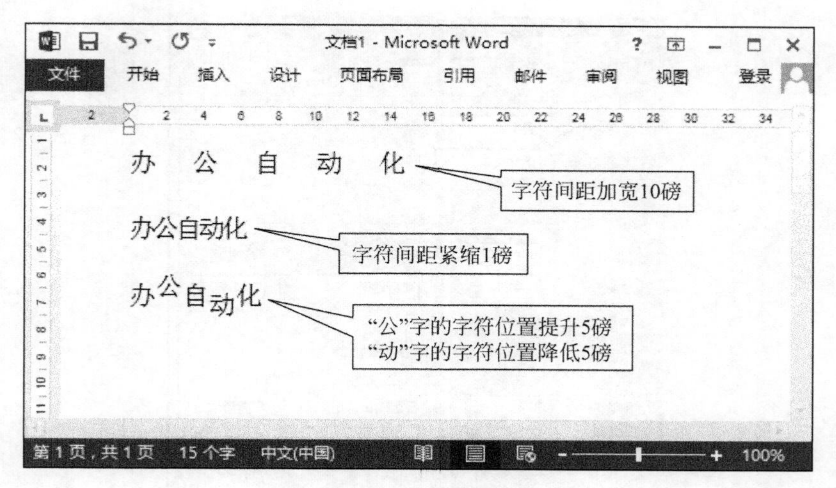

图 5-7　字符间距设置

5.2 Word段落设置

段落的设置方法和字体的设置方法一样。段落操作是对自然段落进行的整体操作，一个段落是以回车符作为结束标志的，有一个回车符即段落标记就算一个段落。

5.2.1　设置段落缩进

段落缩进是指文本与页边距之间保持的距离。可以通过【段落】对话框或拖动标尺滑块两种方法设置段落缩进。段落缩进方式如表5-2所示。

表 5-2　段落缩进

序号	段落缩进	操　作
1	首行缩进	第一行进行的缩进
2	悬挂缩进	除第一行以外的行进行的缩进
3	左缩进	段落的左面整体进行的缩进，包括第一行
4	右缩进	段落的右面整体进行的缩进，包括第一行

1. 通过【段落】对话框设置段落缩进

(1) 将光标停在需要设置缩进的段落上。

(2) 单击【开始】→【段落】右下角的对话框启动器，打开【段落】对话框，如图5-8所示。

(3) 在"缩进"区域中的"左侧"和"右侧"分别设置左缩进量和右缩进量。在"特殊格式"下拉列表中选择两种缩进方式(首行缩进和悬挂缩进)中的一种，选定后在"缩进值"微调框中设置它的具体缩进量。设置完成后，单击【确定】按钮，效果如图5-9所示。

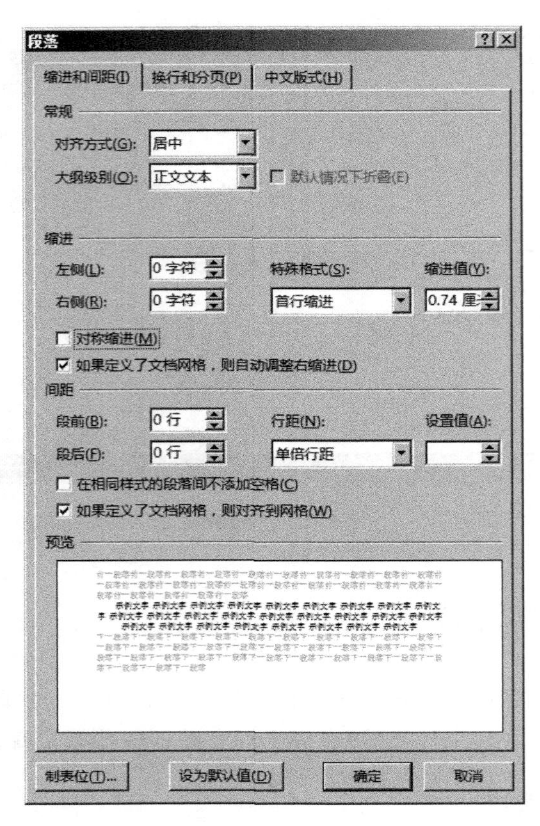

图 5-8 【段落】对话框

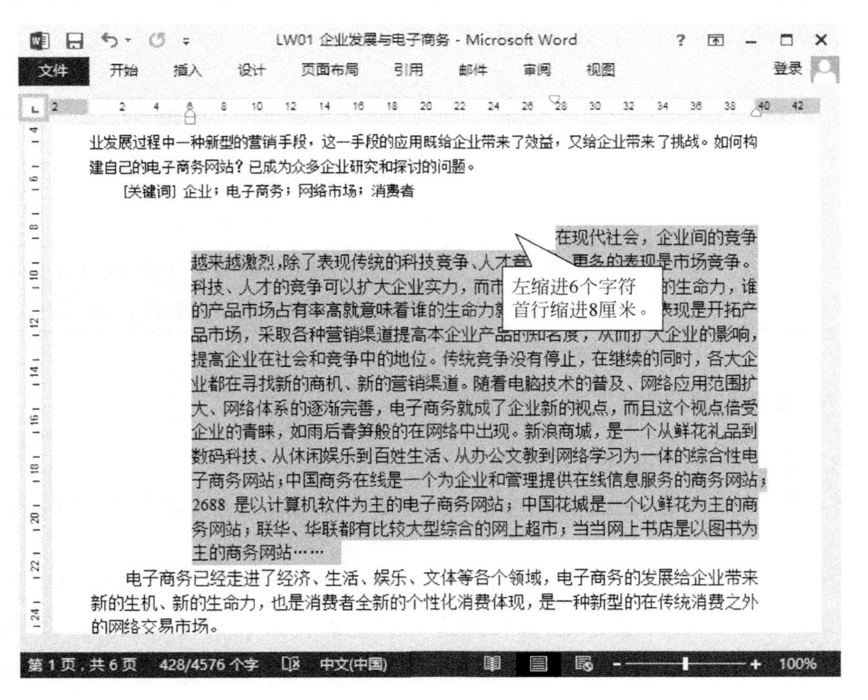

图 5-9 缩进

2. 通过标尺设置段落缩进

（1）将光标停在需要设置缩进的段落上。

（2）用鼠标拖动标尺上4个滑块中的任意一个，就可以按照指定的缩进方式调整缩进量，如图5-10所示。

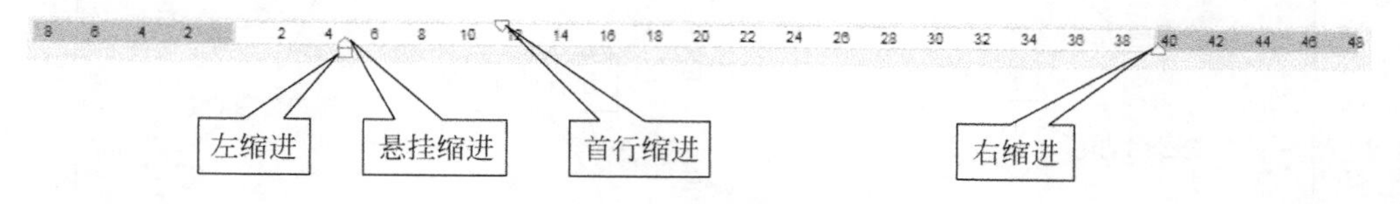

图5-10 用标尺设置缩进量

5.2.2 段落的对齐方式

段落对齐是指段落在水平方向上以何种方式对齐，如表5-3及图5-11所示。

表5-3 段落对齐方式快捷键

序号	段落对齐方式	操作快捷键
1	左对齐	Ctrl+L
2	右对齐	Ctrl+R
3	居中对齐	Ctrl+E
4	分散对齐	Ctrl+Shift+J
5	两端对齐	Ctrl+J

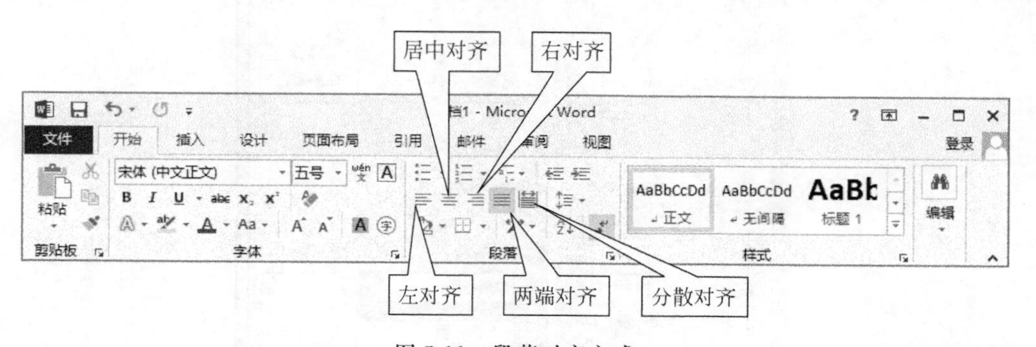

图5-11 段落对齐方式

利用段落的对齐方式，将“办公自动化”5个字分别进行对齐，效果如图5-12所示。

5.2.3 行间距与段前段后

Word 2013默认的行距为单倍行距，段前为0行，段后为0行。行间距是指行与行间的距离，段前与段后是指段前空多少，段后空多少。

1. 设置行间距

（1）选定需要设置行间距的文本。

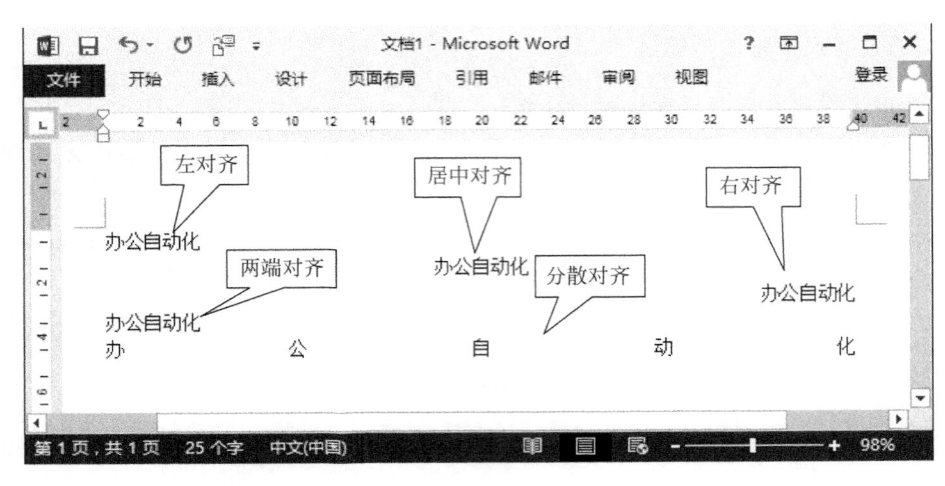

图 5-12 “办公自动化”5个字的对齐方式

（2）单击【开始】→【段落】右下角的对话框启动器，即可打开【段落】对话框，在该对话框中打开“行距”下拉列表框，如图 5-13 所示。

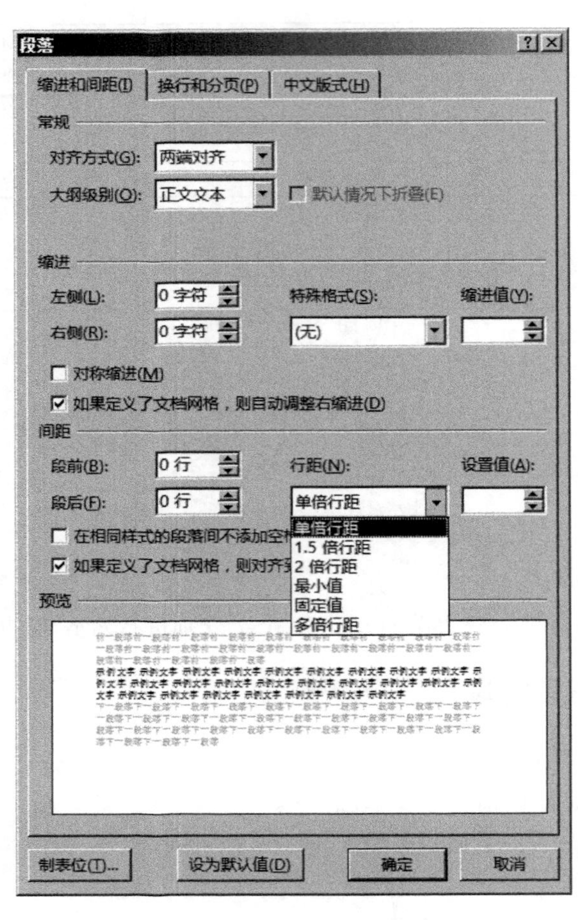

图 5-13 “行距”下拉列表框

(3) 行距下拉列表中包含以下6种类型，如表5-4所示。

表 5-4 行距类型

序号	行距类型	含 义
1	单倍行距	行与行之间的距离为标准的1倍
2	1.5倍行距	行与行之间的距离为标准行距的1.5倍
3	2倍行距	行与行之间的距离为标准行距的2倍
4	最小值	行与行之间使用大于或等于单倍行距的最小行距值
5	固定值	行与行之间的距离使用用户指定的值，需要注意该值不能小于字体的高度
6	多倍行距	行与行之间的距离使用用户指定的单倍行距的倍数值

(4) 在【段落】对话框中设置合适的行距，单击【确定】按钮，即可完成对该段落行距的相应设置。

2. 设置段落间距

在【段落】对话框中的“段前”和“段后”中分别设置距段前距离、段后距离。

5.3 Word项目符号与编号

项目符号是指每段文字前面用的相同的符号。编号是按顺序排列的。

5.3.1 创建项目符号

在Word 2013中定义新项目符号的操作步骤如下。

(1) 选择需要插入项目符号的文字。

(2) 单击【开始】→【段落】→【项目符号】→【定义新项目符号】，即可打开【定义新项目符号】对话框，如图5-14所示。

(3) 单击【符号】按钮，打开【符号】对话框，在“字体”下拉列表中可以选择符号字体样式，选择需要的符号，单击【确定】按钮，即可将字符插入到文档中，如图5-15所示。

(4) 在【定义新项目符号】对话框中单击【图片】按钮，打开【插入图片】对话框，如图5-16所示，单击“来自文件”，即可将自己计算机中的图片应用为图片项目符号，在“搜索Office.com”中输入需要搜索的剪贴画的关键字，单击搜索图标即可联机查找Office免版税的照片和插图并应用为图片项目符号；或在“搜索必应Bing”中输入需要搜索的图片的关键字，单击搜索图标即可在网页中查找相关的图片并应用为图片项目符号。

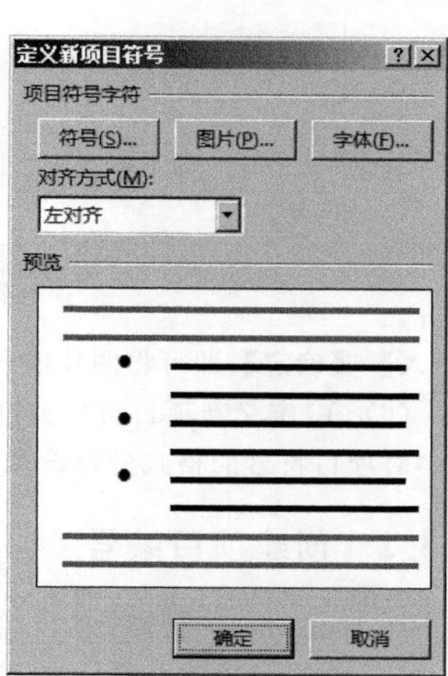

图5-14 【定义新项目符号】对话框

(5) 以插入计算机中本地图片为例讲述图片项目符号。选择“来自文件”，选中需要插入的图片后，单击

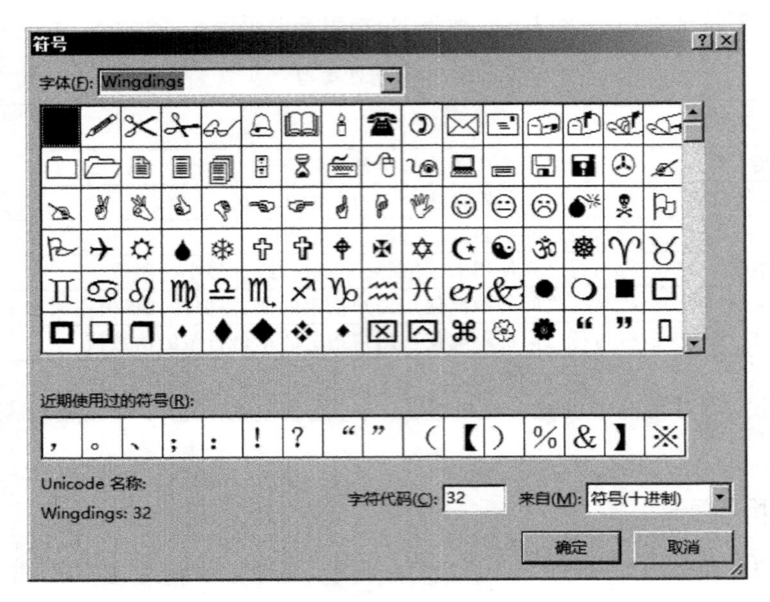

图 5-15 【符号】对话框

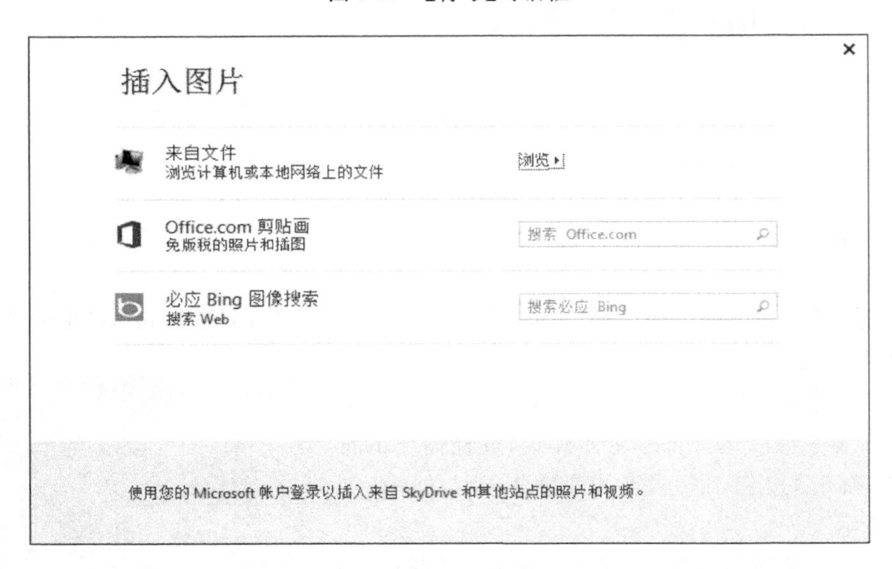

图 5-16 【插入图片】对话框

【插入】→【确定】,即可将图片插入到文档中。

(6) 在【定义新项目符号】对话框中单击【字体】按钮,打开【字体】对话框,可在该对话框中对项目符号的格式进行设置,如图 5-17 所示。

5.3.2 创建项目编号

在 Word 2013 中定义项目编号的操作步骤如下。

(1) 选择需要插入编号的文字。

(2) 单击【开始】→【段落】→【编号】→【定义新编号格式】,即可打开【定义新编号格

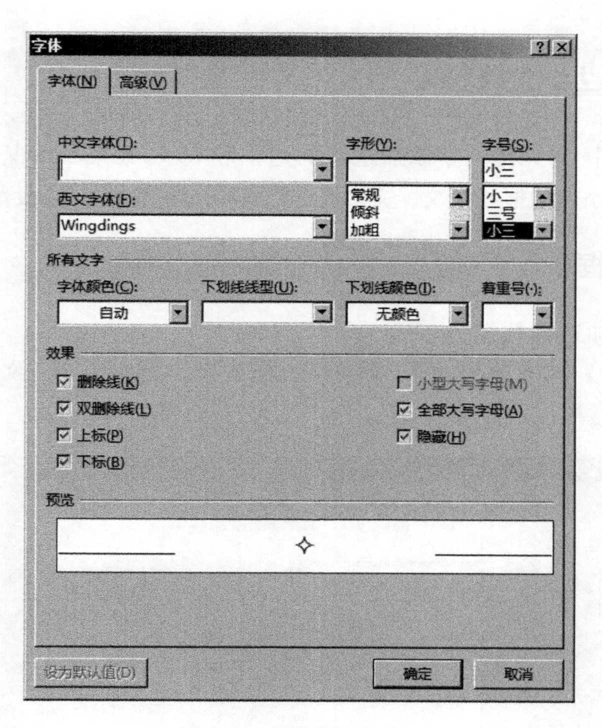

图 5-17 【字体】对话框

式】对话框，如图 5-18 所示。

(3) 在"编号样式"下拉菜单中选择需要的编号样式，在"编号格式"中可以更改默认的编号样式。在更改样式时数字部分不能更改，可根据需要在数字的前后添加文字，例如"第 1 部分."，如图 5-19 所示。在"对齐方式"的下拉列表中选择编号的对齐方式。在"预览"中可以看到插入编号的效果。单击【确定】按钮，即可为文本添加编号。

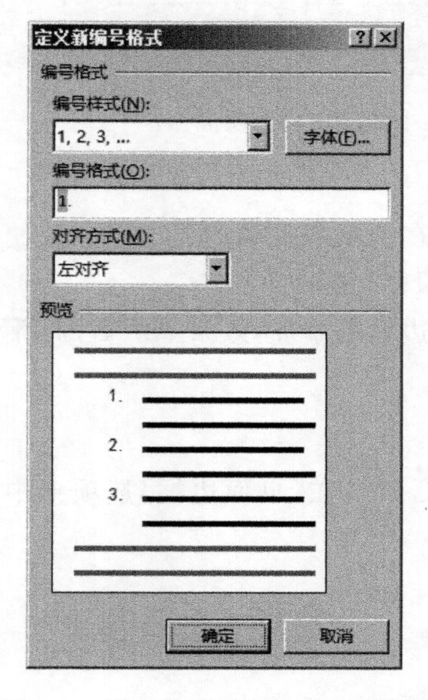

图 5-18 【定义新编号格式】对话框

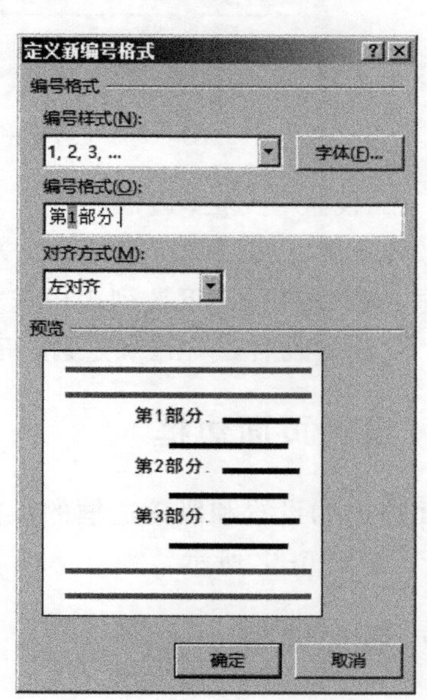

图 5-19 自定义编号格式

5.4 Word 边框与底纹

在 Word 2013 中，可以给文字添加适当的边框和底纹，在某些情况下，为了强调某个段落，还可以给该段落添加边框和底纹。文字边框以选中的文本为单位，段落边框以段为单位。

5.4.1 添加边框

（1）选定要添加边框的文本。

（2）单击【设计】→【页面背景】→【页面边框】，弹出【边框和底纹】对话框，如图 5-20 所示。

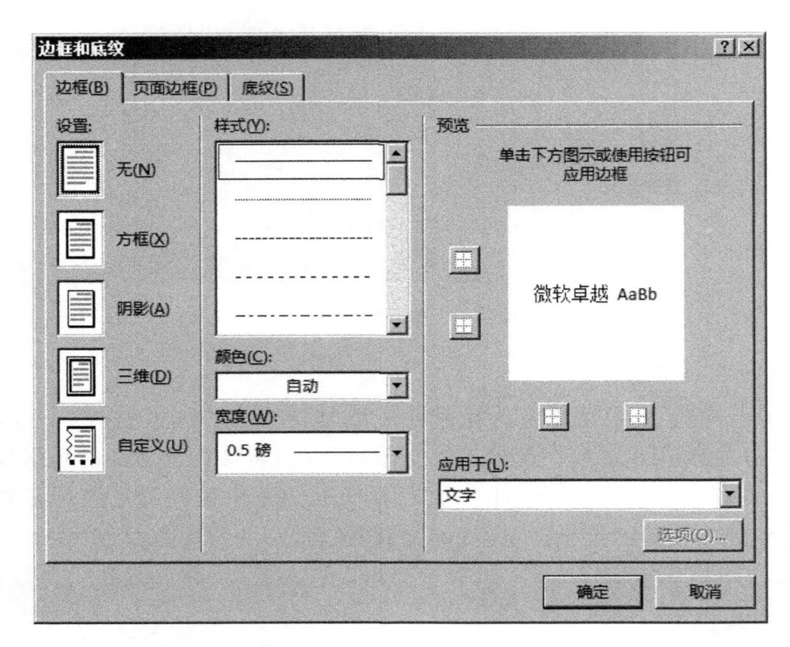

图 5-20 【边框和底纹】对话框中的【边框】选项卡

（3）在“设置”中选择边框的样式。

（4）其效果将在“预览”中显示出来。也可以在预览图中单击下方图示或使用按钮来添加边框。在“应用于”下拉列表中选“文字”或“段落”选项。

（5）设置完成后，单击【确定】按钮，即可完成边框的添加，效果如图 5-21 所示。

5.4.2 设置页面边框

页面边框的设置和段落边框的设置方法一样，但是在【页面边框】选项卡中可以添加“艺术型”，如图 5-22 所示。

5.4.3 添加底纹

（1）选择需要添加底纹的文本。

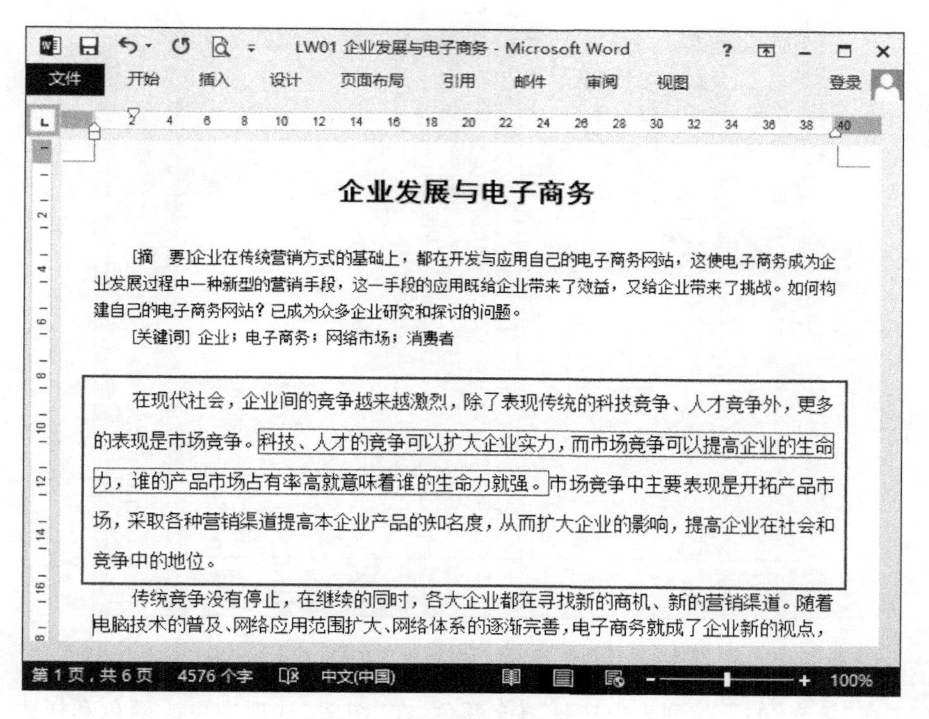

图 5-21 设置段落和文字边框

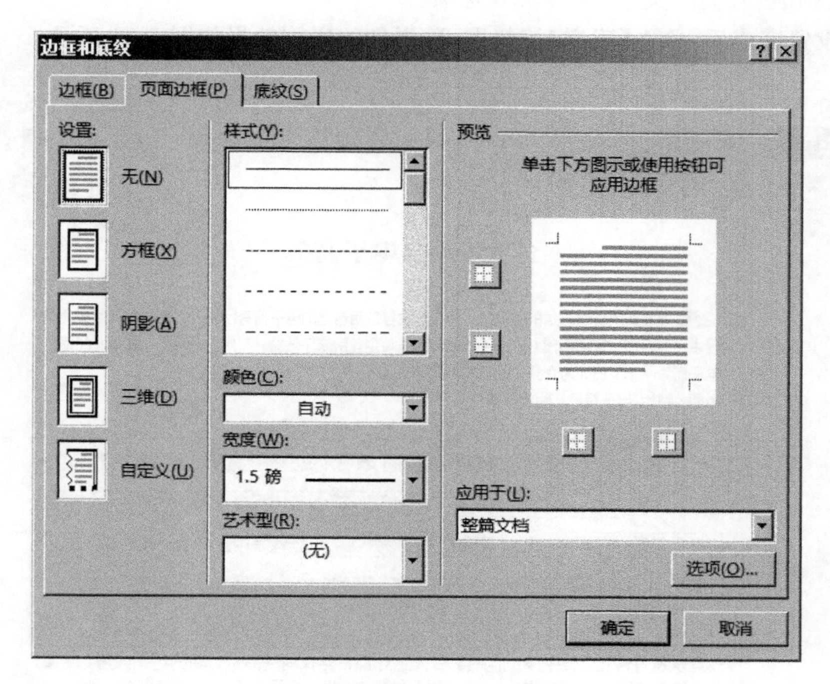

图 5-22 【页面边框】选项卡

(2) 单击功能区【设计】→【页面背景】→【页面边框】,弹出【边框和底纹】对话框选择【底纹】选项卡,如图 5-23 所示。

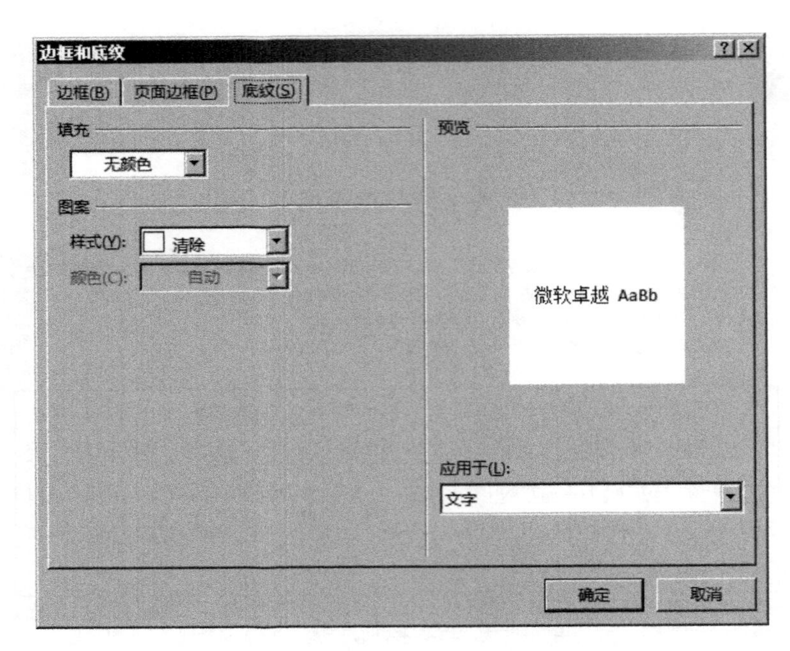

图 5-23 【边框和底纹】对话框中的【底纹】选项卡

(3) 在“填充”的下拉列表中选择填充颜色，在“图案”选项中更改颜色和样式，在“应用于”下拉列表中选择“文字”或“段落”选项。

(4) 设置完成后，单击【确定】按钮即可，添加的底纹效果如图 5-24 所示。

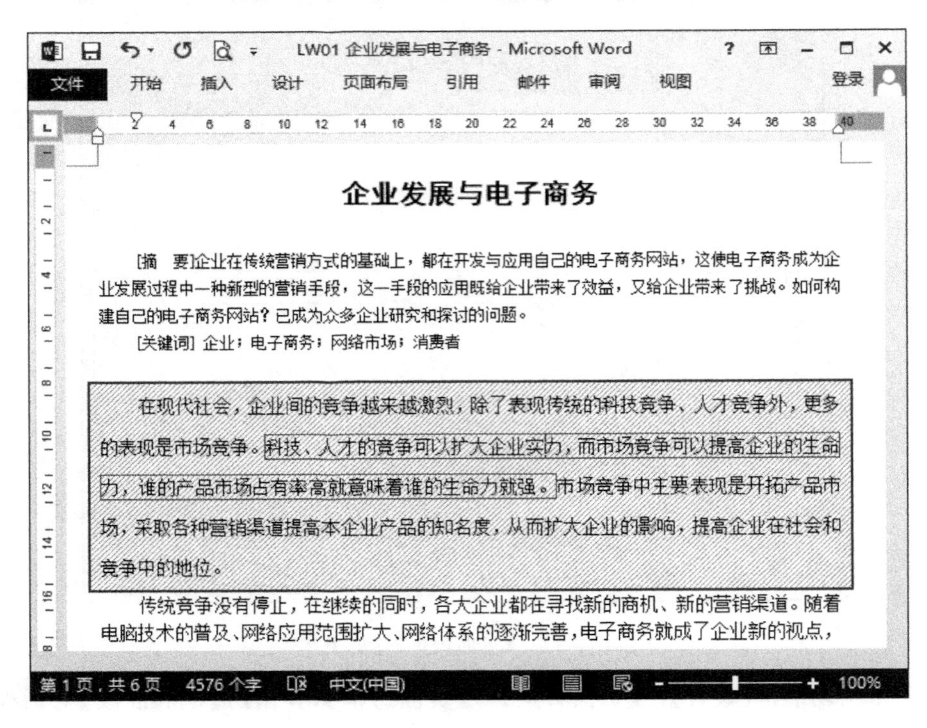

图 5-24 添加底纹

5.5 Word 分栏

如图 5-25 所示，这篇文档总计有 4 段，第一段没有分栏，也就是默认的一栏，第二段文字分的是两栏，第三段文字是两栏偏左，第四段文字是分为三栏并且加分隔线。

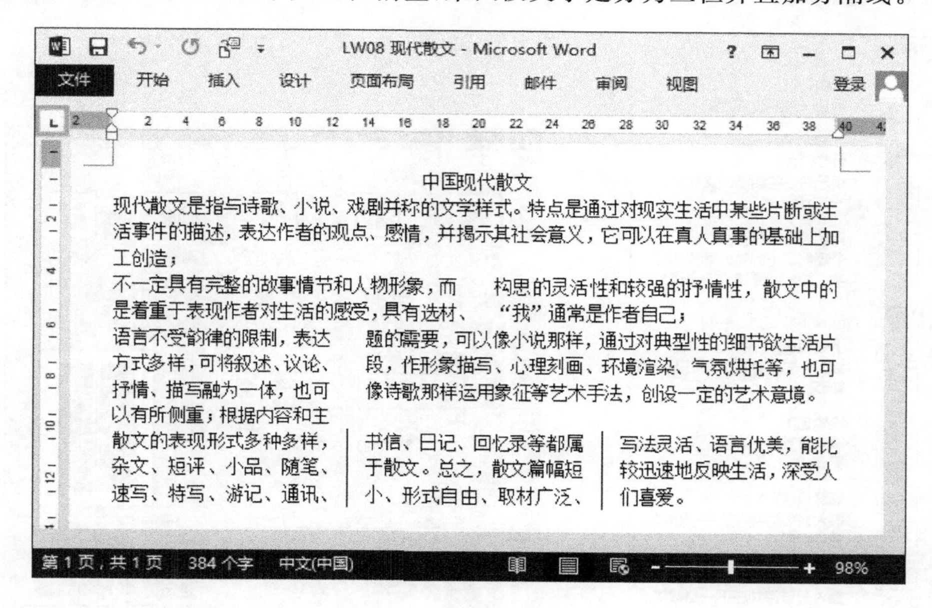

图 5-25　三种不同的分栏

在指定的位置分栏，可以通过插入分栏符来进行，如图 5-26 所示，在“根据内容”的前面进行分栏的操作。

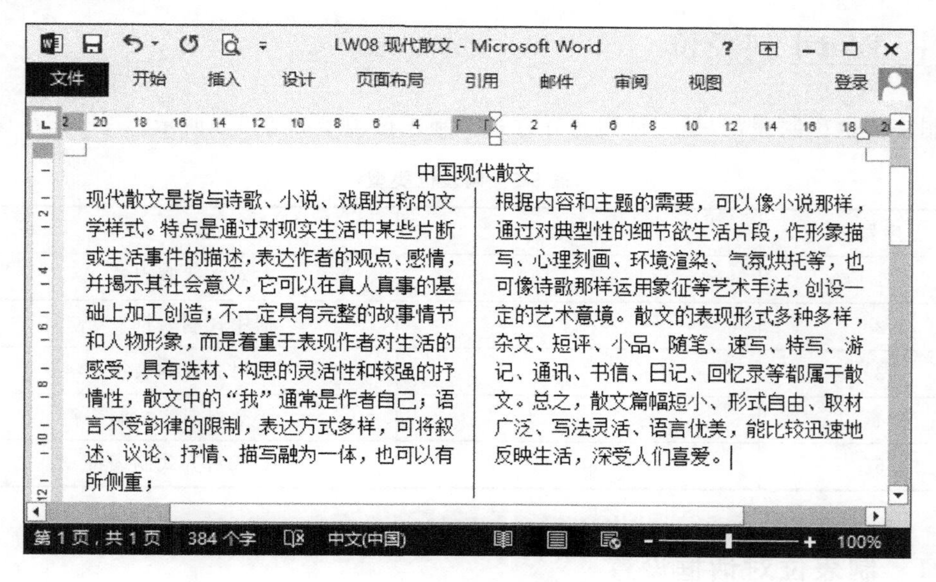

图 5-26　指定位置分栏

(1) 将鼠标停在需要分栏的位置，单击【页面布局】→【页面设置】→【分隔符】→【分栏符】，如图 5-27 所示。

(2) 插入分栏符后，将需要分栏的文字选中，单击【页面布局】→【页面设置】→【分栏】→【更多分栏】→【分栏】对话框，选择两栏和分隔线，如图 5-28 所示，指定位置分栏的最终效果如图 5-26 所示。

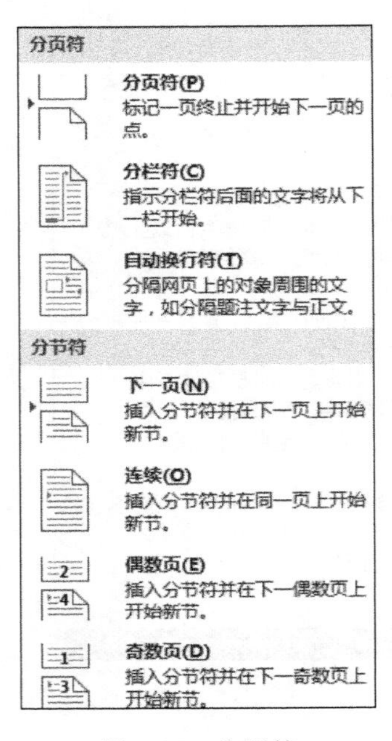

图 5-27　分隔符

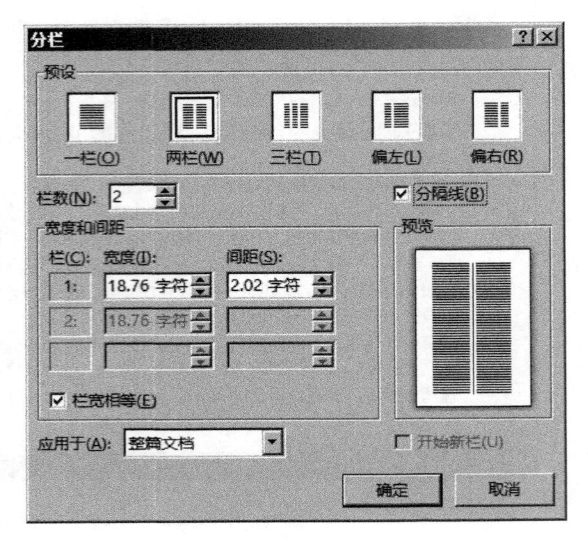

图 5-28　【分栏】对话框

5.6　Word 制表位

制表位也称制表符，是一种列对齐方式。制表位类型如表 5-5 所示。

表 5-5　制表位类型

序号	制表位	含　义
1		左对齐式制表符
2		居中式制表符
3		右对齐式制表符
4		小数点对齐式制表符
5		竖线对齐式制表符

5.6.1　制表位对话框设置

(1) 单击【开始】→【段落】组的对话框启动器，打开【段落】对话框，如图 5-29 所示。

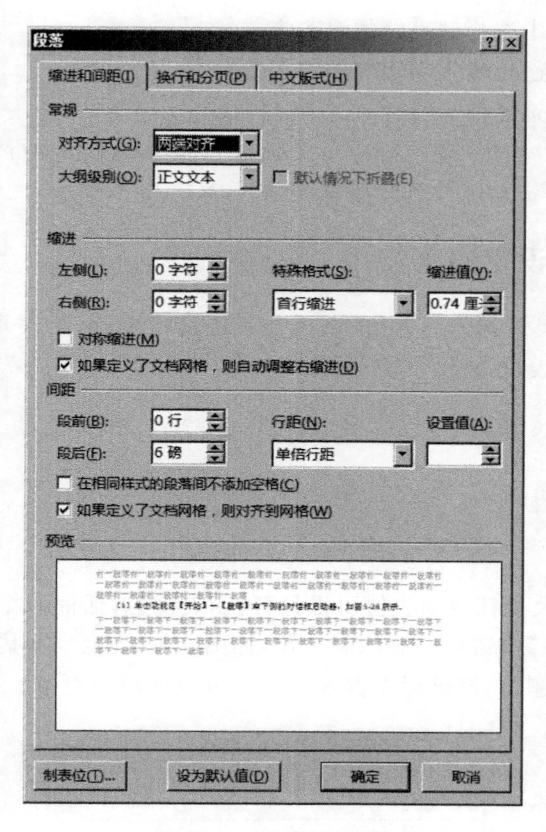

图 5-29 【段落】对话框

(2) 在【段落】对话框中单击左下方的【制表位】按钮，会打开【制表位】对话框，如图 5-30 所示。

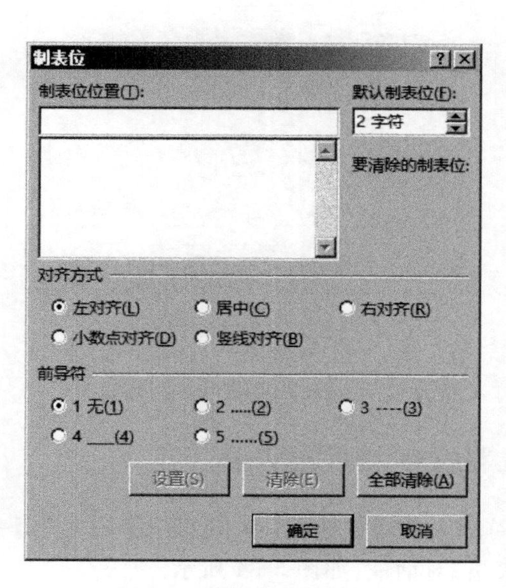

图 5-30 【制表位】对话框

① 在“对齐方式”中选择制表符的对齐方式。

② 在“制表位位置”处输入制表位的位置数值。

③ 在“前导符”中选择前导符样式。

输入文字时,从上一个制表位到下一个制表位按 Tab 键,本行最后一个制表位的数据输入完成后,按回车键从下一行开始继续输入。

5.6.2 利用标尺设定制表位

(1) 单击水平标尺左侧的制表符,选择制表符的类型,然后在水平标尺上单击,即可在水平标尺上出现制表符,如图 5-31 所示。

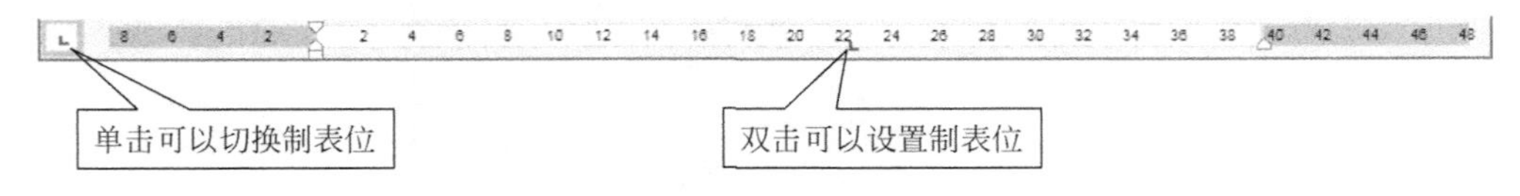

图 5-31 标尺制表位

(2) 双击水平标尺上任意制表符可以打开【制表位】对话框。在【制表位】对话框中单击【清除】或【全部清除】按钮可以删除制表符,如图 5-32 所示。在某个制表位按住鼠标左键向下拖动也可将其删除,按鼠标左键水平拖动可以移动制表位。

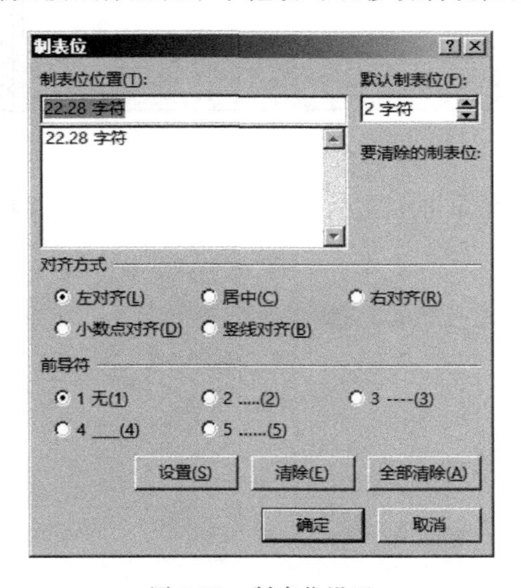

图 5-32 制表位设置

例如,利用制表符输入对齐文字,效果如图 5-33 所示。

5.6.3 利用制表位将文字转换成表格

(1) 选中利用制表符输入的对齐数据,单击【插入】→【表格】→【文本转换成表格】,即可弹出【将文字转换成表格】对话框,如图 5-34 所示。

(2) 在“表格尺寸”区域中设置行列数。在“‘自动调整’操作”区域中设置表格的宽

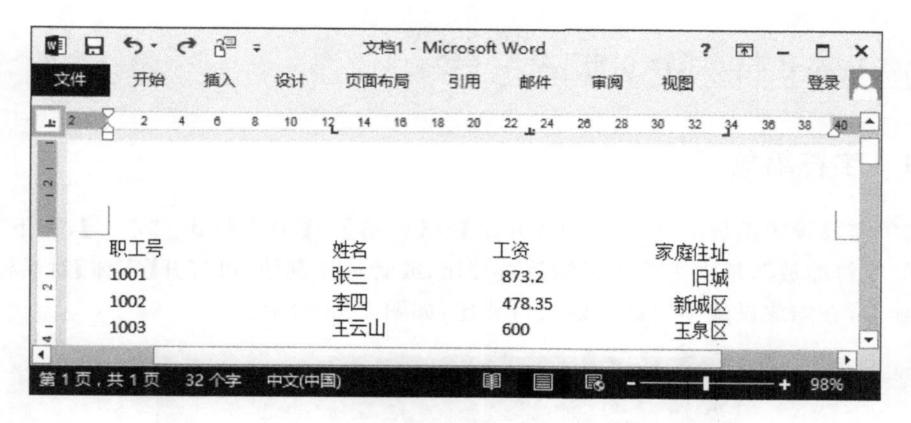

图 5-33 利用制表符输入对齐文字

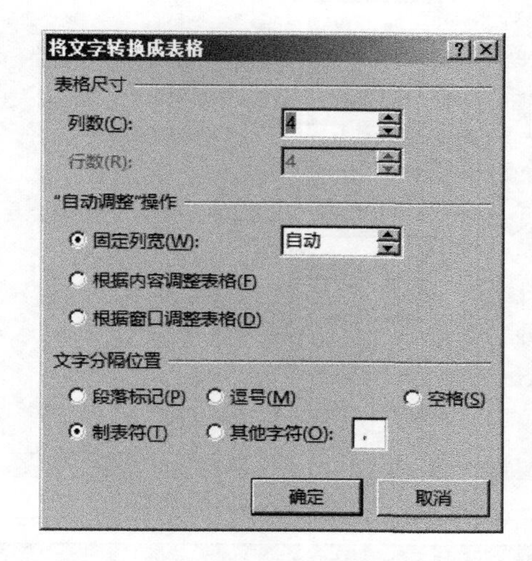

图 5-34 【将文字转换成表格】对话框

度、根据内容调整表格、根据窗口调整表格 3 种格式。然后设置文字分隔位置。

(3) 单击【确定】按钮，即可将文字转换成表格，如图 5-35 所示。

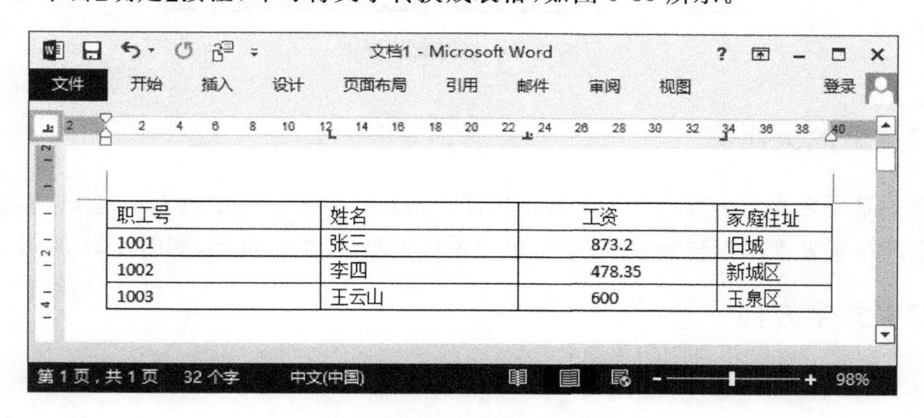

图 5-35 将制表位的文字转换成表格

5.7 Word 特殊中文版式

5.7.1 字符缩放

选中需要设置缩放的文字，单击【开始】→【段落】→【中文版式 】，在下拉列表中选择“字符缩放”，根据需要选择缩放百分比，或者选择其他，可打开【字体】对话框的【高级】选项卡，在缩放设置中选择或输入百分比，如图 5-36 所示。

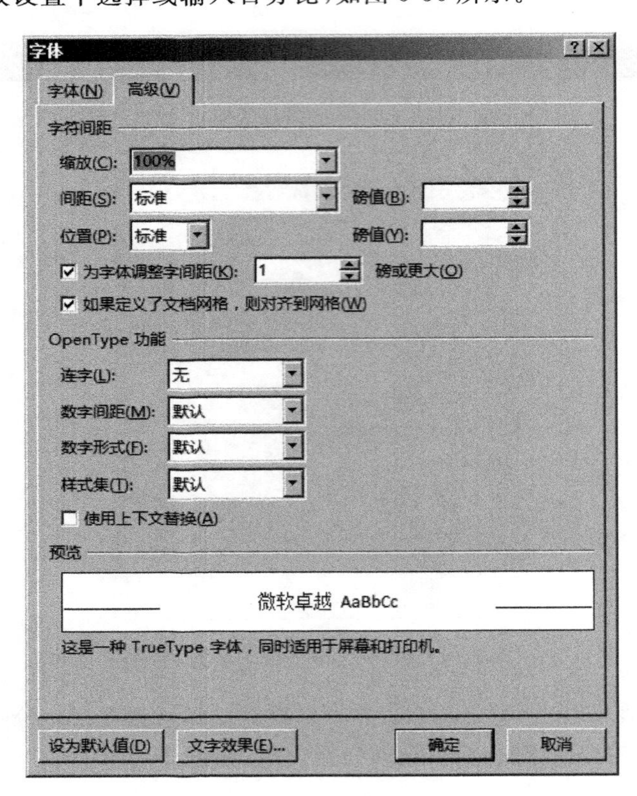

图 5-36　字符缩放设置

5.7.2 更改大小写

选中需要更改大小写的英文内容，单击【开始】→【字体】→【更改大小写 Aa】，在下拉列表中选择要更改大小写的类型，该菜单中还可更改全/半角设置，如图 5-37 所示。

5.7.3 文字方向

1. 文档中设置文字方向

(1) 单击【页面布局】→【页面设置】→【文字方向】下拉列表，如图 5-38 所示。

(2) 在下拉列表中选择文字的方向或者单击“文字方向选项”，则打开【文字方向-主文档】对话框，在该对话框中也可设置文字方向，如图 5-39 所示。

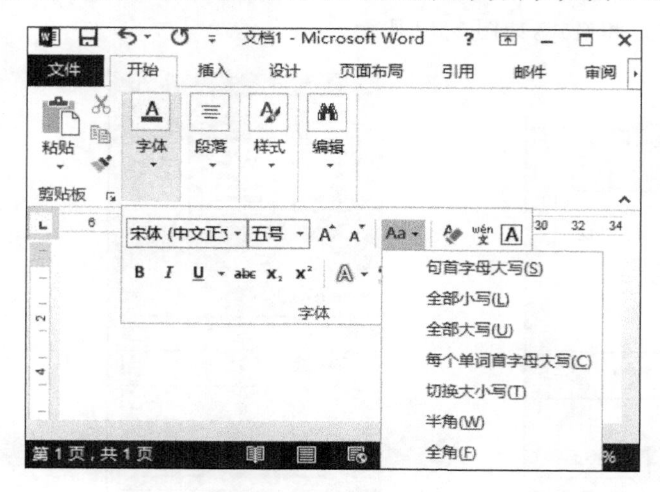

图 5-37 更改大小写

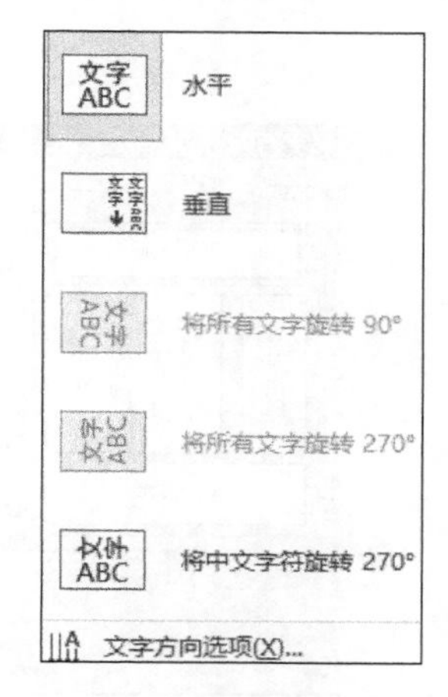

图 5-38 文字方向下拉列表

2. 表格中设置文字方向

在表格上右击鼠标弹出快捷菜单，如图 5-40 所示，选择【文字方向】命令，则打开【文字方向-表格单元格】对话框，如图 5-41 所示，在该对话框中可设置表格中的文字方向。

图 5-39 【文字方向-主文档】对话框

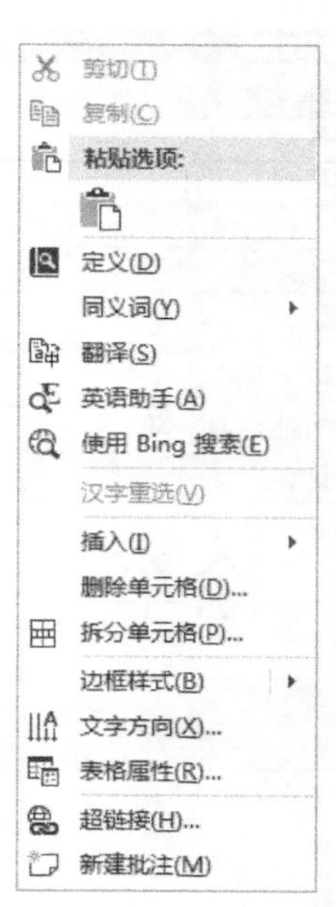

图 5-40 表格的右键快捷菜单

5.7.4 首字下沉

将鼠标停在需要设置首字下沉的段落中，单击【插入】→【文本】→【首字下沉】，在下拉列表中选择下沉的位置，或者单击“首字下沉选项”，打开【首字下沉】对话框，在该对话框中可以近一步设置首字下沉的位置和格式，如图 5-42 所示。

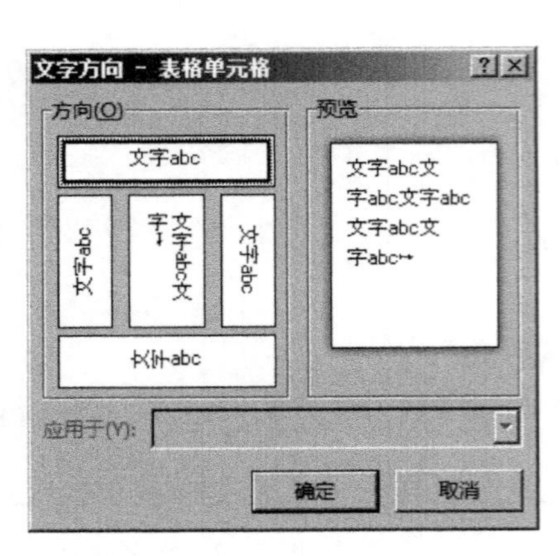

图 5-41 【文字方向-表格单元格】对话框

图 5-42 【首字下沉】对话框

5.7.5 拼音指南

选中需要添加拼音的文字，单击【开始】→【字体】→【拼音指南 wén文】，弹出【拼音指南】对话框，单击【确定】按钮，即可完成拼音添加，效果如图 5-43 所示。

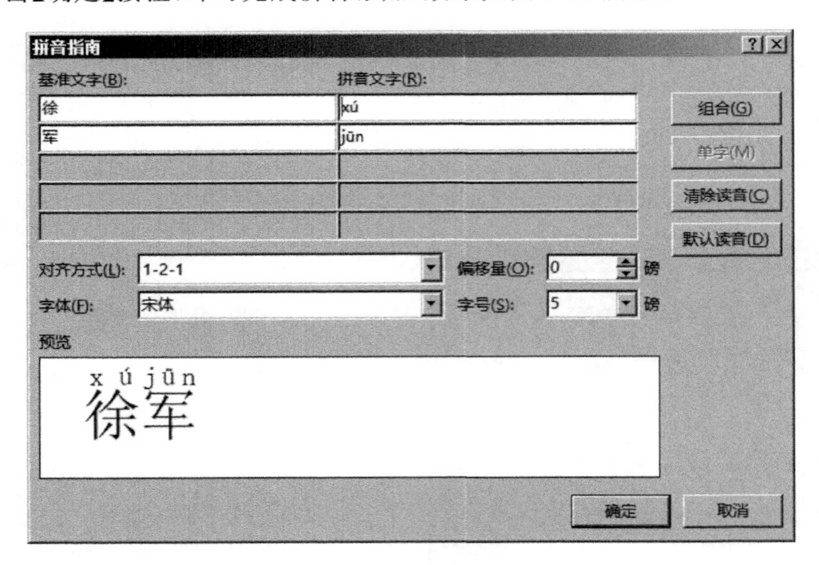

图 5-43 【拼音指南】对话框

5.7.6 带圈字符

选中要设置带圈字符的文字，单击【开始】→【字体】→【带圈字符 ㊕】，打开【带圈字符】对话框，在此可设置圈的格式，如图 5-44 所示。

5.7.7 纵横混排

选中需要设置纵横混排的文字，单击【开始】→【段落】→【中文版式】，在下拉列表中选择“纵横混排”即可，如图 5-45 所示。

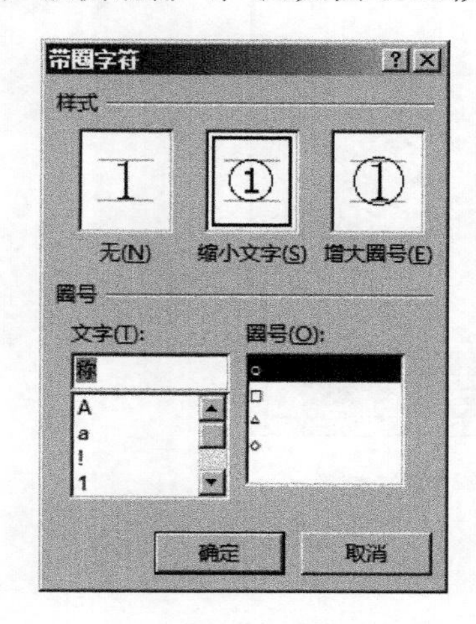

图 5-44 【带圈字符】对话框

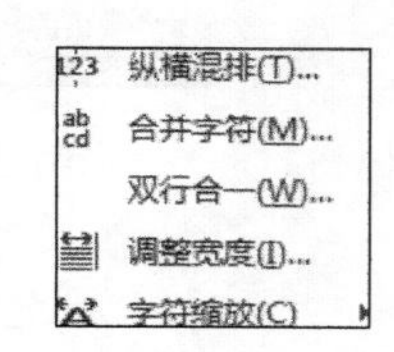

图 5-45 中文版式下拉列表

5.7.8 合并字符

如果制作下面格式，可以使用合并字符。

作者：徐 军
陈勇慧

选中需要设置的文字，单击【开始】→【段落】→【中文版式】，选择“合并字符”即可，打开【合并字符】对话框，最多可合并 6 个汉字，如图 5-46 所示。

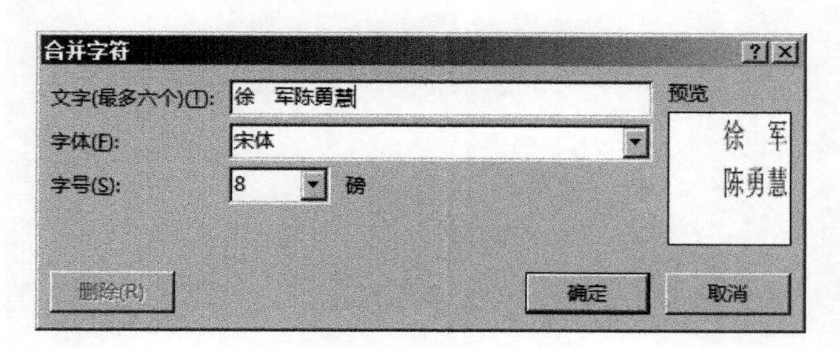

图 5-46 【合并字符】对话框

5.7.9 双行合一

如果制作下面格式可以使用双行合一。

合作单位：内 蒙 古 大 学
内蒙古财经大学

选中需要设置的文字，单击【开始】→【段落】→【中文版式】，选择“双行合一”，打开【双行合一】对话框，如图 5-47 所示。如果两行文字字数不一致，需要在较少的文字后面添加空格进行调整。

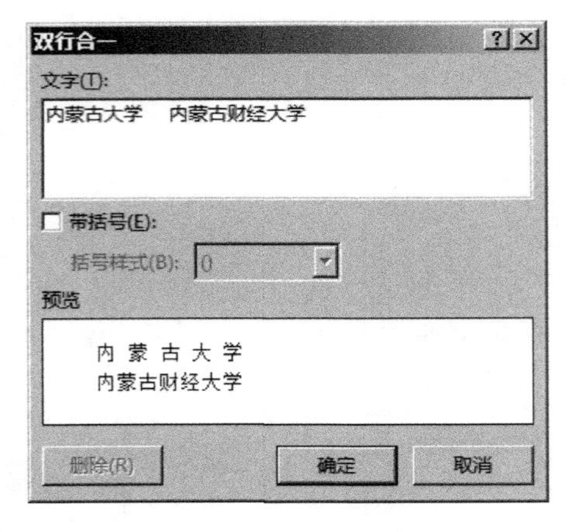

图 5-47　【双行合一】对话框

第 6 章　Word 表格处理

本章说明：

表格是在用 Word 进行文档编辑时使用比较多的一种功能，熟练掌握表格的操作对于文档编辑会有很大帮助。本章除了介绍表格的常用操作以外，还介绍了编辑表格的一些技巧，对于实际应用会有很大帮助。

本章主要内容：

- ➢ Word 表格生成
- ➢ Word 表格插入点移动
- ➢ Word 表格行列选取
- ➢ Word 表格行列操作
- ➢ Word 表格格式设定
- ➢ Word 表格高级处理

本章拟解决的问题：

(1) 如何生成表格？
(2) 表格如何移动插入点？
(3) 当插入点在表格最后一个单元格时，如何增加新的一行？
(4) 如何在表格中进行行列的选取？
(5) 如何进行单元格的合并与拆分？
(6) 如何拆分表格？
(7) 如何移动表格？
(8) 如何实现表格的行列操作？
(9) 如何设置表格的格式？
(10) 如何利用表格生成图表？

6.1 Word 表格生成

在日常生活、工作中会遇到各种各样的表格。在 Word 2013 中，用户可以根据需要在文档的任意位置插入、编辑表格，并且可在其中输入文字和设置文字格式等。

6.1.1 插入表格

1. 直接插入表格

单击【插入】→【表格】→【表格】，打开插入表格下拉列表，如图 6-1 所示，生成的 4×4 表格效果如表 6-1 所示。

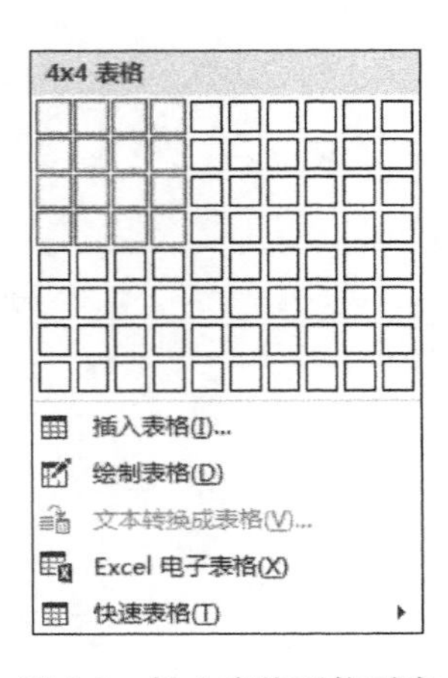

图 6-1 插入表格下拉列表

表 6-1 生成的 4×4 表格

2. 利用【插入表格】对话框

单击【插入】→【表格】→【表格】→【插入表格】，打开【插入表格】对话框，如图 6-2 所示，在【插入表格】对话框中输入表格的列数和行数。

6.1.2 绘制表格

Word 2013 提供了绘制表格的功能，对于比较复杂的表格，用户可以自行绘制。操作步骤如下：

(1) 单击【插入】→【表格】→【绘制表格】，此时鼠标指针变为 ✎。

(2) 绘制一个矩形，然后在矩形内绘制行线和列线，绘制时可以在【设计】选项卡中设置表线的颜色和表线的粗细，如图 6-3 所示。

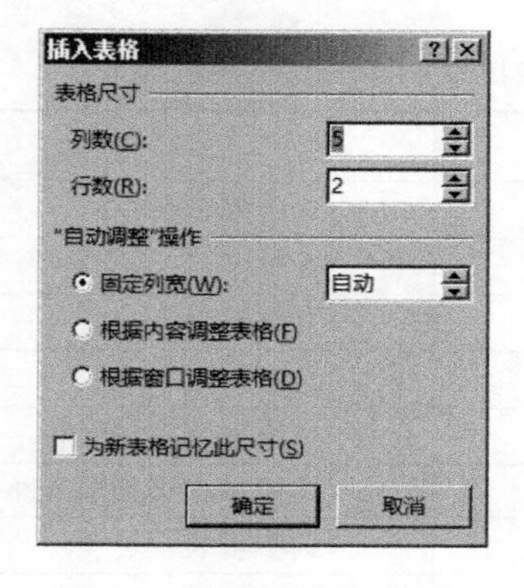

图 6-2 【插入表格】对话框

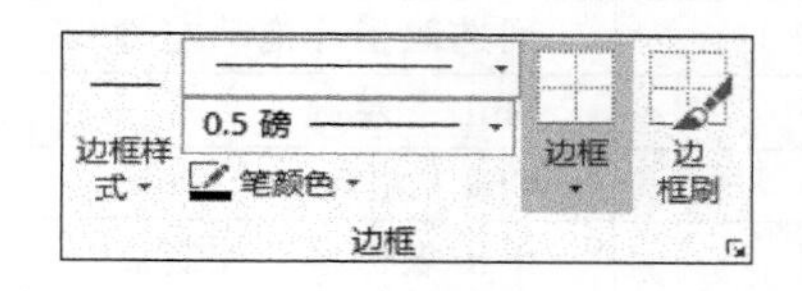

图 6-3 绘制表格

(3) 如果不小心将线画错了，可用擦除工具擦除。

6.2 Word 表格插入点移动

在表格中移动光标也就是移动插入点，用户在移动过程中使用鼠标相对要多一些，用鼠标移动插入点比较容易。除了鼠标，用户也可以通过键盘控制插入点，如表 6-2 所示。

表 6-2 键盘移动插入点

序号	按　键	操　作
1	上下左右 4 个光标键	在单元格间进行移动，使用时比较灵活
2	Tab 键	下一个单元格
3	Shift ＋Tab	上一个单元格
4	Alt ＋ Home	同行的第一个格
5	Alt ＋ End	同行的最后一个格
6	Alt ＋ Page Up	同列的第一个格
7	Alt ＋ Page Down	同列的最后一个格

6.3 Word 表格行列选取

在表格中选中单元格，可以采用鼠标拖动的方法。在表格操作过程中，比如设置字体、表线、单元格对齐方式等，需要先进行表格的单元格、行列选取。这里先要了解表格的组成，如图 6-4 所示。

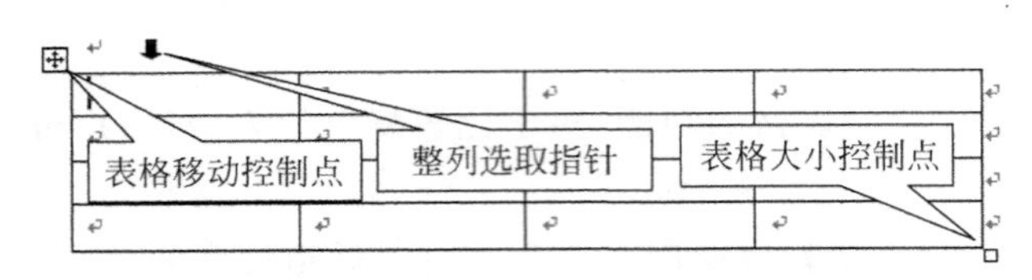

图 6-4　表格的组成

表格选取的快捷操作如表 6-3 所示。

表 6-3　表格行列选取操作

序号	选　　择	操　　作
1	选定区单击左键	选中整行
2	选定区拖动左键	选中多行
3	列选取指针单击左键	选中整列
4	列选取指针拖动左键	选中多列
5	Shift＋左键	选中连续的单元格
6	Ctrl＋左键	选中不连续的单元格
7	单击表格移动控制点	选中整表
8	表格工具→布局→表→选择→选择表格	选中整表
9	Shift＋光标键	选中光标键移动的范围
10	Alt＋Shift＋Home	从当前单元格到行首
11	Alt＋Shift＋End	从当前单元格到行尾
12	Alt＋Shift＋Page Up	从当前单元格到列首
13	Alt＋Shift＋Page Down	从当前单格到列尾

6.4　Word 表格行列操作

6.4.1　表格行列的删除

(1) 单击【表格工具】→【布局】→【行和列】→【删除】，如图 6-5 所示。

(2) 在要删除的行列上右击鼠标，在弹出的快捷菜单中，选择删除行/列。

6.4.2　表格行列移动与复制

表格行列移动可以通过鼠标拖动来实现，也可以按快捷键 Ctrl＋X 进行剪切，然后到需要的位置进行粘贴。表格行列复制可以按 Ctrl＋鼠标左键拖动来实现，也可以按 Ctrl＋C 进行复制，然后到需要的位置进行粘贴。

6.4.3　拆分单元格

通过使用“拆分单元格”功能可以将一个单元格拆分成两个或多个单元格。操作方法

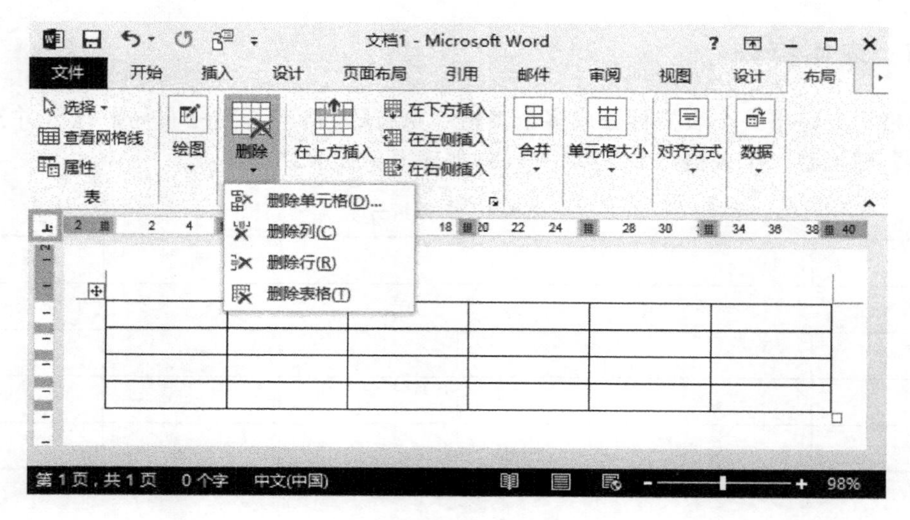

图 6-5　行列的插入和删除

如下：

(1) 在 Word 表格中右击准备拆分的单元格，并在打开的快捷菜单中选择【拆分单元格】命令，打开【拆分单元格】对话框。

(2) 单击【表格工具】→【布局】→【合并】→【拆分单元格】，打开【拆分单元格】对话框，如图 6-6 所示。

当将两个或两个以上的单元格重新拆分时，如果选中"拆分前合并单元格"复选框，则先将选中的单元格合并之后再进行拆分。

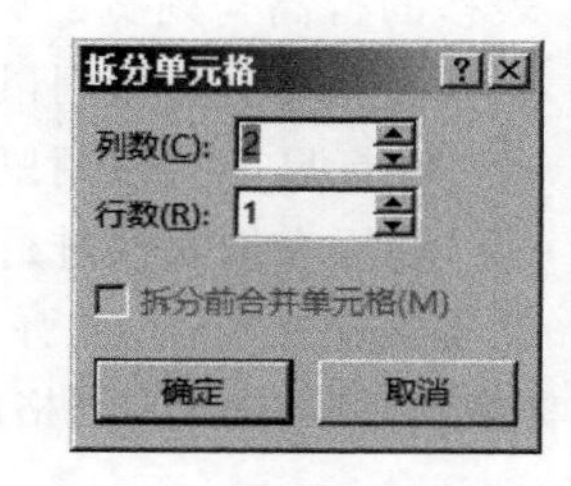

图 6-6　【拆分单元格】对话框

6.4.4　合并单元格

通过使用"合并单元格"功能可以将两个或两个以上的单元格合并成一个单元格。操作方法如下：

(1) 选中需要合并的单元格右击，在打开的快捷菜单中选择【合并单元格】命令。

(2) 单击【表格工具】→【布局】→【合并】→【合并单元格】。

(3) 除了使用【合并单元格】命令以外，用户还可以通过"擦除"工具实现合并单元格。

拆分与合并单元格效果如表 6-4 所示。

表 6-4　拆分与合并单元格效果

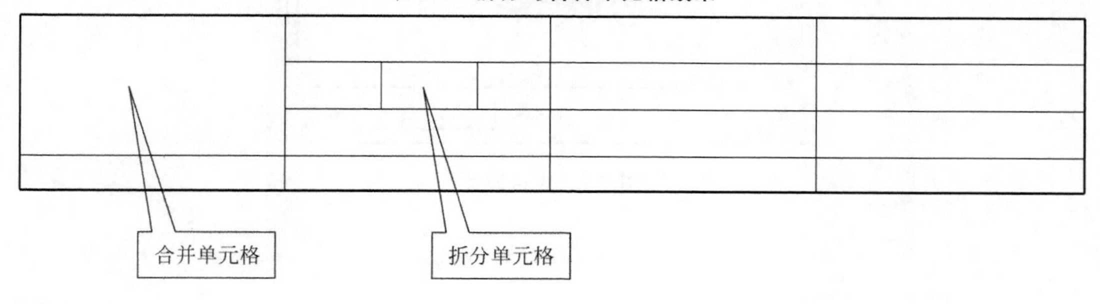

6.4.5 表格拆分

表格拆分是将一个表格拆分成多个表格。执行【表格工具】→【布局】→【合并】→【拆分表格】,即可将一个表格拆分成两个表格,如表 6-5 所示。

表 6-5 表格拆分

6.4.6 调整行高列宽

表格的行高与列宽的调整可以通过这样的几种办法实现:

(1) 在表线上直接用鼠标进行拖动调整行高、列宽。

(2) 在标尺上直接用鼠标进行拖动来调整行高、列宽。

(3) 利用表格属性进行调整。

在单元格中右击,在弹出的快捷菜单中选择【表格属性】命令,打开【表格属性】对话框,在该对话框中输入表格的行高或列宽,如图 6-7 所示。

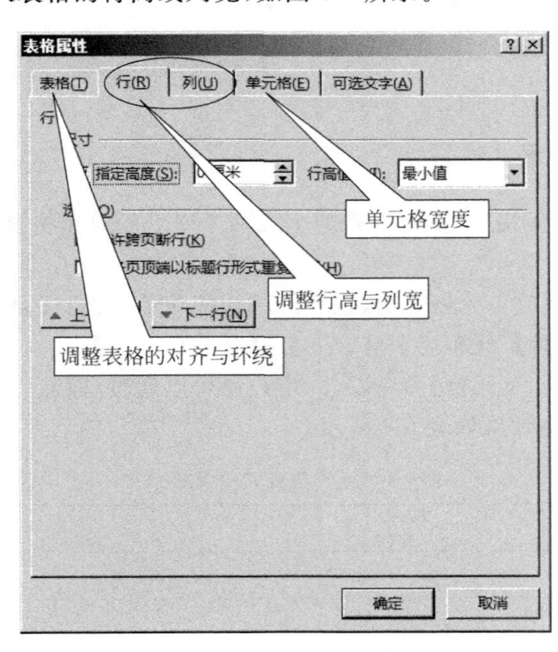

图 6-7 表格属性

6.5 Word 表格格式设定

6.5.1 字体、字号、字形及文字颜色

在功能区中单击【开始】→【字体】组即可设置。

6.5.2 文字对齐方式、单元格文字方向

单击【表格工具】→【布局】→【对齐方式】组，在该组中既可以设置文字的对齐方式，也可以设置单元格中文字的方向、单元格的边距，如图 6-8 所示。

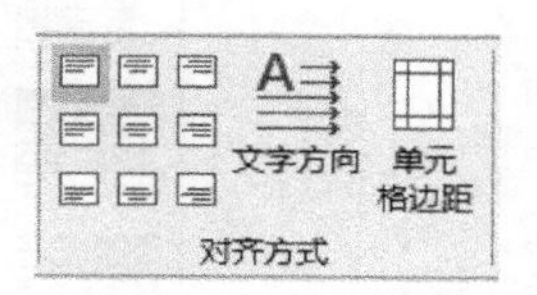

图 6-8 【对齐方式】组

6.5.3 边框与底纹

表格的线型更改或添加底纹可以使用【表格工具】→【设计】→【边框】对话框启动器→【边框和底纹】，在【边框和底纹】对话框里可以对表格进行线型与底纹的设置，如图 6-9 所示。

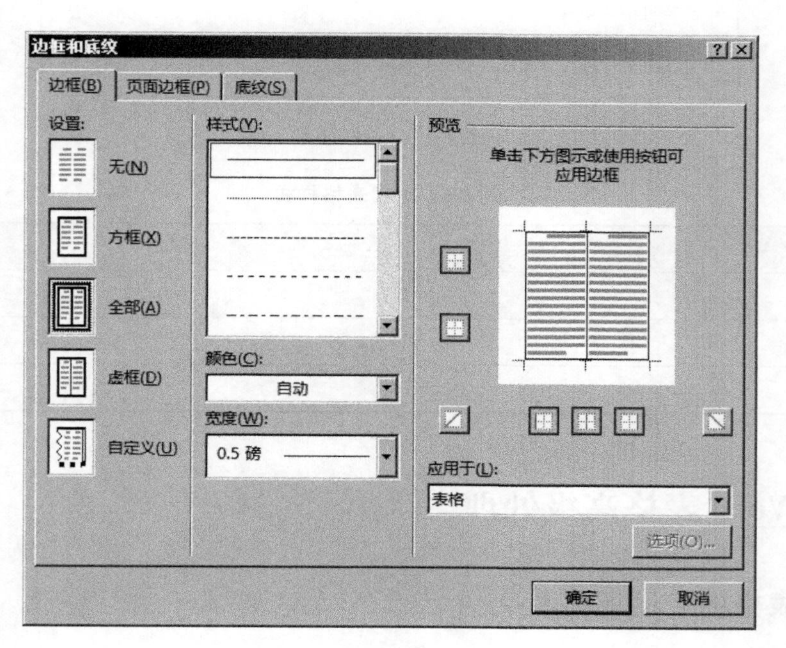

图 6-9 【边框和底纹】对话框

6.5.4 表格自动套用样式

在【表格工具】→【设计】→【表样式】里可选择要应用的表格样式，如图 6-10 所示。

在该列表中选择要使用的样式，即可将其应用到当前所选表格中，如表 6-6 为套用表格样式后的效果。

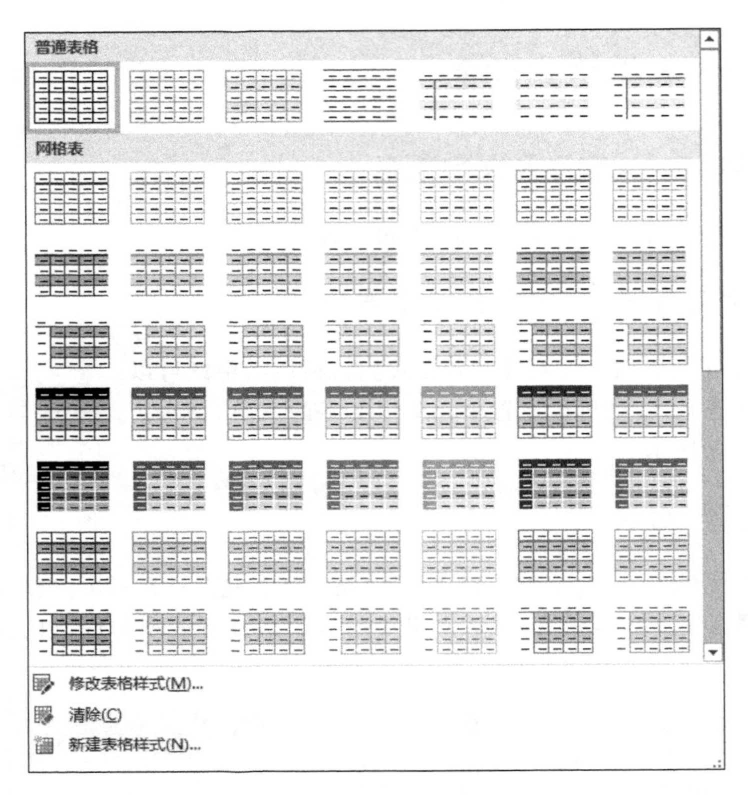

图 6-10　表格样式

表 6-6　套用表格样式

6.6 Word 表格高级处理

6.6.1　表格的自动调整

1. 位置和大小调整

对于已经生成的表格，移动表格的位置，可以利用“表格移动控制点”；调整表格整体大小，可以使用表格右下角的“表格大小控制点”进行拖动。

2. 行高与列宽自动调整

选中要调整的表格，可以进行“平均分布各行”和“平均分布各列”的设置，也可以选择

“自动调整”，主要有“根据内容调整表格”、“根据窗口调整表格”、“固定列宽”，如图6-11所示。

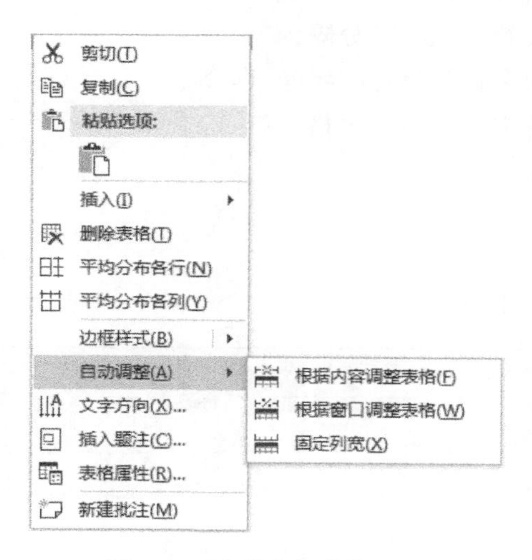

图6-11　表格右键快捷菜单

6.6.2　文字转换成表格

可以将文字转换成表格，也可以将表格转换成文字。

单击【插入】→【表格】→【文本转换成表格】，打开【将文字转换成表格】对话框，如图6-12所示。

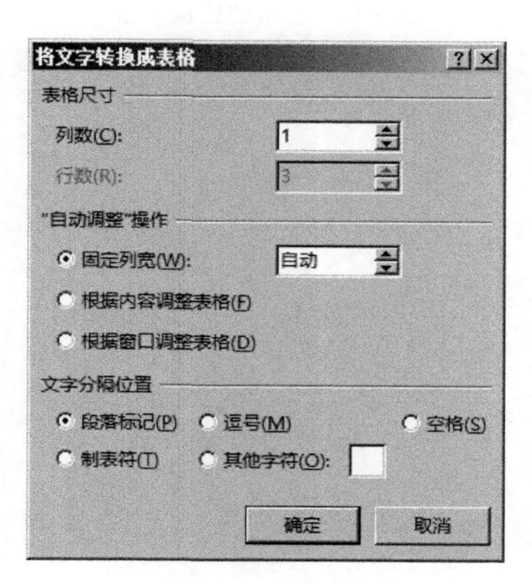

图6-12　【将文本转换成表格】对话框

将文本转换为表格时需先用文本分隔符将文字分隔开，文字分隔位置可放置的分隔符如下：

(1) 段落标记。

(2) 文字间使用逗号分隔。注意这里使用的必须是半角逗号，最后一列文字后没有逗号。

(3) 文字间使用空格分隔。

(4) 文字间使用制表符(制表位)分隔。

(5) 文字间使用其他字符分隔,如 # 、@、& 等。

例如:将逗号分隔的文本转换成表格。

学号,姓名,家庭住址

9901,张三,内蒙古

9902,李四,北京

转换后的效果如图 6-13 所示。

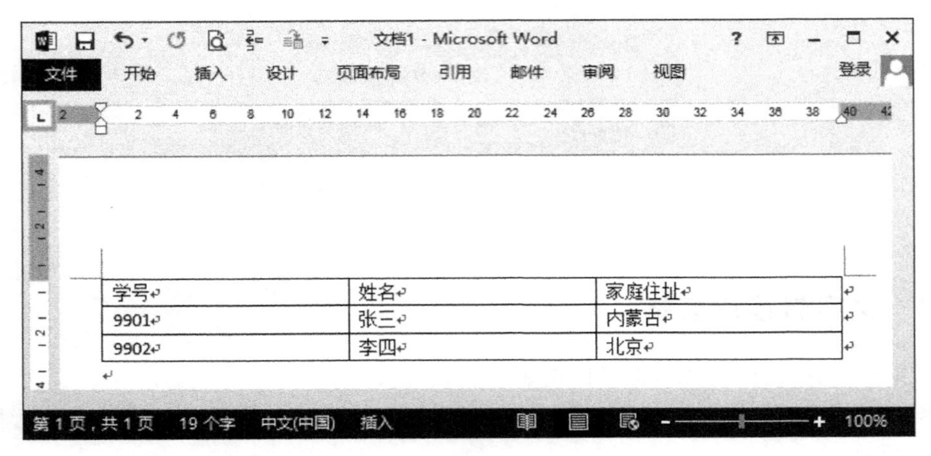

图 6-13　文本转换成表格

第7章 Word图文混排

本章说明：

Word 图文混排主要是在文字编辑的基础上插入图片、联机图片（包括剪贴画）、形状、SmartArt 图形、文本框、艺术字等，并对页面格式进行设置，从而实现图文并茂。通过本章学习可以掌握图文混排的方法与技巧，并能将其应用到实际工作中。

本章主要内容：

- 插入图片
- 插入形状
- 插入 SmartArt 图形
- 插入文本框
- 插入艺术字
- 页面格式设置

本章拟解决的问题：

(1) 如何设置图片的亮度、对比度、颜色等?
(2) 如何恢复图片到原始状态?
(3) 如何给图片应用样式?
(4) 如何给图片应用图片效果?
(5) 如何设置图片的叠放次序?
(6) 如何设置图片的文字环绕?
(7) 如何改变图片的大小?
(8) 如何设置图片的对齐方式?
(9) 如何将图片的宽度和高度设置为固定比例?
(10) 如何绘制等高等宽的图形?
(11) 如何组合多个图形?
(12) 如何为 SmartArt 图形添加形状?
(13) 如何使用文本框?
(14) 如何修改艺术字的文字环绕方式、样式、阴影效果、三维效果?
(15) 如何为文档添加封面页?
(16) 如何为文档添加水印?

7.1 插入图片

单击【插入】→【插图】→【图片】，即可打开【插入图片】对话框，在计算机中找到自己需要的图片，选择图片，单击【插入】按钮即可，如图 7-1 所示。

图 7-1　插入图片

选中插入的图片时功能区多出了一个【图片工具】→【格式】选项卡，在【格式】选项卡中可以调整图片的亮度、对比度、颜色、图片样式等，如图 7-2 所示。

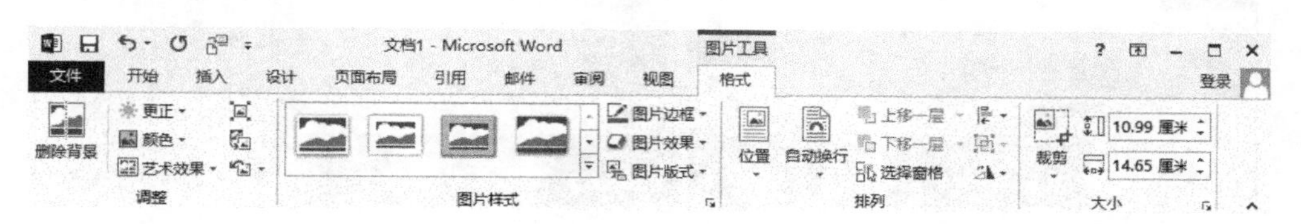

图 7-2 【格式】选项卡

7.1.1 图片调整

1. 图片亮度和对比度

单击【格式】→【调整】→【更正】，即可调整图片的亮度和对比度，如图 7-3 所示。

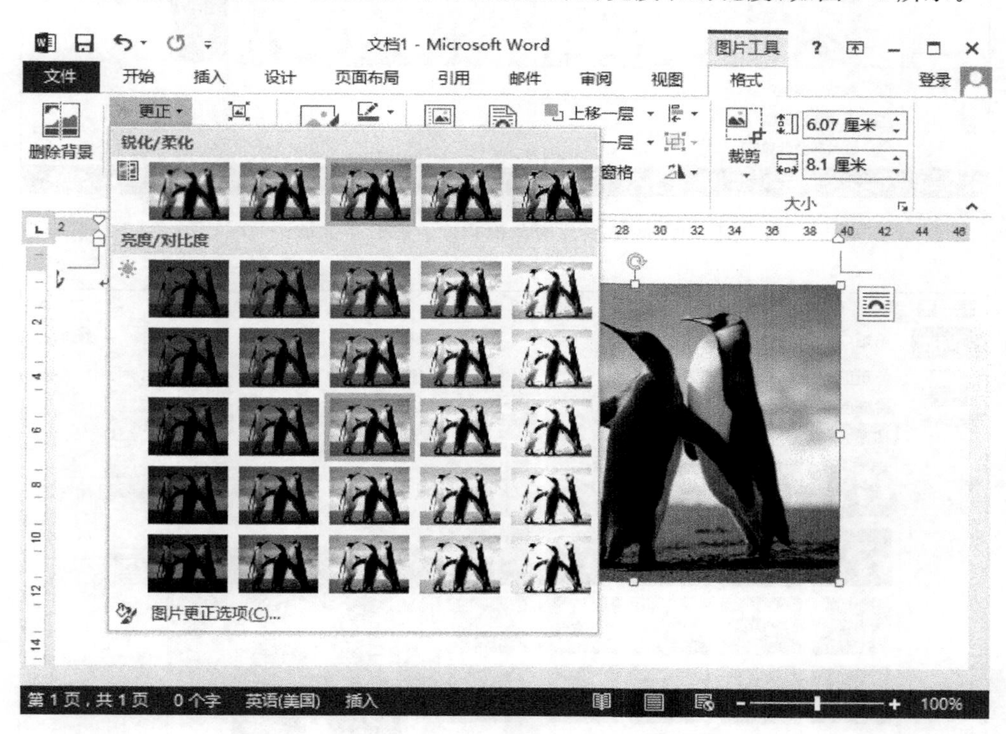

图 7-3 调整图片亮度和对比度

2. 图片颜色饱和度、色调、重新着色

单击【格式】→【调整】→【颜色】，即可调整图片的颜色饱和度、色调、重新着色，如图 7-4 所示。

3. 设置图片的艺术效果

单击【格式】→【调整】→【艺术效果】，即可为图片设置艺术效果，如图 7-5 所示。

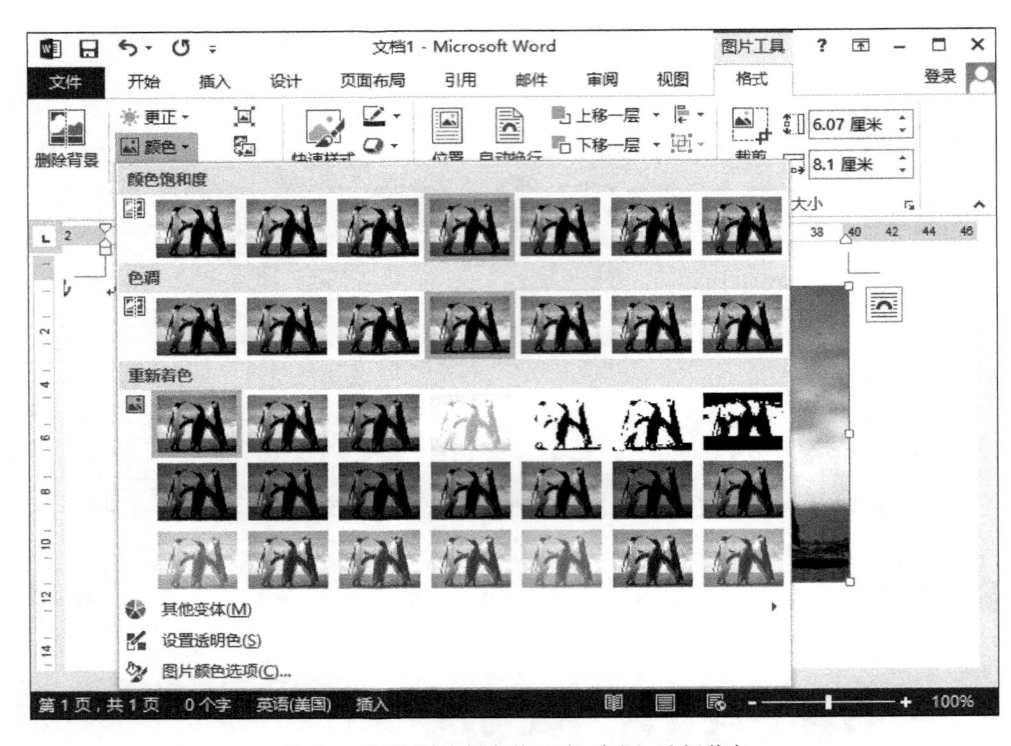

图 7-4　调整图片颜色饱和度、色调、重新着色

图 7-5　设置图片的艺术效果

4. 更改图片

更改图片可以保留当前图片的格式和大小等设置，而将图片换为其他图片。单击【格式】→【调整】→【更改图片】，即可将图片替换，如图 7-6 所示。

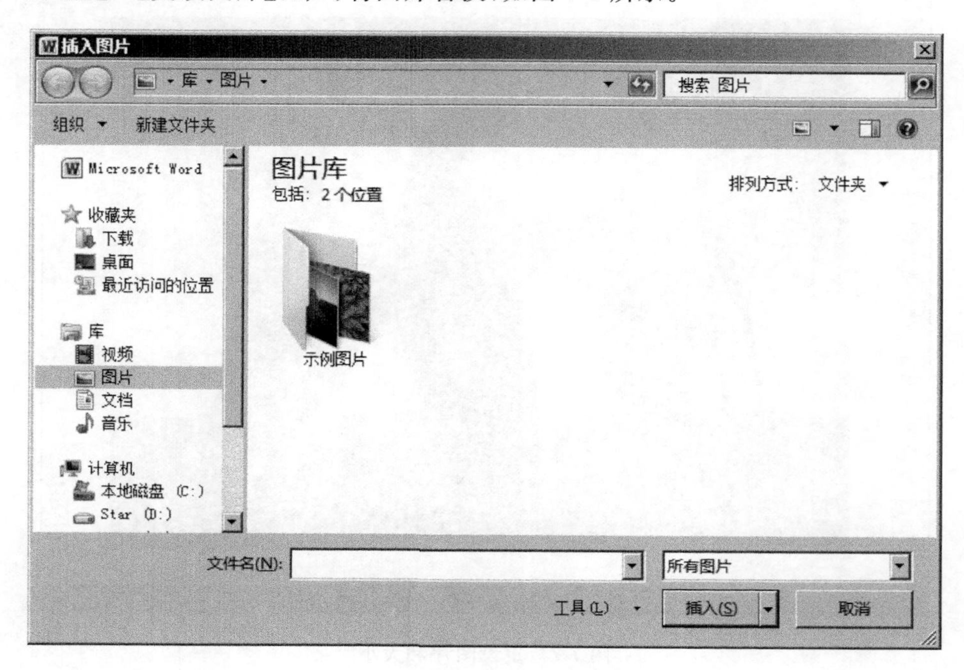

图 7-6　更改图片

5. 重设图片

单击【格式】→【调整】→【重设图片】，重设图片分为：重设图片和重设图片大小。

(1) 重设图片是放弃对此图片所做的全部格式更改。

(2) 重设图片和大小是即放弃格式更改又将图片恢复至实际大小。

如图 7-7 是重设图片和大小的效果。

7.1.2　图片样式

1. 设置图片的快速样式

单击【格式】→【图片样式】→【快速样式】，打开快速样式的下拉箭头，选择需要的样式，即可将图片更改样式，如图 7-8 所示。

2. 设置图片的效果

单击【格式】→【图片样式】→【图片效果】，打开图片效果的下拉箭头，选择需要的图片效果，即可给图片添加效果，如图 7-9 所示。

图 7-7　重设图片和大小

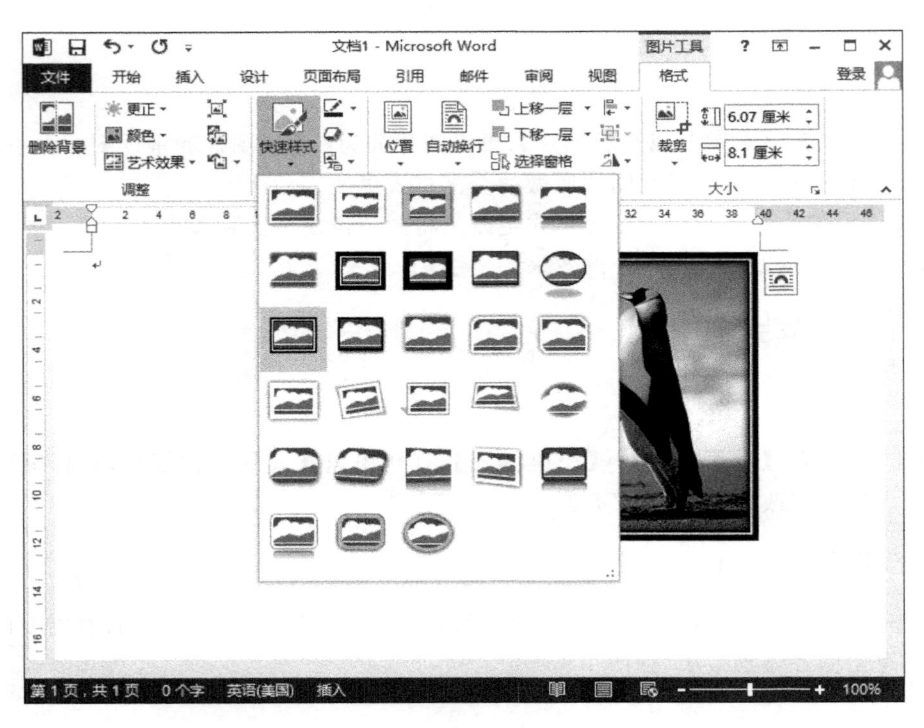

图 7-8　更改图片样式

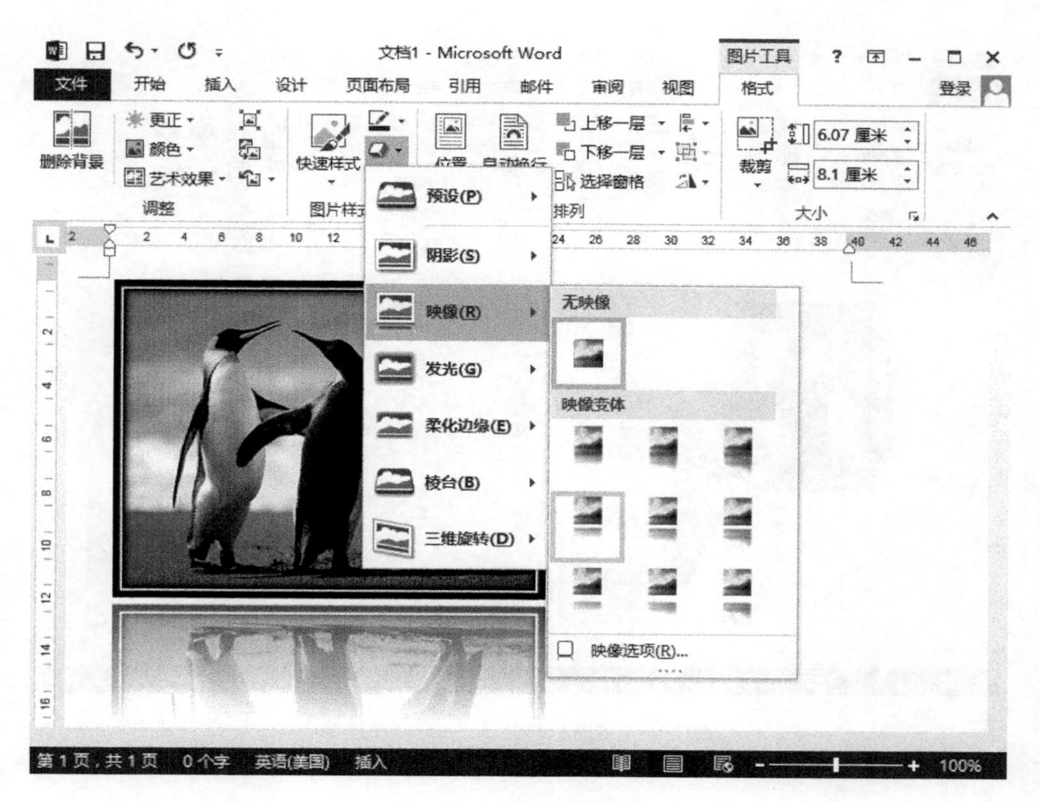

图 7-9　为图片添加效果

3. 转换为 SmartArt 图形

单击【格式】→【图片样式】→【转换为 SmartArt 图形】，打开转换为 SmartArt 图形的下拉箭头，选择需要的 SmartArt 图形，即可将所选的图片转换为 SmartArt 图形，从而可以添加标题、调整大小，如图 7-10 所示。

7.1.3　图片排列

1. 设置图片的位置

单击【格式】→【排列】→【位置】，打开下拉列表，选择需要的位置格式即可，如图 7-11 所示。

2. 设置图片的文字环绕

单击【格式】→【排列】→【自动换行】，打开文字环绕的下拉列表，选择需要的文字环绕方式即可，如图 7-12 所示。

或者单击【格式】→【排列】→【自动换行】→【其他布局选项】，打开【布局】对话框，在该对话框的【文字环绕】选项卡中可设置图片的文字环绕方式，如图 7-13 所示。

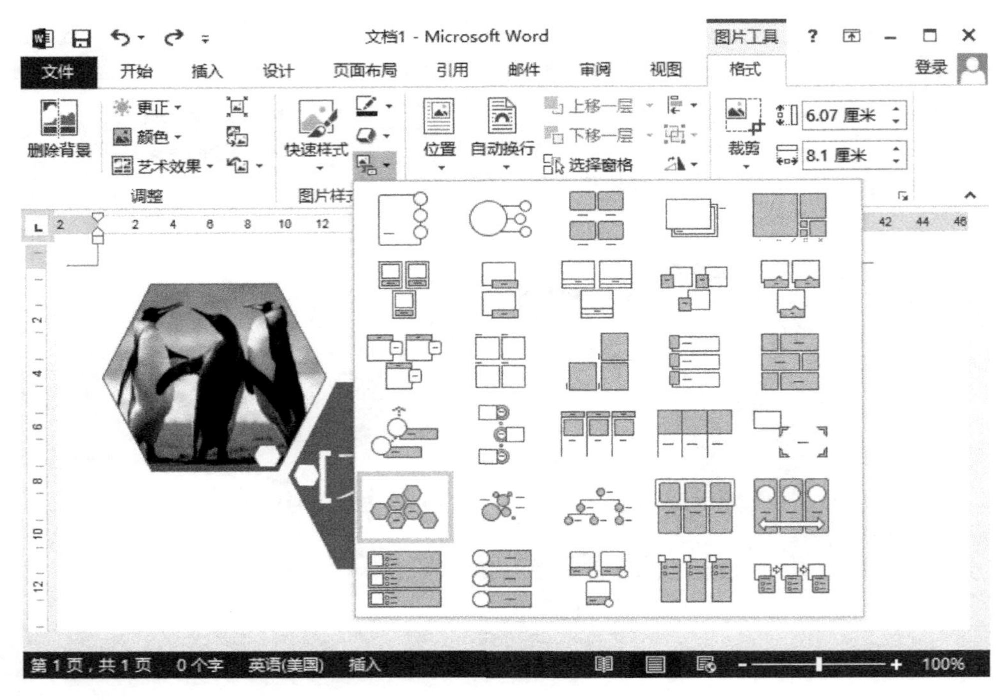

图 7-10　将图片转换为 SmartArt 图形

图 7-11　设置图片的位置

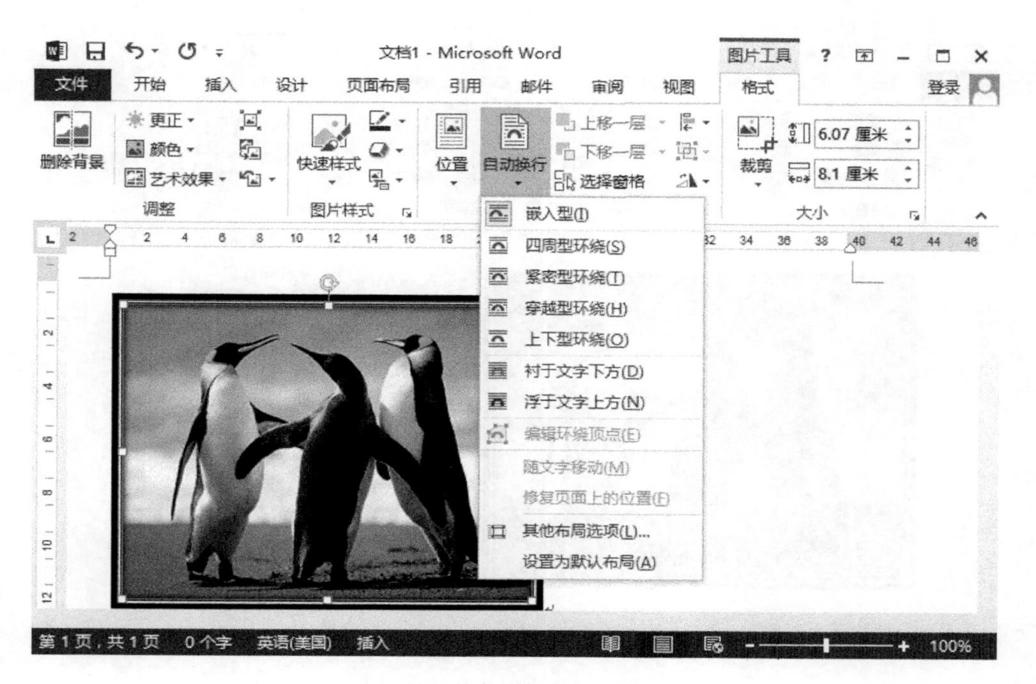

图 7-12 设置图片的文字环绕

图 7-13 【布局】对话框中的【文字环绕】选项卡

3. 设置图片的旋转方向

单击【格式】→【排列】→【旋转】，打开旋转的下拉列表，选择旋转角度即可。选择水平翻转的效果如图 7-14 所示。

图 7-14　设置图片的旋转方向

4. 设置图片的对齐方式

将图片的文字环绕方式设为四周型环绕，单击【格式】→【排列】→【对齐】，打开对齐方式的下拉列表，选择需要的对齐方式即可。选择左对齐的效果如图 7-15 所示。

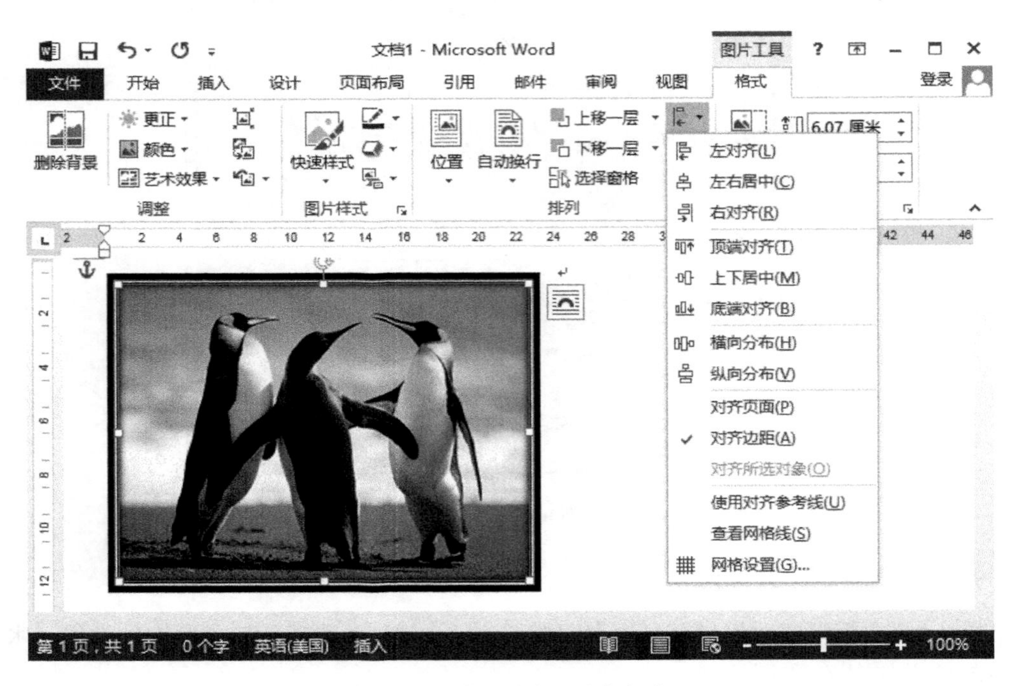

图 7-15　设置图片的对齐方式

7.1.4 图片大小

选中图片单击【格式】→【大小】右下角的对话框启动器，打开【布局】对话框选择【大小】选项卡，在该对话框中选择“锁定纵横比”复选框即可按照固定的比例调整图片的大小，如图 7-16 所示。

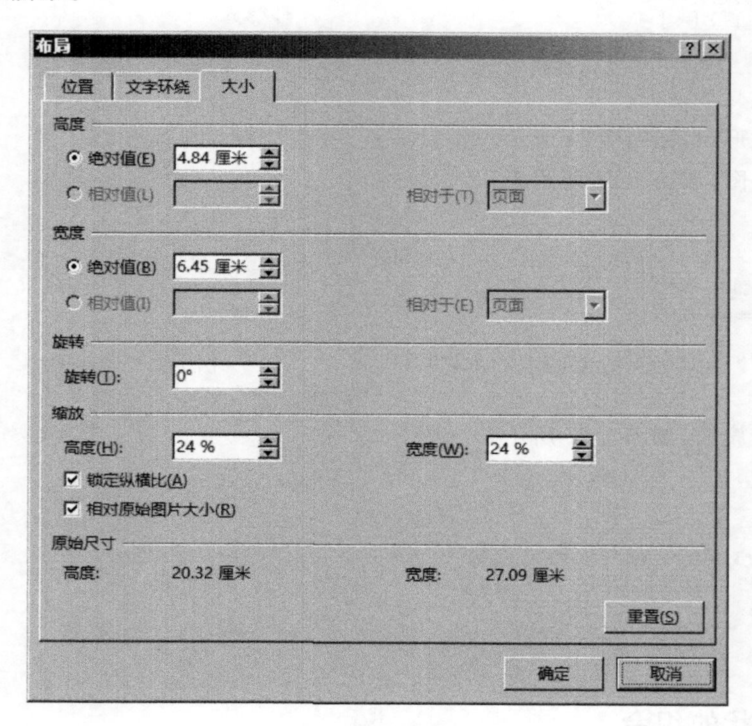

图 7-16 调整图片大小

7.2 插入形状

单击【插入】→【插图】→【形状】，在形状的下拉列表中选择需要的形状，然后在编辑区绘制即可。

7.2.1 形状类别

Word 中形状的类别有：

(1) 线条，如图 7-17 所示。

(2) 矩形，如图 7-18 所示。

图 7-17 线条　　图 7-18 矩形

(3) 基本形状,如图 7-19 所示。

(4) 箭头汇总,如图 7-20 所示。

图 7-19 基本形状

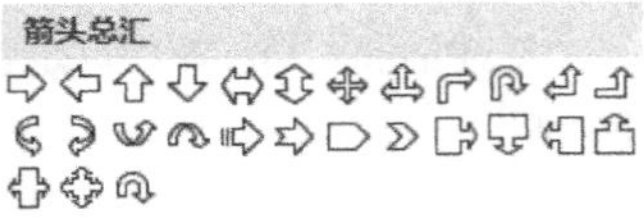

图 7-20 箭头汇总

(5) 公式形状,如图 7-21 所示。

(6) 流程图,如图 7-22 所示。

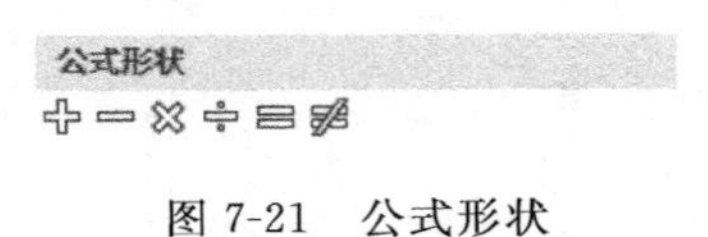

图 7-21 公式形状

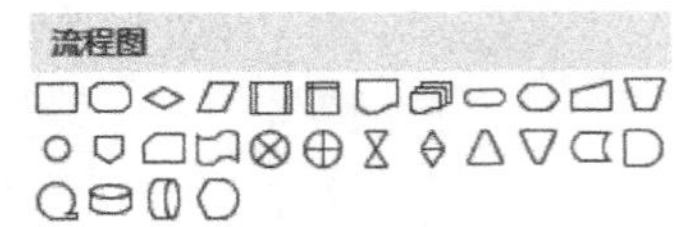

图 7-22 流程图

(7) 星与旗帜,如图 7-23 所示。

(8) 标注,如图 7-24 所示。

图 7-23 星与旗帜

图 7-24 标注

7.2.2 形状的组合

(1) 利用 Ctrl 键或 Shift 键选择需要组合的形状。

(2) 单击【格式】→【排列】→【组合】→【组合】即可,或者右击被选中的形状,在打开的快捷菜单中选择【组合】命令,并在打开的下一级菜单中选择【组合】命令,如图 7-25 所示。

被选中的独立形状将组合成一个整体的图形,可以进行整体操作。如果希望对组合对象中的某个形状进行单独操作,可将组合的对象取消组合。

7.2.3 用 Shift 与 Ctrl 键绘制图形

如果在绘制图形时按下 Shift 键,则可以绘制等高等宽的图形;如果按住 Ctrl 键,则可以绘制从中心发散的图形。

7.2.4 形状样式

单击绘图工具【格式】→【形状样式】中,可以为形状应用快速样式、设置形状填充、形状轮廓、形状效果。

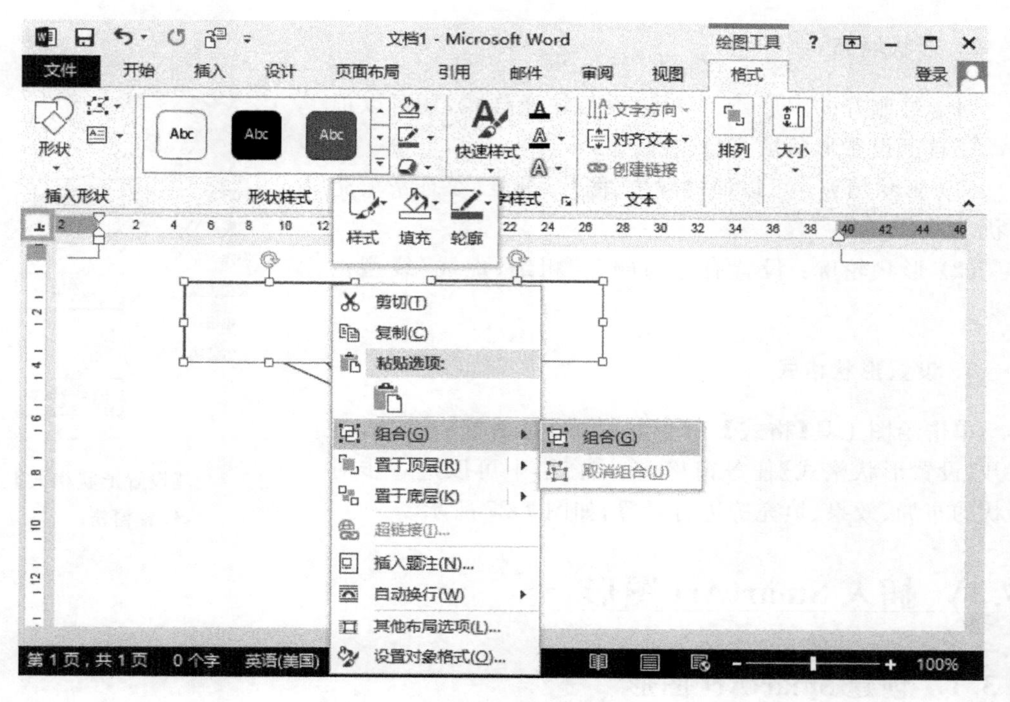

图 7-25　对插入形状进行组合

1. 快速样式

将所选形状或线条设置快速样式，从而更改形状的外观，悬停在库中的某个快速样式上即可预览更改后的效果，如图 7-26 所示。

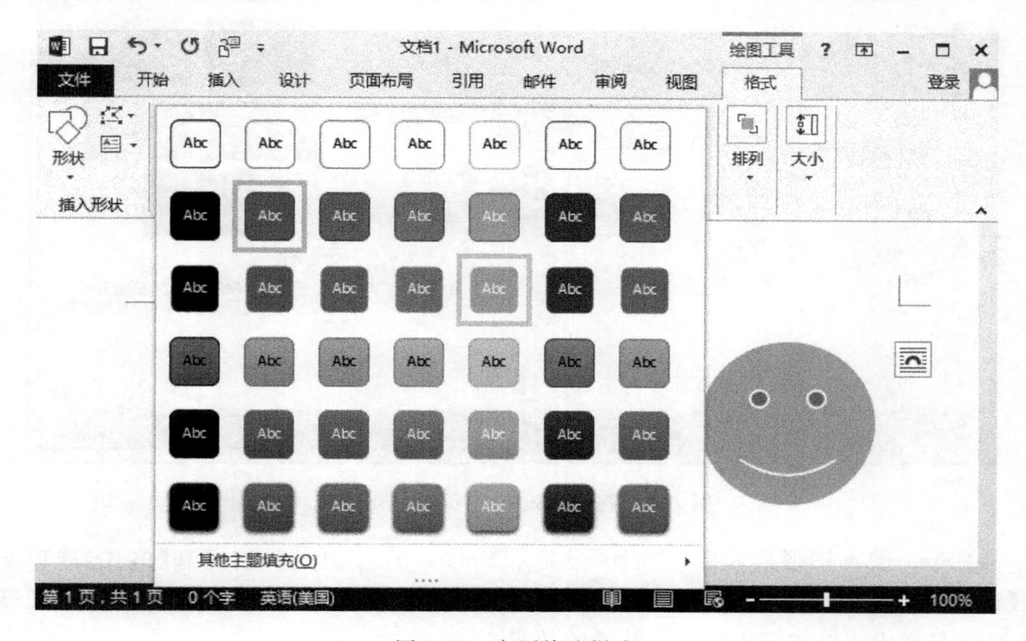

图 7-26　应用快速样式

2. 形状填充

对于绘制好的图形，除了可以设置快速样式，还可以根据需要自己设置形状填充与轮廓。

(1) 形状填充：可以通过颜色、图片、渐变、纹理来填充形状。

(2) 形状轮廓：设置有轮廓颜色、粗细、虚线(线型)、箭头。

3. 设置形状格式

单击绘图工具【格式】→【形状样式】对话框启动器，可打开【设置形状格式】任务窗格，在该窗格中可以进一步对形状的布局、效果、填充等进行设置，如图 7-27 所示。

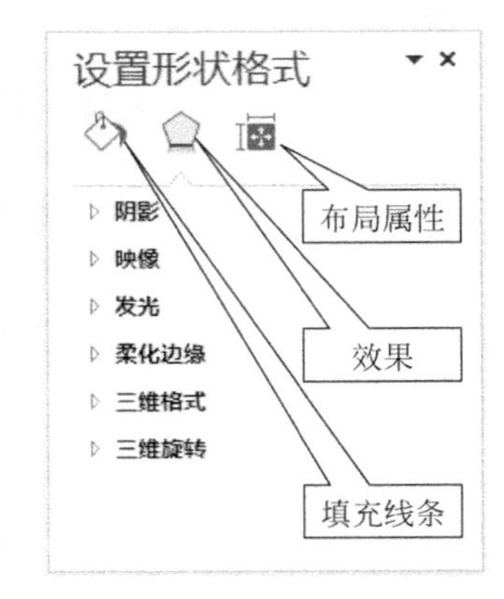

图 7-27 【设置形状格式】任务窗格

7.3 插入 SmartArt 图形

7.3.1 创建 SmartArt 图形

单击【插入】→【插图】→SmartArt，在打开的【选择 SmartArt 图形】对话框中选择需要的图示类型单击【确定】按钮即可将其插入到文档中，这里以层次结构中的组织结构图为例，如图 7-28 所示。

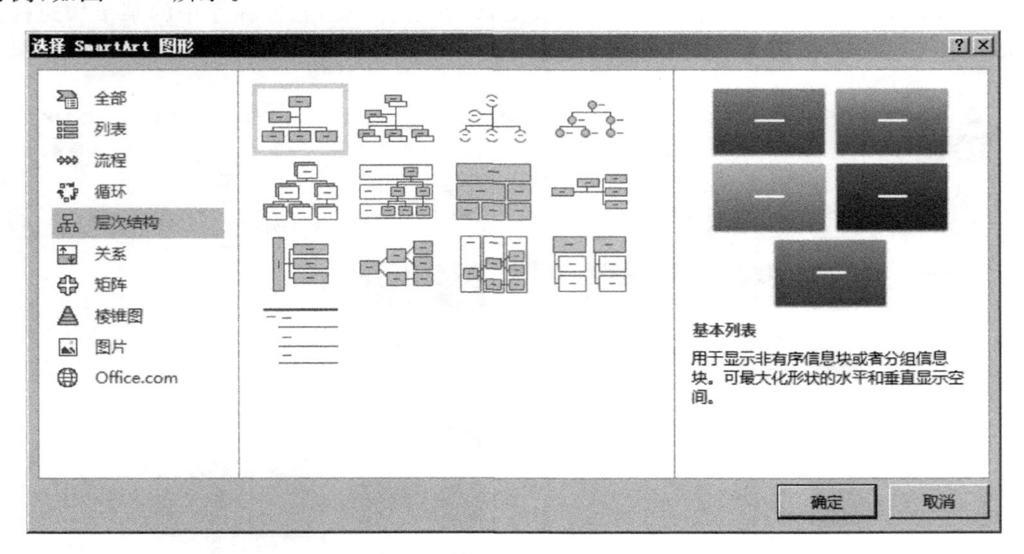

图 7-28 【选择 SmartArt 图形】对话框

将 SmartArt 图形插入后，功能区会显示 SmartArt 工具的【设计】和【格式】选项卡，在【设计】选项卡的“创建图形”组中主要有添加形状、添加项目符号、升级、降级等。图 7-29 是在组织结构图中添加形状后的效果。

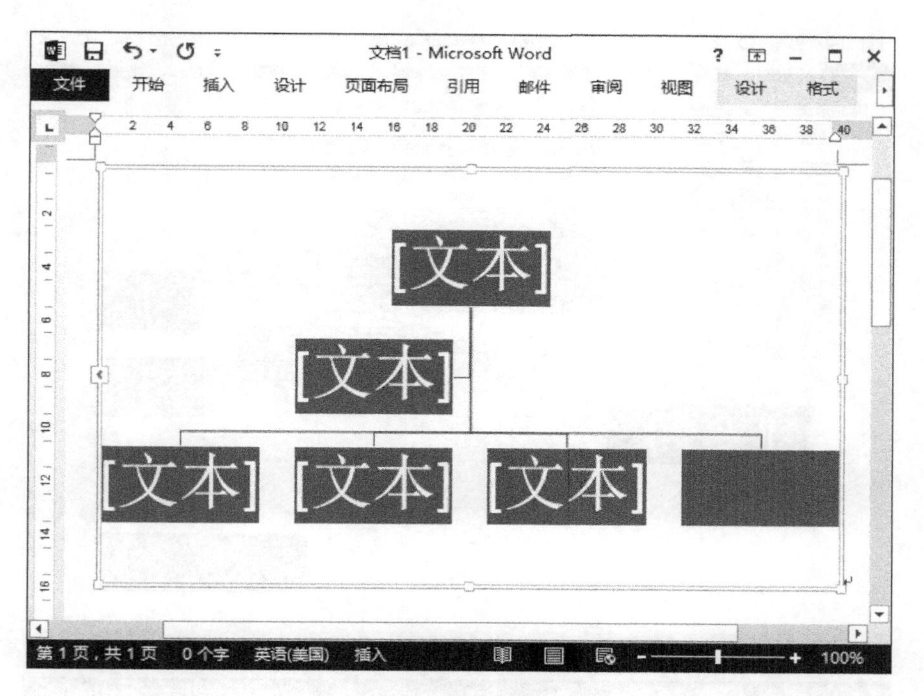

图 7-29　添加形状

7.3.2　SmartArt 图形布局

对于生成的 SmartArt 图形，可以整体地修改应用于 SmartArt 图形的布局。单击【设计】→【布局】→【更改布局】，将"组织结构图"的图形布局改为"水平组织结构图"，如图 7-30 所示。

7.3.3　更改 SmartArt 图形形状

更改 SmartArt 图形布局是对图形的整体修改，还可以通过更改 SmartArt 图形形状只改图形中的一部分。选中要修改的图形，单击【格式】→【形状】→【更改形状】，将添加的图形形状改为流程图中的决策，如图 7-31 所示。

7.3.4　SmartArt 图形颜色

通过更改颜色的操作可整体修改 SmartArt 图形颜色。单击【设计】→【SmartArt 样式】→【更改颜色】，如图 7-32 所示。

7.3.5　SmartArt 样式

除了能更改布局及颜色外，还可以利用快速样式来更改 SmartArt 的样式。单击【设计】→【SmartArt 样式】→【快速样式】，将 SmartArt 样式更改为优雅，如图 7-33 所示。

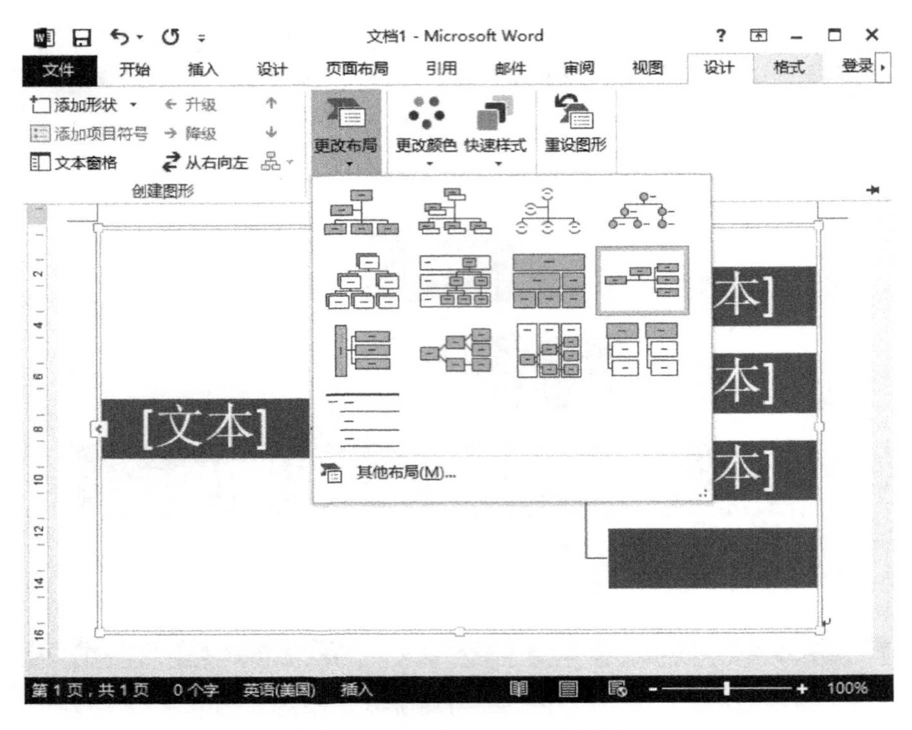

图 7-30　更改 SmartArt 图形布局

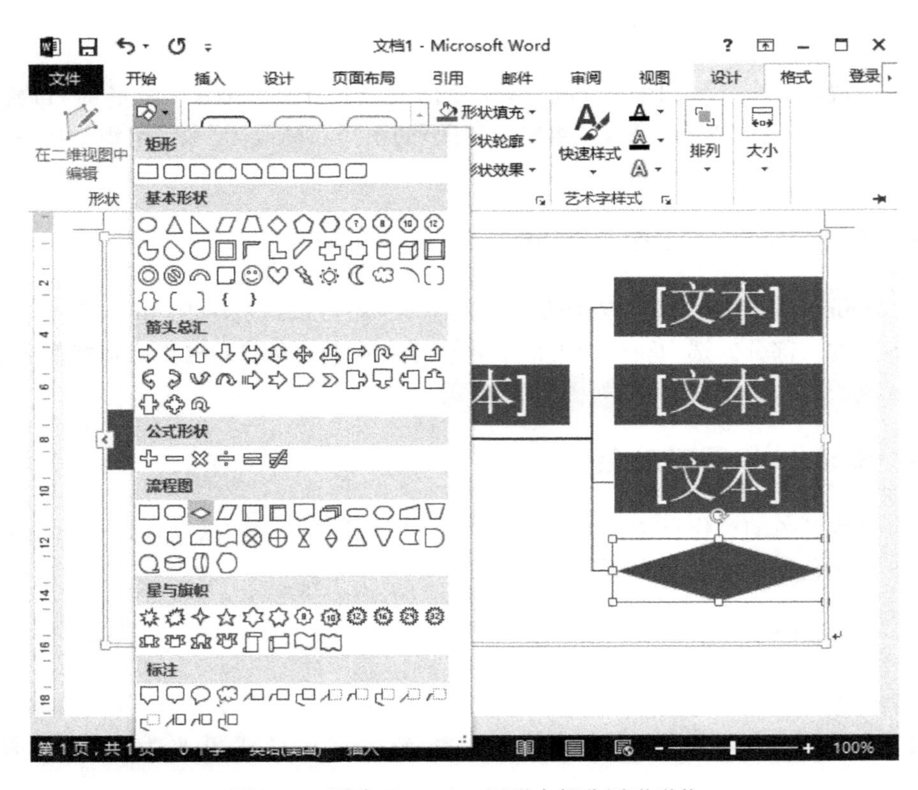

图 7-31　更改 SmartArt 图形中部分图形形状

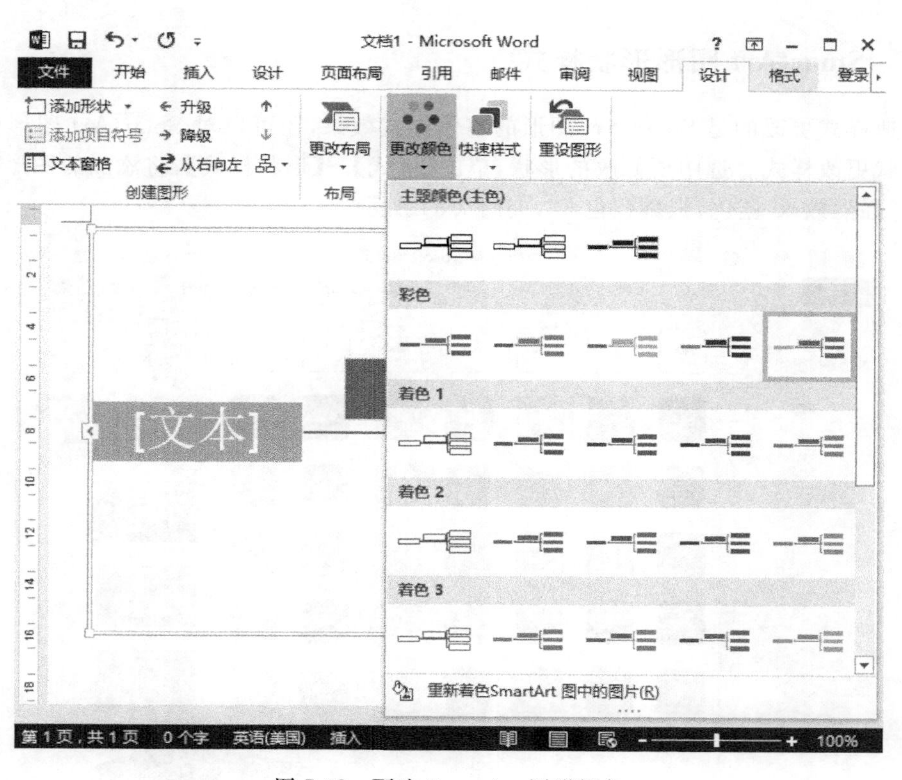

图 7-32　更改 SmartArt 图形颜色

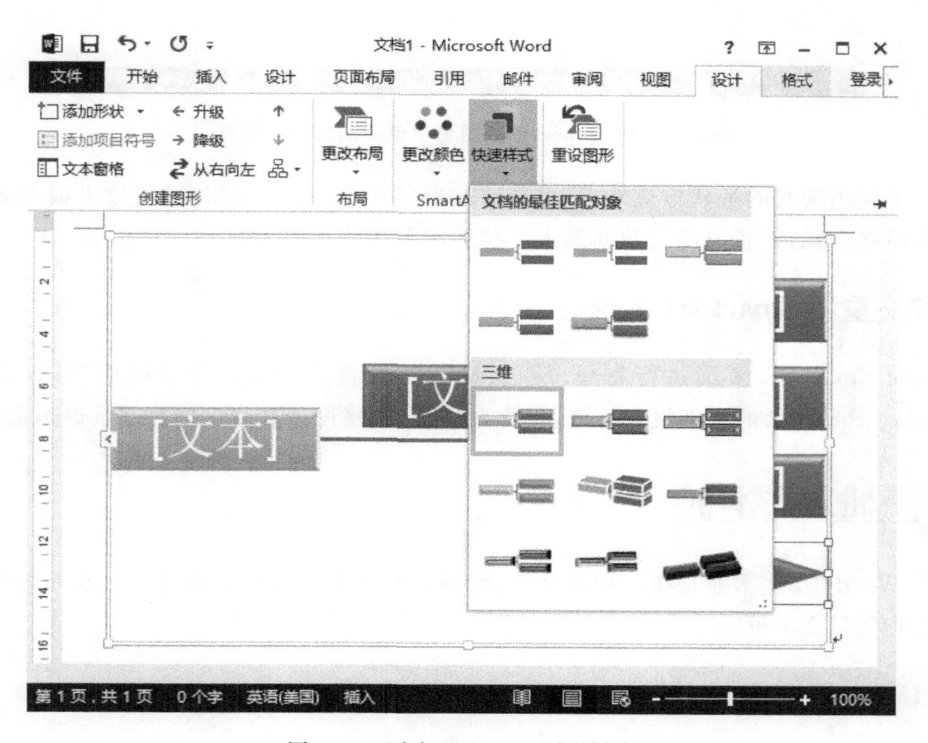

图 7-33　更改 SmartArt 图形样式

7.3.6 SmartArt 图形形状样式

快速样式更改的是 SmartArt 图形的整体样式效果，还可以对 SmartArt 图形中的一部分形状更改样式。选中要修改的形状，单击【格式】→【形状样式】，将添加的图形形状样式改为“强烈效果-蓝色，强调颜色 5”，如图 7-34 所示。

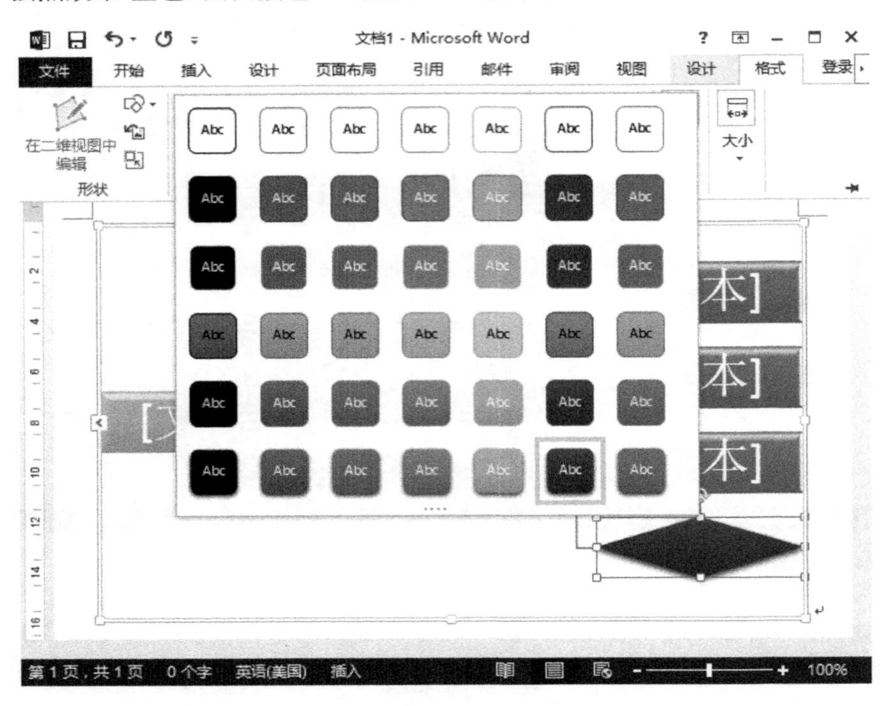

图 7-34　更改 SmartArt 图形中部分图形形状的样式

除了应用现有的形状样式外，还可以通过形状填充、形状轮廓、形状效果根据需要自己设置形状样式，设置方法与前面插入形状后设置形状样式相同。

7.3.7 重置 SmartArt 图形

在对 SmartArt 图形进行布局、颜色、样式等设置后，利用“重设图形”可以放弃对 SmartArt 图形所做的全部格式更改，操作方法是单击【设计】→【重置】→【重设图形】。

7.4 插入文本框

在 Word 中，文本框是指一种可移动、可调大小的文字或图形容器。文本框分为横排文本框和竖排文本框。

7.4.1 内置文本框

内置文本框是指已经设置好样式的，能够直接使用的文本框。在“内置”列表框中提供了大量的文本框预设样式，用户可根据需要选择合适的样式，即可直接在文档中创建文本框。

单击【插入】→【文本】→【文本框】，文本框的下拉列表如图 7-35 所示。

图 7-35　文本框下拉列表

7.4.2　绘制文本框

如果想根据实际需要对文本框进行设置，则可使用绘制文本框来创建简单的文本框。单击【插入】→【文本】→【文本框】→【绘制文本框】(即横排文本框)或【绘制竖排文本框】，此时，鼠标指针将变为十字形状，在需要插入文本框的位置拖动鼠标绘制文本框。

7.4.3　通过形状实现文本框

若想在文档中制作可移动、可调大小的文字，除了文本框能够实现外，还可以通过形状中的矩形来实现，单击【插入】→【插图】→【形状】→【矩形】，设置方法与文本框相同。

7.5　插入艺术字

在编辑过程中也经常使用艺术字，对艺术字的设置是在【绘图工具】中进行的，上面讲解的自选图形是一种图形操作，艺术字是一种文字操作，设置过程类似。

7.5.1　如何插入艺术字

在 Word 2013 中插入艺术字的操作步骤如下。

(1) 将光标定位在需要插入艺术字的位置。

(2) 单击【插入】→【文本】→【艺术字】,在弹出的下拉列表中选择需要的艺术字样式,如图 7-36 所示。

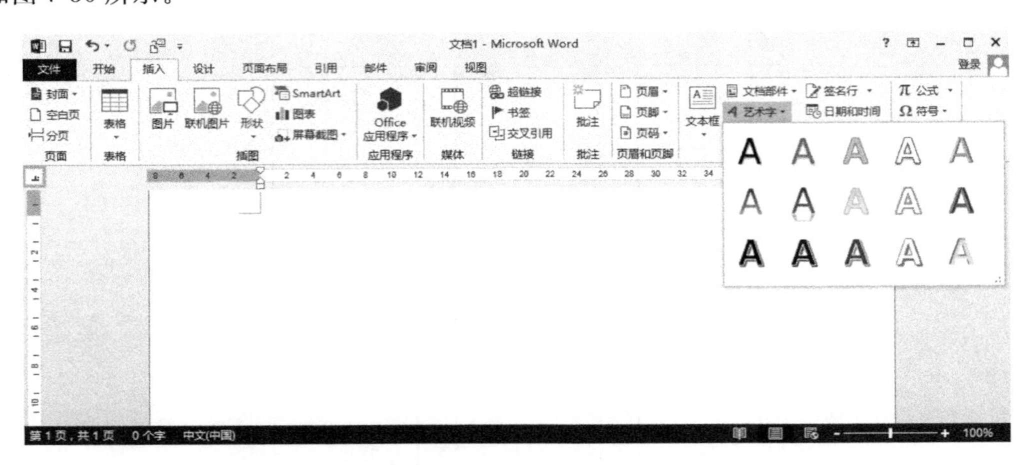

图 7-36　插入艺术字下拉列表

(3) 在“请在此放置您的文字”文本框中输入要插入的艺术字,如图 7-37 所示。

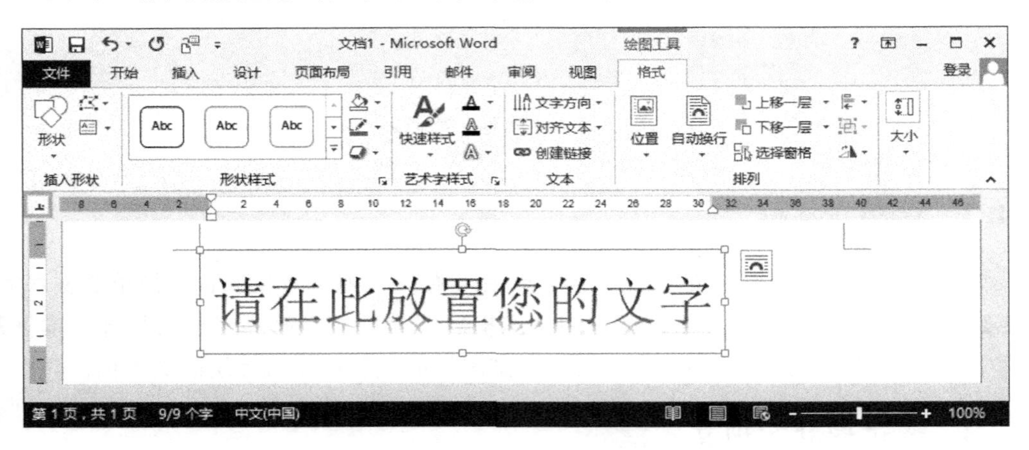

图 7-37　艺术字文本框

(4) 在弹出的文本框中输入需要的文字,即可完成艺术字的插入。

7.5.2　艺术字格式设置

对于插入的艺术字,除了使用默认样式外,还可以根据需要在绘图工具的【格式】选项卡中更改艺术字的形状样式、艺术字样式、排列、大小等,如图 7-38 所示。

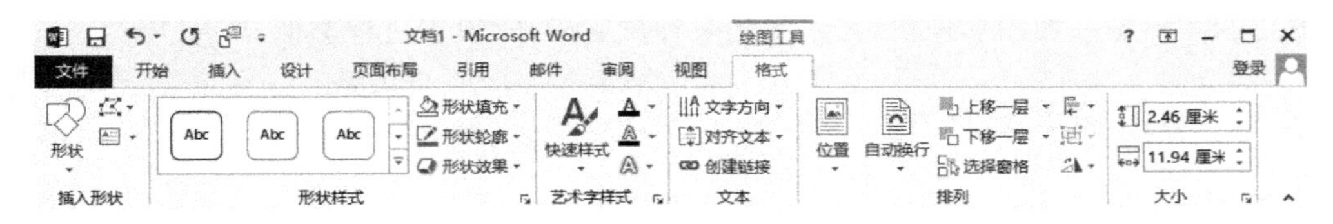

图 7-38　对艺术字进行设置

艺术字的设置形状格式与前面讲述的图形设置形状格式相似，在对艺术字进行设置时需要区别形状样式和艺术字样式，形状样式设置的是外围形状，艺术字样式针对的是内部文字。将形状填充与形状轮廓设置为黄色，文本填充与文本轮廓设置为红色的效果如图 7-39 所示。

单击绘图工具【格式】→【形状样式】或【艺术字样式】对话框启动器，均可打开【设置形状格式】任务窗格，在该窗格中可以近一步对形状的布局、效果、填充等进行设置(同形状设置)，还可以设置文本的填充轮廓、效果、布局，如图 7-40 所示。

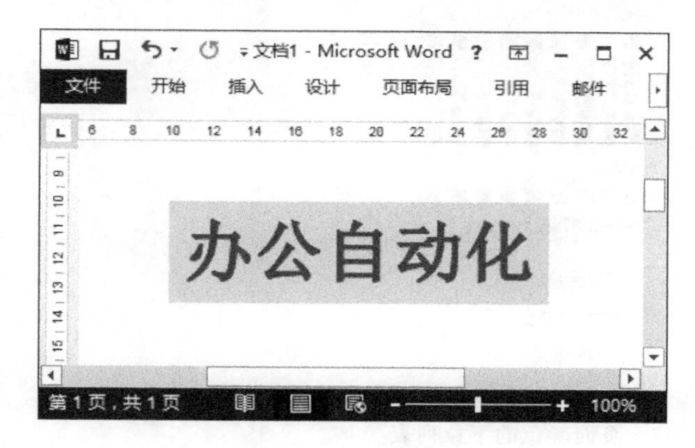

图 7-39　艺术字设置

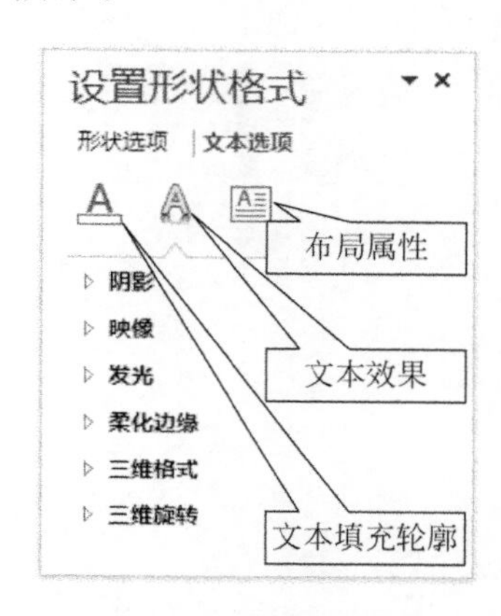

图 7-40　设置形状格式

7.6　页面格式设置

7.6.1　添加封面

单击【插入】→【页面】→【封面】，在弹出的下拉列表中选择封面样式，即可在文档最前面加入一个封面页，如图 7-41 所示。

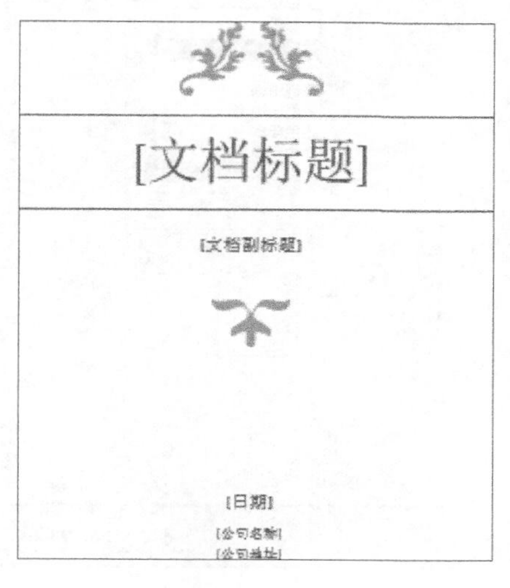

图 7-41　封面页

7.6.2 页面背景

Word 中页面背景指的是设置页面颜色。单击【设计】→【页面背景】→【页面颜色】，打开页面颜色的下拉列表，如图 7-42 所示。

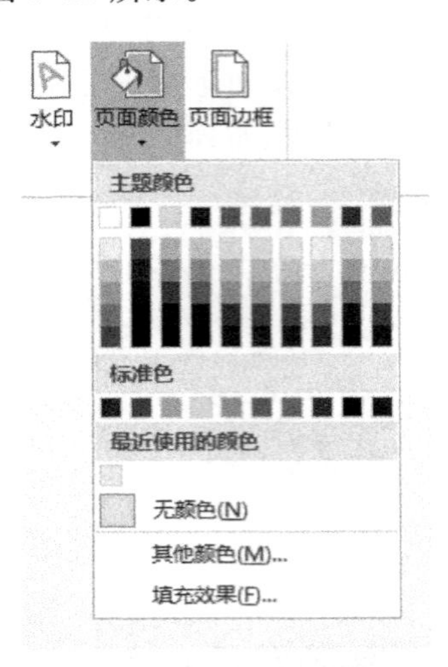

图 7-42　页面颜色的下拉列表

在下拉列表中可选择纯色来填充页面，还可用其他方式设置页面的背景，在下拉列表中选择"填充效果"，则打开【填充效果】对话框。

【填充效果】对话框中能够设置的内容有：

(1) 填充"渐变"效果，如图 7-43 所示。

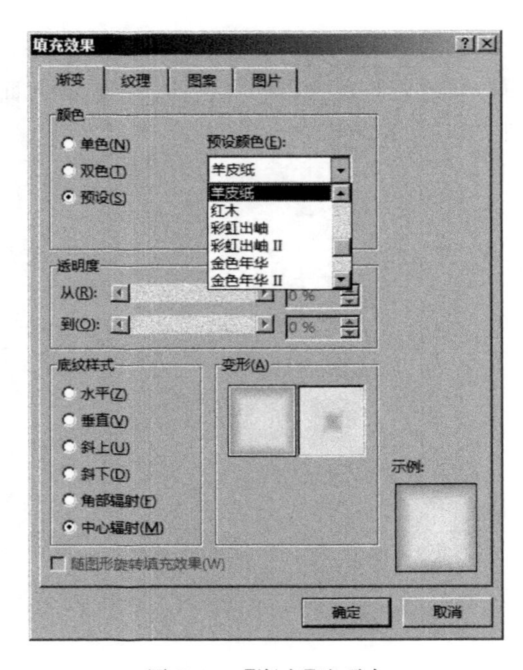

图 7-43　【渐变】选项卡

(2) 填充"纹理"效果,如图 7-44 所示。

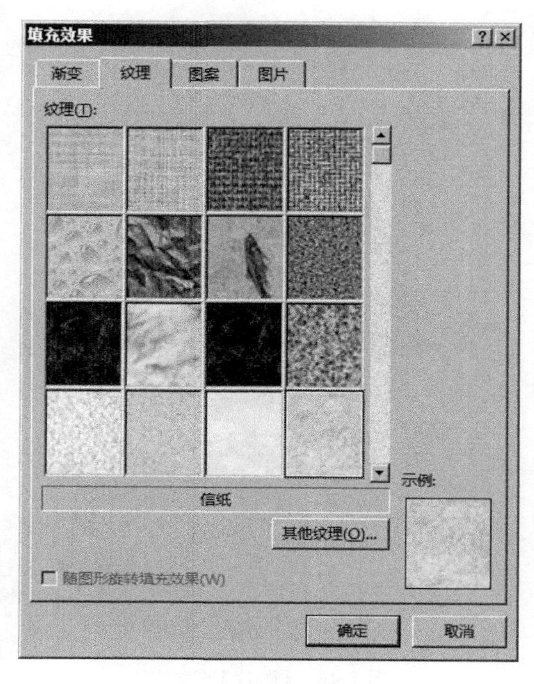

图 7-44 【纹理】选项卡

(3) 填充"图案"效果,如图 7-45 所示。

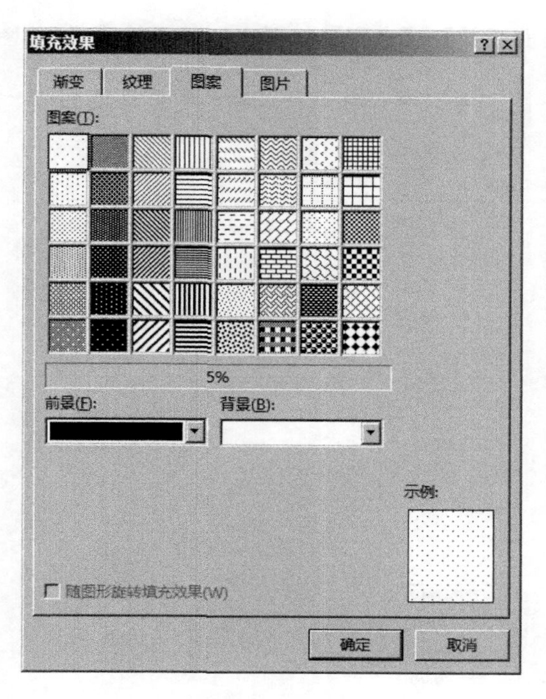

图 7-45 【图案】选项卡

(4) 填充“图片”效果,如图 7-46 所示。

图 7-46 【图片】选项卡

7.6.3 页面水印

单击【设计】→【页面背景】→【水印】,打开水印的下拉列表,如图 7-47 所示。

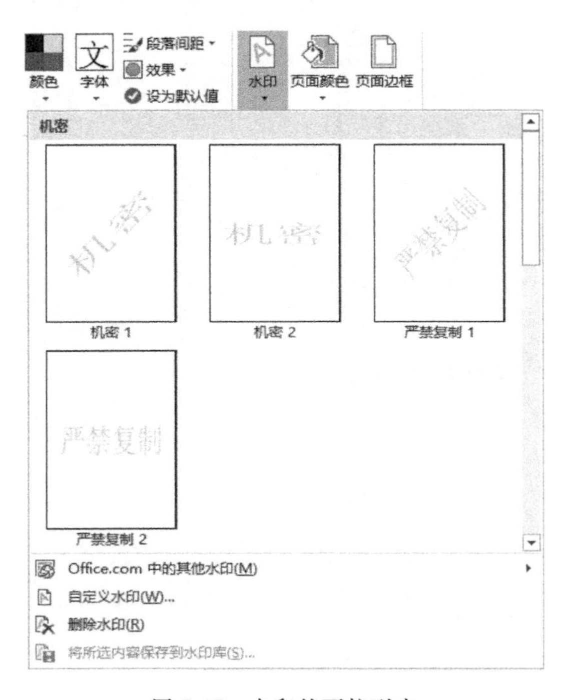

图 7-47 水印的下拉列表

在下拉列表中选择"自定义水印",可打开【水印】对话框,如图 7-48 所示。

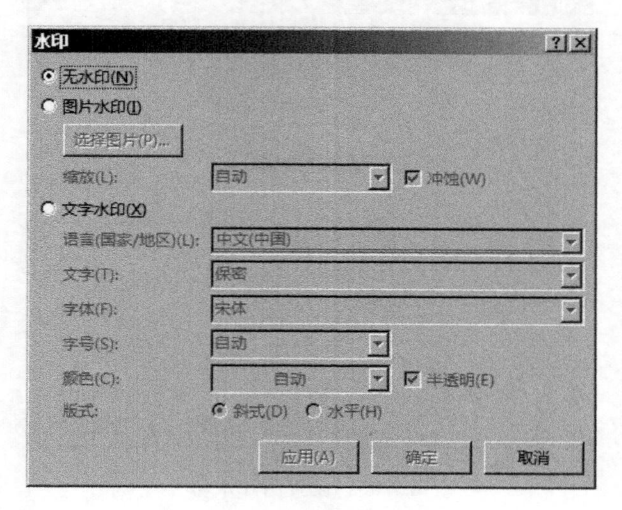

图 7-48 【水印】对话框

1. 文字水印

在【水印】对话框中选择"文字水印"即可为文档添加指定内容的文字水印。文字水印可以设置的内容有语言、文字内容、字体、字号、文字颜色、是否半透明、文字版式,如图 7-49 所示。

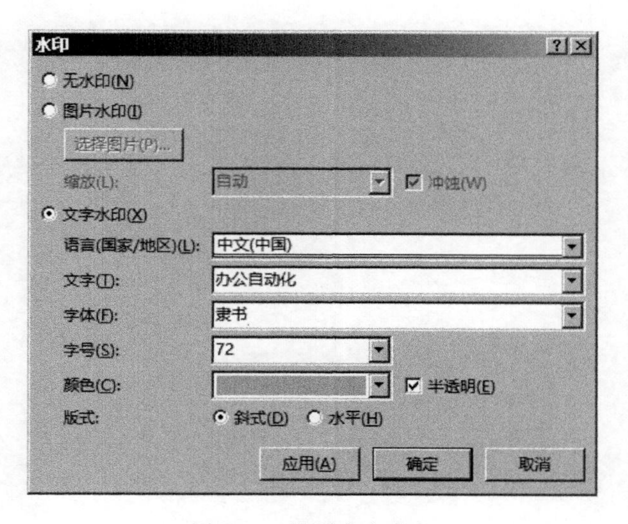

图 7-49 设置文字水印

2. 图片水印

在【水印】对话框中选择"图片水印"即可为文档添加指定图片的水印,图片水印可以设置的内容有选择图片来源、设置图片缩放百分比、是否对图片进行冲蚀处理,如图 7-50 所示。

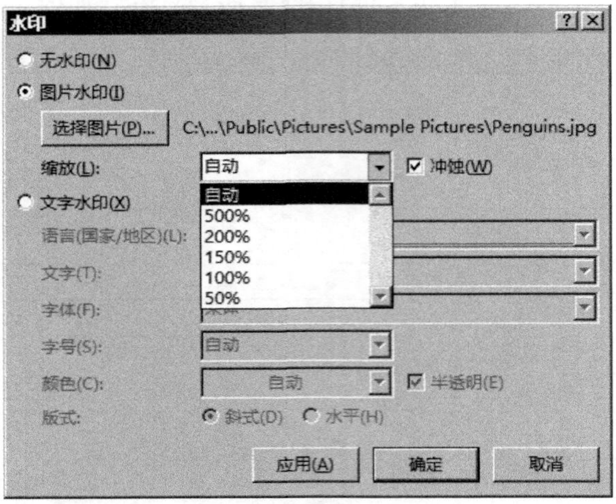
水印
无水印(N)
图片水印(I)
选择图片(P)...
C:\...\Public\Pictures\Sample Pictures\Penguins.jpg
缩放(L):
自动
冲蚀(W)
自动
500%
200%
150%
100%
50%
文字水印(X)
语言(国家/地区)(L):
文字(T):
字体(F):
字号(S):
自动
颜色(C):
自动
半透明(E)
版式:
斜式(D)
水平(H)
应用(A)
确定
取消

图 7-50　设置图片水印

第 8 章 Excel 工作簿

本章说明：

Excel 工作簿实际就是一个 Excel 文件，包括 Excel 2013、Excel 2010、Excel 2007 的 xlsx 文件和兼容以前 Excel 97-2003 版本的 xls 文件，文件是由多张工作表组成的。

本章主要内容：

- Excel 工作簿窗口的组成
- Excel 工作簿的创建
- Excel 工作簿窗口排列及窗口切换
- Excel 工作簿的保存
- Excel 工作簿的打开
- Excel 工作簿的保护
- Excel 工作簿的关闭

本章拟解决的问题：

(1) Excel 工作簿窗口由哪些组成？
(2) 如何打开或关闭工作簿，以及打开工作簿的方式？
(3) 如何利用编辑栏输入或修改数据？
(4) 如何利用编辑栏定义或修改公式？
(5) 如何利用名称框进行单元格定位？
(6) 如何利用名称框进行单元格范围的选取？
(7) 如何利用名称框定义名称？
(8) 如何将打开的工作簿或工作表保存成网页？
(9) 如何进行窗口的切换？
(10) 如何给工作簿加密？

8.1 Excel 工作簿窗口的组成

Excel 启动成功后，窗口由文件、功能区、快速访问工具栏、标题栏、名称框、编辑栏、状态栏等组成，如图 8-1 所示。

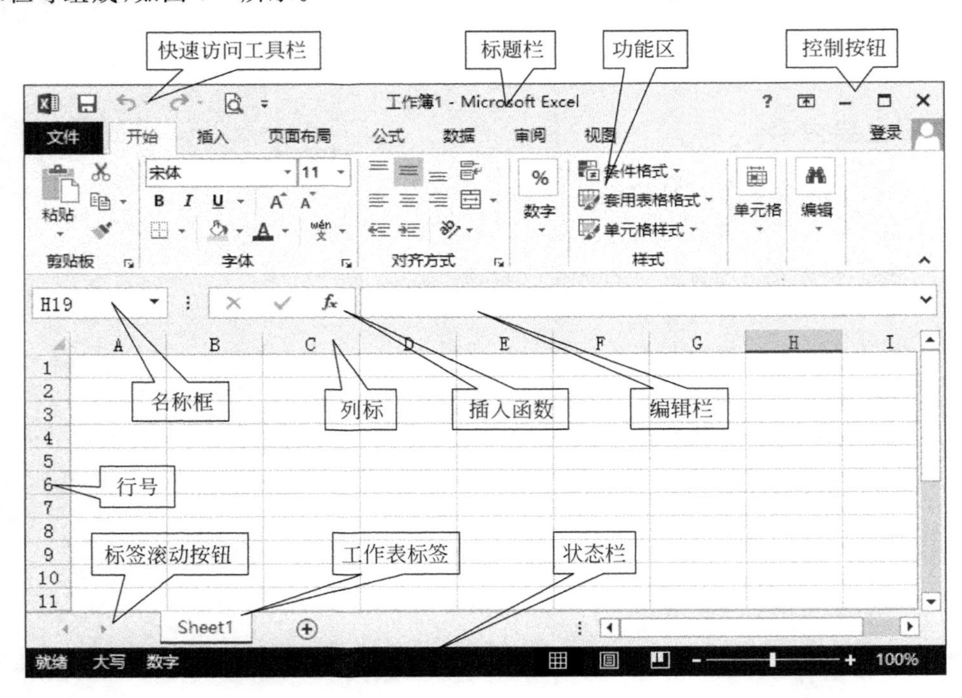

图 8-1　Excel 窗口的组成

8.1.1 文件菜单

单击【文件】后，会显示一些基本命令，这些基本命令包括【信息】、【新建】、【打开】、【保存】、【另存为】、【打印】、【共享】、【导出】、【关闭】、【账户】、【选项】，如图 8-2 所示。

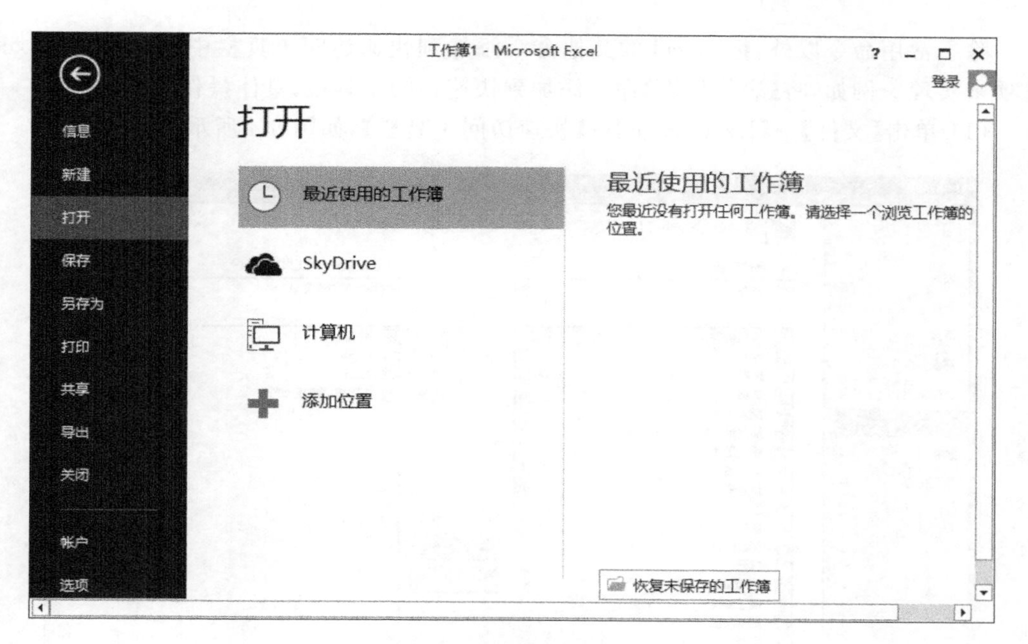

图 8-2 【文件】选项卡

8.1.2 快速访问工具栏

在默认状态下，快速访问工具栏包含 3 个按钮图标：保存图标、撤销图标、恢复图标。

例如将【打印预览和打印】添加到快速访问工具栏中，具体操作步骤如下：单击快速访问工具栏右面的下拉箭头，可以显示自定义快速访问工具栏，这样就可以添加常用工具到快速访问工具栏，如图 8-3 所示。

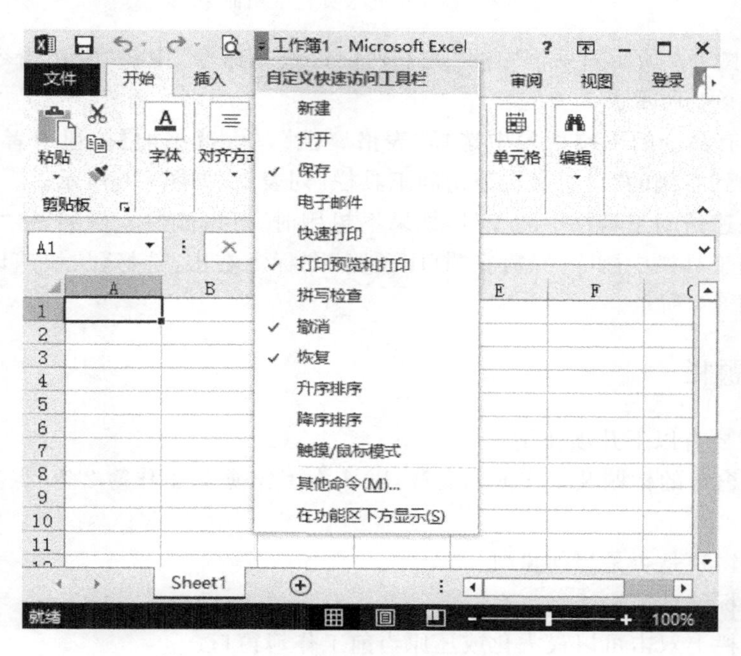

图 8-3 自定义快速访问工具栏常用命令

除了常用命令以外，把 Excel 的其他命令添加到快速访问工具栏中，可以通过 Excel 选项来实现。例如，将【表格属性】命令添加到快速访问工具栏，具体操作步骤如下。

(1) 单击【文件】→【Excel 选项】→【快速访问工具栏】，如图 8-4 所示。

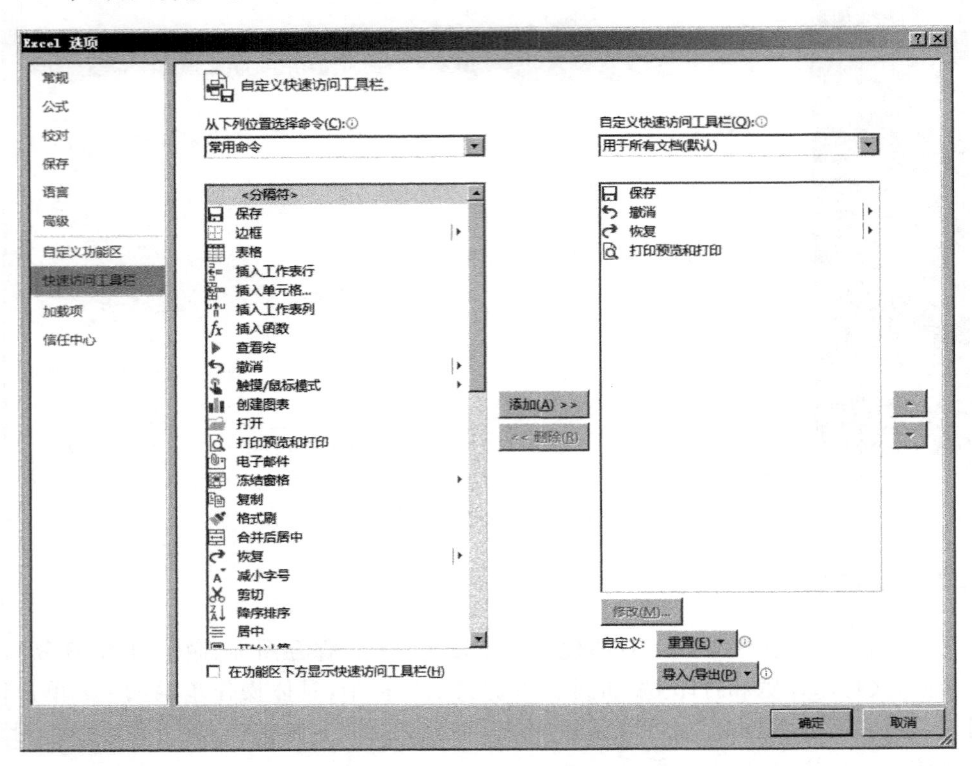

图 8-4　快速访问工具栏常用命令

(2) 在如图 8-4 所示对话框中的“从下列位置选择命令”中将“常用命令”更改为“所有命令”，如图 8-5 所示。

(3) 在所有命令的下拉列表中选择“表格属性”，单击【添加】按钮或者双击“表格属性”，将其添加到右侧的“自定义快速访问工具栏”列表中，如图 8-6 所示。

添加到快速访问工具栏中的工具，如果不想用时，可以删除。例如，将“打印预览”工具从快速访问工具栏中删除，只需在“打印预览”图标上右击，选择【从快速访问工具栏删除】命令，如图 8-7 所示。

8.1.3　标题栏

标题栏主要有以下几项作用：

(1) 显示窗口的标题及工作簿的名称，默认为工作簿 1、工作簿 2 等，保存后显示的是文件名。

(2) 判断窗口是否是当前窗口。

(3) 用鼠标移动窗口。

(4) 标题栏上双击可以最大化或还原当前工作簿窗口。

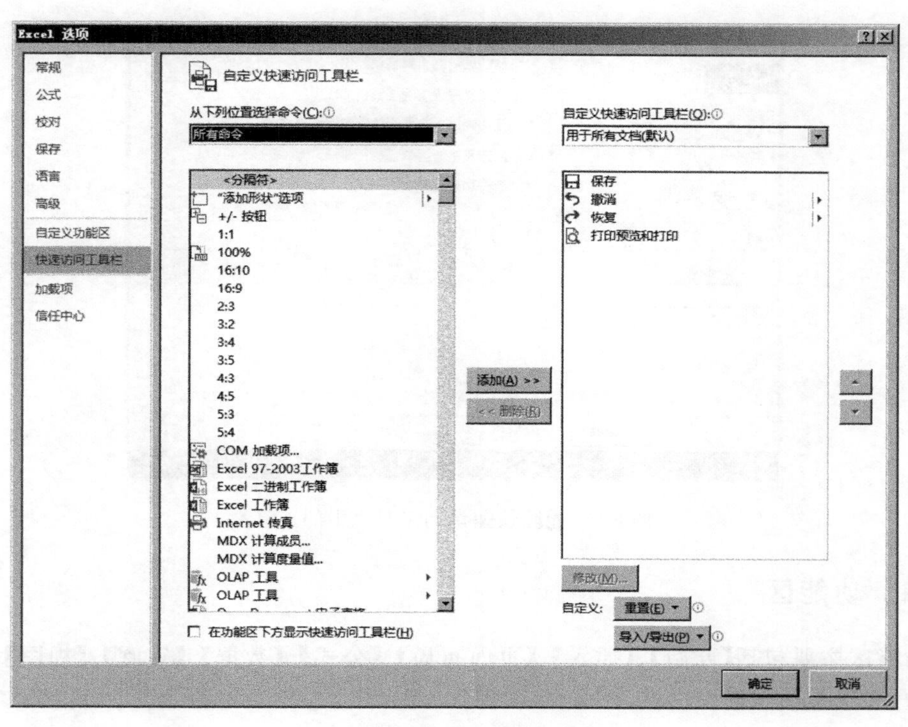

图 8-5　快速访问工具栏所有命令

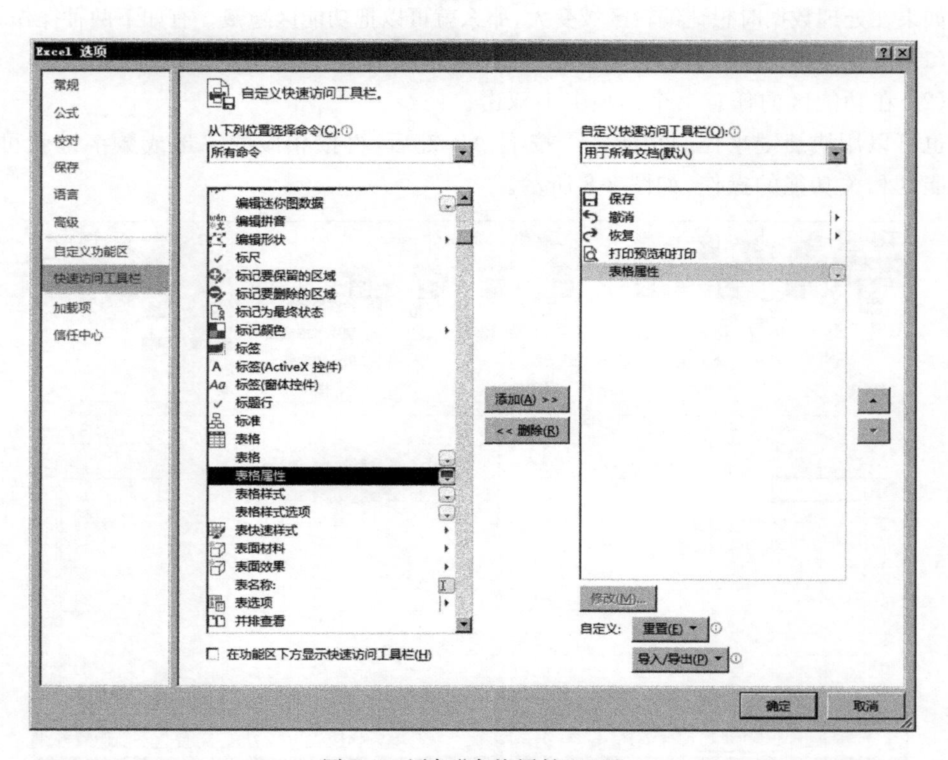

图 8-6　添加"表格属性"工具

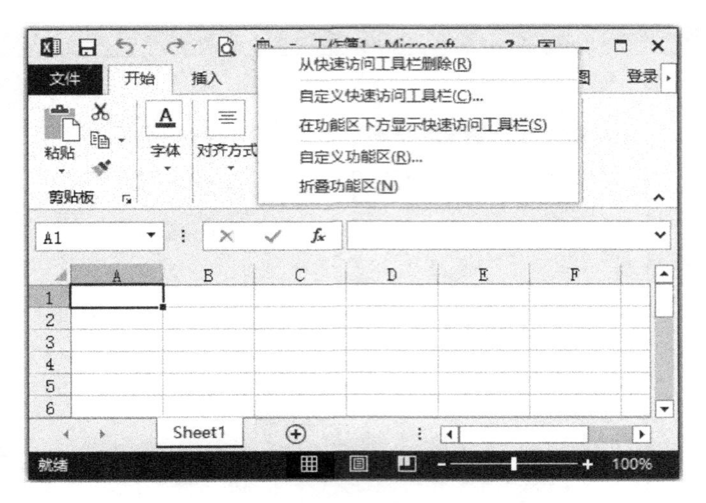

图 8-7 删除快速访问工具栏中的工具

8.1.4 功能区

功能区主要包括【开始】、【插入】、【页面布局】、【公式】、【数据】、【审阅】、【视图】等基本选项卡，每个选项卡下又分为不同的组，例如：【开始】选项卡下分为“剪贴板”、“字体”、“对齐方式”、“数字”、“样式”、“单元格”、“编辑”七组。

如果在处理数据时想让编辑区域变大，那么就可以把功能区隐藏。有如下两种操作方法：

(1) 按快捷键 Ctrl+F1。

(2) 在功能区的任意一个选项卡上双击。

也可以用快捷键来控制功能区。按下 Alt 键后，再按相应的字母或数字键就可以控制功能区相关功能的操作，如图 8-8 所示。

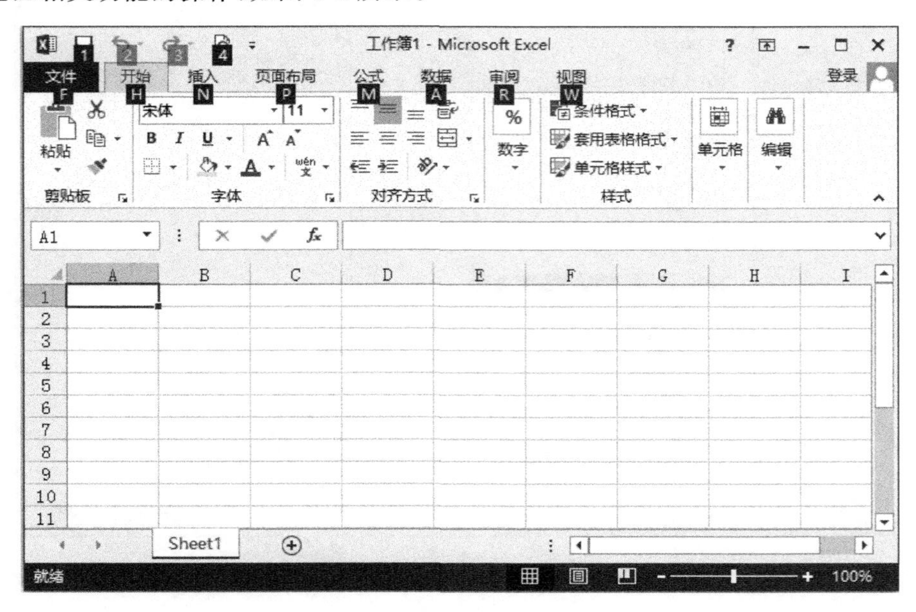

图 8-8 用 Alt 键操作功能区

8.1.5 名称框

名称框主要有如下四方面的作用。

1. 显示当前单元格

例如，单击A1单元格，那么名称框中就显示“A1”，如图8-9所示。

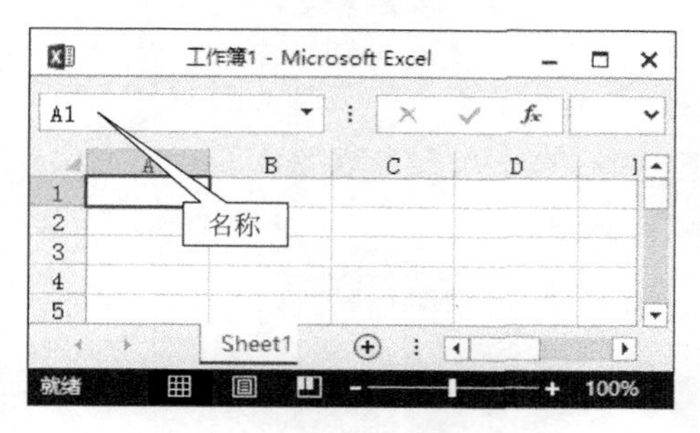

图8-9 显示单元格名称

2. 单元格定位

例如，想快速定位到C列的第10000行，就可在名称框中输入“C10000”后按回车键，如图8-10所示。

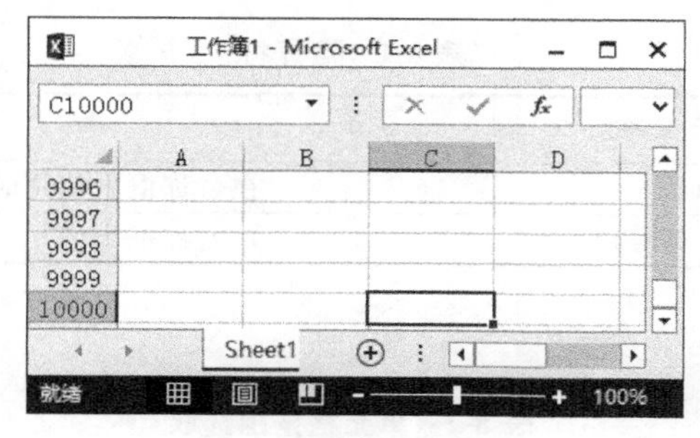

图8-10 单元格定位

3. 进行单元格范围选取

例如，想选中A1到C5的范围区域，那么就可以在名称框中输入“A1:C5”后按回车键，如图8-11所示。

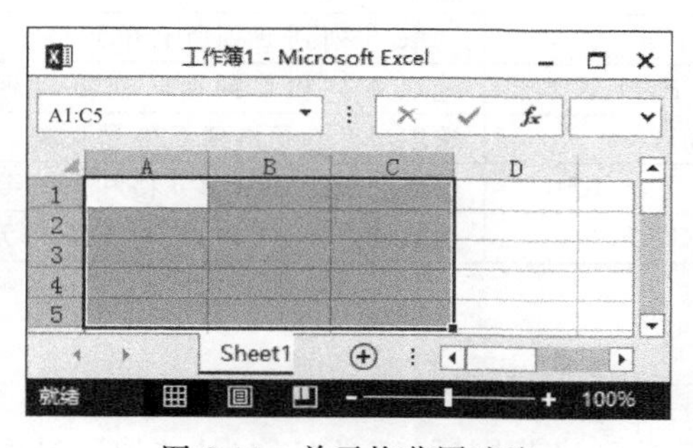

图8-11 单元格范围选取

例如，选中 A1 到 B2 单元格和 C3 到 D4 单元格的范围，那么就可以在名称框中输入"A1:B2,C3:D4"后按回车键，如图 8-12 所示。

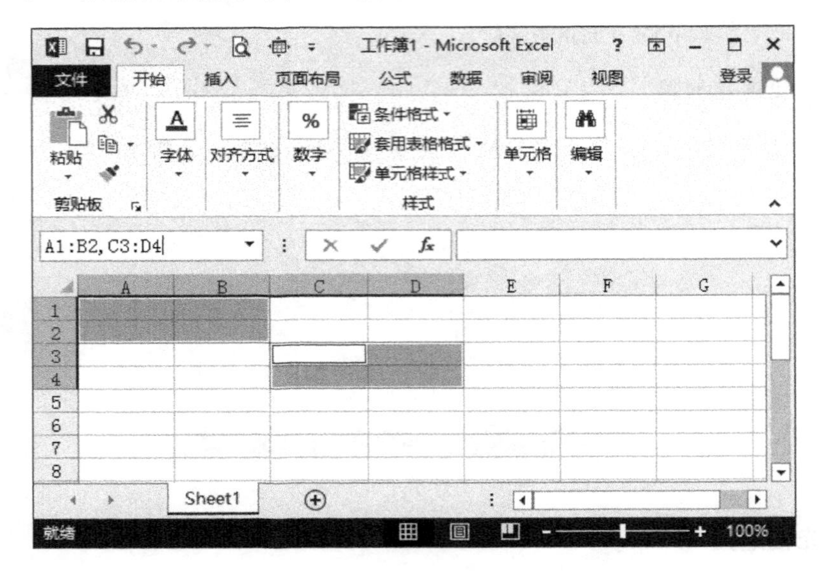

图 8-12　单元格范围选取

运算符的含义，如表 8-1 所示。

表 8-1　运算符

序号	运算符	含　　义
1	:（冒号）	在名称框中使用时是表示"到"
2	,（逗号）	在名称框中使用时是表示"和"

运算符的用法如表 8-2 所示。

表 8-2　单元格范围选取

序号	进行范围选取	在名称框输入
1	1:1	选取第 1 行所有单元格
2	1:10	选取第 1 行到第 10 行所有单元格
3	1:5,10:20	选取第 1 行到第 5 行和第 10 行到第 20 行的所有单元格
4	A:A	选取 A 列所有单元格
5	A:F	选取 A 列到 F 列所有单元格
6	A:A,C:E,H:K	选取 A 列和 C 列到 E 列和 H 列到 K 列所有单元格
7	A1: C20	选取 A1 单元格到 C20 单元格
8	A1:C10,F15:K40	选取 A1 到 C10 单元格和 F15 到 K40 单元格
9	A1,B7,C5,F10	选取 A1 和 B7 和 C5 和 F10 单元格

4. 定义名称

例如，选定 A1 到 C5 单元格范围后，定义名称为"选取"，操作方法如下：

在名称框中输入 A1:C5 后按回车键；在名称框中再次输入“选取”，如图 8-13 所示。

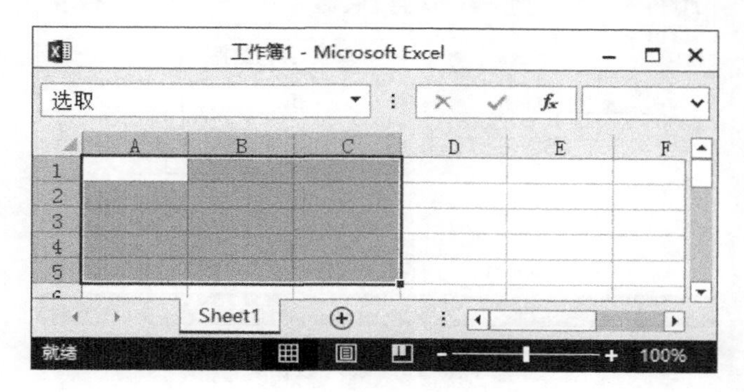

图 8-13　定义名称

Excel 中定义的名称不能与已经定义的名称重复。例如，如果想把 C6 到 F10 单元格范围的名称也定义为“选取”，此名称将不能再使用，所以必须删除已定义的“选取”的名称后，再重新使用。

单击【公式】→【定义的名称】→【名称管理器】，在打开的【名称管理器】对话框中进行删除名称，在此也可以对已定义的名称进行编辑，如图 8-14 所示。

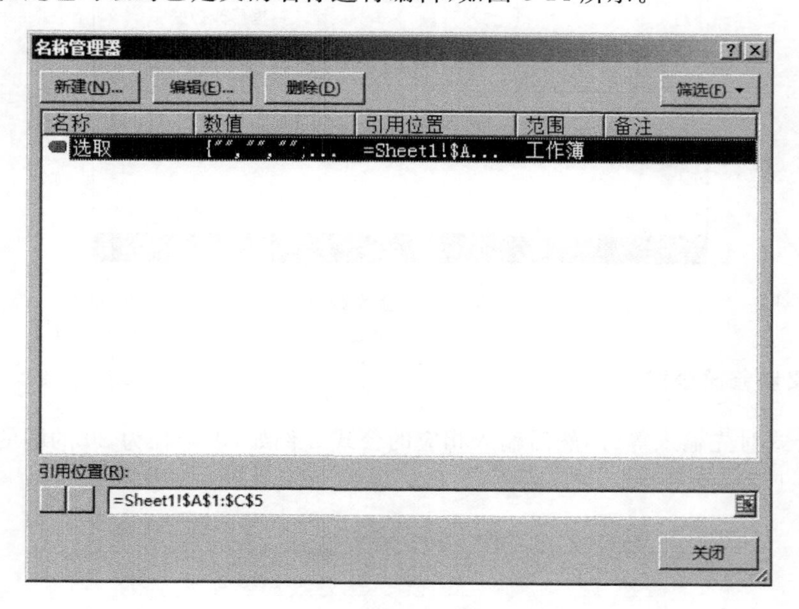

图 8-14　删除已定义的名称

8.1.6　编辑栏

编辑栏主要有如下三方面的作用。

1. 录入数据

数据可以在当前单元格输入，也可以在编辑栏中输入，如图 8-15 所示。

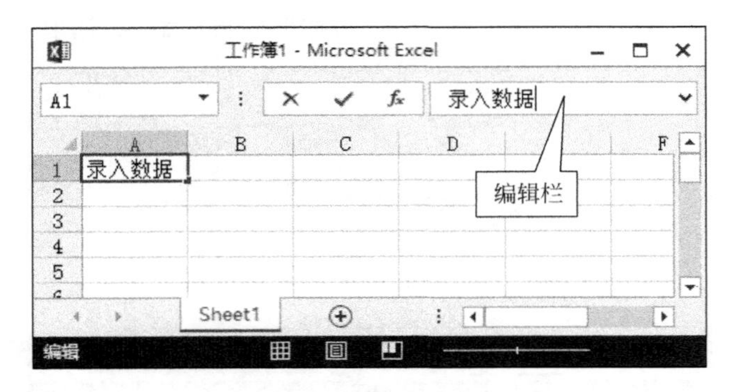

图 8-15　录入数据

2. 修改数据

修改数据时单击要修改的单元格，在编辑栏中就可以完成修改，也可以双击要修改的单元格，直接进行修改，如图 8-16 所示。

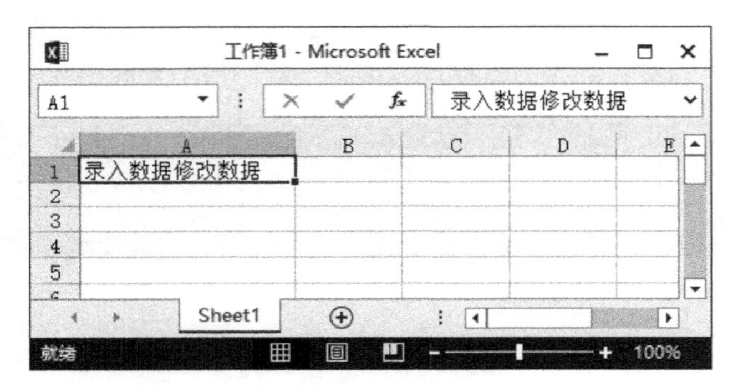

图 8-16　修改数据

3. 定义和修改公式

定义公式时先输入等号，然后输入相应的公式。例如，求半径为 20 的圆的面积，操作方法如图 8-17 所示。

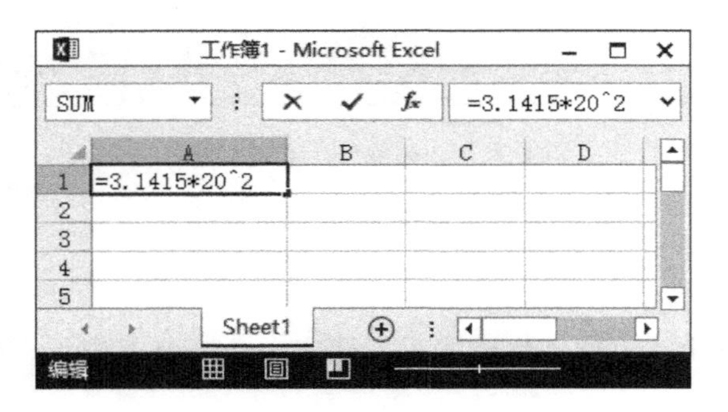

图 8-17　定义公式

8.1.7 行号和列标

行号与列标可以确定单元格坐标，使用时先说列标，后说行号。比如 A1 单元格，表示在 A 列，并且是 A 列的第 1 行，最后它的坐标就是 A1。工作表行号和列标也是一种视图，默认行号和列标都是显示的，如果想隐藏可以将【视图】→【显示】→【标题】命令前复选框的“√”去掉，即可隐藏行号和列标，如图 8-18 所示。

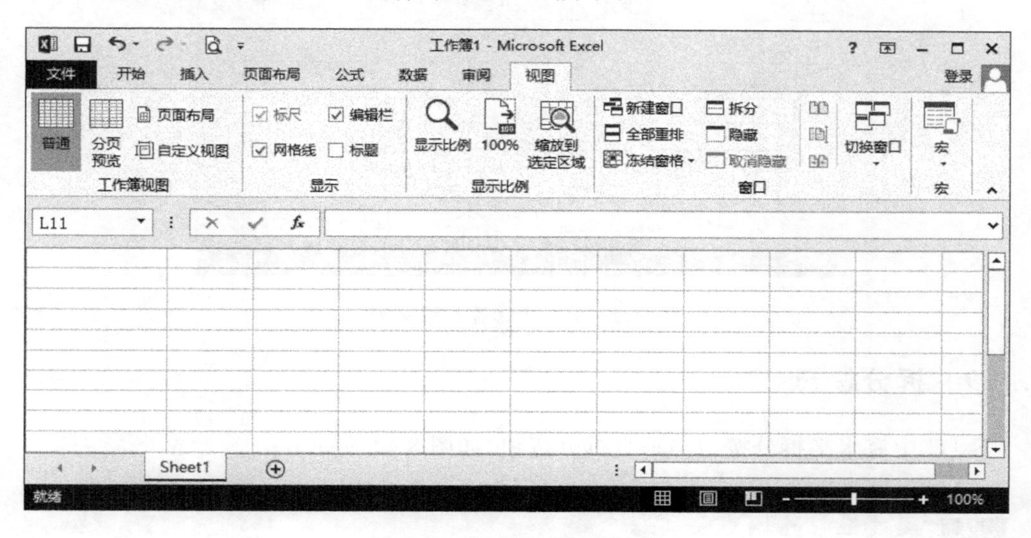

图 8-18 行号和列标的隐藏

在编辑区中，灰色的网格线也是一种视图，把网格线复选框“√”去掉，在编辑区中将不显示网格线，如图 8-19 所示，去掉了标题、编辑栏、网络线的效果。

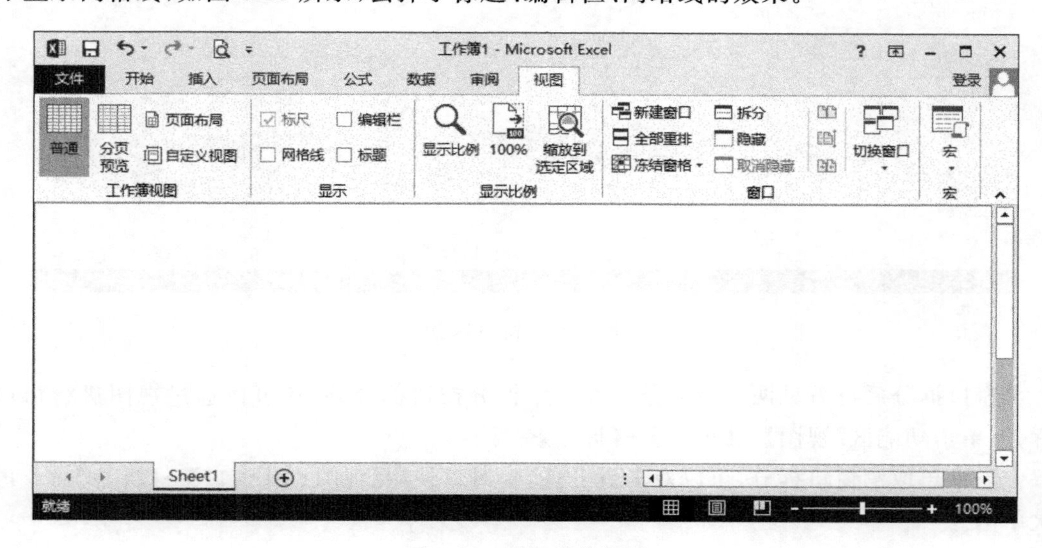

图 8-19 网格线的隐藏

在 Excel 中，最多是 1048576 行，16384 列，最后 1 列是 XFD 列。

8.1.8　工作表标签及滚动按钮

每一个工作表都是用工作表标签进行表示的，如 Sheet1、Sheet2 等。工作表标签滚动按钮包括两个：前一个工作表，后一个工作表。如果按 Ctrl＋滚动按钮，就可以到第一个工作表和最后一个工作表，如图 8-20 所示。

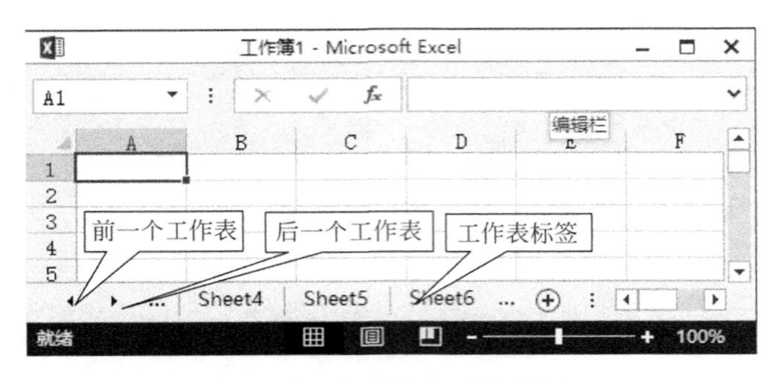

图 8-20　工作表标签及滚动按钮

8.1.9　拆分按钮

Excel 中有水平拆分按钮与垂直拆分按钮，如图 8-21 所示。

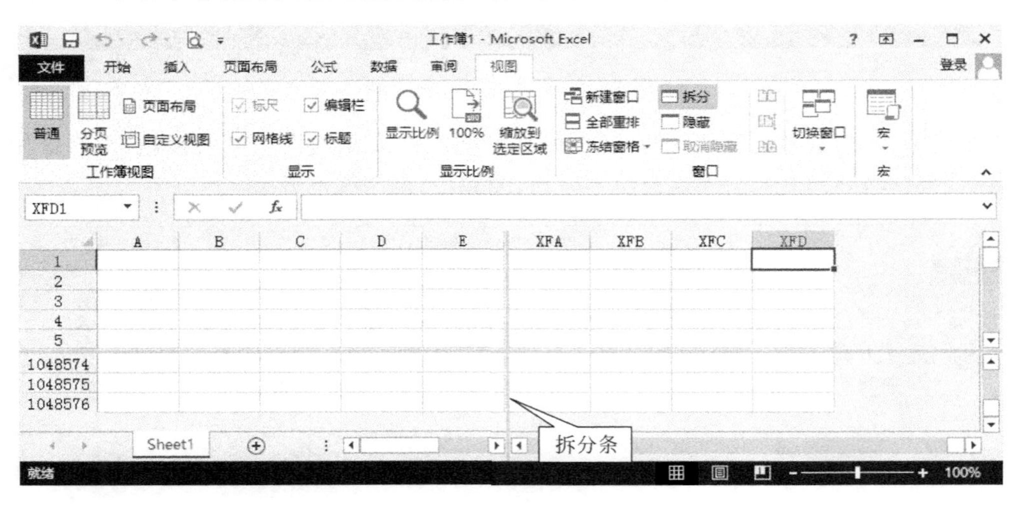

图 8-21　窗口拆分

窗口拆分后可看见两个拆分条。除了用拆分按钮拆分外，还可以通过视图进行窗口拆分，单击功能区【视图】→【窗口】→【拆分】命令。

如果想取消窗口拆分，可以双击拆分条，也可以使用【视图】→【窗口】→【拆分】命令再次单击。

8.1.10　状态栏

状态栏上左侧显示当前工作表状态，就绪或输入；右侧显示视图切换按钮和调整比例按钮。右键单击状态栏可以显示快速计算选项,包括平均值、计数、数值计数、最小值、最大值、求和,如图 8-22 所示。

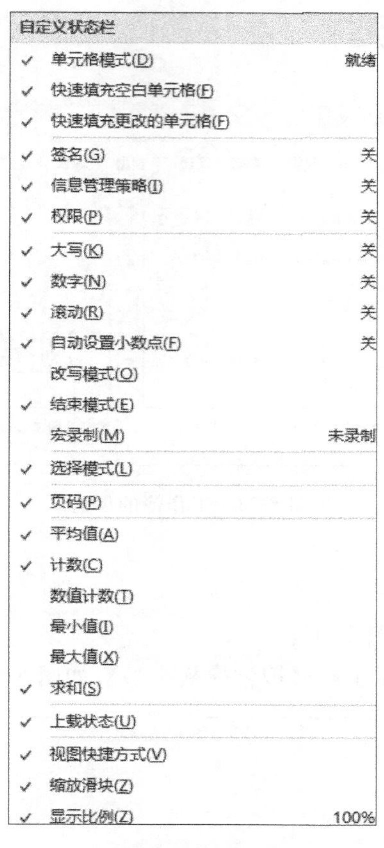

图 8-22 状态栏及快速计算

8.2 Excel 工作簿的创建

在 Excel 中,工作簿是处理和存储数据的文件。由于每个工作簿可以包含多张工作表,因此可在一个文件中管理多个工作表。启动 Excel 后,默认的工作簿是"工作簿 1",再创建工作簿默认的名称就是"工作簿 2",以此类推。

8.2.1 创建空白工作簿

1. 文件中的创建

单击功能区【文件】→【新建】→【空白工作簿】,即可创建工作簿,如图 8-23 所示。

2. 使用快捷键创建

使用快捷键 Ctrl+N,即可创建空白工作簿。

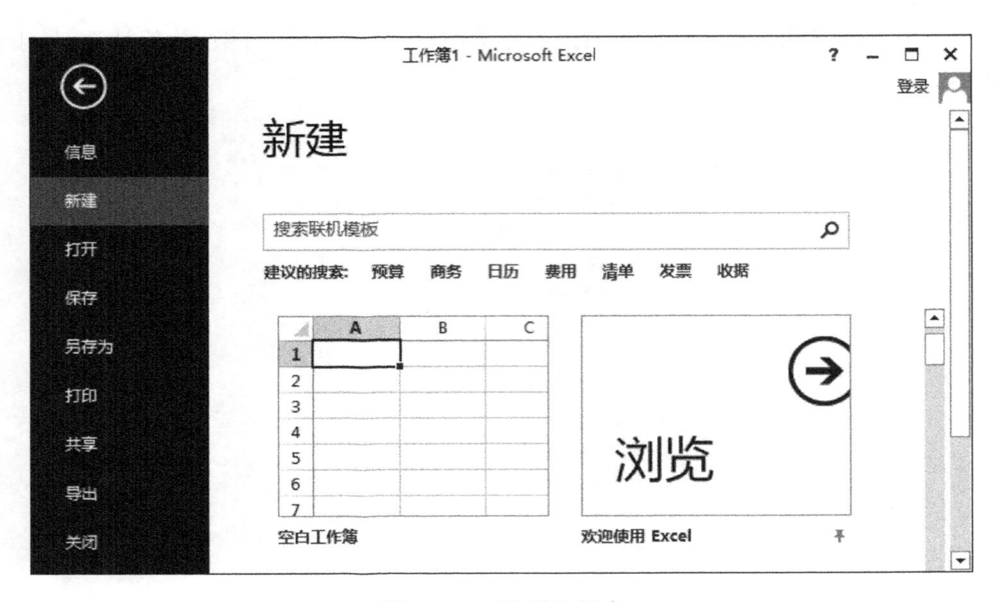

图 8-23　工作簿的创建

8.2.2　使用模板创建

使用模板创建工作簿步骤如下：

单击功能区【文件】→【新建】→【搜索模板类型】，如图 8-24 所示。

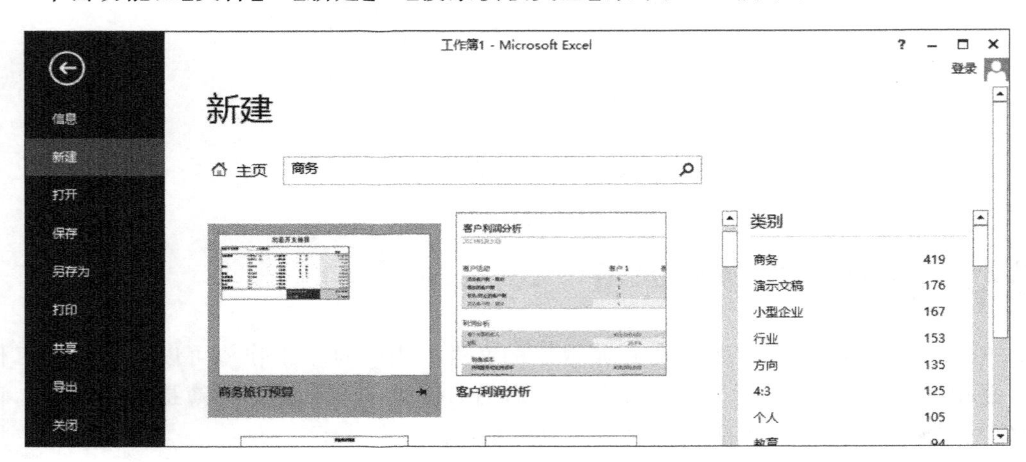

图 8-24　新建模板

8.3　Excel 工作簿窗口排列及窗口切换

8.3.1　工作簿窗口排列

多个 Excel 工作簿窗口进行排列，可以使用功能区【视图】→【窗口】→【全部重排】命令，如图 8-25 所示。

工作簿窗口有4种排列方式：

(1) 平铺。

(2) 水平并排。

(3) 垂直并排。

(4) 层叠。

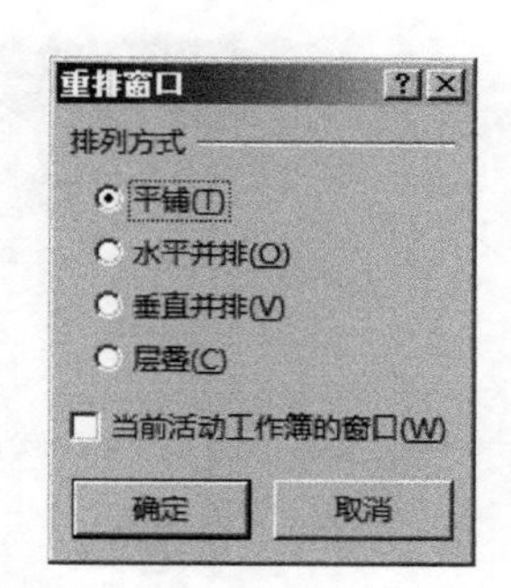

图8-25 重排窗口

8.3.2 工作簿窗口切换的方法

工作簿窗口切换是指在多个窗口中确定当前窗口，有如下两种切换方法。

(1) 使用【视图】→【窗口】→【切换窗口】命令，有"√"的为当前窗口，如图8-26所示。

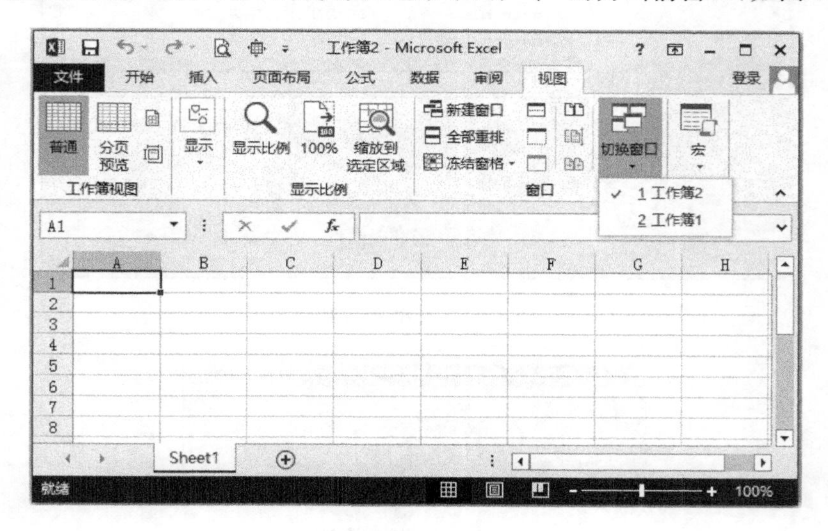

图8-26 窗口的切换

(2) 使用快捷键Ctrl+F6进行窗口切换。

8.4 Excel工作簿的保存

在完成新工作簿的创建后，一定要将新创建的工作簿保存起来，防止数据丢失。

8.4.1 在文件中保存

(1) 单击【文件】→【保存】/【另存为】选项。

(2) 在弹出的【另存为】对话框中选择保存位置、输入文件名称、选择保存类型。

(3) 单击【保存】按钮，完成保存，如图8-27所示。

8.4.2 关闭工作簿时保存

若单击Excel程序窗口标题栏右侧的关闭按钮，系统会自动弹出如图8-28所示的对话框，询问用户是否要保存文档，单击【保存】按钮即可完成保存。

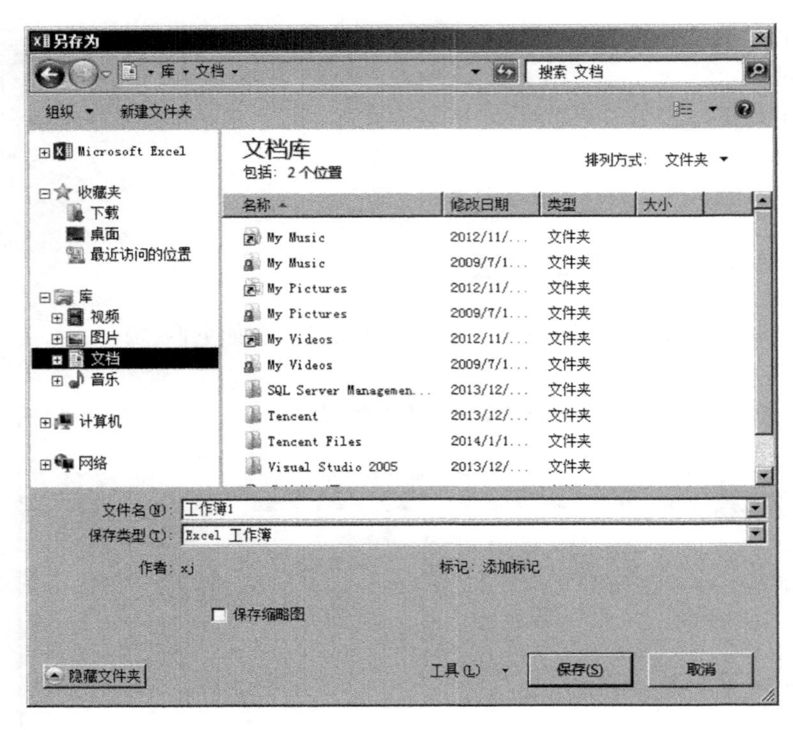

图 8-27　工作簿的保存

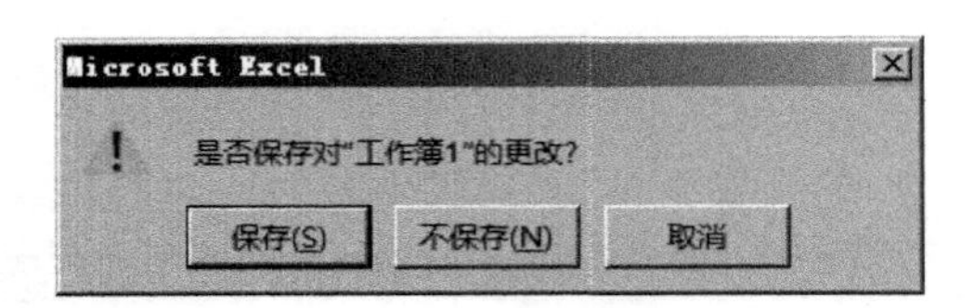

图 8-28　工作簿的保存

8.4.3　使用快速访问工具栏中的保存按钮

使用快速访问工具栏中的保存按钮，如图 8-29 所示。

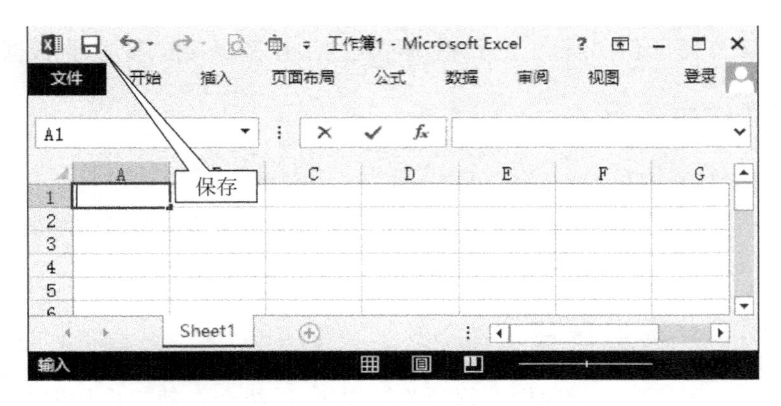

图 8-29　工作簿的保存

8.4.4 使用快捷键保存

使用快捷键保存可以按Ctrl + S进行保存,也可以使用F12进行另存为。

8.4.5 保存兼容格式工作簿

Excel默认保存工作簿的类型为“Excel工作簿”,扩展名为.xlsx。用户也可将工作簿保存为以前版本兼容的格式,如“Excel 97-2003工作簿”,以便可以用Excel以前版本打开。操作步骤如下:

(1) 单击【文件】→【另存为】,或用快捷键F12。

(2) 弹出【另存为】对话框,选择相应的存放路径,并在“文件名”文本框中输入工作簿的名称。

(3) 打开“保存类型”下拉列表,选择保存类型“Excel 97-2003工作簿”选项,如图8-30所示。

图8-30 保存兼容模式工作簿

(4) 单击【保存】按钮,完成保存。

8.4.6 自动保存工作簿

自动保存工作簿可以防止突然断电或没来得及保存当前工作簿，系统便自动对当前工作簿进行保存，即设置"保存自动恢复信息时间间隔"，设置同 Word 一样，如图 8-31 所示。

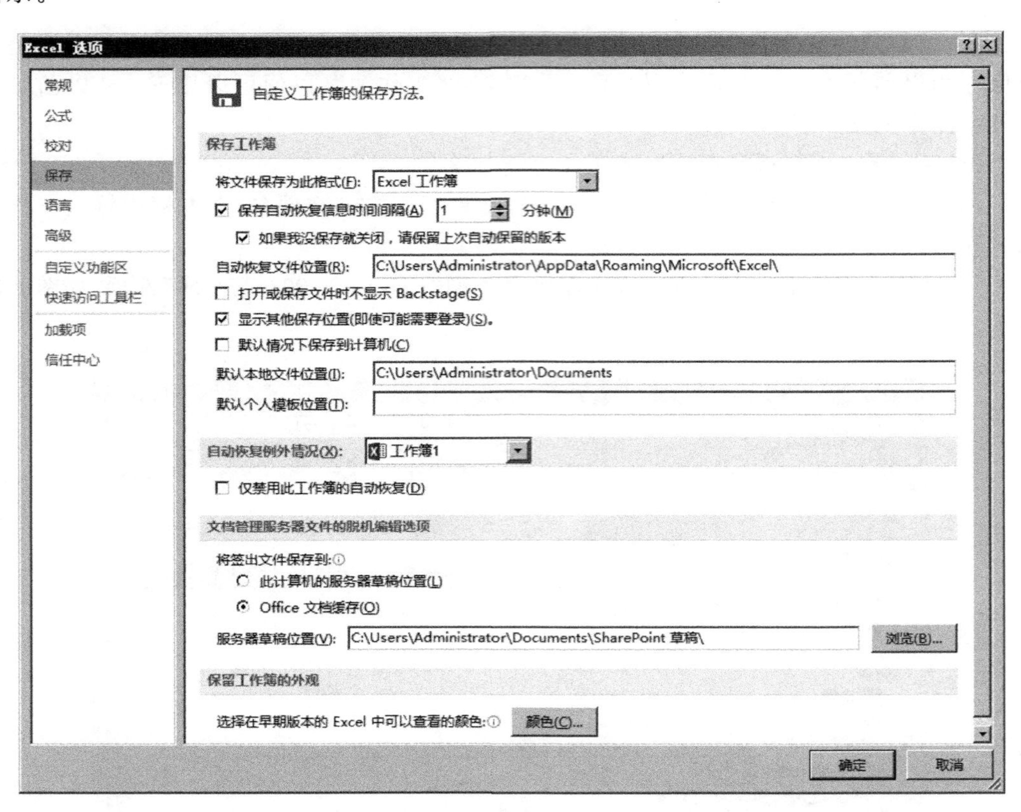

图 8-31　自动保存工作簿

8.4.7 将工作簿保存为网页

在【另存为】对话框中的"保存类型"下拉列表中选择"网页"，如图 8-32 所示。

8.4.8 将工作簿保存为模板

在【另存为】对话框中的"保存类型"下拉列表中选择"Excel 模板"，如图 8-33 所示。

8.4.9 将工作簿保存为 PDF

在【另存为】对话框中的"保存类型"下拉列表中选择 PDF，如图 8-34 所示。

图 8-32　将工作簿保存为网页

图 8-33　将工作簿保存为模板

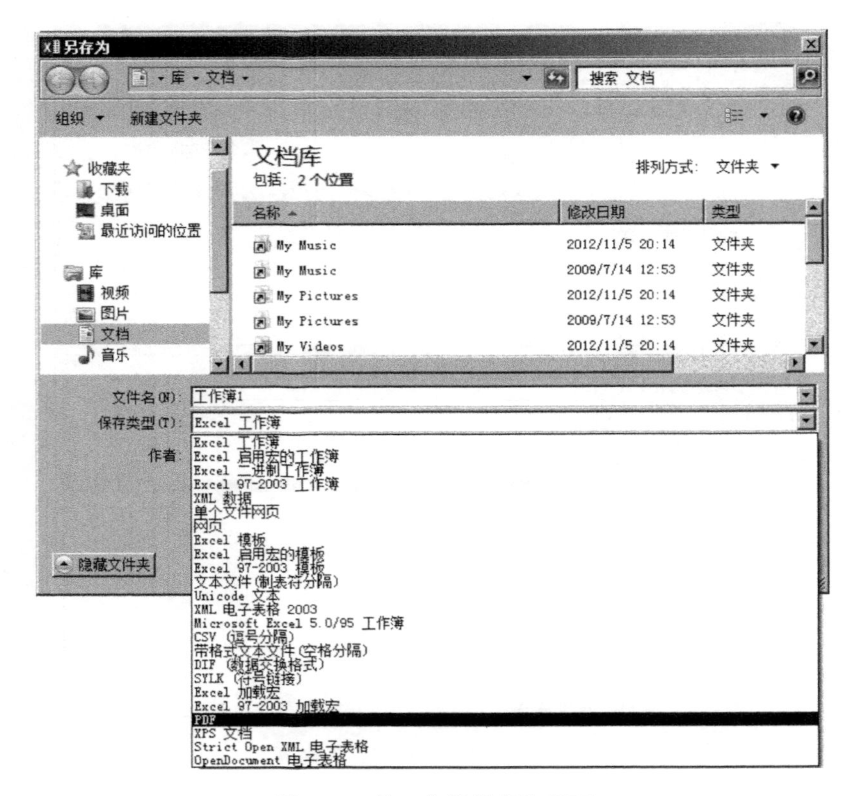

图 8-34　将工作簿保存为 PDF

8.5 Excel 工作簿的打开

8.5.1 打开工作簿

(1) 在没有启动 Excel 的情况下，可以直接进入相关工作簿保存的文件夹中，双击要打开的工作簿，或者右击该工作簿从弹出的快捷菜单中选择【打开】命令即可。

(2) 在启动 Excel 的情况下，可以通过【打开】对话框选择要打开的工作簿。

单击【文件】→【打开】，在弹出的【打开】对话框中根据路径查找所要打开的工作簿，选中所要打开的工作簿，单击【打开】按钮即可，如图 8-35 所示。

(3) 通过 Ctrl+O 组合键打开，效果同【文件】→【打开】。

8.5.2 以只读或副本方式打开 Excel 工作簿

如果不希望审阅者无意间修改文件内容，可以使用以只读方式打开 Excel 工作簿。以只读方式打开 Excel 工作簿，可以查看的是原始文件，但无法保存对它的更改。具体操作方法是：单击【文件】→【打开】，弹出【打开】对话框。选择要打开的 Excel 工作簿，单击【打开】按钮右边的下拉箭头，选择“以只读方式打开”，如图 8-36 所示。

以副本方式打开文件时，程序将创建文件的副本，并且查看的是副本。所做的任何更改将保存到该副本中，程序为副本提供新名称。默认情况下是在文件名的开头添加“副本”，具体操作方法同“以只读方式打开”，如图 8-36 所示。

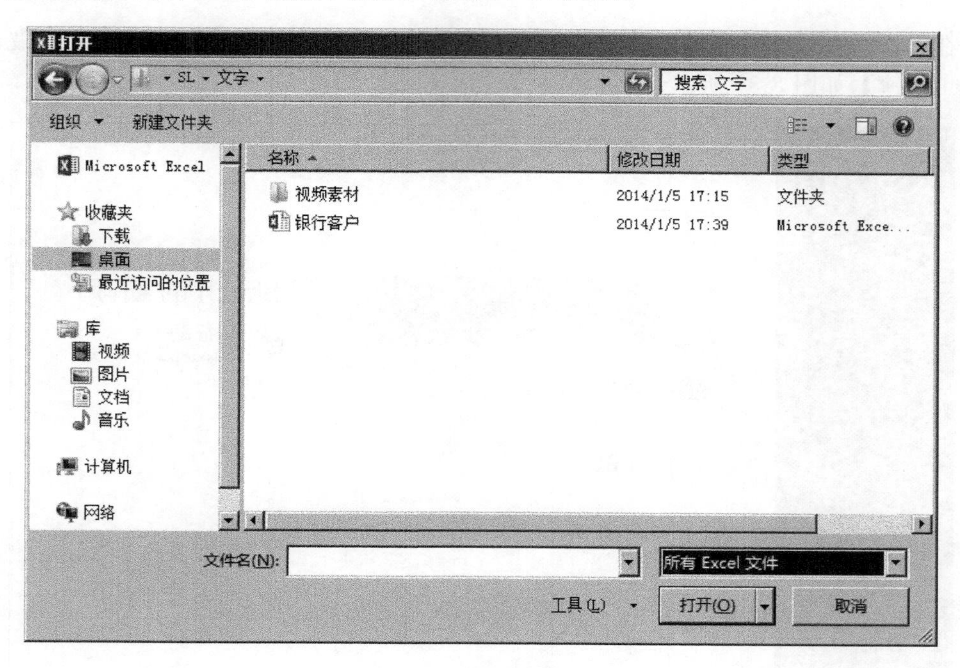

图 8-35　工作簿的打开

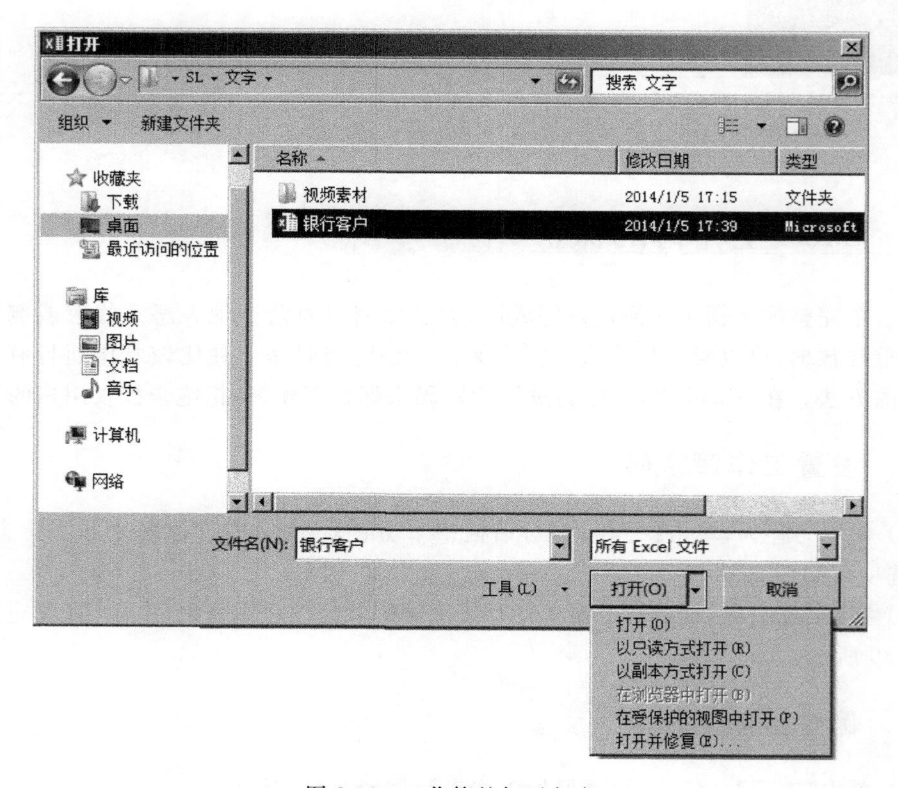

图 8-36　工作簿的打开方式

8.5.3 打开最近使用的工作簿

在 Excel 中，最近打开的工作簿会显示在【文件】中。单击【文件】→【打开】→【最近使用的工作簿】，如图 8-37 所示。

图 8-37　打开最近使用的工作簿

8.6 Excel 工作簿的保护

当一个完整的数据工作簿创建完成后，为了保密以及防止他人恶意修改或删除工作簿中的重要数据，可以对工作簿进行安全保护。设置密码是一种比较常用而且有效的保护文件的方法。在 Excel 中，可以通过设置密码来保护工作簿，拒绝未授权用户的访问。

8.6.1 设置工作簿密码

(1) 使用另存为，单击【另存为】对话框中下方的【工具】按钮右侧的下拉箭头，选择"常规选项"，如图 8-38 所示。

(2) 在【常规选项】对话框中输入打开权限密码和修改权限密码后，单击【确定】按钮，如图 8-39 所示。

8.6.2 保护当前工作表

(1) 单击【审阅】→【更改】→【保护工作表】，如图 8-40 所示。

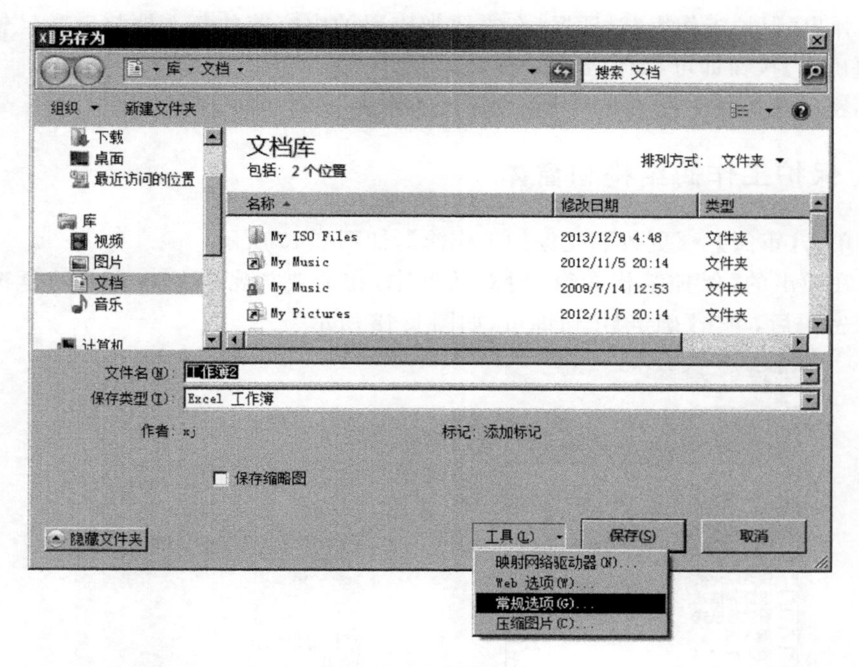

图 8-38 工作簿加密

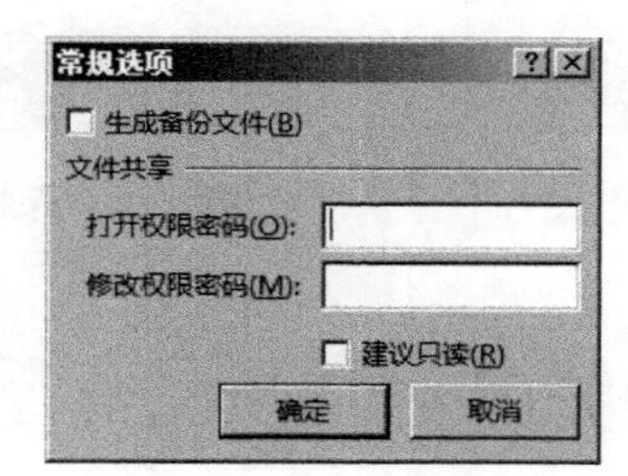

图 8-39 工作簿加密

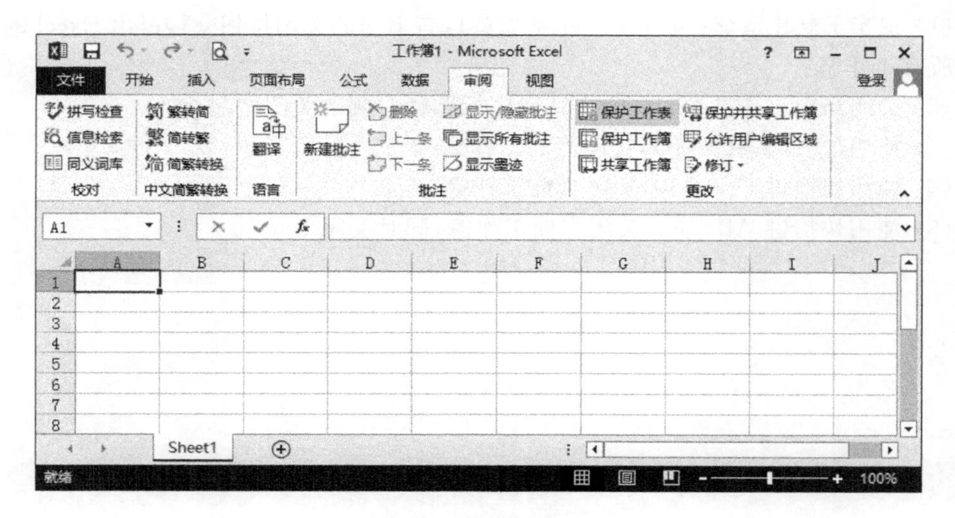

图 8-40 审阅更改组

(2) 弹出【保护工作表】对话框,在需要加密码的内容前的复选框打上"√"输入密码后,单击【确定】按钮即可,如图 8-41 所示。

取消密码方法只需把图 8-41 所示"保护工作表"中的密码删除即可。

8.6.3 保护工作簿结构和窗体

(1) 单击【审阅】→【更改】→【保护工作簿】,如图 8-40 所示。

(2) 在弹出的【保护结构和窗口】对话框中,在需要加密码的内容前的复选框打上"√"输入密码后,单击【确定】按钮即可,如图 8-42 所示。

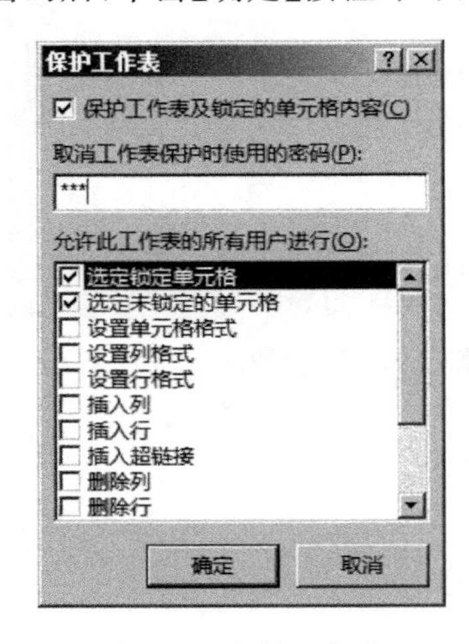

图 8-41 保护工作表

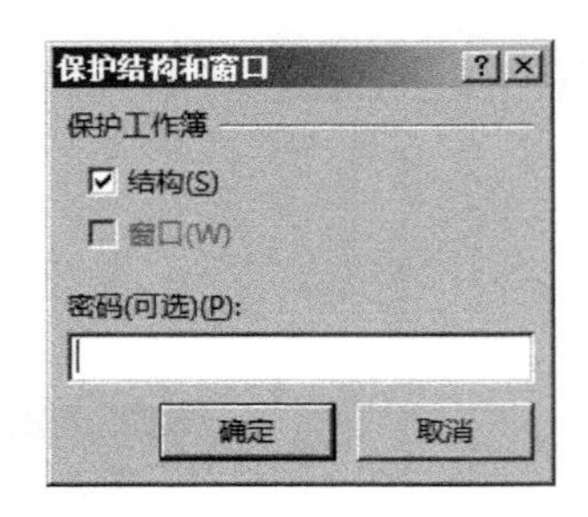

图 8-42 保护工作簿结构和窗口

8.7 Excel 工作簿的关闭

使用完的工作簿,要及时关闭,常见关闭方法有以下几种。

(1) 退出 Excel 系统:单击 Excel 系统窗口右上角的关闭按钮 ☒,退出 Excel 的同时关闭所有工作簿。

(2) 关闭当前工作簿窗口:单击功能区标题栏右侧的关闭按钮 ☒。

(3) 使用【文件】→【关闭】,关闭当前工作簿。

(4) 使用快捷键 Ctrl+W,关闭当前工作簿。

(5) 使用快捷键 Alt+F4,关闭当前工作簿,同时关闭 Excel。

第 9 章　Excel 工作表与单元格格式

本章说明：

Excel 工作表主要用于存放各种数据，存在于 Excel 工作簿中，在工作表中可以制作表格，可以实现工作表间的操作。掌握 Excel 工作表操作，是使用 Excel 处理数据的基础。

本章主要内容

- 工作表的定义
- 工作表操作
- 工作表格式化

本章拟解决的问题：

(1) 如何改变工作表的默认数？
(2) 如何插入工作表？
(3) 如何选定连续或不连续的工作表？
(4) 如何重命名工作表？
(5) 如何移动或复制工作表？
(6) 如何删除或隐藏工作表？
(7) 如何改变工作表标签的颜色？
(8) 如何实现工作表中数据的前后照应？
(9) 如何格式化表格？
(10) 如何设置单元格的字体、边框？
(11) 如何套用表格格式生成表格？
(12) 如何设置单元格的条件格式？

9.1 工作表的定义

9.1.1 工作表默认数

工作表存在于工作簿中，在一个工作簿中，系统默认的工作表数目是一个，即Sheet1，如图 9-1 所示。

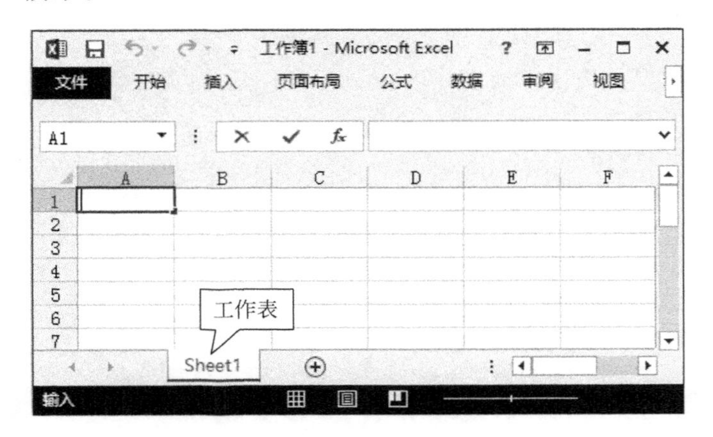

图 9-1 工作表

改变工作表的默认数是到【文件】→【选项】→【常规】。当前默认值是 1，工作簿包含工作表数是 1～255。改变默认值为 3 后，新建工作簿时，新工作簿中就会按新的工作表数目创建，如图 9-2 所示。

9.1.2 工作表重命名

重命名工作表也就是对工作表更改名称，除了用工作表快捷菜单的【重名命】命令外，

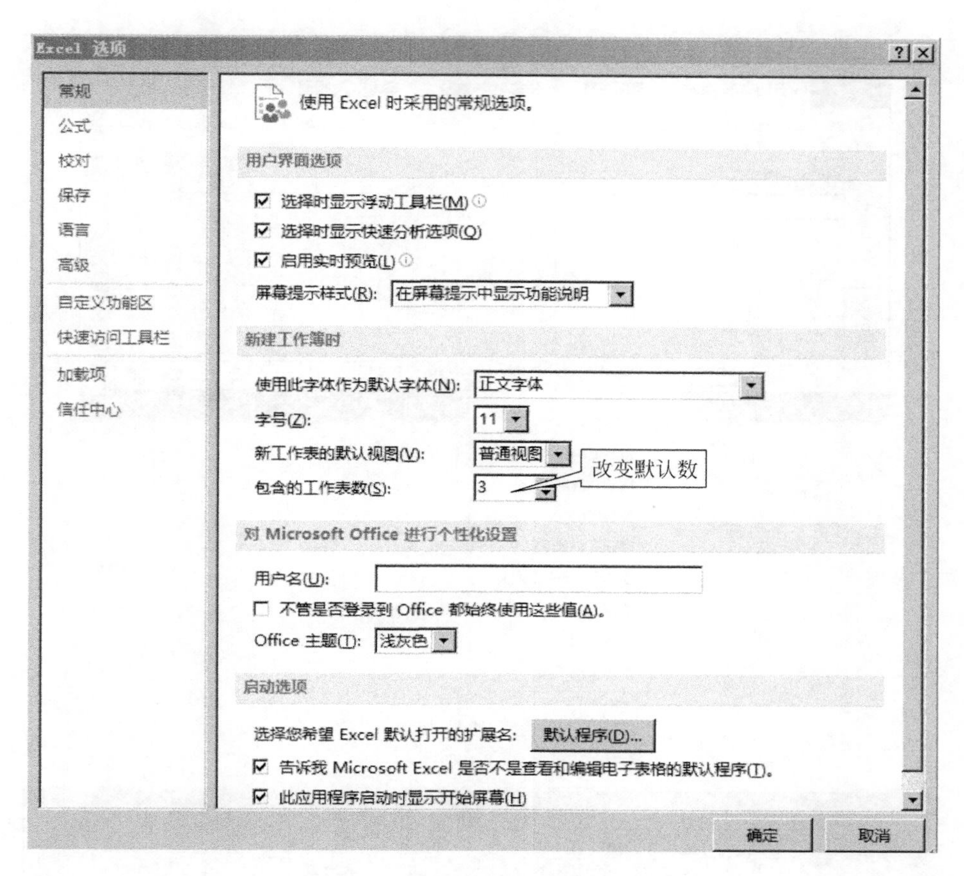

图 9-2 改变工作表默认数

也可以通过双击工作表标签进行更改名称。系统默认的名称是 Sheet1、Sheet2、Sheet3，以此类推。

9.1.3 插入工作表

插入工作表可以通过下面几种方法来实现。

(1) 右击工作表标签，在打开的快捷菜单中选择【插入】命令，如图 9-3 和图 9-4 所示。

(2) 通过插入工作表标签插入工作表，如图 9-5 所示。

(3) 通过组合键 Shift+F11 插入工作表。

(4) 通过【开始】→【单元格】→【插入】→【插入工作表】。

9.1.4 工作表的选定

对多个工作表进行操作时，必须选定后才可以进行操作。通过 Shift 和鼠标左键单击，可以选中连续的工作表；通过 Ctrl 和鼠标左键单击可以选中不连续的工作表。

例如，单击 Sheet1 工作表标签后，按住 Shift 键单击 Sheet3 工作表标签，即可将 Sheet1、Sheet2、Sheet3 这 3 个工作表都选中，被选中的工作表标签颜色为白色，如图 9-6 所示。

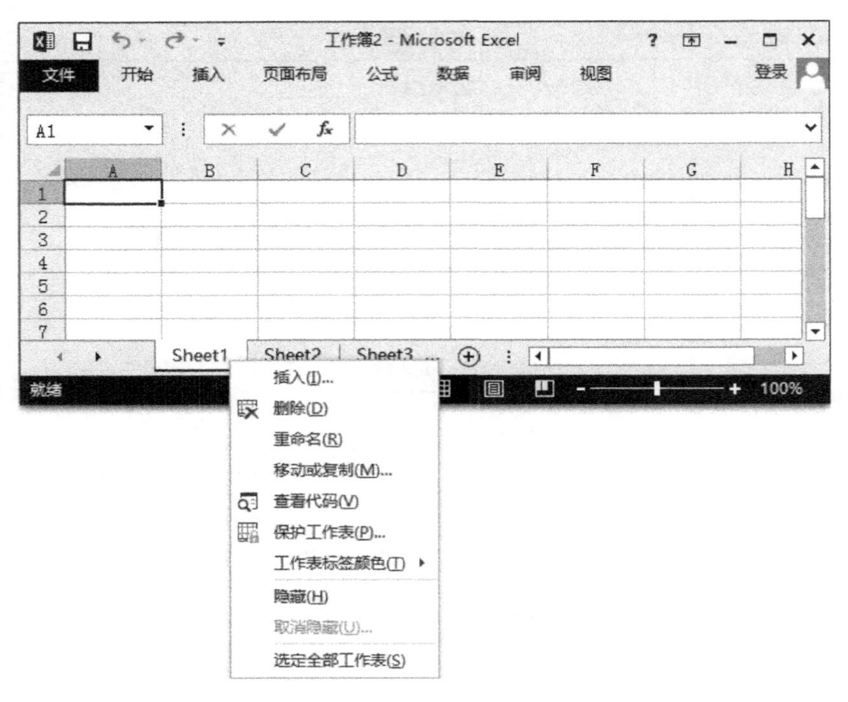

图 9-3　快捷菜单

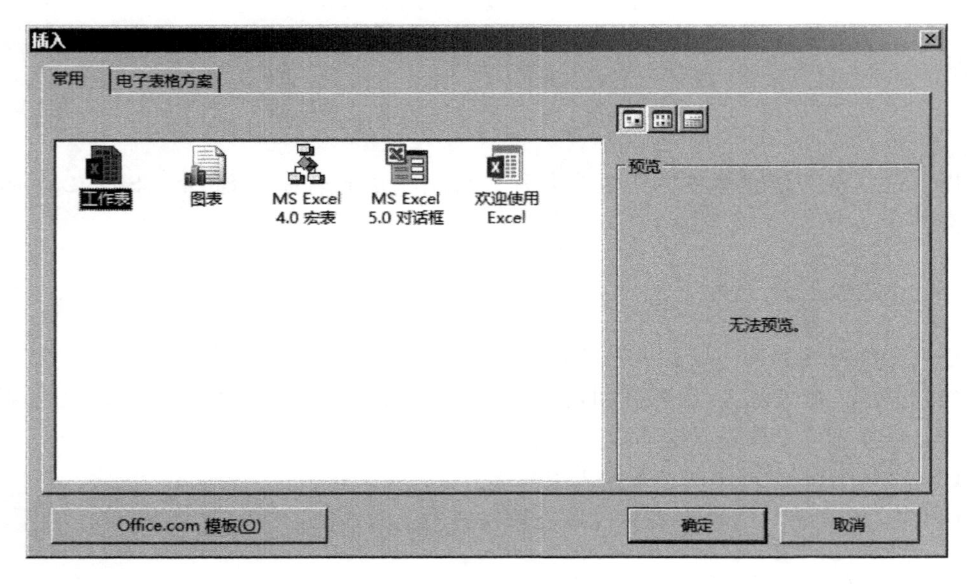

图 9-4　插入工作表

单击 Sheet1 工作表标签后，按住 Ctrl 键单击 Sheet3 工作表标签，即可将 Sheet1、Sheet3 两个不连续的工作表选中，如图 9-7 所示。

如果要取消被选中的多个工作表，可以在任意一个未选中的工作表标签上进行单击，或通过工作表快捷菜单中的【取消组合工作表】命令，如图 9-8 所示。

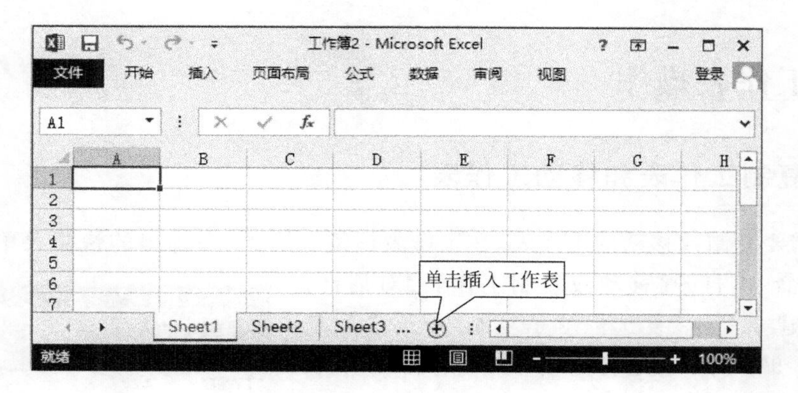

图 9-5　插入工作表

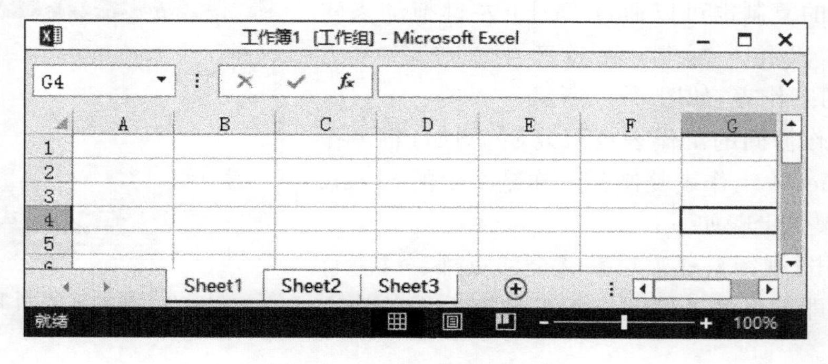

图 9-6　连续工作表的选定

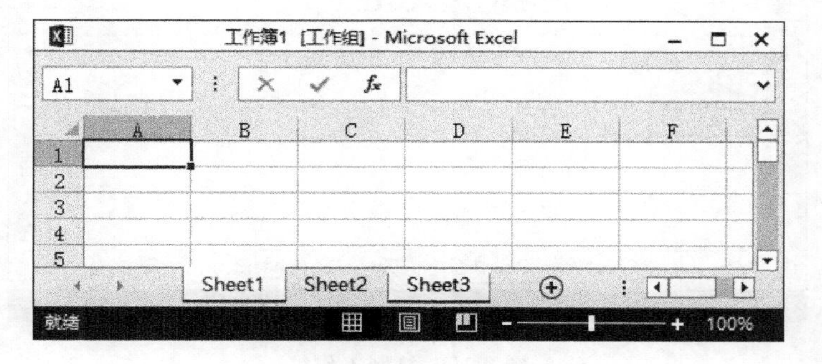

图 9-7　不连续工作表的选定

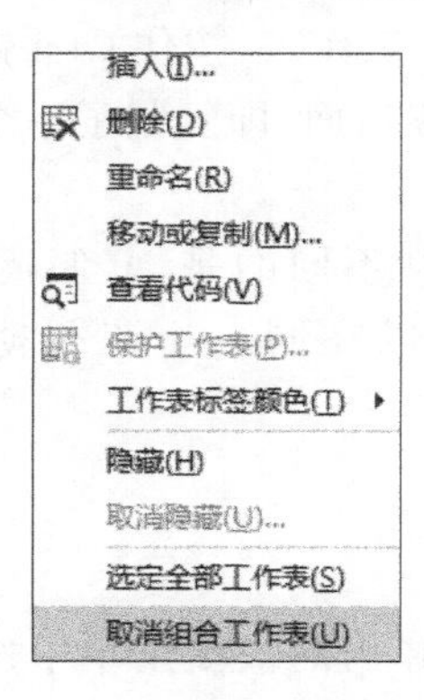

图 9-8　取消组合工作表

9.2 工作表操作

9.2.1 复制工作表和移动工作表

选中需要复制或移动的工作表，在工作表标签上右击，在弹出的快捷菜单中选择【移动或复制】命令，打开【移动或复制工作表】对话框，如果选中"建立副本"复选框就是复制，不选择就是移动，如图 9-9 所示，是将工作簿 1 中的工作表 Sheet1 移动或复制到工作簿 2 中。

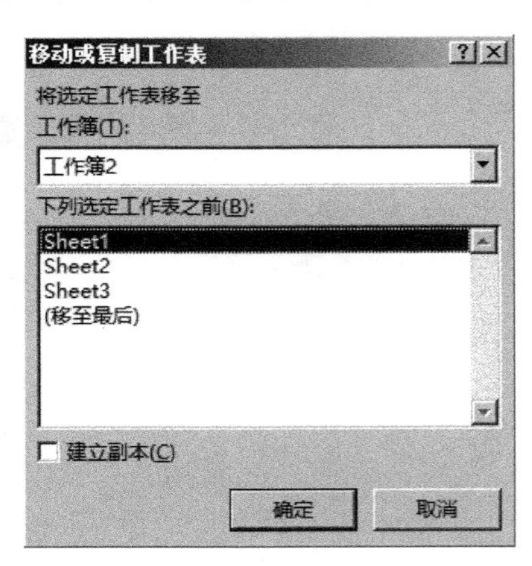

图 9-9　移动或复制工作表

工作表的复制也可以通过 Ctrl＋左键拖动来实现，例如将 Sheet1 复制，就会产生一个名称为 Sheet1(2)的工作表，如图 9-10 所示。

不同工作簿间的工作表也可复制，例如，将工作簿 1 中的 Sheet1 工作表复制到工作簿 2 中的 Sheet2 工作表后，操作步骤如下：

(1) 单击【视图】→【窗口】→【全部重排】→【垂直并排】，这样即可以将工作簿 1 和工作簿 2 中的内容都显示出来。

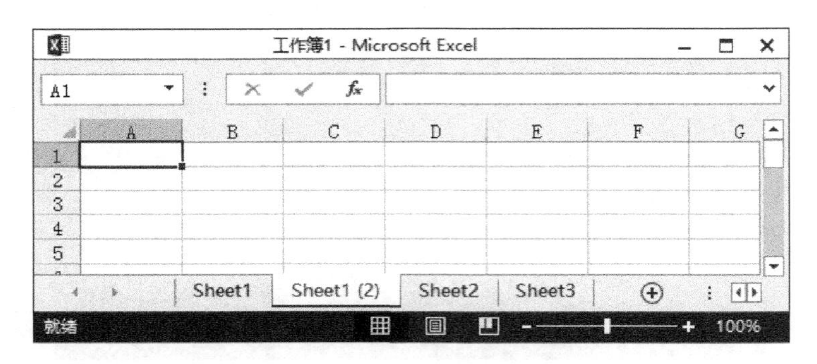

图 9-10　复制工作表

(2) 选中工作簿 1 中的 Sheet1 工作表，按住 Ctrl 键，用鼠标左键拖动 Sheet1 工作表标签到工作簿 2 中的 Sheet1 工作表后面，即复制了一个名称为 Sheet1(2)的新工作表，如图 9-11 所示。

工作表的移动和工作表的复制不同的是，复制需要配合 Ctrl 键，而移动只需左键直接进行拖动；工作表的移动可以在同一个工作簿中移动也可以在不同工作簿间移动。

9.2.2 删除工作表

鼠标右键单击工作表标签，在弹出的快捷菜单中选择【删除】命令即可，如图 9-12 所示。删除的工作表不能进行取消操作。

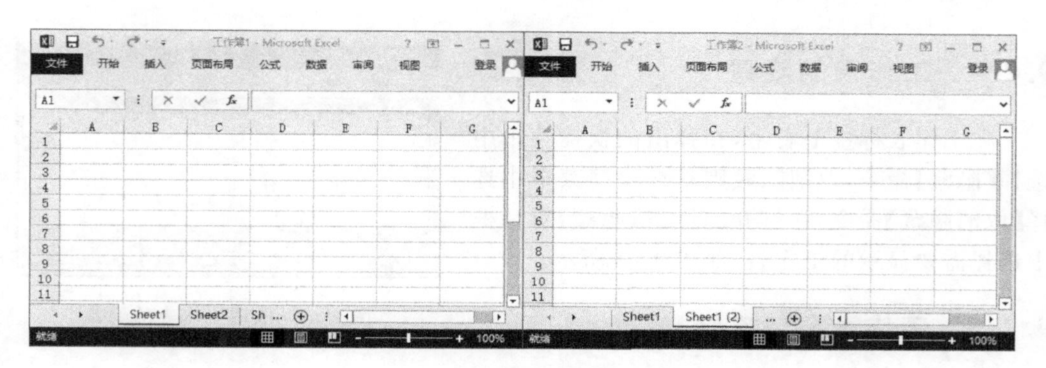

图 9-11　不同工作簿间的工作表复制

9.2.3　工作表标签颜色

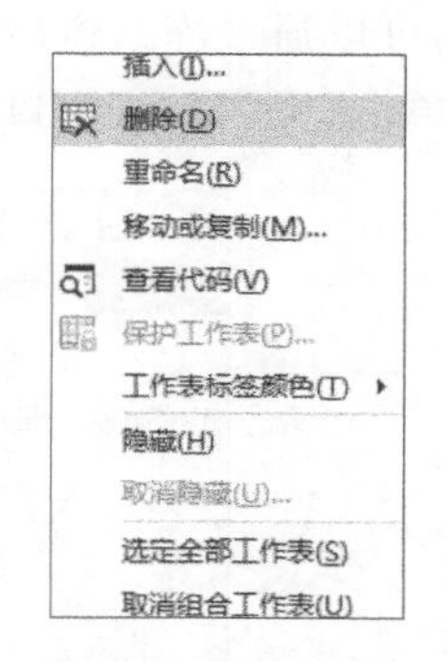

图 9-12　删除工作表

工作表标签颜色是对工作表起到一个着重指出的作用。例如，给 Sheet1 工作表标签设成红色，在 Sheet1 工作表标签上右击，在弹出的快捷菜单中的【工作表标签颜色】命令中选择需要的颜色，如图 9-13 所示。

如果要取消工作表标签颜色，在【工作表标签颜色】中选择“无颜色”即可。

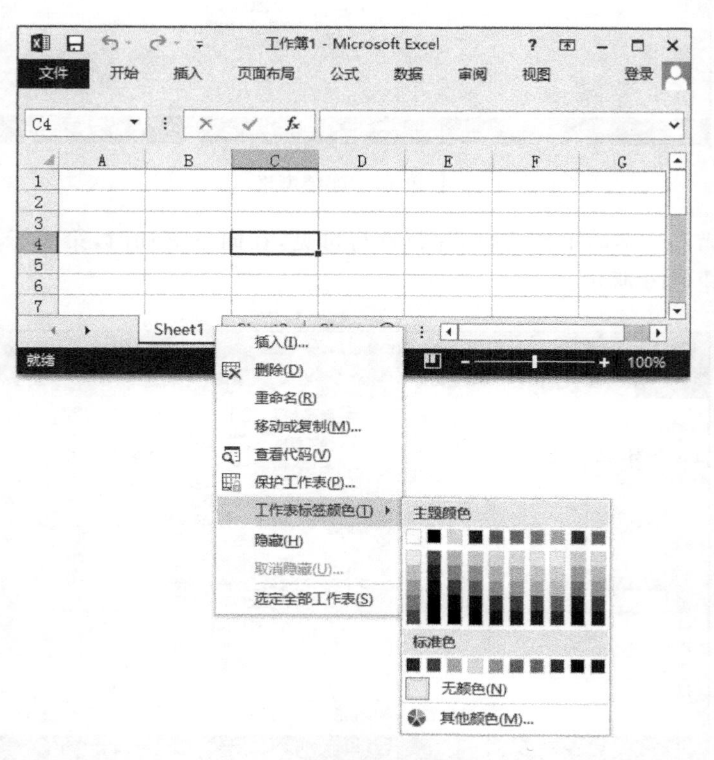

图 9-13　工作表标签颜色

9.2.4 工作表的隐藏

在工作表标签上右击，在弹出的快捷菜单中选择【隐藏】命令，取消隐藏则是在快捷菜单中选择【取消隐藏】命令，在打开的【取消隐藏】对话框中选择需要显示的工作表，如图 9-14 所示。

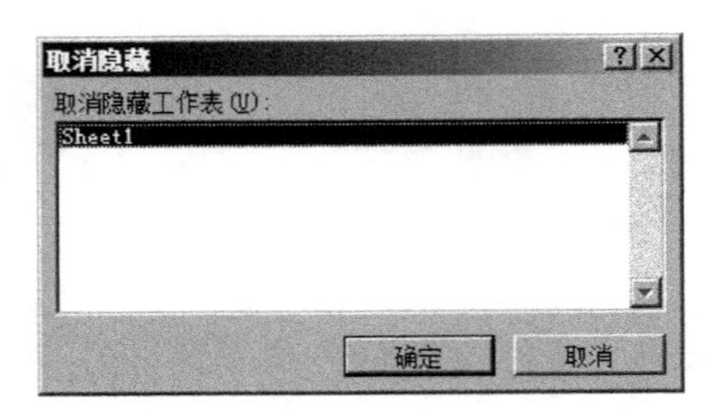

图 9-14 取消工作表的隐藏

9.2.5 工作表窗口冻结

在一个工作表中，如果数据特别多，在进行查阅时，如果想前面几行不动，或左面几列不动，可以通过冻结窗格实现。

单击【视图】→【窗口】→【冻结窗格】，如图 9-15 所示。

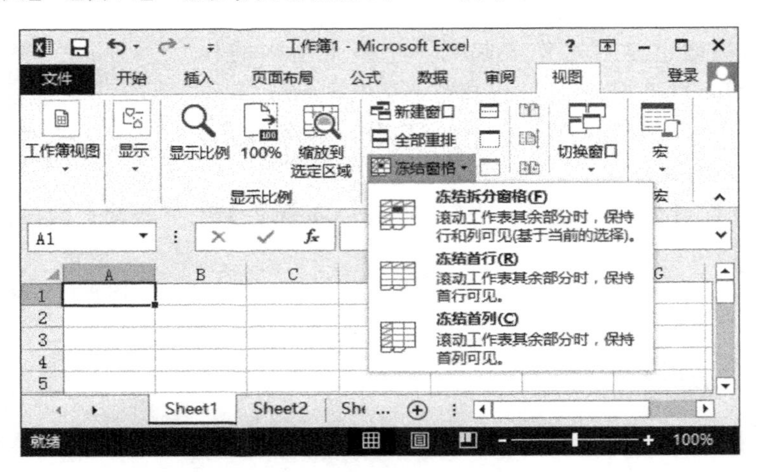

图 9-15 冻结窗格

(1) 冻结首行：滚动工作表时，保持首行可见，在向下滚动时，第 1 行不会滚动，其他行会滚动，如图 9-16 所示。

图 9-16 冻结首行

(2) 冻结首列：滚动工作表时，保持首列可见，在向右滚动时 A 列不会滚动，其他列会滚动，如图 9-17 所示。

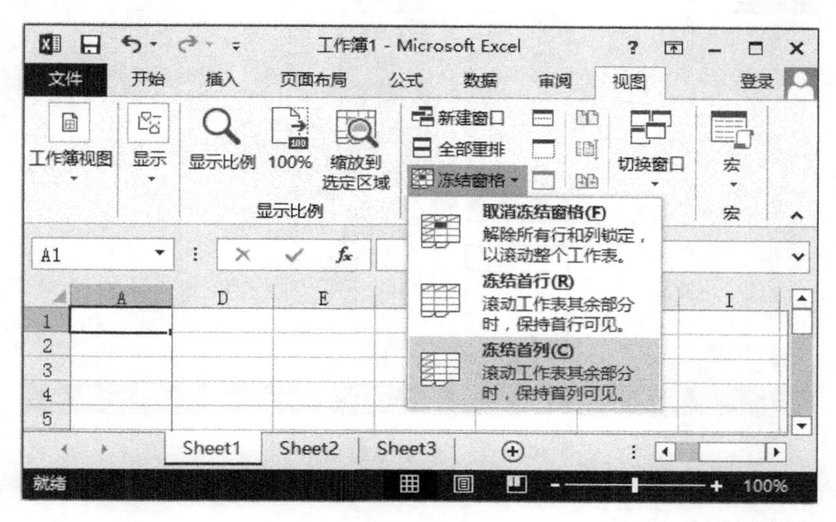

图 9-17　冻结首列

(3) 冻结拆分窗格：滚动工作表其余部分时，保证行和列可见。如果首行已冻结或首列已冻结，想冻结拆分窗格，必须先选择【取消冻结窗格】命令后，再进行操作。例如，冻结第 1 行和前 2 列，要找到行列的坐标交结点单元格 C2，单击【视图】→【窗口】→【冻结窗格】→【冻结拆分窗格】即可，如图 9-18 所示。

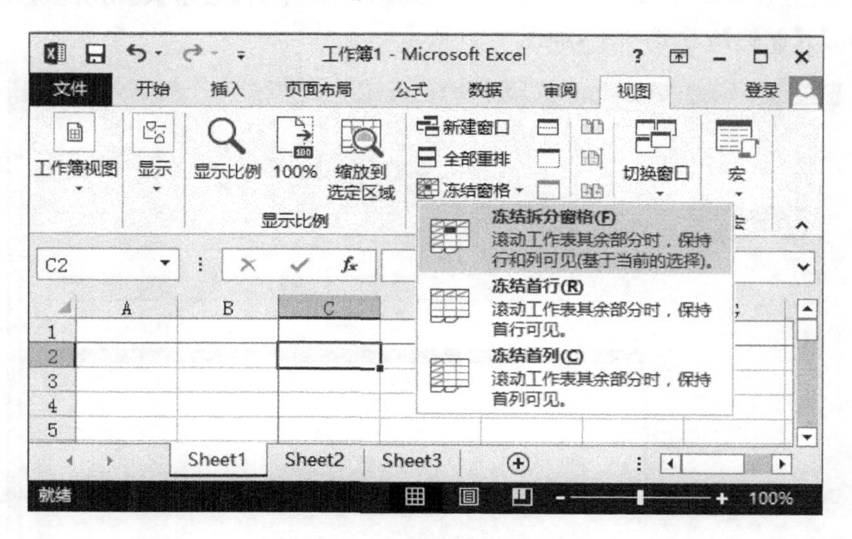

图 9-18　冻结拆分窗格

(4) 取消冻结窗格：单击【视图】→【窗口】→【冻结窗格】→【取消冻结窗格】，如图 9-19 所示。

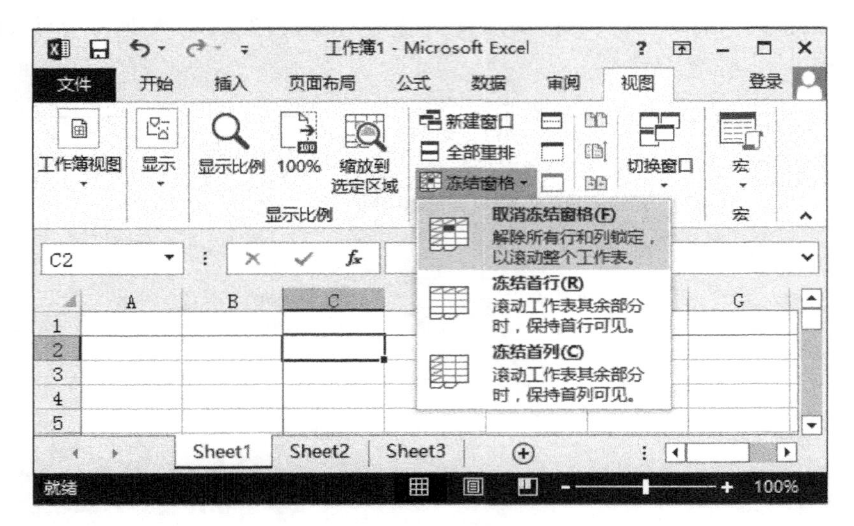

图 9-19　取消冻结窗格

9.3 工作表格式化

9.3.1　单元格格式

在设置单元格格式时，可以在单元格上右击，在弹出快捷菜单中选择【设置单元格格式】命令，弹出【设置单元格格式】对话框。在该对话框中有【数字】、【对齐】、【字体】、【边框】、【填充】、【保护】6 个选项卡，如图 9-20 所示。

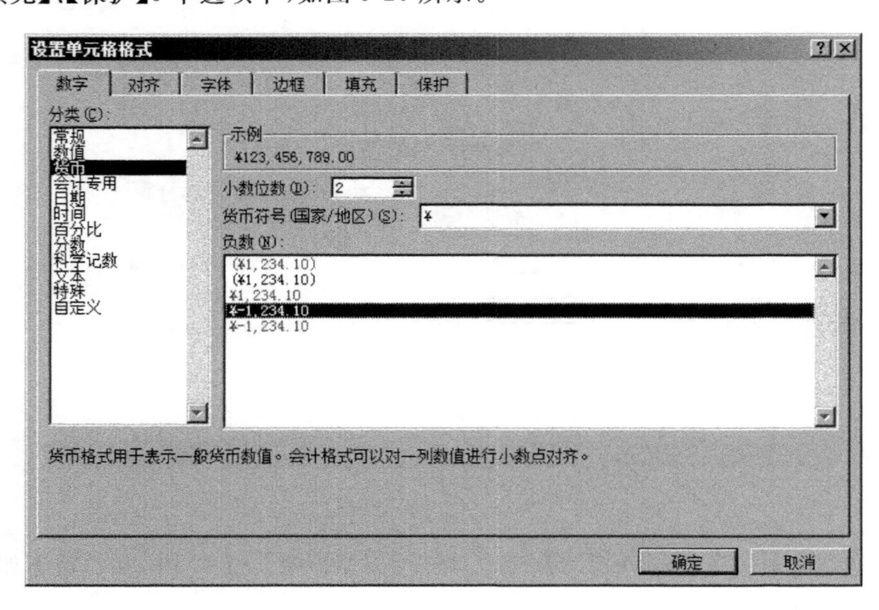

图 9-20　【设置单元格格式】对话框

1. 数字格式

在数字格式中，有货币、数值、会计专用、百分比、日期和时间等格式。图9-21所示是货币格式的效果，格式里使用了人民币符号、千位分隔符，小数点后有两位小数。

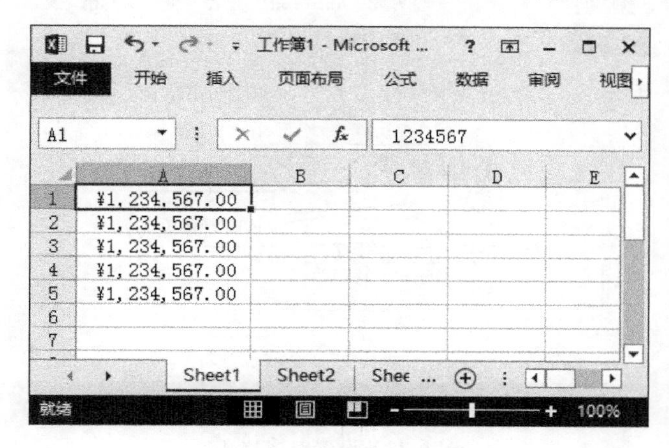

图 9-21　设置人民币字符

2. 对齐方式

(1) 文本水平对齐一般有左对齐、右对齐、居中对齐、分散对齐、跨列居中。

(2) 垂直对齐有靠上对齐、靠下对齐、居中对齐。

(3) 文字方向可以在＋90°与－90°之间进行调整。

(4) 在"文本控制"中，"自动换行"是在单元格不能容下文本时自动换到下一行显示，如图9-22所示。

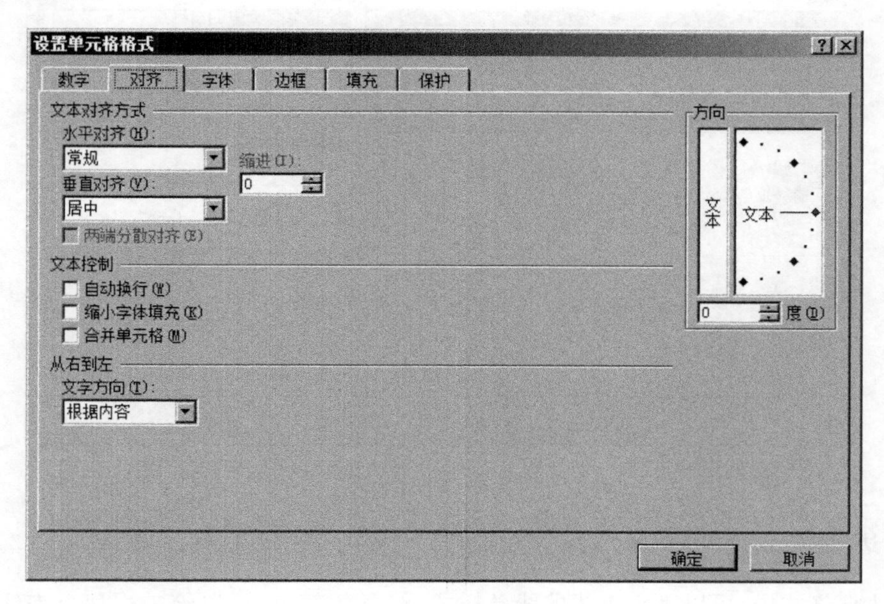

图 9-22　对齐格式

(5) 在 Excel 中合并单元格，可以使用此处“文本控制”中的“合并单元格”；也可以使用【开始】→【对齐方式】→【合并后居中】→【合并单元格】。

在工作表中设置对齐格式示例如图 9-23 所示。

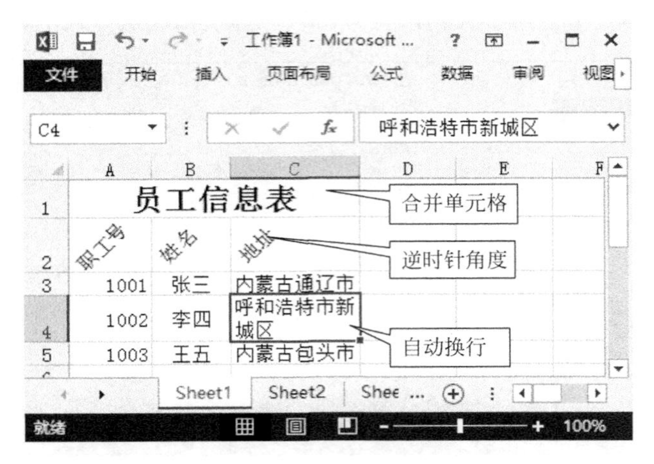

图 9-23　设置对齐格式

3. 字体

在【设置单元格格式】对话框中的【字体】选项卡中可设置字体格式，是对单元格中的文本或数据进行字体、字号、字形、下划线等进行的设置，如图 9-24 所示。

图 9-24　字体格式

4. 边框

在边框格式中，可以确定表线的线条样式、线条的颜色，可以给表格加上表线或去掉表线，也可以对表线进行修改，如图 9-25 所示。

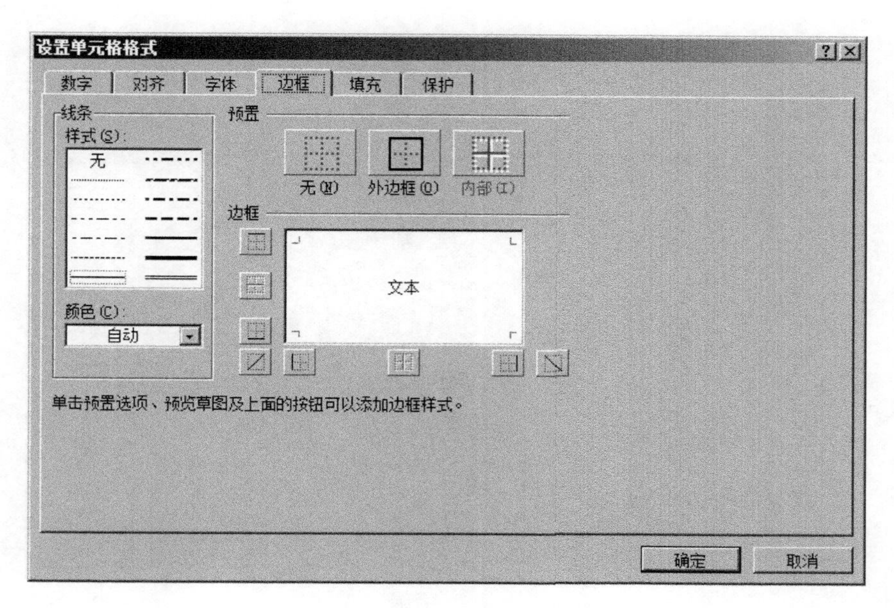

图 9-25　边框格式

5．填充

填充格式是给单元格加底纹，选择背景颜色，也可以设置单元格颜色底纹，选择图案样式，也可以设置图案底纹，如图 9-26 所示。

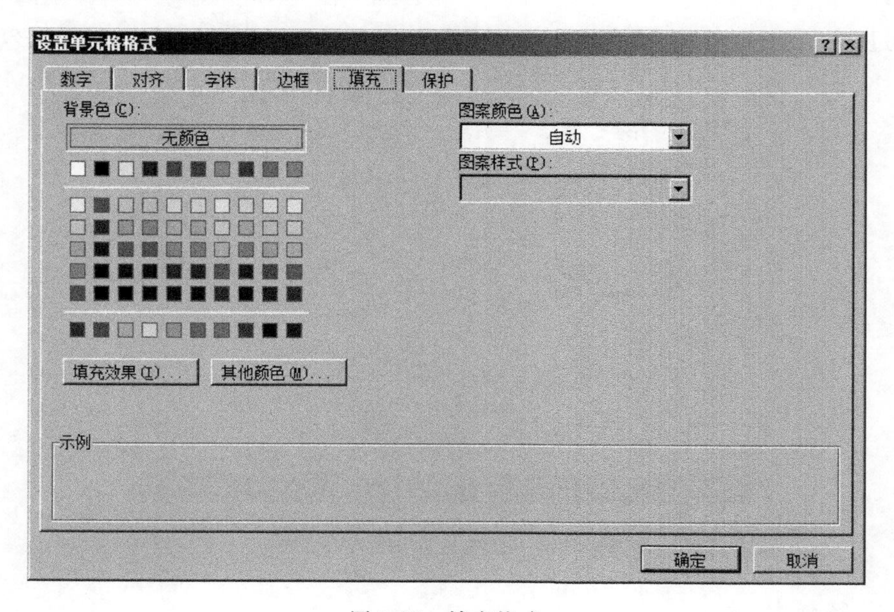

图 9-26　填充格式

6．保护

在工作表保护状态下，锁定是不允许对单元格数据进行修改，只有将“锁定”复选框的“√”去掉的单元格才可以进行修改，如图 9-27 所示。

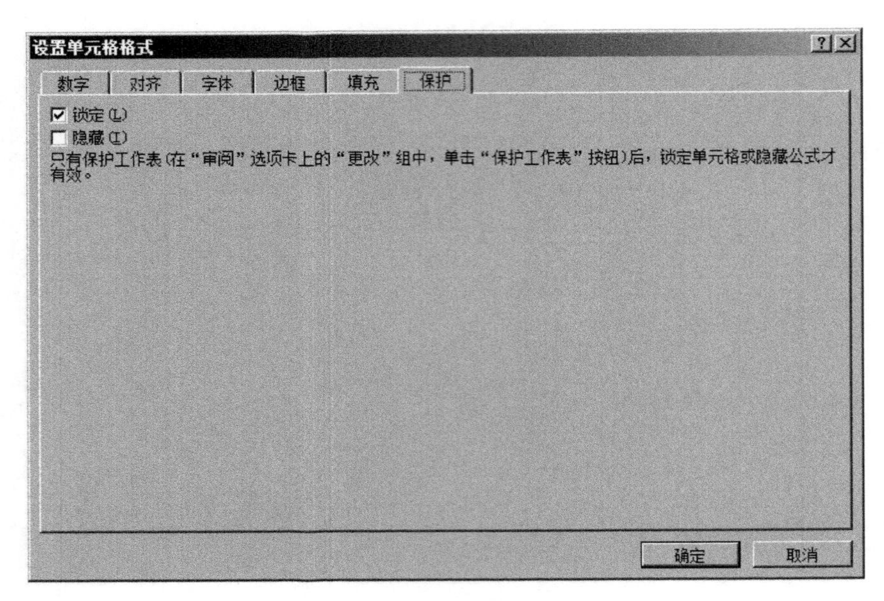

图 9-27　保护格式

9.3.2　自动套用格式

除通过单元格格式对表格的格式进行设置以外，经常用到的还有表格自动套用格式。

通过【开始】→【样式】→【套用表格格式】，可给表格套用现成的样式，如图 9-28 所示。

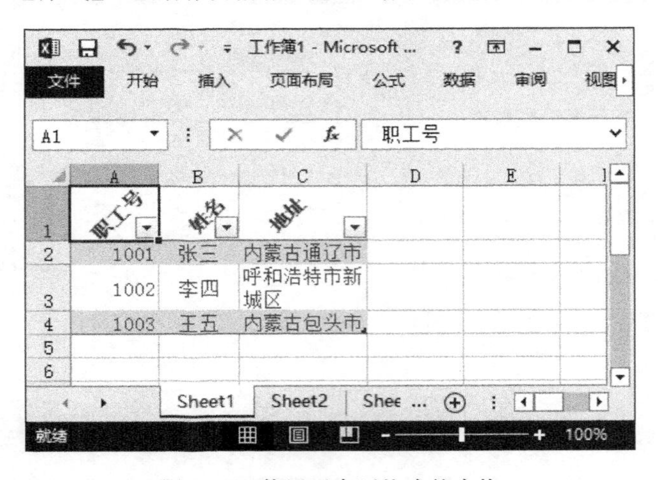

图 9-28　使用了套用格式的表格

9.3.3　条件格式

条件格式是突出显示所关注的单元格或单元格区域；强调异常值；使用数据条、颜色刻度和图标集来直观地显示数据。条件格式是按设定的条件来进行格式设置的。单击【开始】→【样式】→【条件格式】，如图 9-29 所示。

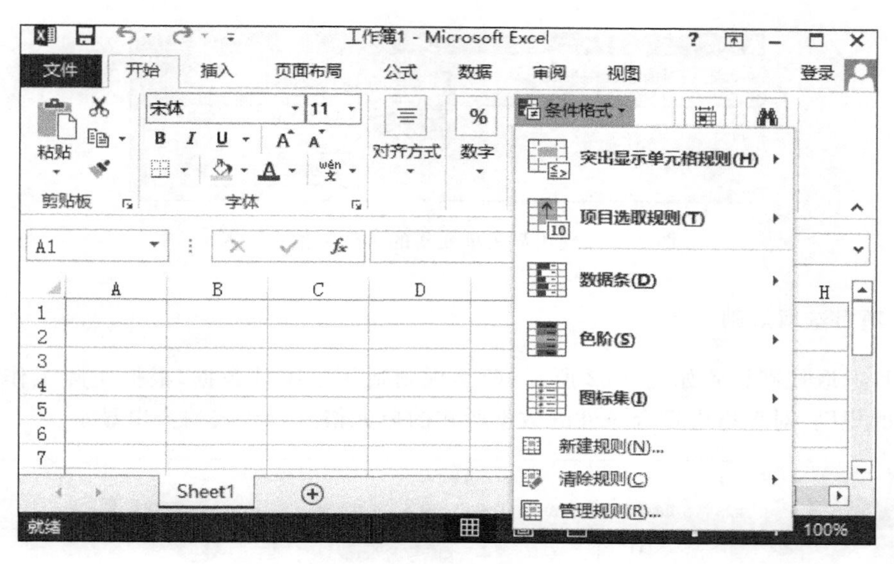

图 9-29　条件格式菜单

1. 突出显示单元格规则

突出显示单元格规则设置如图 9-30 所示，根据实际工作需要选取相应的规则，对表格中符合条件的数据所在的单元格进行格式的突出显示。

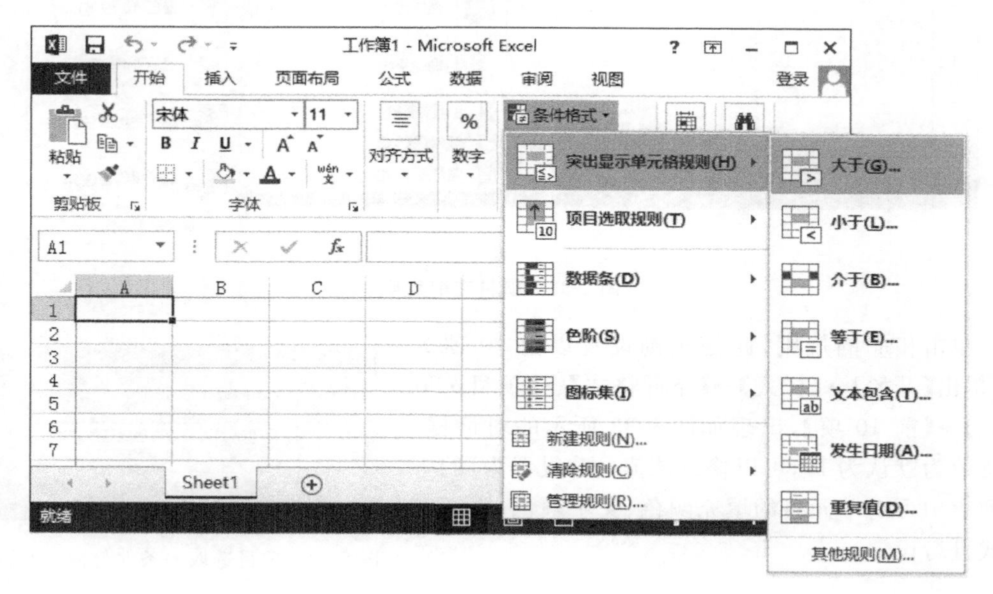

图 9-30　突出显示单元格规则

单击相应的规则，此处规则设置以大于 90 为例，单击【开始】→【样式】→【条件格式】→【突出显示单元格规则】→【大于】，出现如图 9-31 所示的对话框，设置值为 90，在“设置为”的下拉列表中可对单元格的填充颜色、文字颜色、边框等格式进行设置。

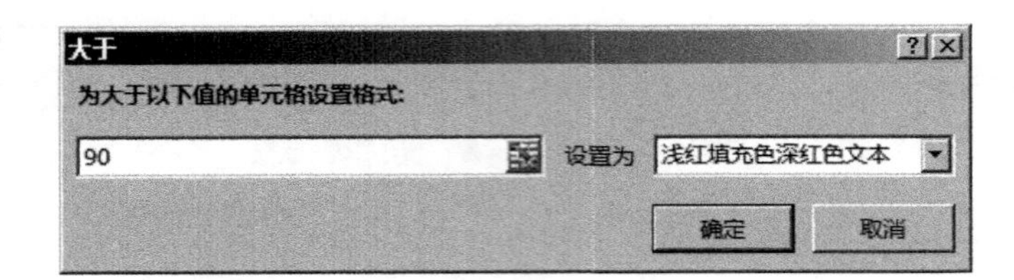

图 9-31　突出显示单元格的条件与格式设置

2. 项目选取规则

项目选取规则设置如图 9-32 所示，此类规则适用于统计数据，根据实际工作需要选取相应的规则，对表格中符合条件的数据所在的单元格进行格式的突出显示。

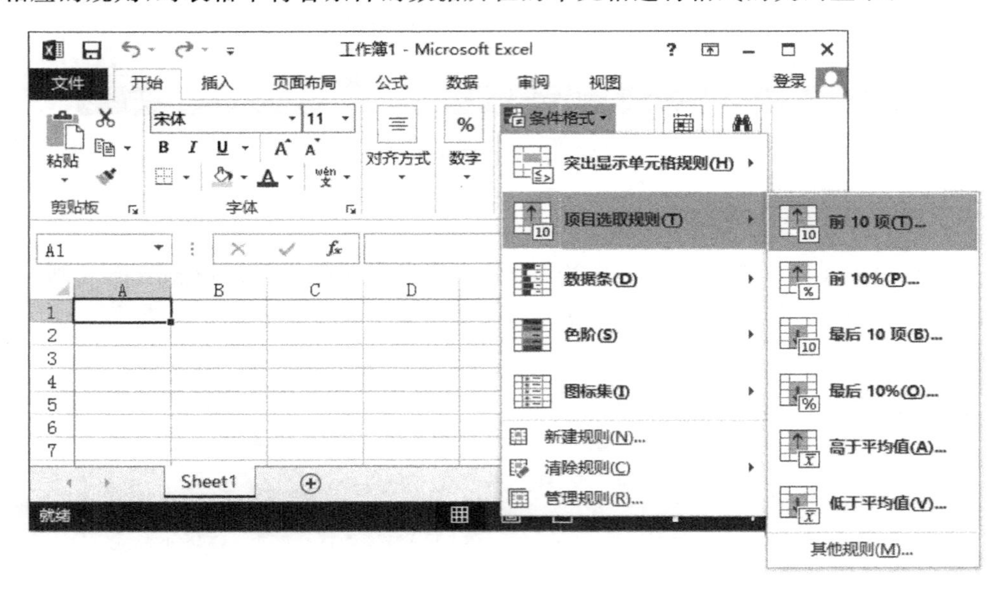

图 9-32　项目选取规则

单击相应的规则，此处规则设置以前 10 项为例，单击【开始】→【样式】→【条件格式】→【项目选取规则】→【前 10 项】，出现如图 9-33 所示的对话框，设置值为默认为 10，可以修改该值，在“设置为”的下拉列表中可对单元格的填充颜色、文字颜色、边框等格式进行设置。

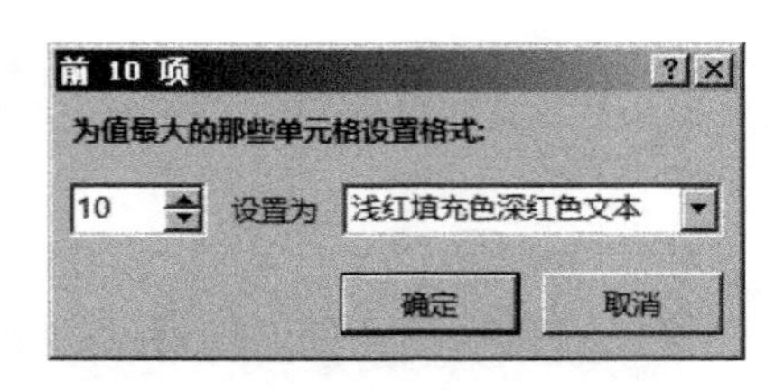

图 9-33　项目选取的条件与格式设置

3. 数据条

数据条设置如图 9-34 所示。数据条可以根据数据的大小，通过数据条的图形展示，对所选数据的大小进行一个直观的比较，根据实际工作需要选择相应的数据区域。具体操作过程为单击【开始】→【样式】→【条件格式】→【数据条】→【蓝色数据条】。

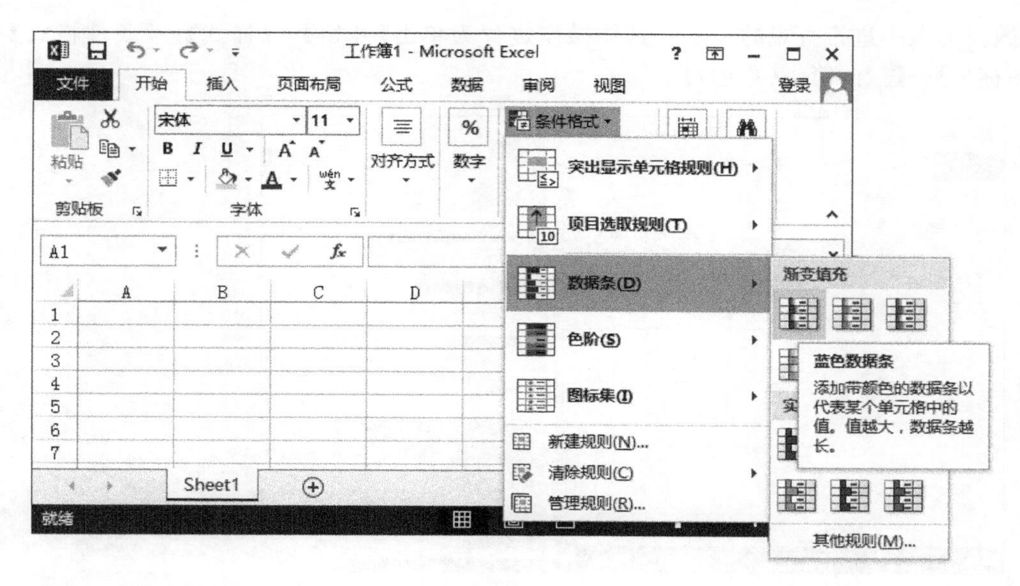

图 9-34　数据条

4. 色阶

色阶设置如图 9-35 所示，是通过颜色对所选数据的大小值比较有一个直观的显示。它与数据条的区别是数据条通过长短来显示值的大小，色阶通过几种颜色的变化显示，根据实际工作需要选择相应的数据区域。具体操作过程为单击【开始】→【样式】→【条件格式】→【色阶】→【绿-黄-红色阶】。

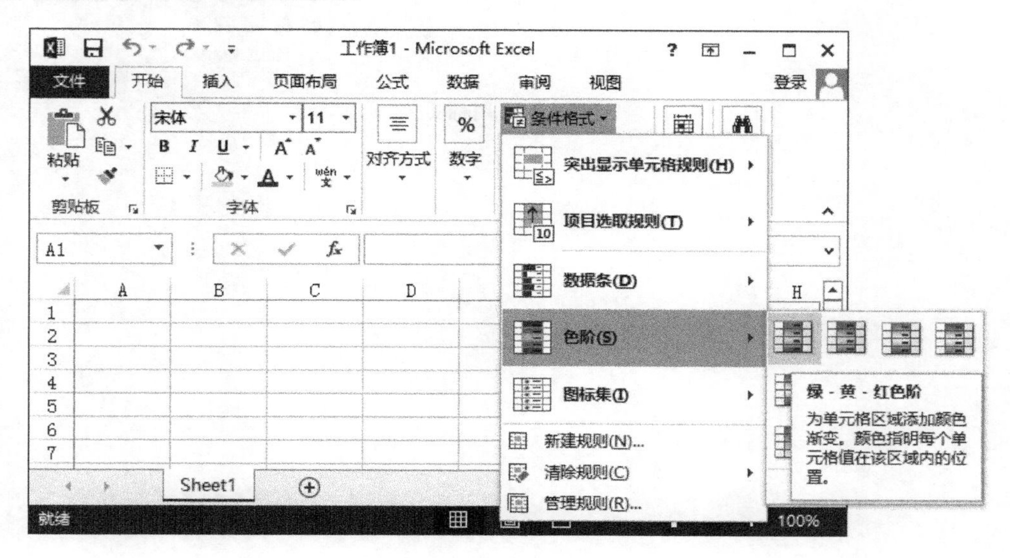

图 9-35　色阶

5. 图标集

图标集设置如图 9-36 所示。图标集与色阶类似，不同点是通过不同颜色的图标对所选数据的大小进行直观的显示。具体操作过程为单击【开始】→【样式】→【条件格式】→【图标集】→【三向箭头(彩色)】。

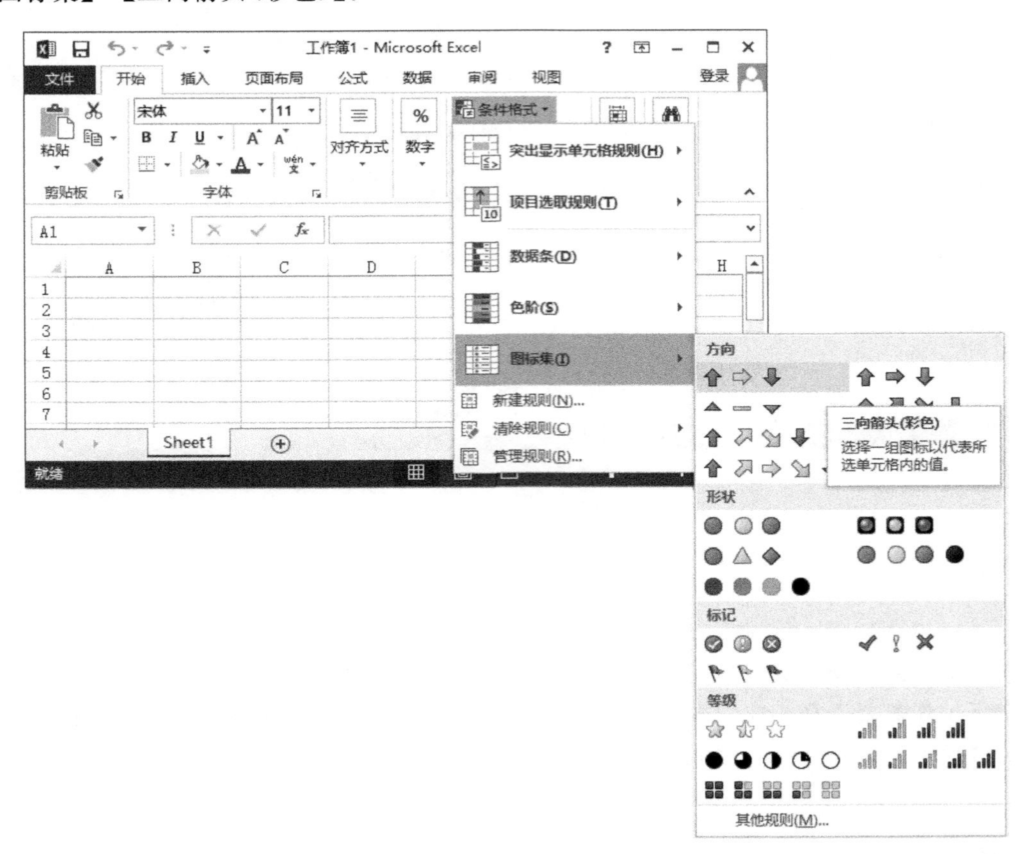

图 9-36 图标集

第10章　Excel表格操作

本章说明：

Excel表格是在Excel工作中制作完成的。在Excel中，各类数据处理完成以后，基本上是通过表格的形式体现出来的。因此掌握表格操作，是格式化数据的前提。

本章主要内容

- 表格中插入点的移动
- 表格范围选取
- 表格的生成
- 表格的行高与列宽的设定
- 表格的复制与移动
- 表格行列的移动与复制
- 表格中数据的填充

本章拟解决的问题：

(1) 如何在表格中移动插入点？
(2) 如何进行单元格范围的选取？
(3) 如何给现有数据添加表线？
(4) 如何设定表格的行高与列宽？
(5) 如何对表格进行复制与移动？
(6) 如何移动或复制工作表？
(7) 如何锁定单元格？
(8) 如何对表格中的数据进行填充？
(9) 如何在不同的单元格输入相同的数据？
(10) 如何在单元格中输入分数？
(11) 如何将数据填充至同组工作表？

10.1 表格中插入点的移动

表格中插入点的移动可以通过鼠标单击实现，也可以通过快捷键来实现，如表 10-1 所示。

表 10-1 快捷键的操作

序号	快捷键名称	快捷键作用
1	光标键：↑	向上移动一个单元格
2	光标键：↓	向下移动一个单元格
3	光标键：←	向左移动一个单元格
4	光标键：→	向右移动一个单元格
5	Tab 键	向后移动一个单元格
6	Shift+Tab	向前移动一个单元格
7	PageUp	向上移动一屏
8	PageDown	向下移动一屏
9	Ctrl+↑	向上移动到最上侧的单元格
10	Ctrl+↓	向下移动到最下侧的单元格
11	Ctrl+←	向左移动到最左侧的单元格
12	Ctrl+→	向右移动到最右侧的单元格
13	Ctrl+Home	移动到工作表的第一个单元格
14	Ctrl+End	移动到工作表的最后一个单元格
15	Ctrl+ PageUp	移动到工作簿中前一个工作表
16	Ctrl+ PageDown	移动到工作簿中下一个工作表
17	Alt+ PageUp	向左移动一屏
18	Alt+ PageDown	向右移动一屏
19	Scroll Lock 锁定键+↑	向上移动一个单元格
20	Scroll Lock 锁定键+↓	向下移动一个单元格
21	Scroll Lock 锁定键+←	向左移动一个单元格
22	Scroll Lock 锁定键+→	向右移动一个单元格

10.2 表格范围选取

表格范围选取可以通过名称框来实现，参照第 8 章的 8.1.5 节的名称框，也可以通过下面的方法来实现。

10.2.1 鼠标拖动法

当鼠标指针是空心的十字指针时，按住左键不放进行拖动就可以选取单元格，选取的范围取决于鼠标拖动的范围，如图 10-1 所示。

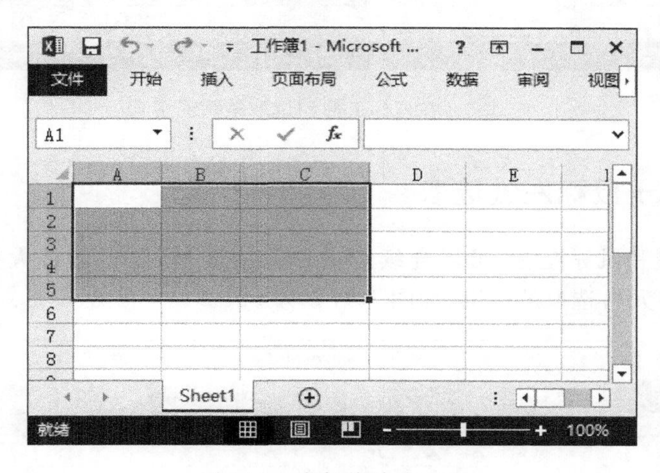

图 10-1　鼠标拖动法选取

10.2.2 整行与整列的选取

在行号或列标上单击，可以选取整行或整列，在行号或列标上拖动鼠标，就可以选取多行或多列，如图 10-2 和图 10-3 所示。

图 10-2　在行号上拖动选取整行和多行

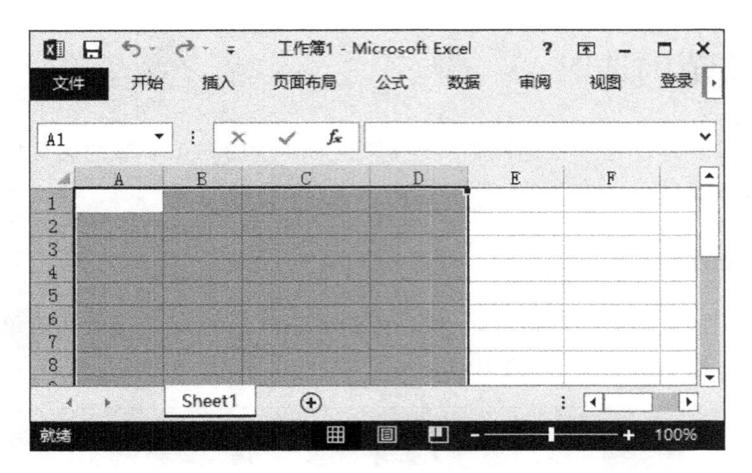

图 10-3　在列标上拖动选取整列或多列

10.2.3　Shift＋鼠标左键选取

按住 Shift 键和鼠标左键，可以连续选取单元格区域，既可以扩大单元格选取的范围，也可以缩小单元格选取的范围，如图 10-4 所示。

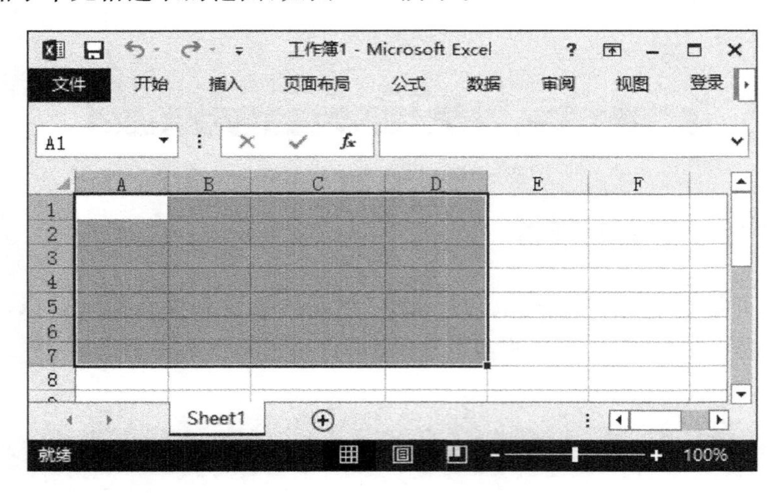

图 10-4　Shift＋鼠标左键连续选取

10.2.4　Ctrl＋鼠标左键选取

鼠标左键配合 Ctrl 键可进行不连续单元格的选取，如图 10-5 所示。

10.2.5　Ctrl＋A/全选按钮选取

单击全选按钮或按快捷键 Ctrl＋A，可以把整个工作表的单元格全部选中，如图 10-6 所示。

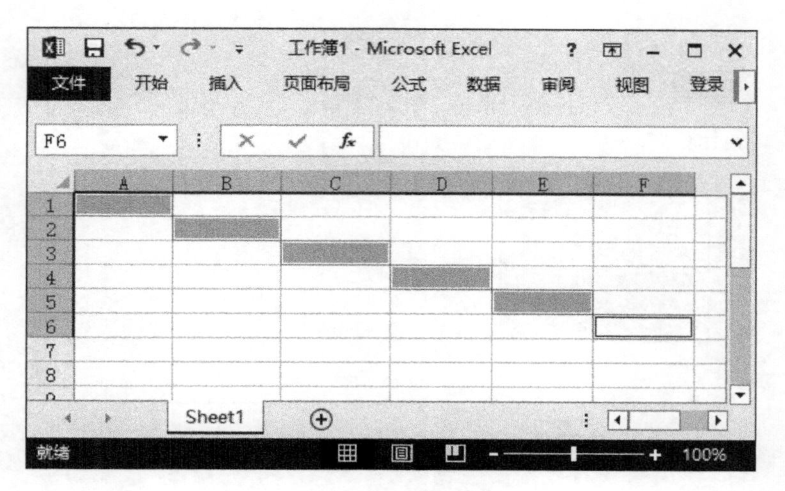

图 10-5　不连续选取

图 10-6　整个工作表选取

10.3 表格的生成

表格范围选取完成后，就可以给表格加上表线生成表格。

例如，将 A1 单元格到 B6 单元格区域生成表格，操作方法如下。

(1) 在名称框中输入“A1:B6”，然后按回车键，即可选取 A1:B6 单元格的区域，如图 10-7 所示。

(2) 单击【开始】→【字体】→【边框】，在弹出的下拉列表中选择“所有框线”，即可生成表格，如图 10-8 所示。

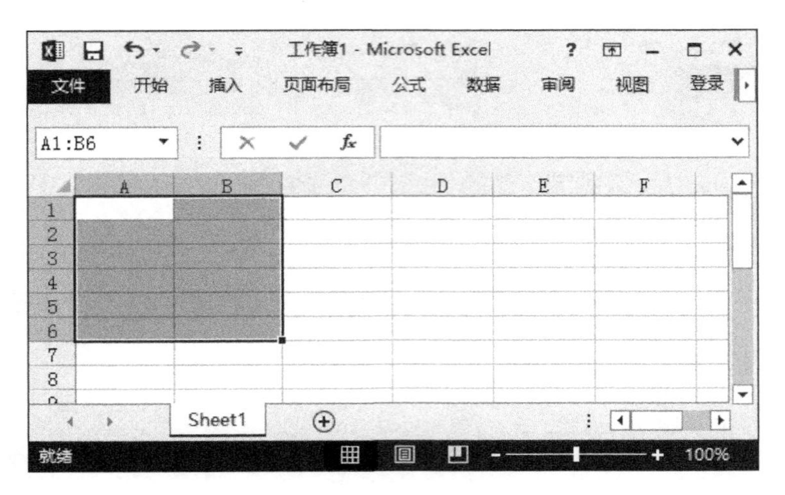

图 10-7　选取单元格区域

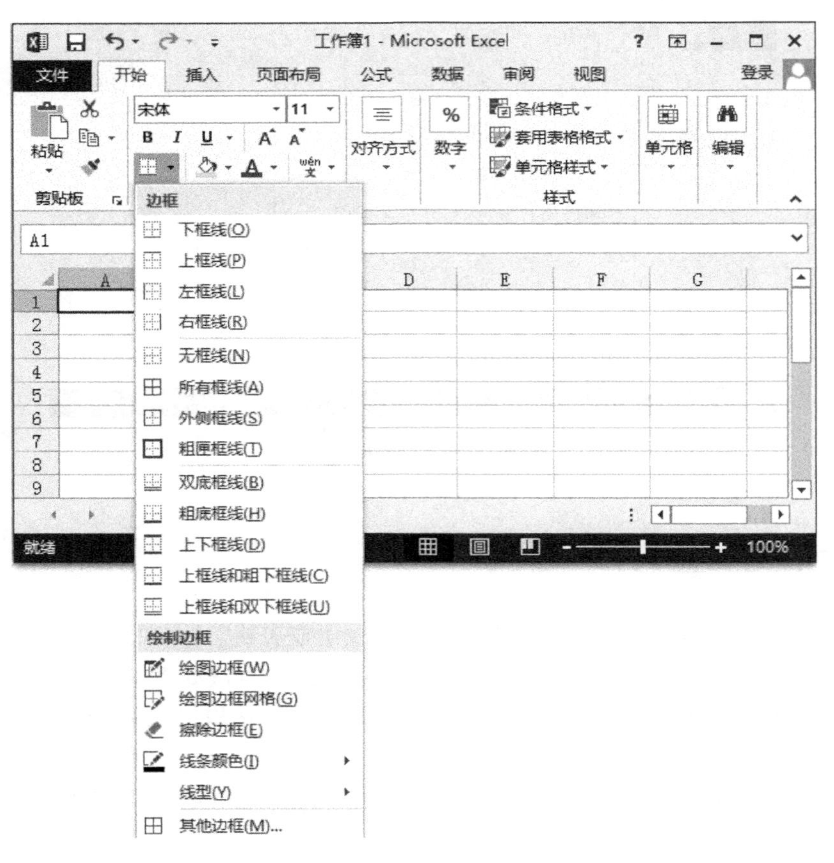

图 10-8　表格的生成

10.4 表格中行高列宽的设定

表格行高和列宽的设置可以通过以下两种方式实现。

(1) 鼠标拖动“行号间”或“列标间”，如图 10-9 所示。

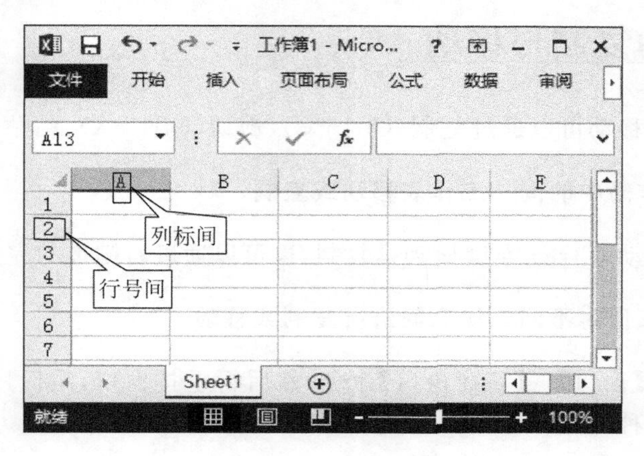

图 10-9 行高与列宽的设定

(2) 通过【开始】→【单元格】→【格式】命令来调整最适合的行高与最适合的列宽，也可以通过输入具体的值来设置固定的行高与列宽，如图 10-10、图 10-11 所示。

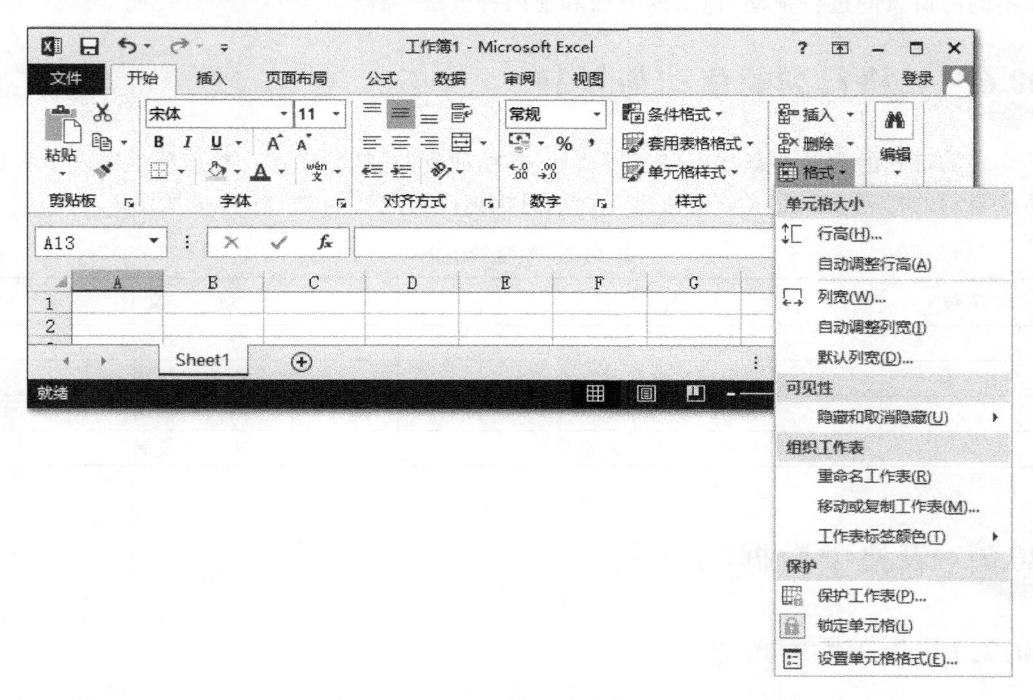

图 10-10 自动调整行高与列宽

图 10-11　输入行高列宽值

10.5 表格的复制与移动

表格的复制与移动可以通过复制(Ctrl+C)、剪切(Ctrl+X)、粘贴(Ctrl+V)来实现。

1. 在同一工作簿中的同一工作表移动或复制

左键拖动是移动,Ctrl+左键拖动是复制,也可以通过右键拖动完成。

2. 在同一个工作簿不同工作表间进行复制或移动

通过【视图】→【窗口】→【新建窗口】命令,然后再重排窗口,最后用鼠标键进行拖动,拖动的方法和第一种方法一样。

3. 在不同工作簿中进行复制或移动

不同工作簿通过拖动来完成,通过【视图】→【窗口】→【新建窗口】→【重排窗口】,然后在不同的窗口间进行拖动,拖动的方法和前两种方法一样。

10.6 表格行列的移动与复制

表格行列的移动与复制可以通过剪切、粘贴或复制、粘贴实现。在当前工作表中所移动或复制的行列在当前屏可以通过下面的鼠标拖动方法实现,如表 10-2 所示。

表 10-2　快捷键的操作

序号	操　作	意　义
1	左键拖动	覆盖式移动
2	Ctrl+左键拖动	覆盖式复制
3	Shift+左键拖动	插入式移动
4	Ctrl+Shift+左键拖动	插入式复制

10.7 表格中数据的填充

10.7.1 上下左右填充

上下左右填充是指在当前单元格的上面、下面、左面、右面填充同样的数据。操作时可以使用【开始】→【编辑】→【填充】命令中的向下、向上、向左、向右填充。向下填充和向右填充可以使用快捷键 Ctrl+D 和 Ctrl+R。

10.7.2 等差序列和等比序列

单击功能区【开始】→【编辑】→【填充】→【系列】，弹出【序列】对话框。

从这里可以看到，序列可以在行或列产生。如果是行，就是横向在当前行进行填充，如果是列，就是纵向在当前列进行填充。填充的时候需要确定填充的类型，也就是等差序列、等比序列、日期、自动填充等，然后输入步长值和终止值，确定后就可以填充，如图10-12所示。

序列填充有两种方法，一种是给定单元格区域范围进行填充，一种是给定终止值进行填充。

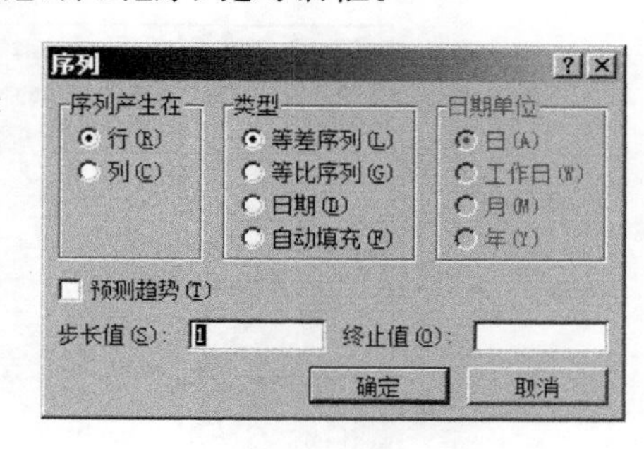

图10-12 序列填充

1. 给定单元格区域范围

当给定单元格需填充数据的区域范围时，需将给定的区域选中，然后在【序列】对话框中选择填充的类型和设定步长值即可。

2. 给定终止值

填充时需在【序列】对话框中选择序列产生的位置、类型、步长值和终止值。

例如，在A1单元格输入“2”，填充等差序列，步长值设为2，通过给定区域填充到A10单元格。

在B1单元格输入“2”，填充等比序列，步长值设为2，通过给定终止值1024填充，如图10-13、图10-14和图10-15所示。

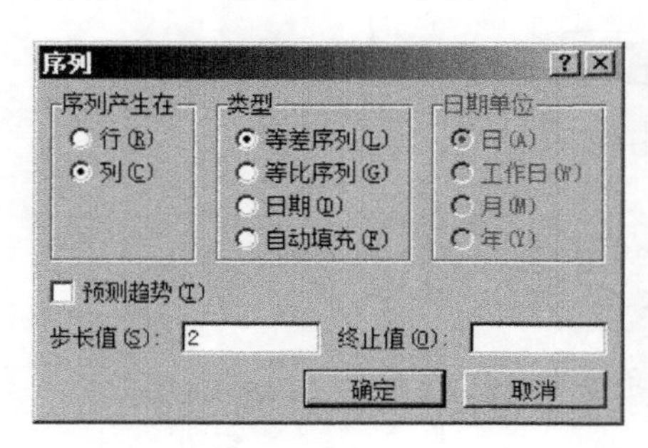

图10-13 等差序列

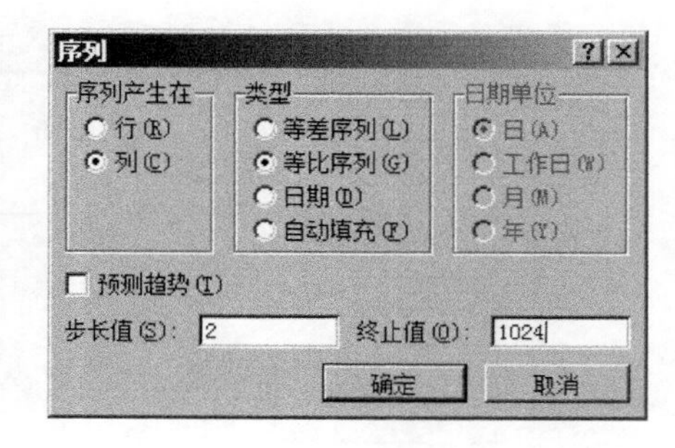

图10-14 等比数列

10.7.3 日期序列

日期序列中日期单位包含按日填充、按工作日填充、按月填充、按年填充等。在实际操作过程中可以使用序列填充，填充方法同等差序列、等比序列，如图10-16所示；也可以通过填充柄实现，填充柄是将光标停在单元格右下角时的黑色十字指针，然后按住左键或右键拖动也可以进行序列填充。

（1）按左键拖动填充柄系统默认是按日填充，按住Ctrl＋左键拖动填充柄是复制日期。如图 10-17 所示，在 A1 单元格输入“2013-1-1”后，按住左键拖动填充柄到 A10 后日期是以日作为单位进行填充的。在 B1 单元格输入“2013-1-1”后，按住 Ctrl＋左键拖动填充柄到 B10 后，日期是进行了复制。

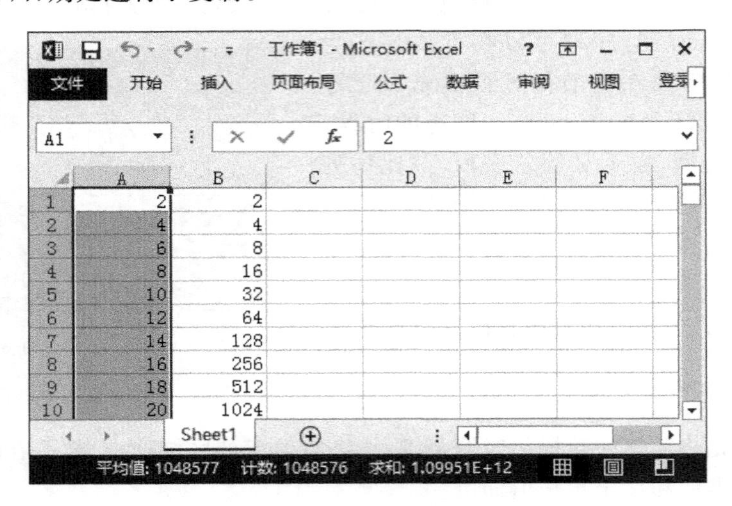

图 10-15　等差数列和等比数列

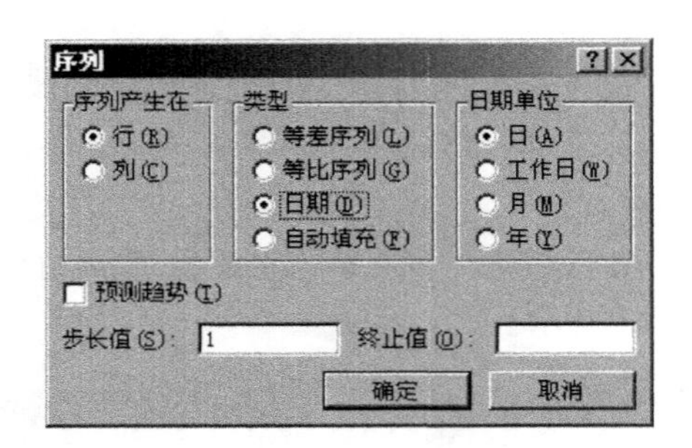

图 10-16　日期序列

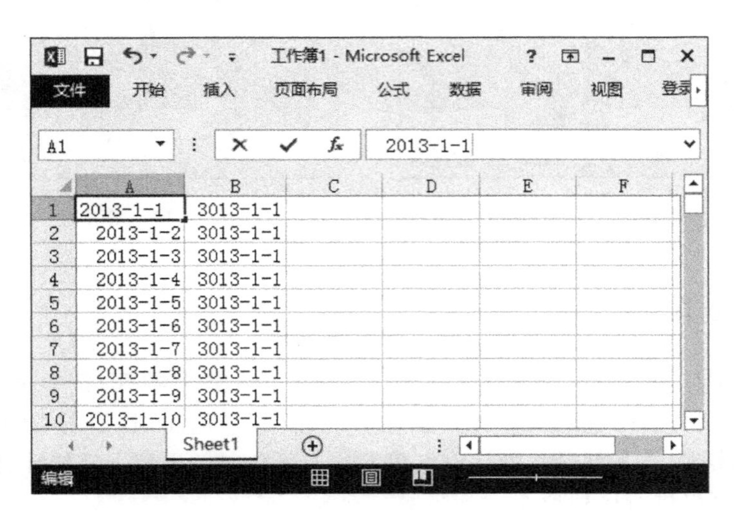

图 10-17　按日填充

(2) 按右键拖动填充柄后会弹出快捷菜单。如图 10-18 所示,在图中的 A 列选择的是以日填充;在 B 列选择的是以工作日进行填充;C 列是以月进行填充;D 列是以年进行的填充。

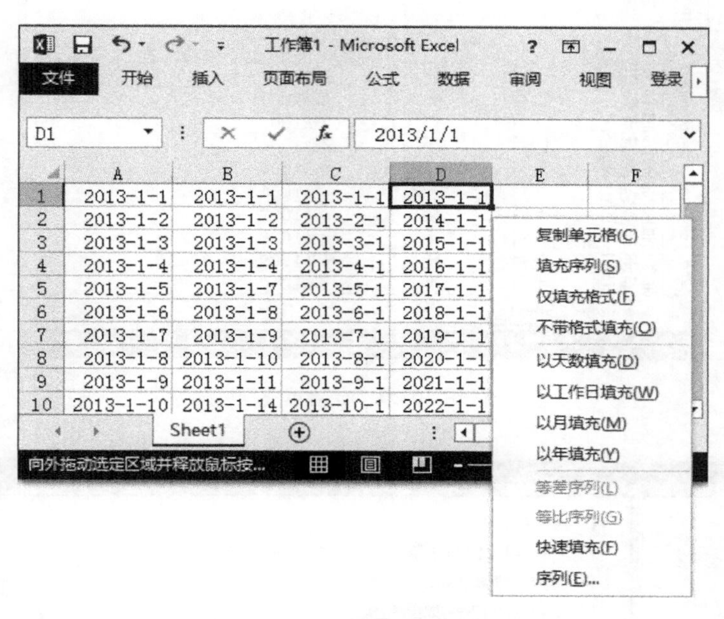

图 10-18　右键填充柄填充

10.7.4　自动填充

一些有规律的序列,可以用自动填充来完成。公式复制时也可以通过自动填充实现。

例如,在 A1 单元格输入"星期一",在 B1 单元格输入"一月",在 C1 单元格输入"甲",在 D1 单元格输入"蒙 A1001",通过自动填充至第 10 行,如图 10-19 和图 10-20 所示。

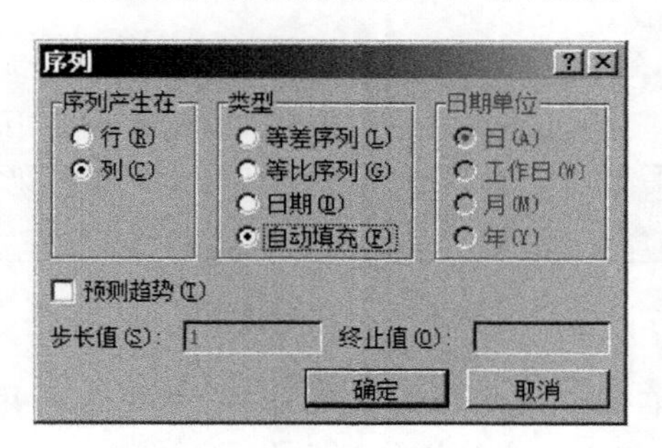

图 10-19　自动填充

10.7.5　自定义序列

自定义序列是指这些数据没有规律,但这些数据在使用上又有一定的规律。自定义序列可以采用手动输入来定义,也可以导入单元格数据来定义。具体操作如下:

(1) 单击【文件】→【选项】→【高级】,单击【编辑自定义列表】按钮,如图 10-21 所示。

(2) 弹出【自定义序列】对话框。有如下两种方式编辑自定义序列。

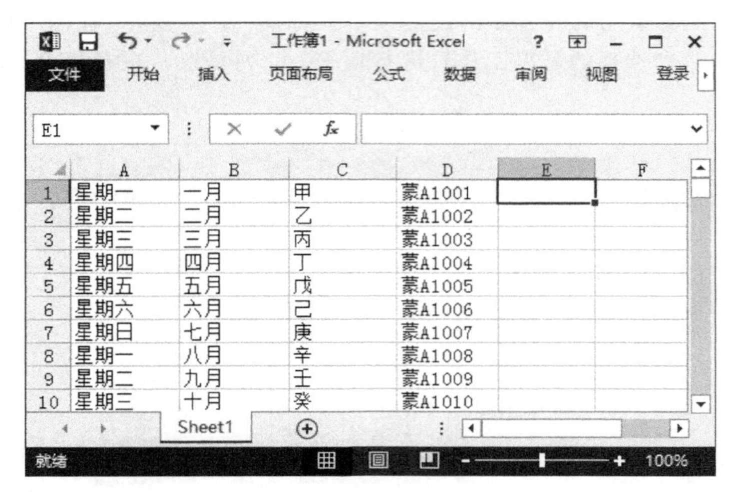

图 10-20　自动填充

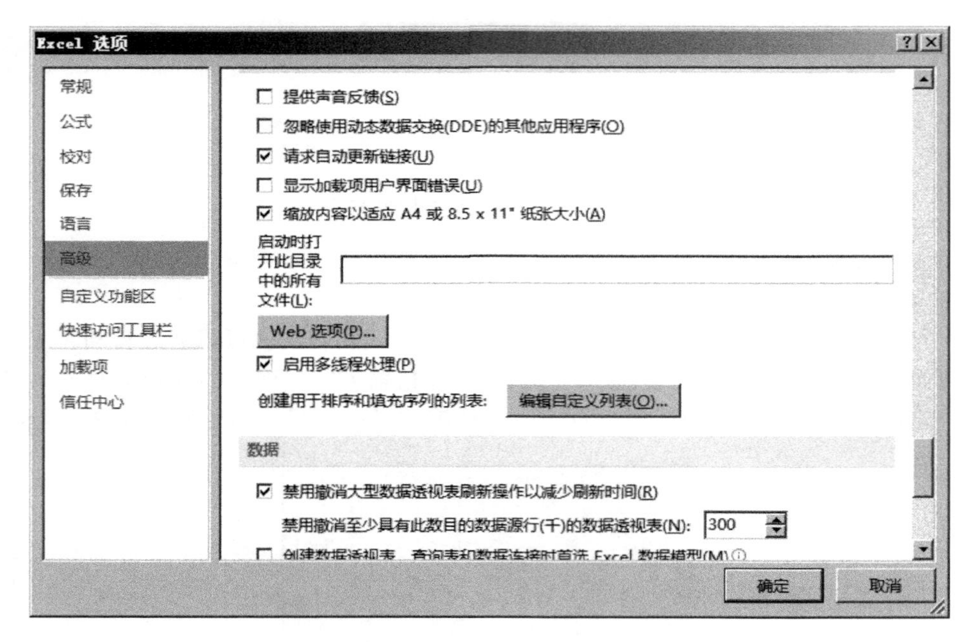

图 10-21　Excel 选项

① 在“输入序列”文本框中输入自定义的序列，数据之间用回车键或半角的逗号隔开，单击【添加】按钮，将自定义的序列添加到左侧的“自定义序列”中，如图 10-22 所示。

② 从单元格导入数据。例如导入 A1 到 A5 单元格的数据，如图 10-23 和图 10-24 所示。单击【导入】按钮即可将序列添加到左侧的“自定义序列”中。

10.7.6　不同单元格输入相同数据

不同单元格输入相同数据，首先选中多个单元格，然后输入数据，如图 10-25 所示，输入完成后，按 Ctrl + Enter 键就可以完成不同单元格输入相同数据，如图 10-26 所示。

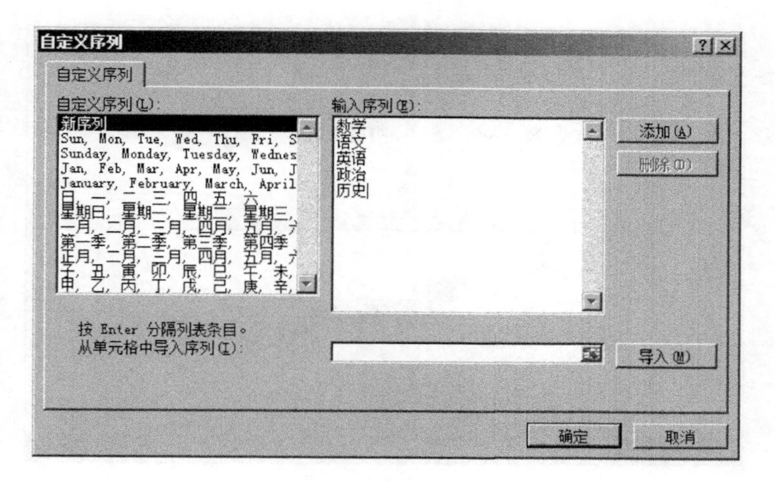

图 10-22　自定义序列

图 10-23　数据

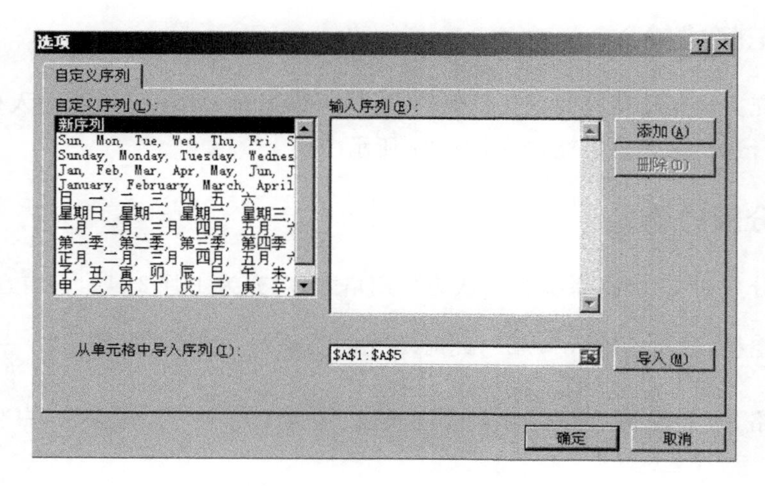

图 10-24　自定义导入序列

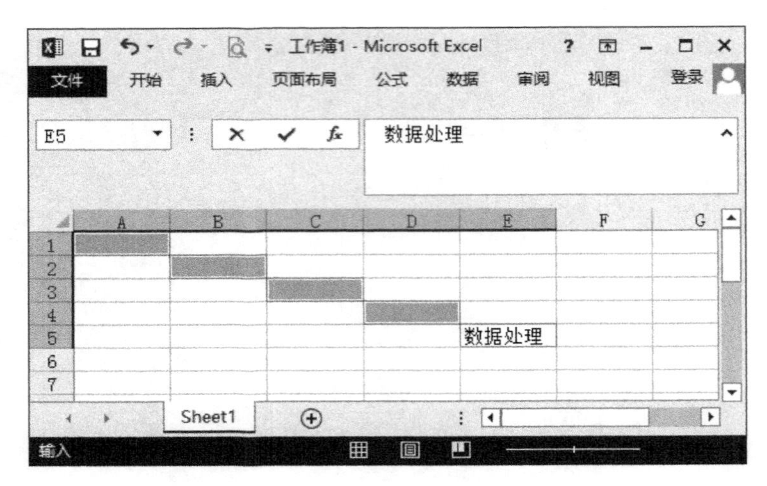

图 10-25　不同单元格输入相同数据(1)

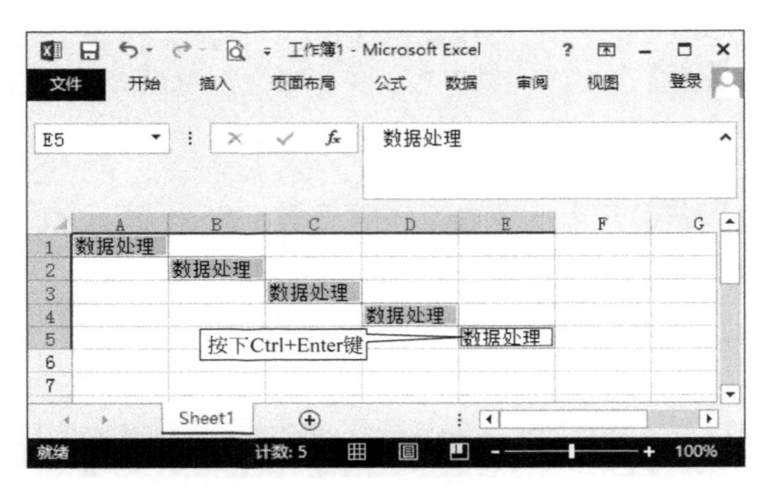

图 10-26　不同单元格输入相同数据(2)

10.7.7　记忆式输入

这种填充方式是指填充的数据已经填充过,可以通过 Alt+↓打开输入列表,然后通过光标键进行选择来完成填充,如图 10-27 所示。

10.7.8　分数的输入

当填充分数如 1/2 时,系统会默认为日期格式,填充为 1 月 2 日。只有在填充时先输入“0”,然后空格,之后再输入“1/2”,此时填充的结果为“1/2”。当填充“3 $\frac{1}{2}$”时,先输入“3”,然后空格,之后输入“1/2”,此时填充的结果为“3　1/2”,代表“3 $\frac{1}{2}$”,如图 10-28 所示。

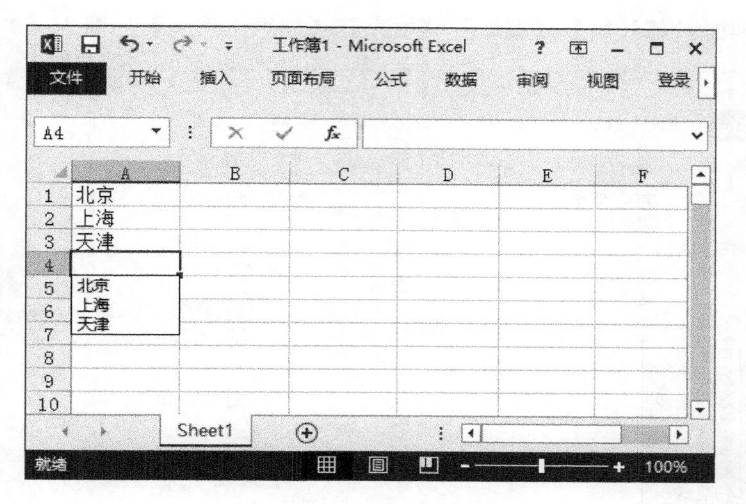

图 10-27　记忆式输入

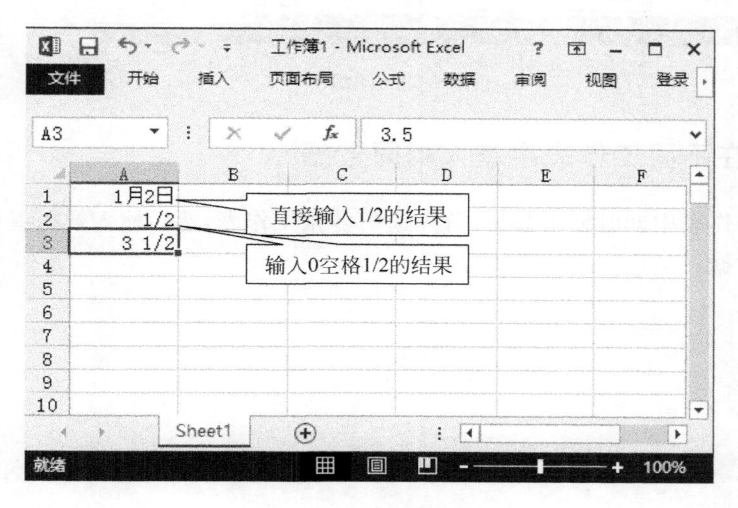

图 10-28　分数的输入

10.7.9　数值变字符填充

数值变字符填充，在输入时先输入“'”单引号，然后再输入相应的数据，如电话区号、身份证号、手机号等不需要计算或计算没有实际意义的数字都可以采用这种方式填充。

10.7.10　填充至同组工作表

填充至同组工作表是指将当前工作表中的表格或数据填充至其他工作表中。这种操作可以利用复制粘贴实现。除了这种方法外，还可以利用填充至同组工作表。所谓同组工作表，至少是两个工作表。操作步骤如下：

(1) 选中表格或数据区域。

(2) 用 Ctrl 或 Shift 选中多个工作表。

(3) 单击功能区【开始】→【编辑】→【填充】→【同组工作表】，如图 10-29 所示。

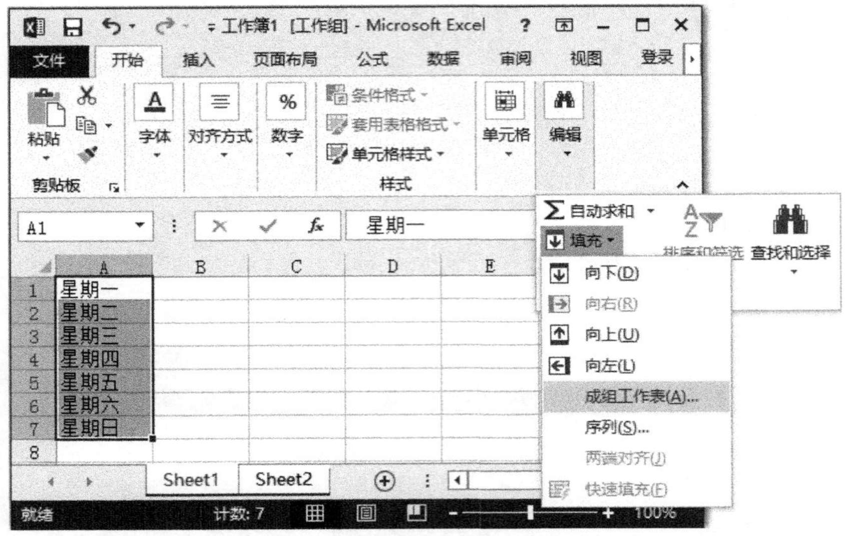

图 10-29　同组工作表

10.7.11　在不同工作表中输入相同数据

在多张工作表中同时输入数据，首先选中多张工作表，然后输入数据就可以完成多张工作表输入数据。

第 11 章　Excel 公式应用

本章说明：

定义 Excel 公式可以完成数据的计算，通过计算结果可以对数据进行分析，因此掌握 Excel 公式的定义、灵活运用公式可以提高处理数据的效率。

本章主要内容

- 公式的定义与运算符
- 单元格的引用与公式格式

本章拟解决的问题：

(1) 如何定义公式？
(2) 单元格引用的格式有哪几种？
(3) 同一个工作表如何引用公式？
(4) 不同工作表如何引用公式？
(5) 不同工作簿如何引用公式？

11.1 公式的定义与运算符

Excel 输入公式时首先输入“＝”，简单的公式有加、减、乘、除等运算，复杂一些的公式可能包含函数、引用、运算符和常量等。在编辑栏或单元格中输入“＝”及数据后按 Enter 键或鼠标单击编辑栏左侧的“√”完成公式定义；取消公式，按 Esc 键或单击编辑栏的“×”按钮取消。

运算符用于指定对公式中的运算数执行的计算类型。Excel 包含 4 种运算符：算术运算符、比较运算符、文本连接运算符和引用运算符。

11.1.1 算术运算符

常见的算术运算符如表 11-1 所示，用于完成基本的数学运算，返回的是一个数值。算术运算的结果如图 11-1 所示。

表 11-1 算术运算符

序号	算术运算符	含 义	序号	算术运算符	含 义
1	＋	加号	4	/	除号
2	—	减号	5	^	乘幂
3	*	乘号	6	%	百分比

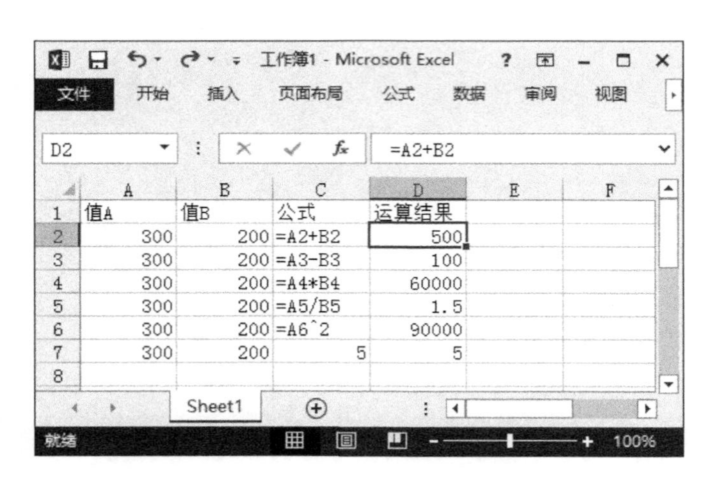

图 11-1 算术运算

11.1.2 比较运算符

比较运算符返回的是 TRUE(真值)或 FALSE(假值),如图 11-2 所示。常见的比较运算符如表 11-2 所示。

表 11-2 比较运算符

序号	比较运算符	含　义	序号	比较运算符	含　义
1	<	小于	4	>=	大于等于
2	<=	小于等于	5	=	等于
3	>	大于	6	<>	不等于

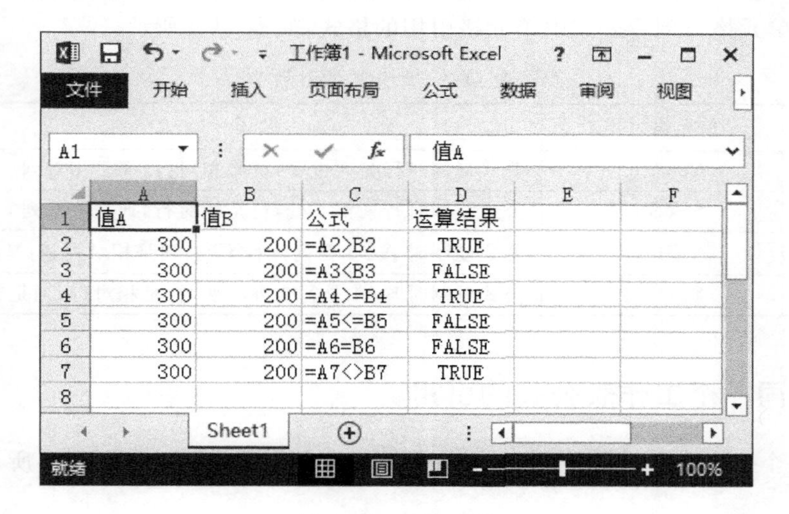

图 11-2 比较运算

11.1.3 文本连接运算符

文本连接运算符(&)是把多个文本连成一个文本,如图 11-3 所示。

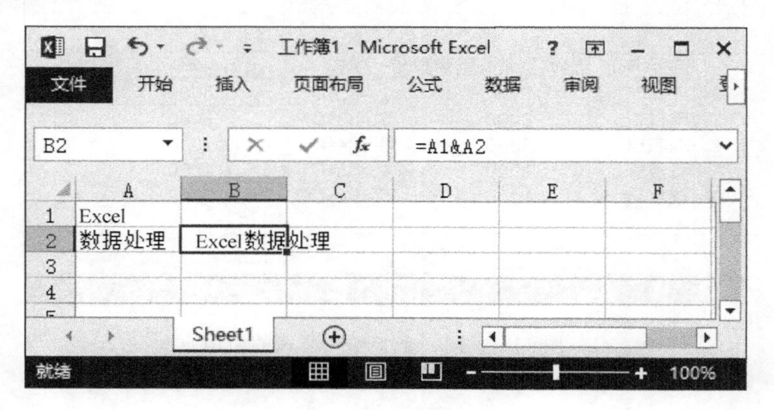

图 11-3 文本连接运算

11.2 单元格的引用与公式格式

11.2.1 单元格的引用

公式定义完成后，可通过公式复制来实现所有数据的计算。复制公式的方式如下：

（1）通过复制、粘贴实现公式复制。

（2）通过 Ctrl＋D 向下复制公式或 Ctrl＋R 向右复制公式。

（3）通过自动填充复制公式。

在 Excel 中第一个公式定义完成后，可以利用公式复制来完成其他同样的计算，公式复制后，计算的结果不一定正确，关键是看公式中单元格的引用格式是否正确。

以 A1 单元格为例看公式中单元格引用的格式，如表 11-3 所示。

表 11-3　单元格的引用

序号	单元格引用	含　　义
1	A1	公式复制时行变列也变，行是相对行，列是相对列
2	$A$1	公式复制时行列都不变，行是绝对行，列是绝对列
3	A$1	公式复制时 A$1 是列变行不变，列是相对列，行是绝对行
4	$A1	公式复制时 $A1 是行变列不变，行是相对行，列是绝对列

11.2.2 同一个工作表公式的引用

在同一个工作表内引用公式，直接使用单元格的名称即可，如图 11-4 所示计算产品销售金额。

图 11-4　同一个工作表公式的引用

11.2.3 不同工作表公式格式的引用

在不同工作表引用公式时，引用时需要加上工作表标签，以A1单元格为例，具体格式为：工作表名!A1。例如利用单价表计算销售表中的销售金额，如图11-5所示。

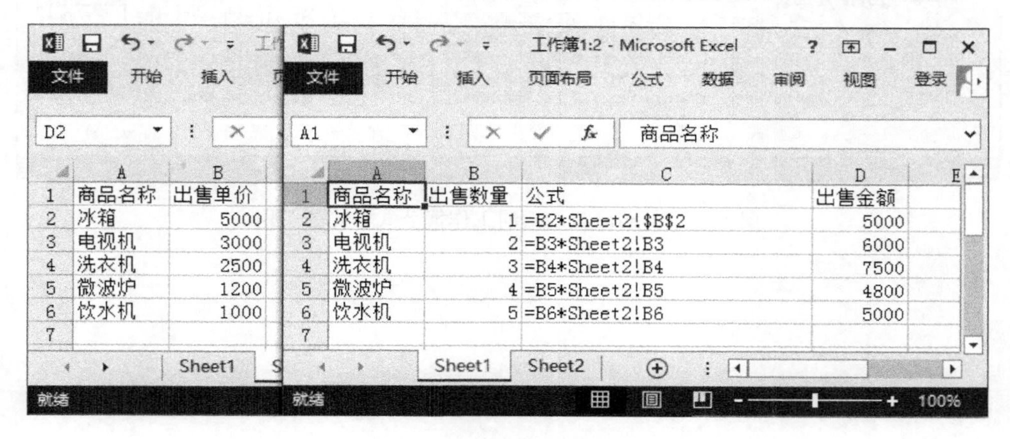

	A	B
1	商品名称	出售单价
2	冰箱	5000
3	电视机	3000
4	洗衣机	2500
5	微波炉	1200
6	饮水机	1000

	A	B	C	D
1	商品名称	出售数量	公式	出售金额
2	冰箱	1	=B2*Sheet2!$B$2	5000
3	电视机	2	=B3*Sheet2!B3	6000
4	洗衣机	3	=B4*Sheet2!B4	7500
5	微波炉	4	=B5*Sheet2!B5	4800
6	饮水机	5	=B6*Sheet2!B6	5000

图11-5 不同工作表公式引用

11.2.4 不同工作簿公式格式的引用

在不同工作簿之间引用公式时，以A1单元格为例，具体公式格式为：[工作簿名.xlsx]工作表名!A1。不同工作簿公式格式的引用，如图11-6所示。

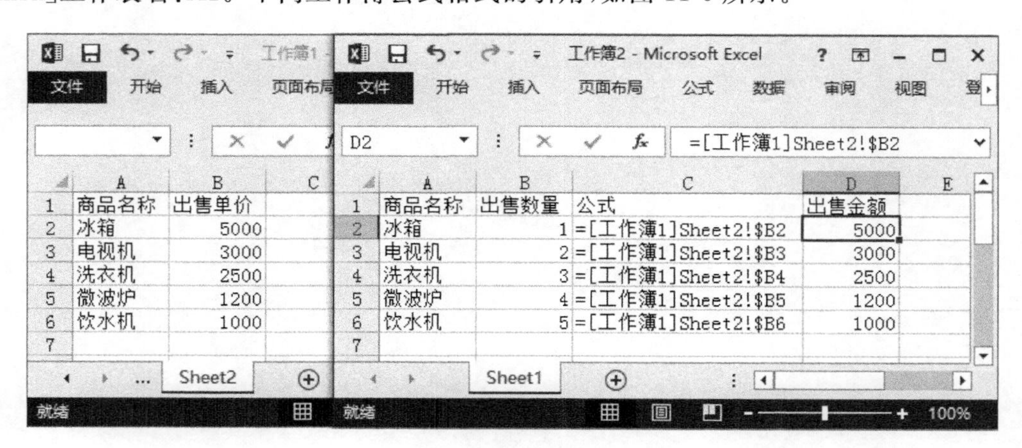

	A	B
1	商品名称	出售单价
2	冰箱	5000
3	电视机	3000
4	洗衣机	2500
5	微波炉	1200
6	饮水机	1000

	A	B	C	D
1	商品名称	出售数量	公式	出售金额
2	冰箱	1	=[工作簿1]Sheet2!$B2	5000
3	电视机	2	=[工作簿1]Sheet2!$B3	3000
4	洗衣机	3	=[工作簿1]Sheet2!$B4	2500
5	微波炉	4	=[工作簿1]Sheet2!$B5	1200
6	饮水机	5	=[工作簿1]Sheet2!$B6	1000

图11-6 不同工作簿公式格式的引用

11.2.5 不同磁盘的不同工作簿公式格式的引用

以A1单元格为例，具体公式格式为：'盘符路径[工作簿名.XLSX]工作表名'!A1。这也是不同工作簿公式格式的引用的演变，如果关闭"单价表"工作簿，则转换为该格式的公式，如图11-7所示。

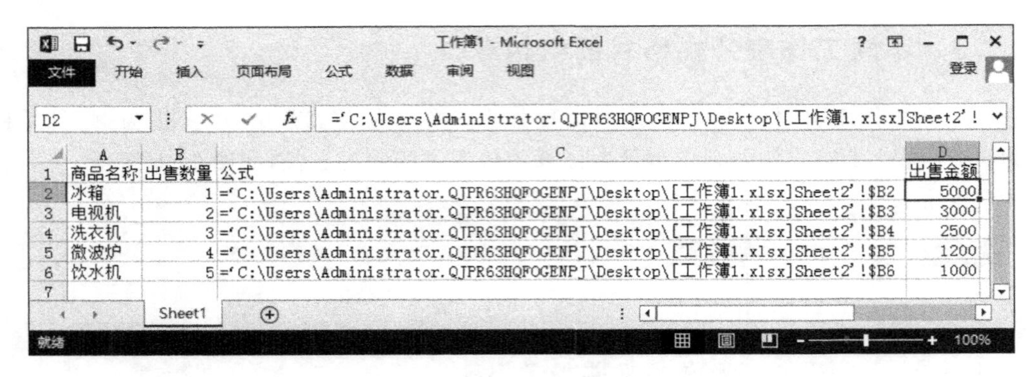

图 11-7　不同磁盘的不同工作簿公式格式的引用

第 12 章　Excel 数据处理

本章说明：

Excel 数据处理主要指的是数据排序、筛选、数据验证及分类汇总等，通过数据处理的结果可以利用 Excel 图表或数据透视表、数据透视图进行分析，掌握本章知识可以在实际工作中进行高效的数据处理与数据分析。

本章主要内容

- 数据排序
- 数据筛选
- 数据验证
- 分类汇总
- 数据图表
- 数据透视表与数据透视图

本章拟解决的问题：

(1) 如何对表格中的数据进行排序？
(2) 如何进行数据筛选？
(3) 如何设置数据验证？
(4) 如何对表格中的数据进行分类汇总？
(5) 如何利用现有的数据创建数据透视表、数据透视图？
(6) 如何生成图表？
(7) 如何增加或删除图表中的图例、数据标签、标题？
(8) 如何更改坐标轴的数据格式、文字方向、标签？
(9) 如何显示图表的网格线、背景墙？
(10) 如何切换图表的行列？
(11) 如何更改图表的类型？

12.1 数据排序

12.1.1 单字段排序

数据排序有单字段排序和多字段排序两种。如果是单字段排序首先确定排序所在的列，将光标停在需排序列的任意一个单元格，单击【数据】→【排序和筛选】→【A-Z】(升序)或【Z-A】(降序)就可以完成排序。例如按职工号降序排序，如图 12-1 所示。

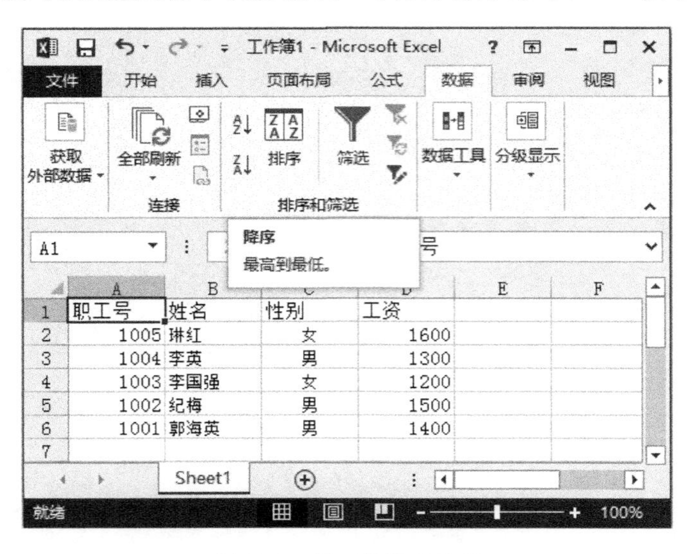

图 12-1　单字段排序示例

12.1.2 多字段排序

如果是多字段排序，单击【数据】→【排序和筛选】→【排序】，首先确定主要关键字，然后再确定次要关键字，以此类推。排序的基本规律：首先按第一个字段排序，第一个字段中相同的按第二个字段排序，第二个字段中相同的按第三个字段排序，以此类推。如果第一个字段中没有相同的，则第二个字段或第三个字段排序不起作用。例如，当前是按性别进行升序排列，性别中相同的按工资降序排列，如图 12-2 所示。

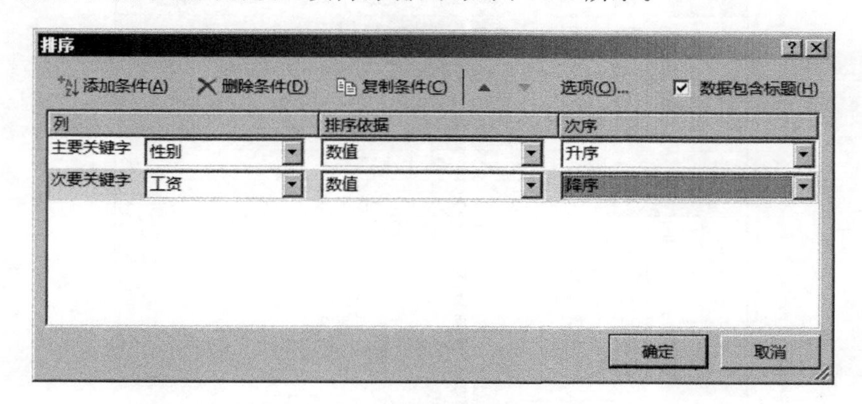

图 12-2　多字段排序示例

12.1.3　行列排序

若要改变排序方向（按行排序或按列排序）或排序方法（按字母排序或笔画排序），则在图 12-2 所示的【排序】对话框中单击“选项”，将显示【排序选项】对话框，其中可设置排序方向和排序方法，如图 12-3 所示。

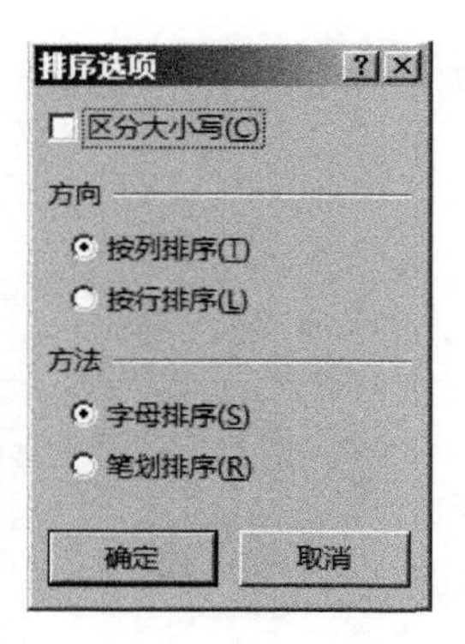

图 12-3　【排序选项】对话框

12.2　数据筛选

12.2.1　自动筛选

1．直接条件筛选

单击【数据】→【排序和筛选】→【筛选】命令。

自动筛选可以按当前列的数据进行筛选，打开黑色箭头选择条件即可。如果要将所有的男职工复制到 Sheet2 中,就可以打开“性别”字段右侧的箭头,选择“男”,通过复制、粘贴就可以完成,如图 12-4 所示。

图 12-4　筛选

如果要取消筛选,只需单击“从‘性别’中清除筛选”即可,如图 12-5 所示。

图 12-5　取消筛选

2. 自定义条件筛选

如果要筛选工资大于1200元的职工，选择“数字筛选”，如图12-6所示，选择“大于”选项，如图12-7所示。

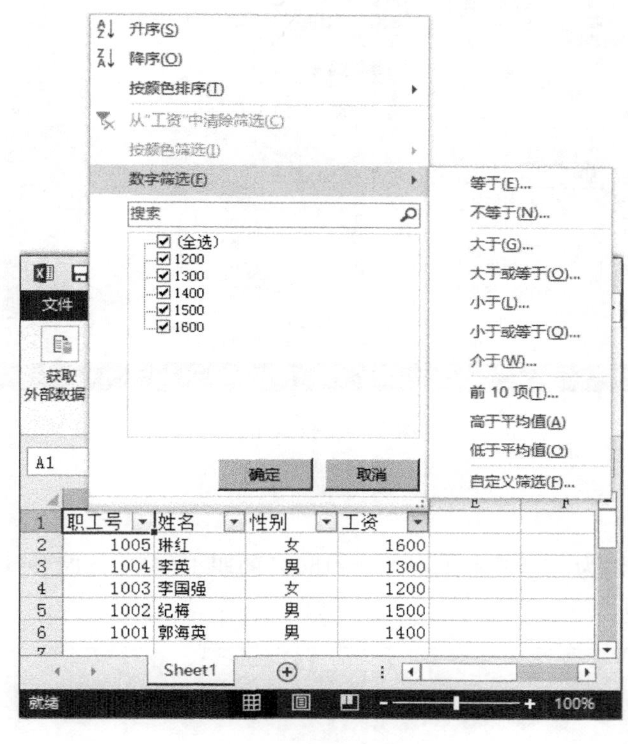

图12-6　按数字筛选

12.2.2　高级筛选

在自动筛选中，只可以按同一类条件进行筛选，当需按两类或更多类条件筛选时，就需要用到高级筛选。

单击【数据】→【排序和筛选】→【高级】，可打开【高级筛选】对话框，如图12-8所示。

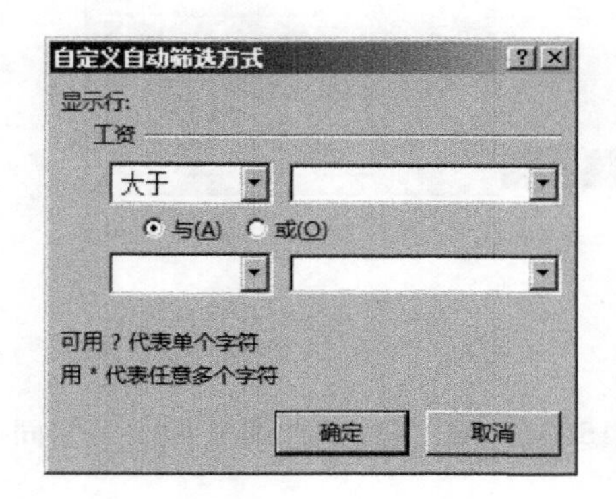

图12-7　【自定义自动筛选方式】对话框

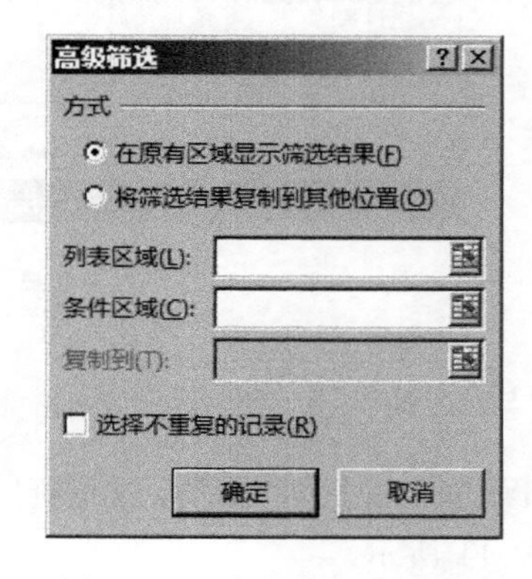

图12-8　【高级筛选】对话框

下面以图 12-9 中的数据为例，进行高级筛选。

图 12-9　数据示例

1. “或”筛选

例如筛选出性别为“男”或者工资“＞＝1500”的职工信息，此时条件需写在不同的行，效果如图 12-10 所示。

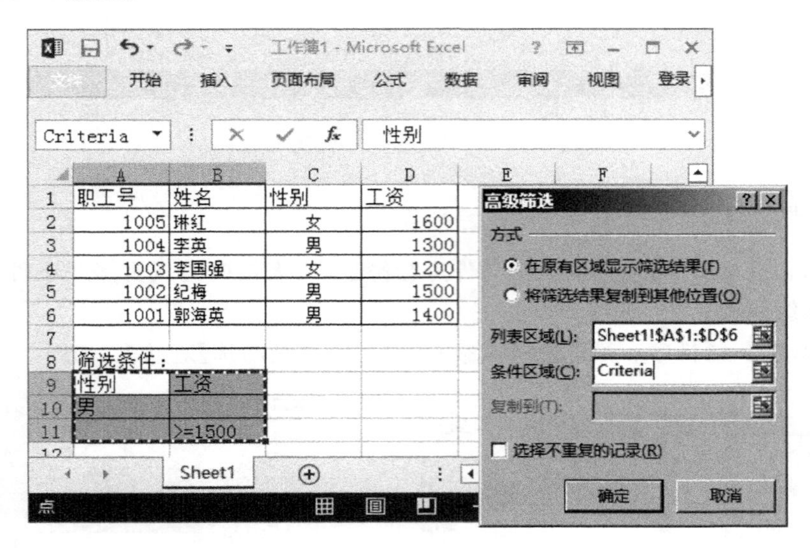

图 12-10　“或”筛选

2. “与”筛选

例如筛选出性别为“男”并且工资“＞＝1500”的职工信息，此时条件需写在同一行，效果如图 12-11 所示。

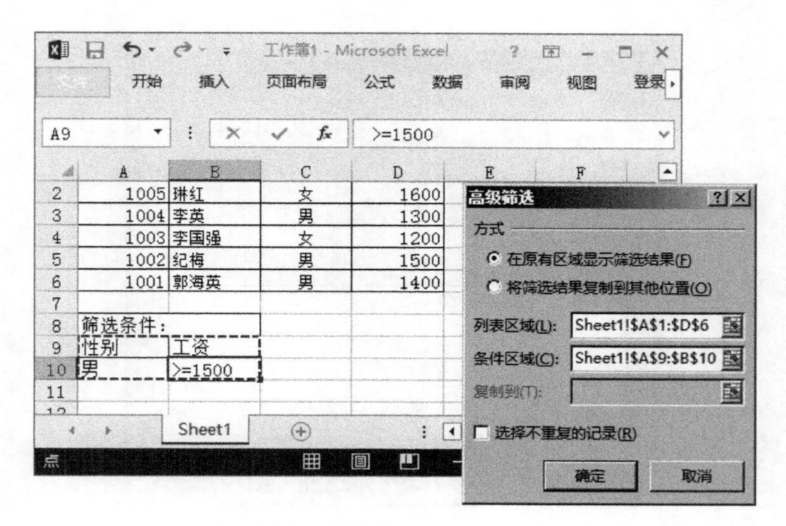

图 12-11 “与”筛选

12.3 数据验证

数据验证是指设置数据输入的有效值。对于不是有效的数据,系统会拒绝接收,这样可以防止出现不必要的错误。设置验证时,还可以设置错误提示信息。

例如,当前设置的数据输入必须是整数,而且不能小于 60,否则计算机不接收输入的数据。

先选中需设置有效性的区域,再单击【数据】→【数据工具】→【数据验证】,弹出【数据验证】对话框。

(1) 在【设置】选项卡中设置验证的条件,如图 12-12 所示。

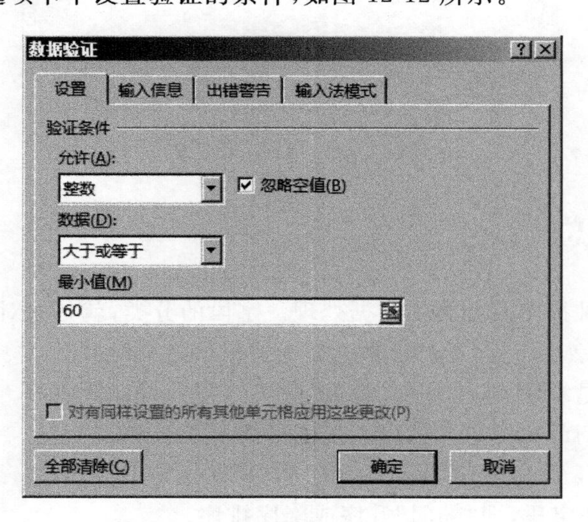

图 12-12 设置数据有效性条件

(2) 在【输入信息】选项卡中设置选定单元格时显示的提示信息,如图 12-13 所示。

(3) 在【出错警告】选项卡中设置出错时的提示信息,如图 12-14 所示。

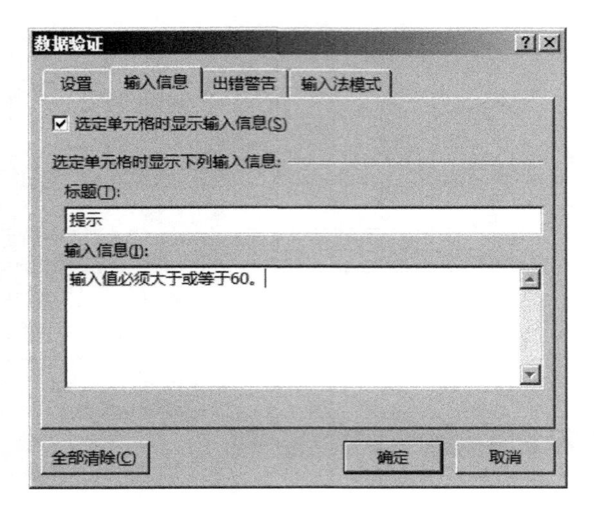

图 12-13　设置提示信息

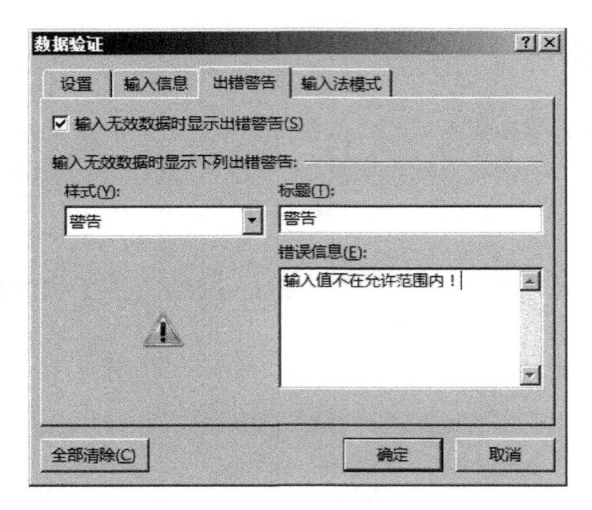

图 12-14　设置出错警告

12.4　分类汇总

分类汇总是一种按字段分类的数据处理。字段的分类，就是先对字段进行排序，使相同的字段排在一起，然后进行分类处理。

分类处理可以是求和、求平均值、计数、最大值、最小值、乘积等。

例如求各个部门的工资总和就可以使用分类汇总求和。

操作步骤如下：

(1) 首先按分类字段，即“部门”升序或降序排序。

(2) 单击【数据】→【分级显示】→【分类汇总】，弹出【分类汇总】对话框。

(3) “分类字段”选“部门”，“汇总方式”选“求和”，“选定汇总项”选“工资”，如图 12-15 和图 12-16 所示。

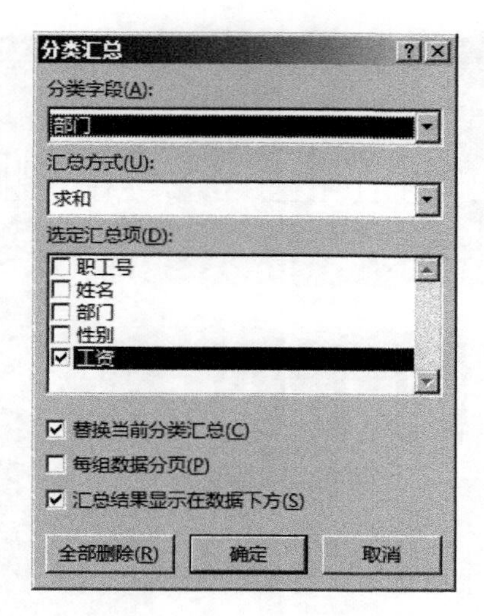

图 12-15 【分类汇总】对话框

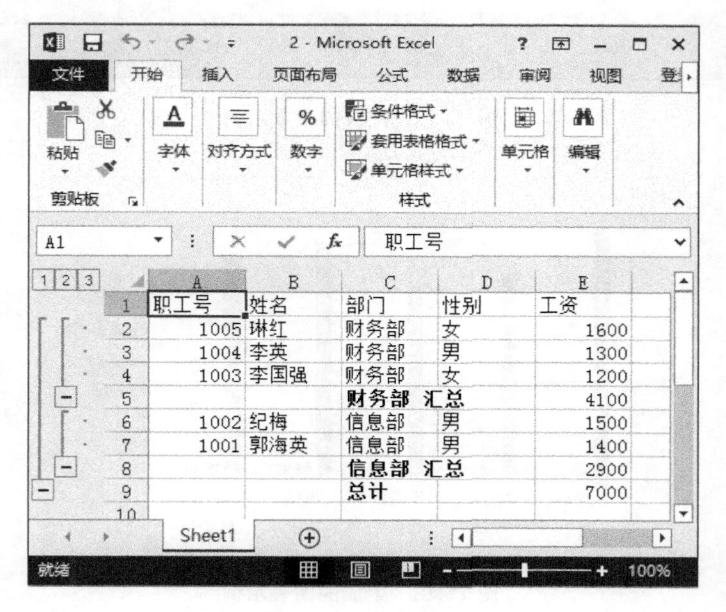

	A	B	C	D	E
1	职工号	姓名	部门	性别	工资
2	1005	琳红	财务部	女	1600
3	1004	李英	财务部	男	1300
4	1003	李国强	财务部	女	1200
5			**财务部 汇总**		4100
6	1002	纪梅	信息部	男	1500
7	1001	郭海英	信息部	男	1400
8			**信息部 汇总**		2900
9			**总计**		7000

图 12-16 分类汇总

12.5 数据图表

12.5.1 生成图表

单击【插入】→【图表】，根据要求选择需要的图表类型。

下面以插入二维簇状柱形图为例。选中需要生成图表的数据，单击【插入】→【图表】→【柱形图】→【二维簇状柱形图】，如图 12-17 所示。生成的图表如图 12-18 所示。

当图表生成后，可以看到，图例项是“基本工资”、“奖金”、“补贴”，X 轴标签是部门和

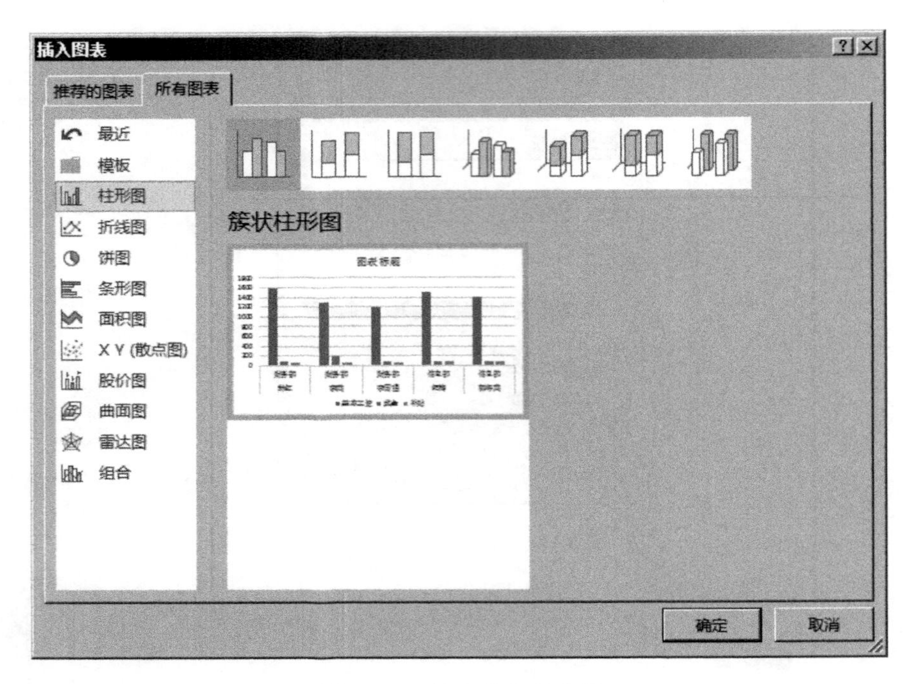

图 12-17　图表的生成示例

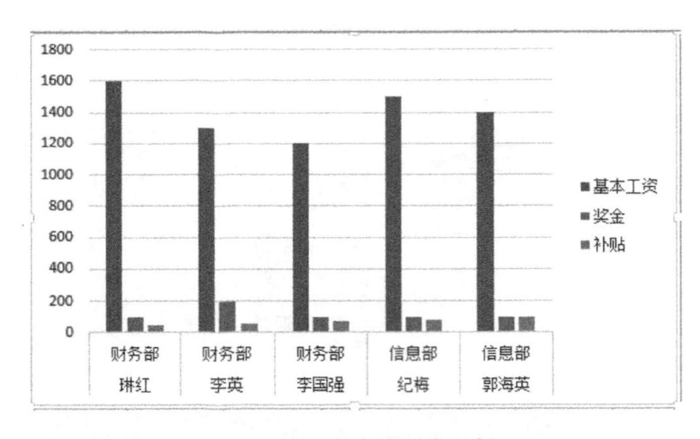

图 12-18　生成的图表示例

姓名，单击生成的图表，功能区就会弹出图片工具的【设计】、【布局】和【格式】选项卡，在图片工具的这 3 个选项卡中可以对图表数据或格式进行设置。

12.5.2　删除和增加图例项

Excel 生成的图表，图例项可以增加，也可以删除。删除图例项操作步骤如下：

(1) 单击功能区【设计】→【数据】→【选择数据】。

(2) 在弹出的【选择数据源】对话框左侧的“图例项”中，选择要删除的图例，单击【删除】按钮即可，如图 12-19 所示。

(3) 删除“补贴”图例项的效果如图 12-20 所示。

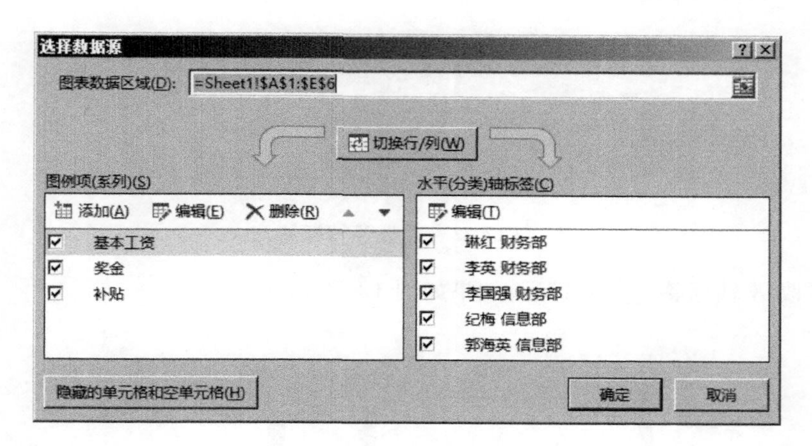

图 12-19　删除图例项

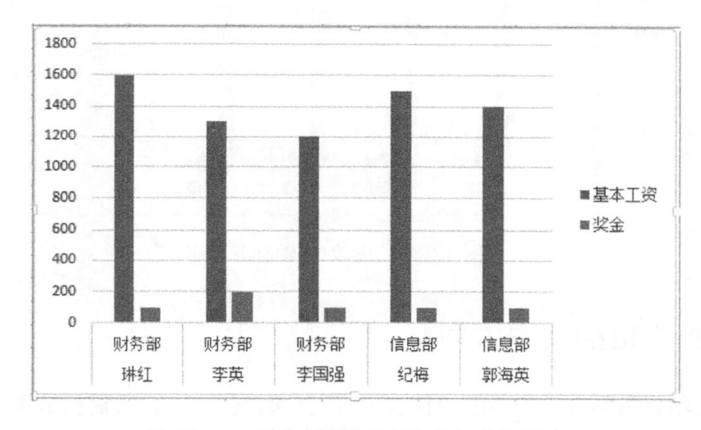

图 12-20　删除“补贴”图例项之后的图表

增加图例项，即在图 12-19 所示【选择数据源】对话框左侧的“图例项”中，单击【添加】按钮，再把删除的“补贴”图例项添加进来，如图 12-21 所示。

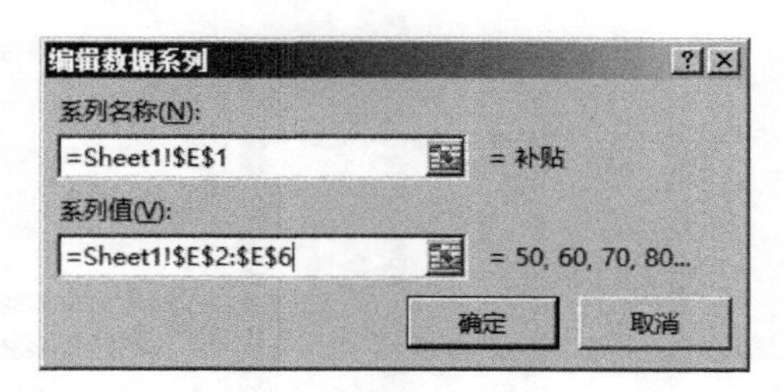

图 12-21　增加图例项

12.5.3　更改 X 轴标签

（1）单击功能区【设计】→【数据】→【选择数据】。

（2）在弹出的如图 12-19 所示【选择数据源】对话框右侧的“水平（分类）轴标签”中，选择【编辑】按钮，在【轴标签】对话框的“轴标签区域”中选择“姓名”列数据，如图 12-22 所示。

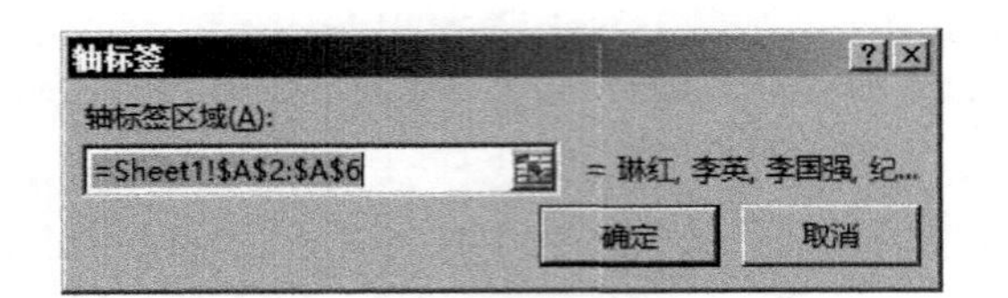

图 12-22　更改 X 轴标签

(3) 更改 X 轴标签为“姓名”后，效果如图 12-23 所示。

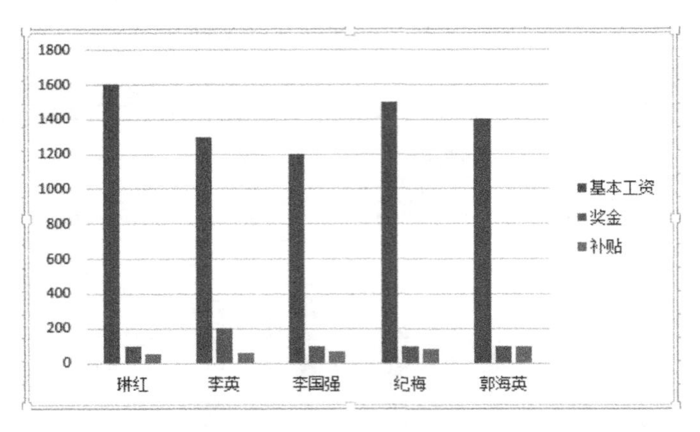

图 12-23　更改 X 轴标签

12.5.4　修改 X 轴的文字方向

(1) 右击 X 轴标签数据，在弹出的快捷菜单中选择【设置坐标轴格式】命令，如图 12-24 所示。

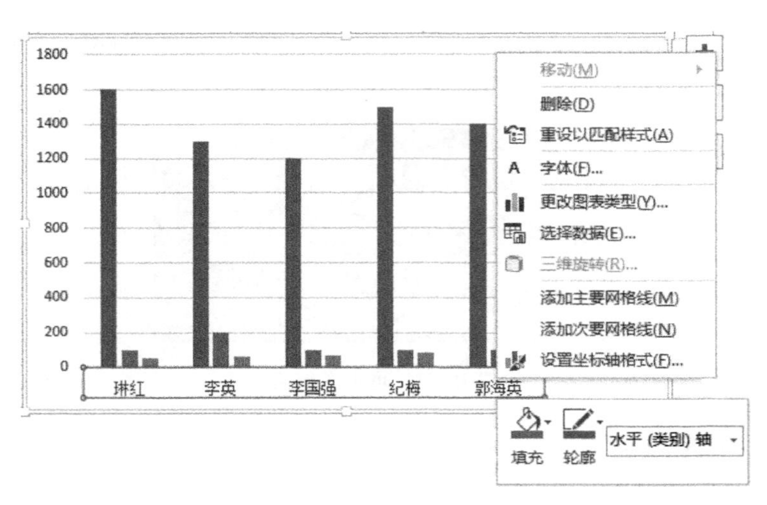

图 12-24　选择设置坐标轴格式

(2) 在弹出的【设置坐标轴格式】窗格中选择“对齐方式”选项，在“文字方向”中选择文字方向，如图 12-25 所示。

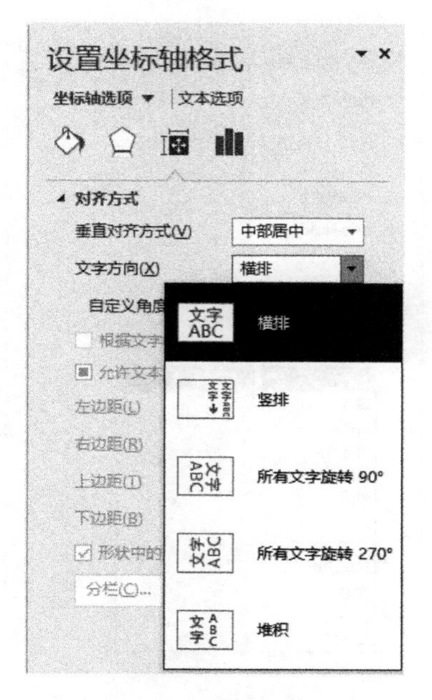

图 12-25　设置文字方向

12.5.5　修改 Y 轴的数据格式

右击 Y 轴标签数据，在弹出的快捷菜单中选择【设置坐标轴格式】命令，如图 12-26 所示。

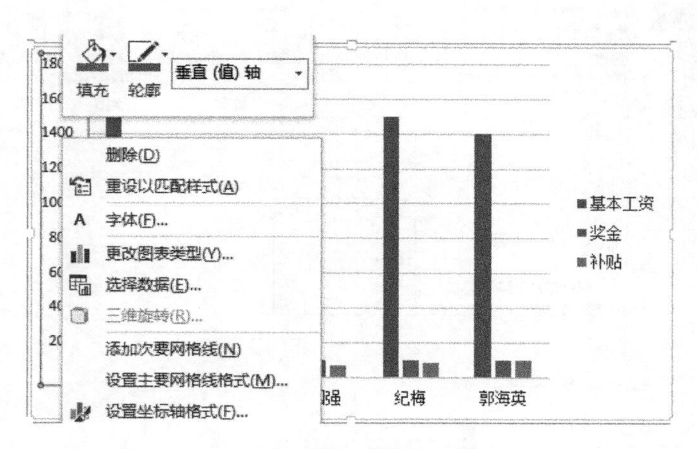

图 12-26　设置 Y 轴标签数据

(1) 设置坐标轴主要刻度、次要刻度、最大值和最小值，如图 12-27 所示。

(2) 设置坐标轴数字格式，如图 12-28 所示。

(3) 设置坐标轴对齐方式和文字方向，如图 12-29 所示。

12.5.6　增加图表标题

单击【布局】→【标签】→【图表标题】，如图 12-30 所示。

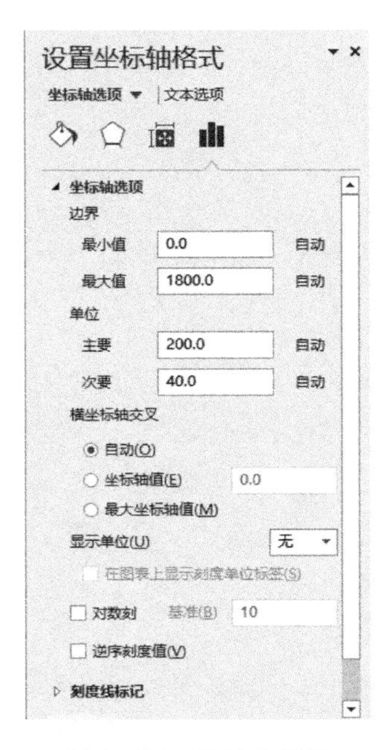

图 12-27 设置坐标轴选项

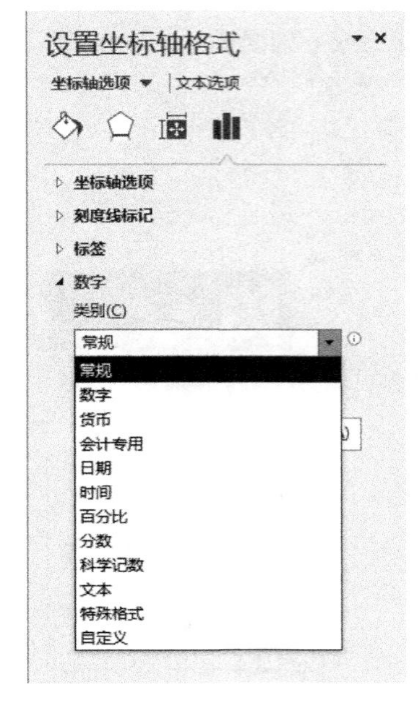

图 12-28 设置坐标轴数字格式

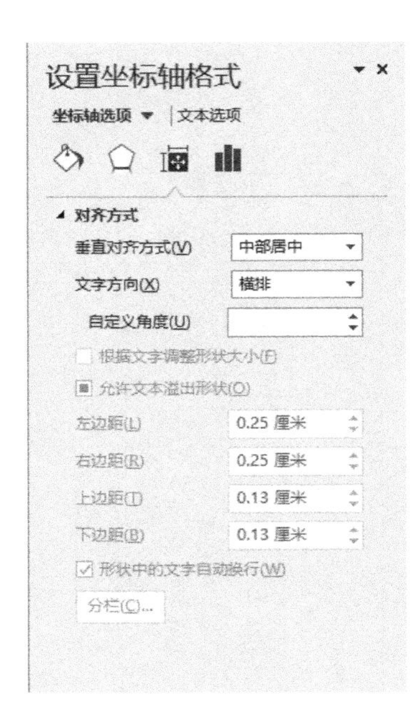

图 12-29 设置坐标轴对齐方式和文字方向

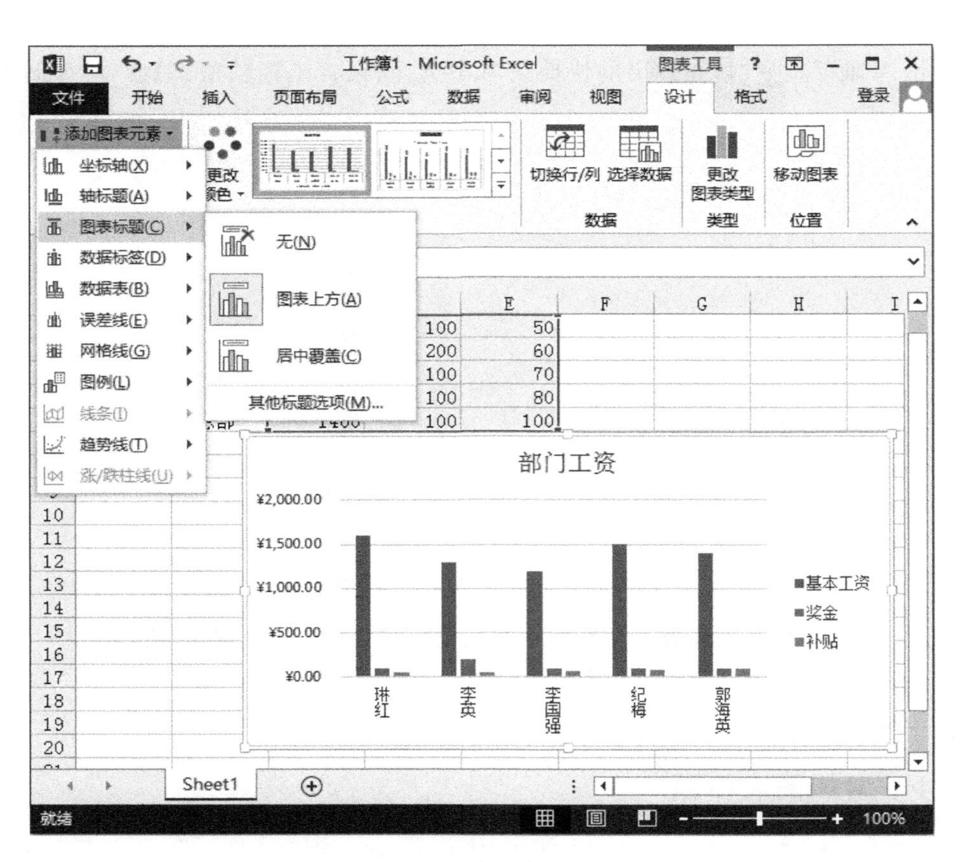

图 12-30 添加图表标题

12.5.7 坐标轴标题

单击【布局】→【标签】→【坐标轴标题】，如图 12-31 所示。

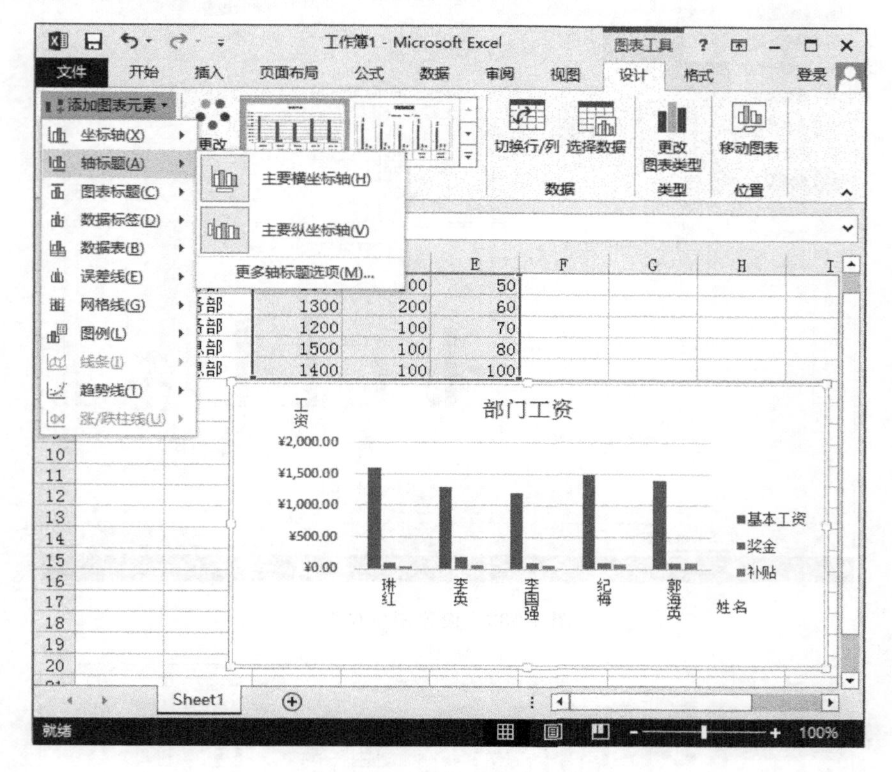

图 12-31　添加坐标轴标题

12.5.8 图例位置

单击【布局】→【标签】→【图例】，如图 12-32 所示。

12.5.9 数据标签

单击【布局】→【标签】→【数据标签】，如图 12-33 所示。

12.5.10 网格线

单击【布局】→【坐标轴】→【网格线】，如图 12-34 所示。

12.5.11 图表背景

1. 绘图区

在绘图区右击，选择【设置绘图区格式】命令，打开【设置绘图区格式】窗格，在此可设置绘图区的背景填充，如图 12-35 所示。

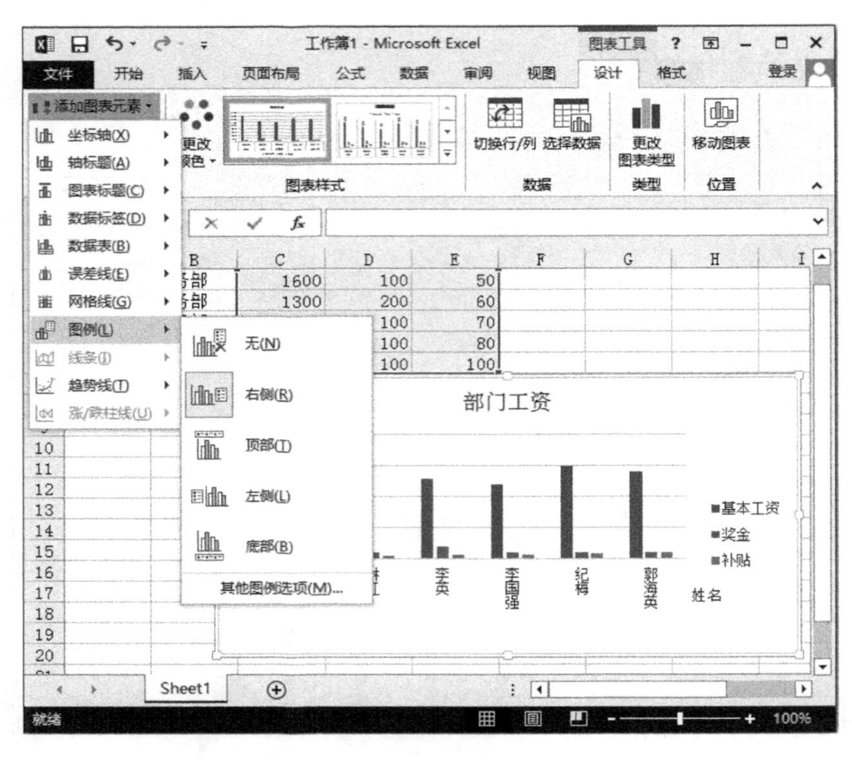

图 12-32　设置图例位置

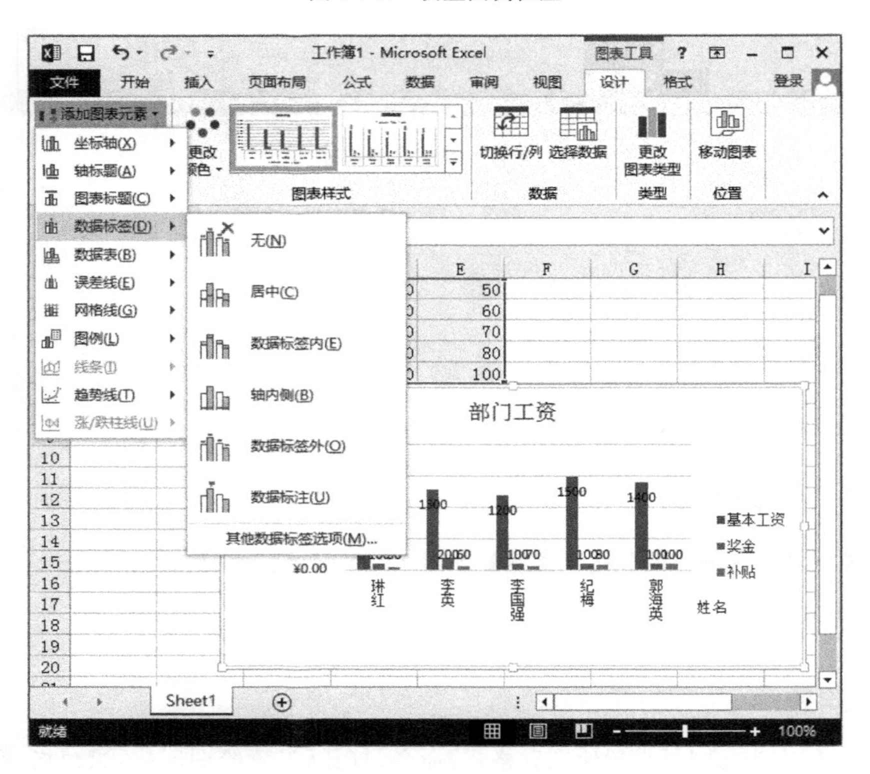

图 12-33　设置数据标签

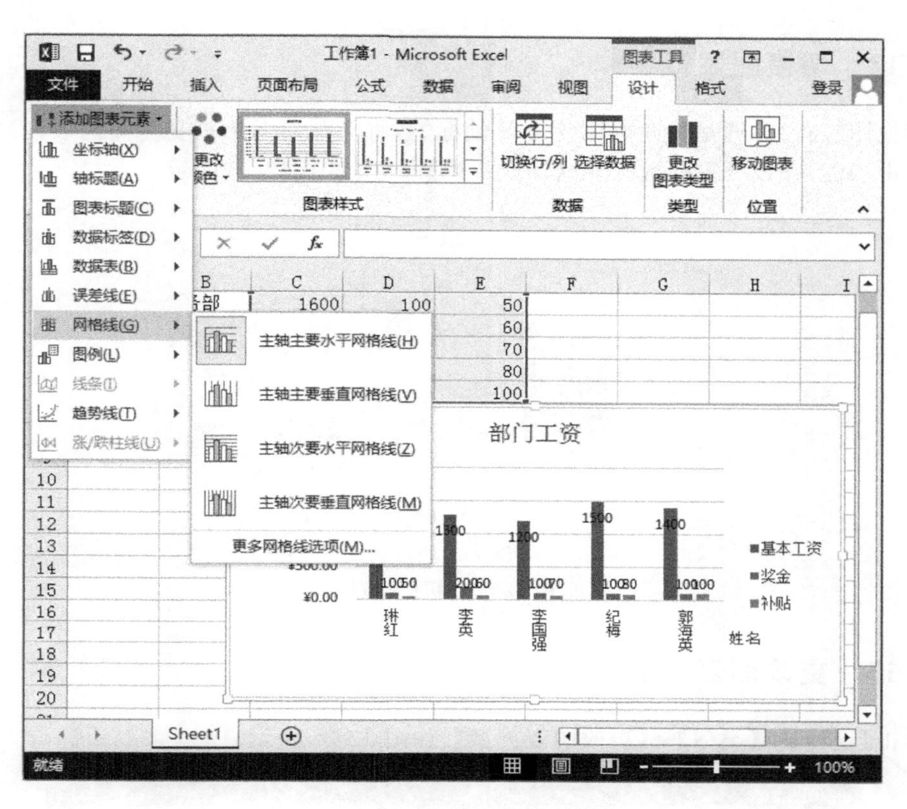

图 12-34 添加网格线

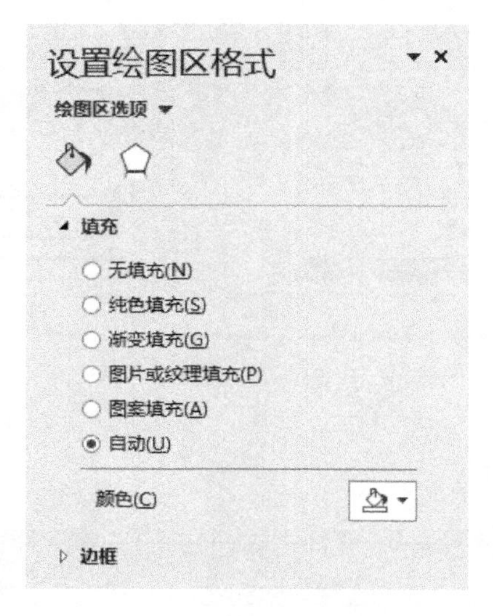

图 12-35 填充背景墙颜色

2. 图表区

在图表区右击，选择【设置图表区域格式】命令，打开【设置图表区格式】窗格，在此可设置图表区的背景填充。

12.5.12 切换图表行列

切换图表行列，即是将图例项变为 X 轴标签，将 X 轴标签数据变为图例项。单击功能区【设计】→【数据】→【切换行列】即可，如图 12-36 所示。

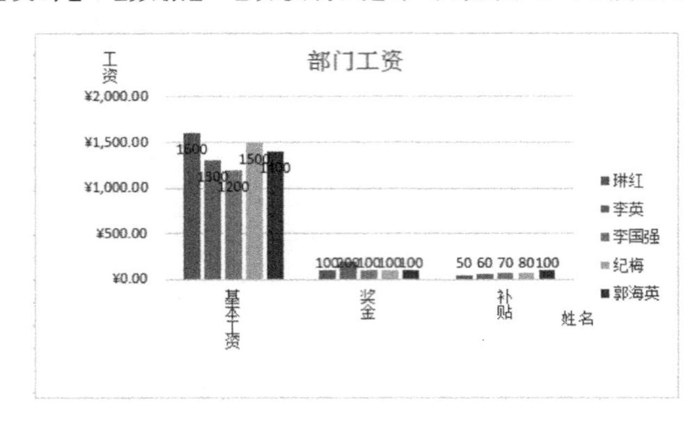

图 12-36 切换行列

12.5.13 更改图表类型

单击【设计】→【类型】→【更改图表类型】，如图 12-37 所示。

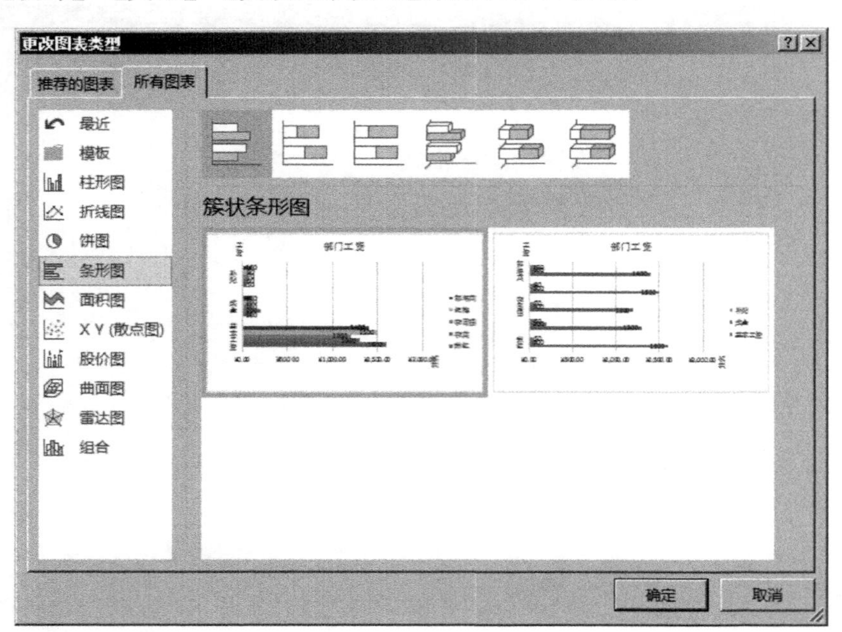

图 12-37 更改图表类型

12.5.14 显示数据表

单击【布局】→【标签】→【数据表】，如图 12-38 所示。

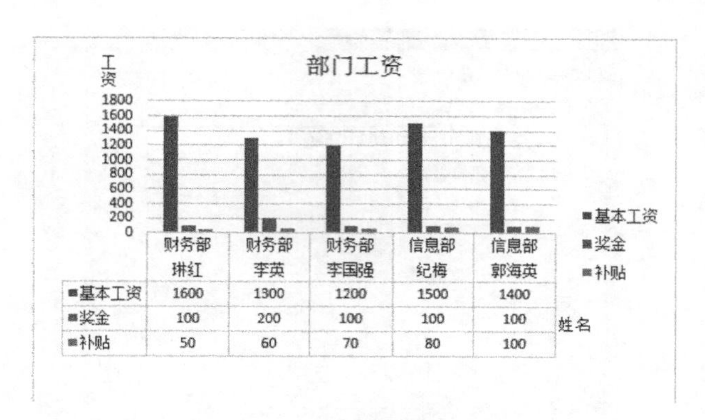

图 12-38 添加数据表

12.6 数据透视表与数据透视图

1. 数据透视表

数据透视表是对数据进行分析和计算的常用工具，做数据透视表有如下步骤。

(1) 选中数据区域，之后单击【插入】→【表】→【数据透视表】→【数据透视表】，如图 12-39 所示。

图 12-39 数据透视表

(2) 打开【创建数据透视表】对话框，在此可选择是在新工作表还是在现有工作表创建数据透视表，如图 12-40 所示。

(3) 打开【数据透视表字段】窗格，在列表中选择数据透视表的各个字段，如图 12-41 所示。

(4) 例如，以职工号为报表筛选，性别为列标签，部门为行标签，求工资总和，如图 12-42 所示。

(5) 这个数据透视表可以分析出各个部门的男女工资情况，也可以知道工资的总计情况。利用数据透视表，也可以生成数据透视图。

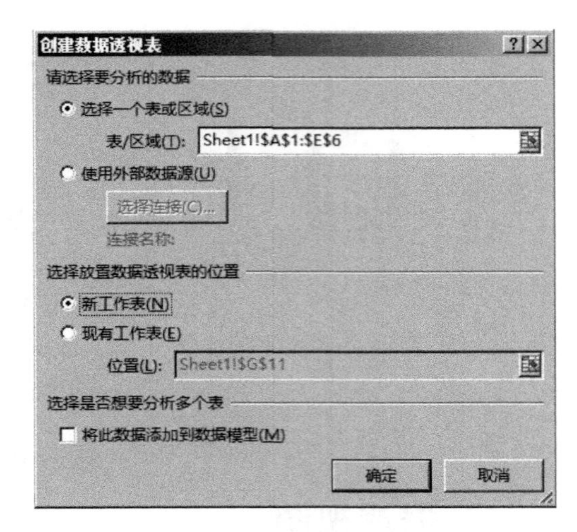

图 12-40　创建数据透视表

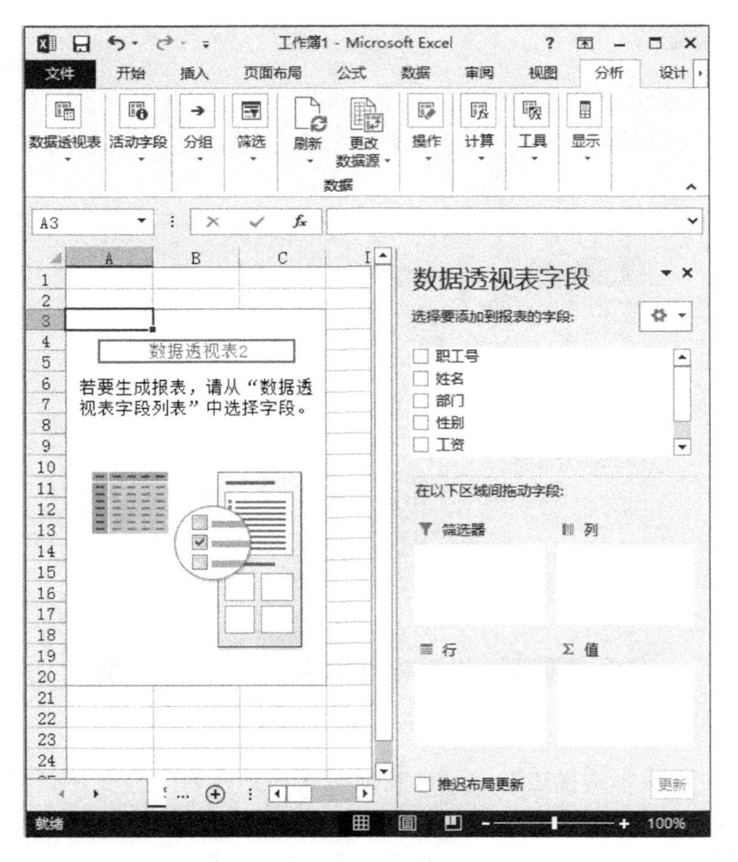

图 12-41　选择字段

2. 数据透视图

单击【选项】→【工具】→【数据透视图】，如图 12-43 所示。

图 12-42　数据透视表设置完成

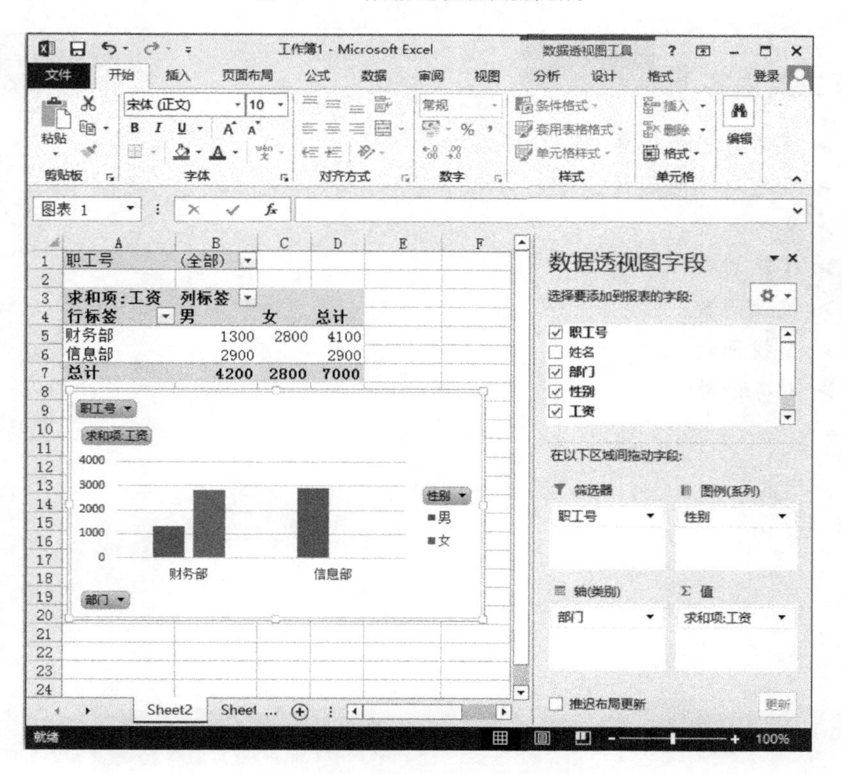

图 12-43　利用数据透视表创建数据透视图

第 13 章　Excel 常用函数

本章说明：

Excel 中处理数据大多是通过函数来完成的。本章主要介绍 Excel 常用数学与三角函数、常用日期与时间函数、常用文本函数、常用逻辑函数、常用统计函数、常用查找函数、常用财务函数的使用。掌握本章知识可以在实际工作中进行高效的数据处理与分析。

本章主要内容

- 数学与三角函数
- 日期与时间函数
- 文本函数
- 逻辑函数
- 统计函数
- 查找函数
- 财务函数

本章拟解决的问题：

（1）如何生成指定范围的随机整数？
（2）如何对数据进行四舍五入或截尾取整？
（3）如何通过函数进行分类汇总？
（4）如何利用函数返回计算机的系统日期和时间？
（5）如何实现字符串的截取？
（6）如何将字符转换为数值？
（7）如何通过判断给定的条件是否成立从而返回不同的结果？
（8）如何实现根据单一条件求和、求个数、求平均值？
（9）如何实现根据多个条件求和、求个数、求平均值？
（10）如何实现数据的按行查找？
（11）如何实现数据的按列查找？
（12）如何实现数据的行列查找？
（13）如何通过财务函数制作还贷计划？

13.1 数学与三角函数

13.1.1 数学与三角函数列表

数学与三角函数的函数名及用法如表13-1所示。

表13-1 数学与三角函数

序号	函 数 名	用 法
1	ROMAN	将阿拉伯数字转换为文本形式的罗马数字
2	ABS	求一个数的绝对值
3	SIGN	返回数的正负号：1,0,−1
4	PI	返回圆周率π的值
5	SQRT	求一个数的平方根
6	POWER	返回数的乘幂结果
7	EXP	返回e的指定数乘幂
8	RAND	返回0和1之间的随机数
9	RANDBETWEEN	返回两个数之间的随机数
10	COMBIN	返回给定数目对象的组合数
11	SUBTOTAL	分类汇总
12	FACT	求一个数的阶乘
13	PRODUCT	将所有以参数形式给出的数字相乘
14	GCD	返回最大公约数
15	LCM	返回最小公倍数
16	MOD	返回两数相除的余数
17	QUOTIENT	返回两数相除的商

续表

序号	函　数　名	用　　法
18	ODD	将正数或负数分别向上或向下舍入到最接近的奇数
19	EVEN	将正数或负数分别向上或向下舍入到最接近的偶数
20	ROUND	对一个数进行四舍五入
21	ROUNDDOWN	对一个数进行向下舍入
22	ROUNDUP	对一个数进行向上进入
23	TRUNC	对一个数进行截尾取整
24	INT	返回不大于该数的最大整数
25	FLOOR	沿绝对值减小的方向按基数的倍数取整
26	CEILING	沿绝对值增大的方向按基数的倍数取整

13.1.2 常用数学与三角函数

1. RAND 函数

说明：

返回大于等于 0 且小于 1 的均匀分布随机实数。每次计算工作表时都将返回一个新的随机实数。

语法：

```
RAND()
```

参数：

无参数。

2. RANDBETWEEN 函数

说明：

返回位于两个指定数之间的一个随机整数。每次计算工作表时都将返回一个新的随机整数。

语法：

```
RANDBETWEEN(bottom, top)
```

参数：

Bottom，RANDBETWEEN 将返回的最小整数。

Top，RANDBETWEEN 将返回的最大整数。

3. INT 函数

说明：

将数字向下舍入到最接近的整数，即返回不大于该数的最大整数。

语法：

INT(number)

参数：

Number，需要进行向下舍入取整的实数。

4. MOD 函数

说明：

返回两数相除的余数。结果的符号与除数相同。

语法：

MOD(number, divisor)

参数：

Number，要计算余数的被除数。

Divisor，除数。

5. ROUND 函数

说明：

将数字四舍五入到指定的位数。

语法：

ROUND(number, num_digits)

参数：

Number，要四舍五入的数字。

num_digits，要进行四舍五入运算的位数。

6. TRUNC 函数

说明：

将数字的小数部分截去，返回整数。

语法：

TRUNC(number, [num_digits])

参数：

Number，需要截尾取整的数字。

num_digits，用于指定取整精度的数字，默认值为 0。

常用数学与三角函数 RAND、RANDBETWEEN、INT、MOD、ROUND、TRUNC 的使用如图 13-1 所示，各函数返回值的含义如表 13-2 所示。

表 13-2　返回值含义

公式序号	返回值含义
1	得到大于等于 0、小于 1 的随机数字
2	生成 A 与 B 之间的随机数字(A<随机数<B)，公式=RAND() * (B-A)+A

续表

公式序号	返回值含义
3	生成 A 与 B 之间的随机整数（A<随机数<B），公式=INT(RAND()＊(B－A)＋A)
4	生成 A 与 B 之间的随机数字（A≤随机数≤B），公式=RAND()＊(B－A＋1)＋A
5	生成 A 与 B 之间的随机整数（A≤随机数≤B），公式=INT(RAND()＊(B－A＋1)＋A)
6	生成 A 与 B 之间的随机整数（A≤随机数≤B），公式=RANDBETWEEN(A,B)
7	取不大于 9.8 的最大整数
8	取不大于－9.8 的最大整数
9	求前一个操作数除以后一个操作数的余数部分
10	将 825.637 四舍五入到小数点后两位
11	将 825.637 四舍五入到小数点前一位
12	将 825.637 小数点右边指定位数后面的部分截去，不四舍五入
13	将 825.637 小数点左边指定位数后面的部分截去，不四舍五入

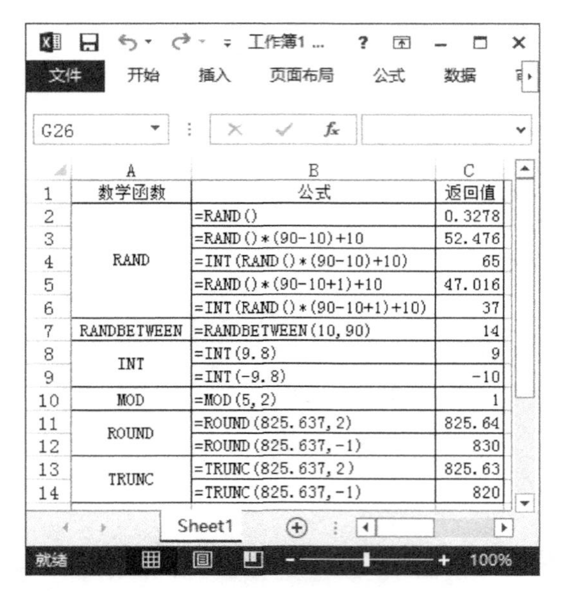

图 13-1　常用数学与三角函数

7. SUBTOTAL 函数

说明：

返回列表或数据库中的分类汇总。通常，使用【数据】→【分级显示】→【分类汇总】，便于创建带有分类汇总的列表。在创建了分类汇总列表后，也可以通过编辑 SUBTOTAL 函数对该列表进行修改。

语法：

SUBTOTAL(function_num, ref1, [ref2], ...)

参数：

Function_num，1 到 11（包含隐藏值）或 101 到 111（忽略隐藏值）之间的数字，用于指定使用何种函数在列表中进行分类汇总计算，该参数的含义如表 13-3 所示。

Ref1，要对其进行分类汇总计算的第一个命名区域或引用。

表 13-3 参数 Function_num 的含义

序号	Function_num（包含隐藏值）	Function_num（忽略隐藏值）	函数	汇总含义
1	1	101	AVERAGE	平均值
2	2	102	COUNT	数值计数
3	3	103	COUNTA	计数
4	4	104	MAX	最大值
5	5	105	MIN	最小值
6	6	106	PRODUCT	乘积
7	7	107	STDEV	标准偏差
8	8	108	STDEVP	总体标准偏差
9	9	109	SUM	求和
10	10	110	VAR	方差
11	11	111	VARP	总体方差

SUBTOTAL 的使用如图 13-2 所示，在 Sheet1 工作表中给出某单位一月所有员工的生产件数，利用 SUBTOTAL 函数在 Sheet2 中对第一车间一月的生产件数汇总平均值、最大值、最小值、求和。

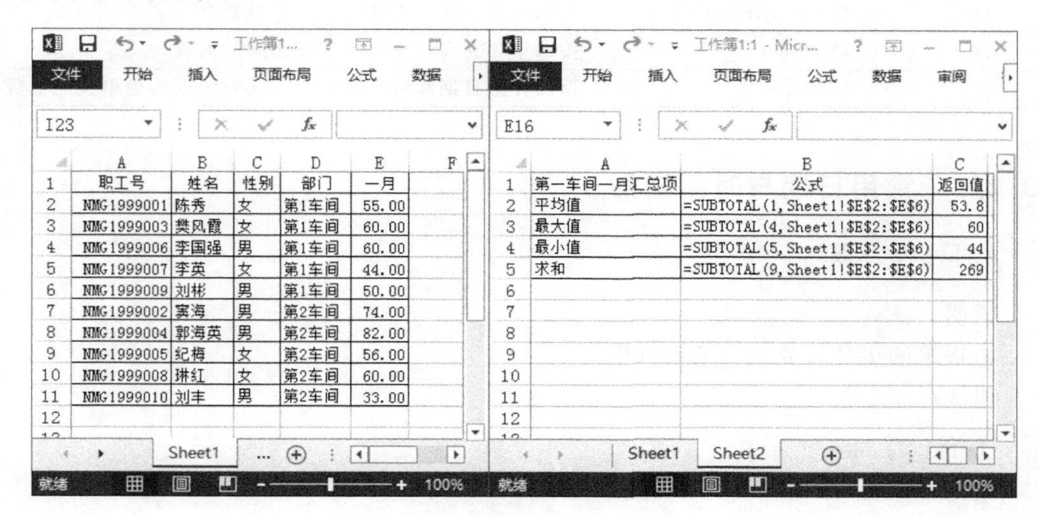

图 13-2 函数 SUBTOTAL 的使用

13.2 日期与时间函数

13.2.1 日期与时间函数列表

日期与时间函数的函数名及用法如表 13-4 所示。

表 13-4　日期与时间函数

序号	函　数　名	用　　法
1	DATE	将指定的年月日数字转换成日期
2	TIME	将指定的时分秒数字转换成时间
3	TODAY	返回计算机系统的当前日期
4	NOW	返回计算机系统的当前日期和时间
5	DATEVALUE	将文本格式的日期转换成真正的日期
6	TIMEVALUE	将文本格式的时间转换成为真正的时间
7	YEAR	求一个日期的年
8	MONTH	求一个日期的月
9	DAY	求一个日期的日
10	HOUR	求一个日期时间的小时
11	MINUTE	求一个日期时间的分钟
12	SECOND	求一个日期时间的秒
13	WEEKDAY	返回某个日期的星期系列数
14	WEEKNUM	返回某个日期一年中的第几个星期
15	EDATE	返回在开始日期之前或之后指定月数的某个日期
16	EOMONTH	返回指定月份数之前或之后某月的最后一天
17	WORKDAY	返回当前工作日加减一个天数后的工作日，扣除假日
18	NETWORKDAYS	返回两个日期之间的完整工作日数
19	DAYS360	按每年 360 天计算两个日期之间的天数
20	YEARFRAC	返回开始日期和结束日期之间天数的以年为单位的分数

13.2.2　常用日期与时间函数

1. DATE 函数

说明：

将指定的年月日数字转换成日期。

语法：

```
DATE(year,month,day)
```

参数：

Year，代表年份的 4 位数字。

Month，代表一年中月份的数字，其值在 1～12 之间。

Day，代表一个月中第几天的数字，其值在 1～31 之间。

2. TIME 函数

说明：

将指定的时分秒数字转换成时间。

语法：

TIME(hour, minute, second)

参数：

Hour,介于 0 到 23 之间的数字,代表小时数。

Minute,介于 0 到 59 之间的数字,代表分钟数。

Second,介于 0 到 59 之间的数字,代表秒数。

3. TODAY 函数

说明：

返回计算机系统的当前日期。

语法：

TODAY()

参数：无参数。

4. NOW 函数

说明：

返回计算机系统的当前日期和时间。

语法：

NOW()

参数：无参数。

日期与时间函数 DATE、TIME、TODAY、NOW 的使用如图 13-3 所示。

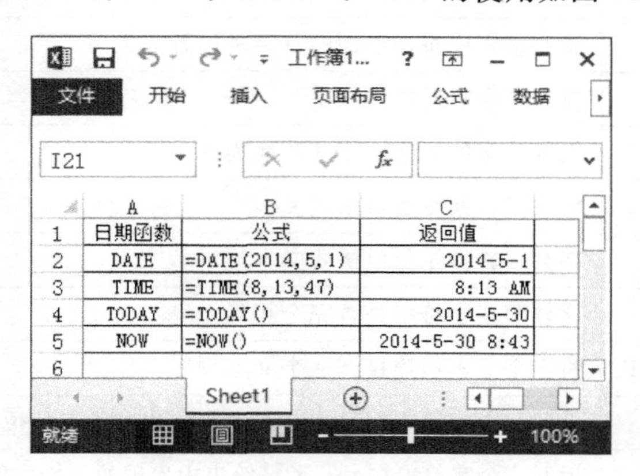

	A	B	C
1	日期函数	公式	返回值
2	DATE	=DATE(2014,5,1)	2014-5-1
3	TIME	=TIME(8,13,47)	8:13 AM
4	TODAY	=TODAY()	2014-5-30
5	NOW	=NOW()	2014-5-30 8:43
6			

图 13-3　常用日期与时间函数

13.3 文本函数

13.3.1 文本函数列表

文本函数的函数名及用法如表 13-5 所示。

表 13-5 文本函数

序号	函 数 名	用 法
1	ASC	将全角字符转换成半角
2	WIDECHAR	将半角字符转换成全角
3	CHAR	将 ASCII 值转换成字符
4	CODE	求字符的 ASCII 值
5	LEFT	返回一个字符串中左边的 N 个字符
6	LEFTB	返回一个字符串中左边的 N 个字节(全角)
7	RIGHT	返回一个字符串右边的 N 个字符
8	RIGHTB	返回一个字符串右边的 N 个字节(全角)
9	MID	返回一个字符串指定位置开始的 N 个字符
10	MIDB	返回一个字符串指定位置开始的 N 个字节(全角)
11	TRIM	删除字符串的前导空格和尾部空格
12	LEN	返回字符串中字符的个数
13	LENB	返回字符串中字节的个数(全角)
14	REPLACE	将一个字符串的部分字符用另外一个字符串替换
15	REPLACEB	将一个字符串的部分字符用另外一个字符串替换(全角)
16	LOWER	将字符串转换为小写
17	UPPER	将字符串转换为大写
18	PROPER	将字符串中每个单词的首字母设置为大写
19	VALUE	将文本参数转换为数字
20	TEXT	设置数字的格式并将其转换为文本
21	DOLLAR	将数字转换 $ 货币格式文本
22	RMB	将数字转换￥货币格式文本
23	EXACT	比较两个字符串是否完全相等
24	CONCATENATE	将多个文本项连接到一个文本项中
25	FIND	返回一个字符串在另一个字符串中出现的起始位置,区分大小写
26	FINDB	返回一个字符串在另一个字符串中出现的起始位置,区分大小写(全角)
27	SEARCH	返回一个字符串在另一个字符串中出现的起始位置,不区分大小写
28	SEARCHB	返回一个字符串在另一个字符串中出现的起始位置,不区分大小写(全角)
29	REPT	按给定次数重复文本
30	SUBSTITUTE	查找指定的字符串替换成新文本
31	T	判定给定的值是否为文本

13.3.2 常用文本函数

1. LEFT 函数

说明：
从文本字符串左面的第一个字符开始返回指定个数的字符。
语法：

LEFT(text, [num_chars])

参数：
Text,要截取的文本字符串。
num_chars,指定要截取的字符数量。默认为1,若大于文本长度,则返回全部字符串。

2. RIGHT 函数

说明：
从文本字符串右面的第一个字符开始返回指定个数的字符。
语法：

Right(text, [num_chars])

参数：
Text,要截取的文本字符串。
num_chars,指定要截取的字符数量。默认为1,若大于文本长度,则返回全部字符串。

3. MID 函数

说明：
返回文本字符串中从指定位置开始的特定数目的字符。
语法：

MID(text, start_num, num_chars)

参数：
Text,要截取的文本字符串。
start_num,文本中要提取的第一个字符的位置。
num_chars,需要截取的字符的个数。

4. LEN 函数

说明：
返回文本字符串中的字符个数,即文本字符串的长度。
语法：

LEN(text)

参数：

Text，要计算其长度的文本字符串。空格也将作为字符进行计数。

文本函数 LEFT、RIGHT、MID、LEN 的使用如图 13-4 所示。

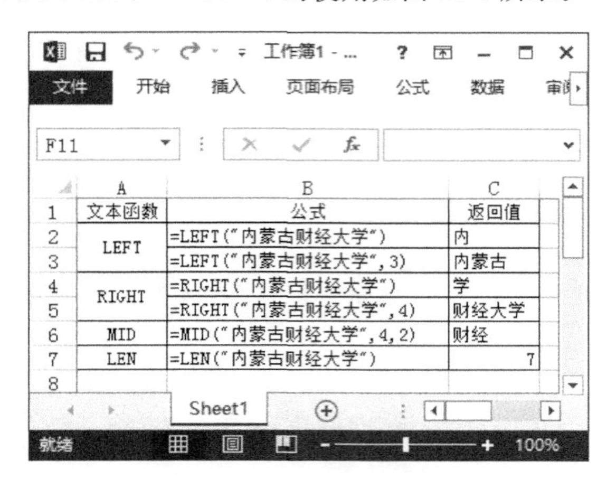

	A	B	C
1	文本函数	公式	返回值
2	LEFT	=LEFT("内蒙古财经大学")	内
3		=LEFT("内蒙古财经大学",3)	内蒙古
4	RIGHT	=RIGHT("内蒙古财经大学")	学
5		=RIGHT("内蒙古财经大学",4)	财经大学
6	MID	=MID("内蒙古财经大学",4,2)	财经
7	LEN	=LEN("内蒙古财经大学")	7

图 13-4 常用文本函数

5. VALUE 函数

说明：

将表示数字的文本字符串转换为数字。

语法：

VALUE(text)

参数：

Text，要进行转换的文本字符串。

文本函数 VALUE 的使用如图 13-5 所示。

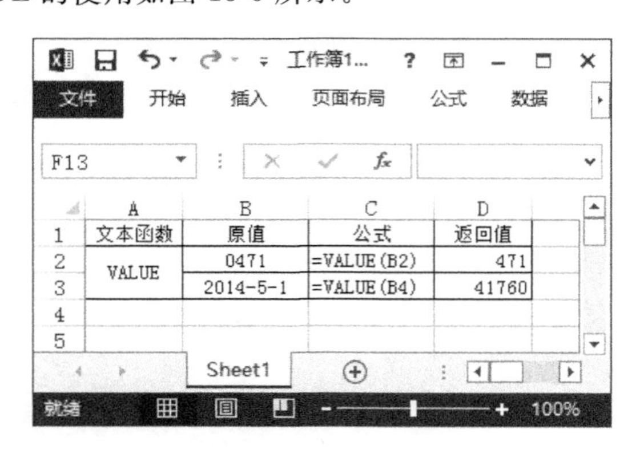

	A	B	C	D
1	文本函数	原值	公式	返回值
2	VALUE	0471	=VALUE(B2)	471
3		2014-5-1	=VALUE(B4)	41760

图 13-5 文本函数 VALUE 的使用

在 Excel 中若直接输入电话区号，如 0471，系统默认显示 471 是一个数值，此时如果先输入一个半角单引号(')，再输入 0471 则可正常显示，此时的 0471 是文本。

13.4 逻辑函数

13.4.1 逻辑函数列表

逻辑函数的函数名及用法如表13-6所示。

表13-6 逻辑函数

序号	函数名	用　法
1	AND	如果所有参数为TRUE,则返回TRUE,否则返回FALSE
2	FALSE	返回逻辑值FALSE
3	IF	对逻辑条件进行判断,如果条件成立执行表达式1,否则执行表达式2
4	IFERROR	如果公式计算出错误则返回用户指定的值,否则返回公式计算结果
5	NOT	反转参数的逻辑值
6	OR	如果有一个参数为TRUE,则返回TRUE
7	TRUE	返回逻辑值TRUE

13.4.2 常用逻辑函数

1. AND函数

说明:

所有参数的计算结果为TRUE时,返回TRUE;只要有一个参数的计算结果为FALSE,即返回FALSE,即"同真才真,一假则假"。

语法:

```
AND(logical1, [logical2], ...)
```

参数:

logical1,要测试的第一个条件,其计算结果可以为TRUE或FALSE。

logical2,...,要测试的其他条件,其计算结果可以为TRUE或FALSE,最多可包含255个条件。

2. OR函数

说明:

所有参数的计算结果为FALSE时,返回FALSE;只要有一个参数的计算结果为TRUE,即返回TRUE,即"一真则真,同假才假"。

语法:

```
OR(logical1, [logical2], ...)
```

参数:

logical1,要测试的第一个条件,其计算结果可以为TRUE或FALSE。

logical2, …,要测试的其他条件,其计算结果可以为 TRUE 或 FALSE,最多可包含 255 个条件。

3. NOT 函数

说明:

对参数值求反。如果参数值为 FALSE,函数 NOT 返回 TRUE;如果逻辑值为 TRUE,函数 NOT 返回 FALSE。

语法:

NOT(logical)

参数:

Logical,计算结果为 TRUE 或 FALSE 的任何值或表达式。

逻辑函数 AND、OR、NOT 的使用如图 13-6 所示。

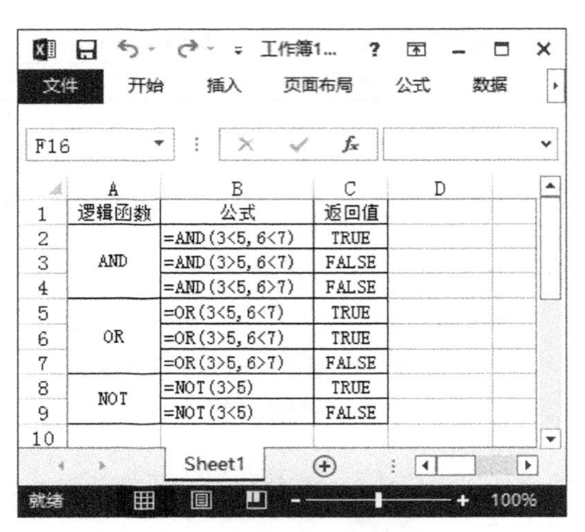

	A	B	C
1	逻辑函数	公式	返回值
2	AND	=AND(3<5, 6<7)	TRUE
3		=AND(3>5, 6<7)	FALSE
4		=AND(3<5, 6>7)	FALSE
5	OR	=OR(3<5, 6<7)	TRUE
6		=OR(3>5, 6<7)	TRUE
7		=OR(3>5, 6>7)	FALSE
8	NOT	=NOT(3>5)	TRUE
9		=NOT(3<5)	FALSE

图 13-6 常用逻辑函数

4. IF 函数

说明:

如果指定条件的计算结果为 TRUE,IF 函数将返回某个值;如果该条件的计算结果为 FALSE,则返回另一个值。

语法:

IF(logical_test, [value_if_true], [value_if_false])

参数:

logical_test,计算结果为 TRUE 或 FALSE 的任何值或表达式。

value_if_true,logical_test 参数的计算结果为 TRUE 时所要返回的值。

value_if_false,logical_test 参数的计算结果为 FALSE 时所要返回的值。

常用逻辑函数 IF 的使用如图 13-7 所示,在 Sheet1 工作表中给出某单位一月所有员工的生产件数，根据生产件数利用 IF 函数判断员工是否合格，判断标准是：生产件数大于等于 70 就合格，否则不合格。

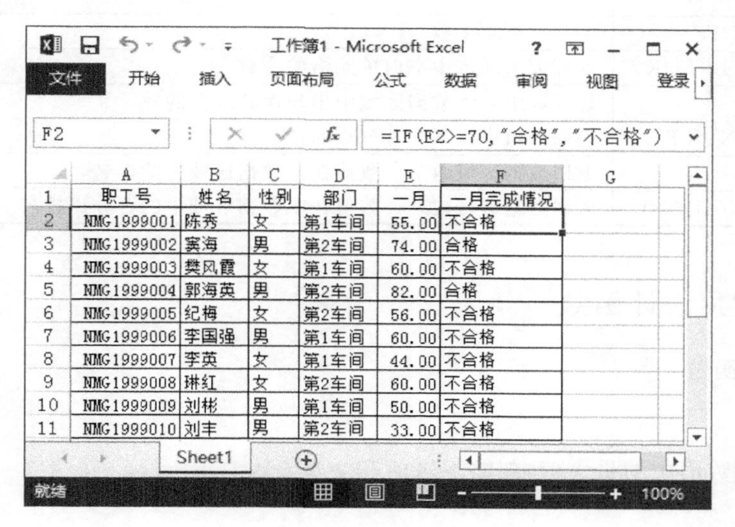

图 13-7 逻辑函数 IF 的使用示例

13.5 统计函数

13.5.1 统计函数列表

统计函数的函数名及用法如表 13-7 所示。

表 13-7 统计函数

序号	函数名	用 法
1	MAX	返回一组数值中的最大值忽略逻辑值和文本
2	MIN	返回一组数值中的最小值忽略逻辑值和文本
3	MAXA	返回一组数值中的最大值不忽略逻辑值(值为 0/1)和文本字符(值为 0)
4	MINA	返回一组数值中的最大值不忽略逻辑值(值为 0/1)和文本字符(值为 0)
5	LARGE	计算数组或者数据区域中的第 N 个最大值
6	SMALL	计算数组或者数据区域中的第 N 个最小值
7	SUM	求和
8	SUMIF	单一条件下求和
9	SUMIFS	多条件下求和
10	AVERAGE	返回一组数的算术平均值，忽略逻辑值和文本
11	AVERAGEA	返回一组数的算术平均值，不忽略逻辑值(值为 0/1)和文本(值为 0)
12	AVERAGEIF	单一条件下计算平均值
13	AVERAGEIFS	多条件下计算平均值
14	COUNT	计算数值区域中数字单元格的个数(忽略逻辑值和文本字符串)
15	COUNTA	计算数值区域中非空单元格的个数
16	COUNTIF	单一条件下求个数

续表

序号	函数名	用　　法
17	COUNTIFS	多条件下求个数
18	COUNTBLANK	计算数值区域中空白单元格的个数
19	MODE	计算数组或者数据区域中出现次数最多的数
20	PERCENTILE	返回数组中占某个百分点的值
21	RANK	返回数据区域内某一数值在本数据区域中的排名
22	PERCENTRANK	返回数据区域内某一数值在本数据区域中的百分比排名

13.5.2　常用统计函数

1. MAX 函数

说明：

返回一组数值中的最大值，忽略逻辑值和文本。

语法：

```
MAX(number1, [number2], ...)
```

参数：

number1，要从中求取最大值的 1 到 255 个数值、空单元格、逻辑值或文本数值，也可以是 1 到 255 个数据区域。

2. MIN 函数

说明：

返回一组数值中的最小值，忽略逻辑值和文本。

语法：

```
MIN(number1, [number2], ...)
```

参数：

number1，要从中求取最小值的 1 到 255 个数值、空单元格、逻辑值或文本数值，也可以是 1 到 255 个数据区域。

3. SUM 函数

说明：

返回一组数值的和。

语法：

```
SUM(number1, [number2], ...)
```

参数：

number1，1 到 255 个待求和的数值单元格中的逻辑值和文本将被忽略，也可以是 1 到 255 个数据区域。

4. AVERAGE 函数

说明：
返回一组数的算术平均值，忽略逻辑值和文本。
语法：

```
AVERAGE(number1, [number2], ...)
```

参数：
number1，用于计算平均值的 1 到 255 个数值参数，单元格中的逻辑值和文本将被忽略，也可以是 1 到 255 个数据区域。

5. COUNT 函数

说明：
计算数值区域中数字单元格的个数，忽略逻辑值和文本。
语法：

```
COUNT(value1, [value2], ...)
```

参数：
Value1，是 1 到 255 个参数，可以包含或引用各种不同类型的数据，但只对数字型数据进行计数，也可以是 1 到 255 个数据区域。

常用统计函数 MAX、MIN、SUM、AVERAGE、COUNT 的使用如图 13-8 所示，在 Sheet1 工作表中给出某单位一月所有员工的生产件数，利用 MAX、MIN、SUM、AVERAGE、COUNT 函数在 Sheet2 中对一月的生产件数计算最大值、最小值、求和、平均值、个数。

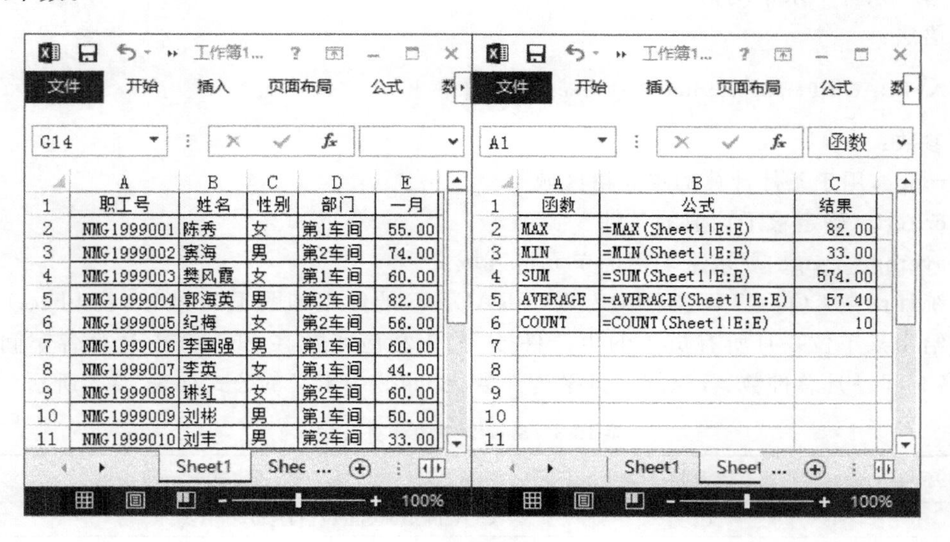

	A	B	C	D	E
1	职工号	姓名	性别	部门	一月
2	NMG1999001	陈秀	女	第1车间	55.00
3	NMG1999002	宾海	男	第2车间	74.00
4	NMG1999003	樊风霞	女	第1车间	60.00
5	NMG1999004	郭海英	男	第2车间	82.00
6	NMG1999005	纪梅	女	第2车间	56.00
7	NMG1999006	李国强	男	第1车间	60.00
8	NMG1999007	李英	女	第1车间	44.00
9	NMG1999008	琳红	女	第2车间	60.00
10	NMG1999009	刘彬	男	第1车间	50.00
11	NMG1999010	刘丰	男	第2车间	33.00

	A	B	C
1	函数	公式	结果
2	MAX	=MAX(Sheet1!E:E)	82.00
3	MIN	=MIN(Sheet1!E:E)	33.00
4	SUM	=SUM(Sheet1!E:E)	574.00
5	AVERAGE	=AVERAGE(Sheet1!E:E)	57.40
6	COUNT	=COUNT(Sheet1!E:E)	10
7			
8			
9			
10			
11			

图 13-8 常用统计函数

6. COUNTIF 函数

说明：
单一条件下求个数。
语法：

```
COUNTIF(range, criteria)
```

参数：
range,用于条件计算的单元格区域。
criteria,确定求个数的条件。

7. SUMIF 函数

说明：
单一条件下求和。
语法：

```
SUMIF(range, criteria, [sum_range])
```

参数：
range,用于条件计算的单元格区域。
criteria,确定求和的条件。
sum_range,要求和的单元格区域。

8. AVERAGEIF 函数

说明：
单一条件下求平均值。
语法：

```
AVERAGEIF(range, criteria, [average_range])
```

参数：
range,用于条件计算的单元格区域。
criteria,确定求平均值的条件。
average_range,要求平均值的单元格区域。

统计函数 COUNTIF、SUMIF、AVERAGEIF 的使用如图 13-9 所示,在 Sheet1 工作表中给出某单位一月所有员工的生产件数,利用相应函数在 Sheet2 中计算各车间总人数、各车间一月总件数、各车间一月平均件数,Sheet2 中定义的公式如表 13-8 所示。

表 13-8 Sheet2 中的计算公式

序号	单元格	公　式
1	B2	=COUNTIF(Sheet1!D:D, $ A2)
2	C2	=SUMIF(Sheet1!D:D, $ A2,Sheet1!E:E)
3	D2	=AVERAGEIF(Sheet1!D:D, $ A2,Sheet1!E:E)

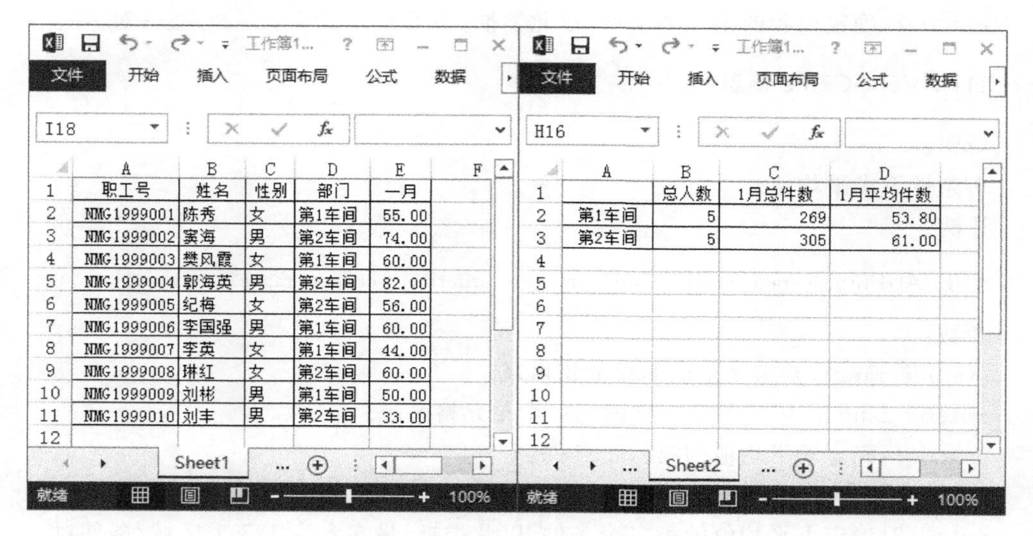

	A	B	C	D	E	F
1	职工号	姓名	性别	部门	一月	
2	NMG1999001	陈秀	女	第1车间	55.00	
3	NMG1999002	寞海	男	第2车间	74.00	
4	NMG1999003	樊风霞	女	第1车间	60.00	
5	NMG1999004	郭海英	男	第2车间	82.00	
6	NMG1999005	纪梅	女	第2车间	56.00	
7	NMG1999006	李国强	男	第1车间	60.00	
8	NMG1999007	李英	女	第1车间	44.00	
9	NMG1999008	琳红	女	第2车间	60.00	
10	NMG1999009	刘彬	男	第1车间	50.00	
11	NMG1999010	刘丰	男	第2车间	33.00	
12						

	A	B	C	D
1		总人数	1月总件数	1月平均件数
2	第1车间	5	269	53.80
3	第2车间	5	305	61.00
4				
5				
6				
7				
8				
9				
10				
11				
12				

图 13-9　统计函数 COUNTIF、SUMIF、AVERAGEIF 的使用

将 B2、C2、D2 单元格中定义好的公式向下填充。

9. COUNTIFS 函数

说明：

多条件下求个数。

语法：

COUNTIFS(criteria_range1, criteria1, [criteria_range2, criteria2]…)

参数：

criteria_range1,用于条件计算的第一个单元格区域。

criteria1,确定求个数的第一个条件。

criteria_range2,用于条件计算的第二个单元格区域。

criteria2,确定求个数的第二个条件,以此类推,最多允许 127 个区域/条件对。

10. SUMIFS 函数

说明：

多条件下求和。

语法：

SUMIFS(sum_range, criteria_range1, criteria1, [criteria_range2, criteria2], ...)

参数：

sum_range,要求和的单元格区域。

criteria_range1,用于条件计算的第一个单元格区域。

criteria1,确定求和的第一个条件。

criteria_range2,用于条件计算的第二个单元格区域。

criteria2，确定求和的第二个条件，以此类推，最多允许 127 个区域/条件对。

11. AVERAGEIFS 函数

说明：

多条件下求平均值。

语法：

AVERAGEIFS(average_range, criteria_range1, criteria1, [criteria_range2, criteria2], …)

参数：

average_range，要求平均值的单元格区域。

criteria_range1，用于条件计算的第一个单元格区域。

criteria1，确定求平均值的第一个条件。

criteria_range2，用于条件计算的第二个单元格区域。

criteria2，确定求平均值的第二个条件，以此类推，最多允许 127 个区域/条件对。

统计函数 COUNTIFS、SUMIFS、AVERAGEIFS 的使用如图 13-10 所示，在 Sheet1 工作表中给出某单位一月所有员工的生产件数，利用相应函数在 Sheet3 中计算各车间男员工人数、男员工生产总件数、男员工生产平均件数、女员工人数、女员工生产总件数、女员工生产平均件数，Sheet3 中定义的公式如表 13-9 所示。

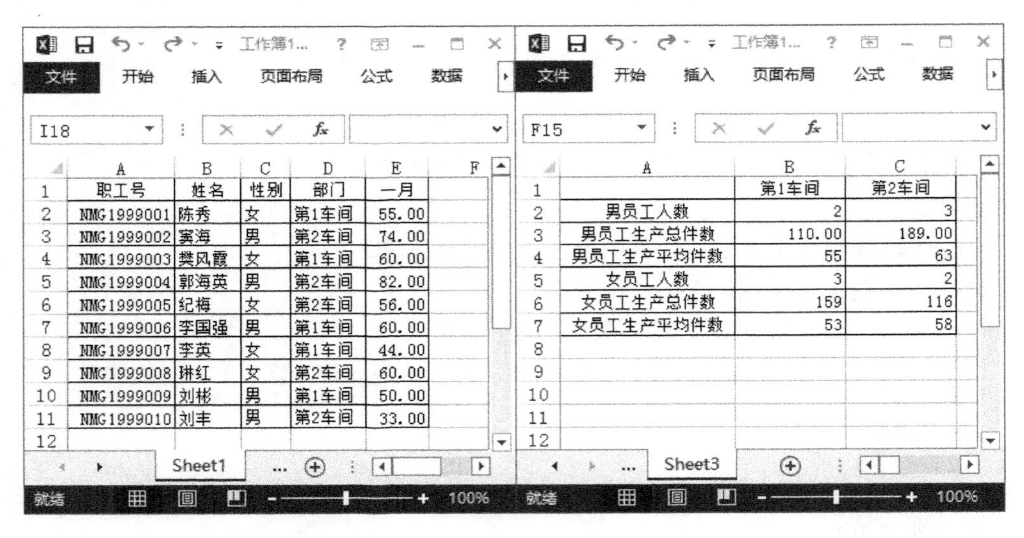

	A	B	C	D	E
1	职工号	姓名	性别	部门	一月
2	NMG1999001	陈秀	女	第1车间	55.00
3	NMG1999002	窦海	男	第2车间	74.00
4	NMG1999003	樊凤霞	女	第1车间	60.00
5	NMG1999004	郭海英	男	第2车间	82.00
6	NMG1999005	纪梅	女	第2车间	56.00
7	NMG1999006	李国强	男	第1车间	60.00
8	NMG1999007	李英	女	第1车间	44.00
9	NMG1999008	琳红	女	第2车间	60.00
10	NMG1999009	刘彬	男	第1车间	50.00
11	NMG1999010	刘丰	男	第2车间	33.00

	A	B	C
1		第1车间	第2车间
2	男员工人数	2	3
3	男员工生产总件数	110.00	189.00
4	男员工生产平均件数	55	63
5	女员工人数	3	2
6	女员工生产总件数	159	116
7	女员工生产平均件数	53	58

图 13-10　统计函数 COUNTIFS、SUMIFS、AVERAGEIFS 的使用

表 13-9　Sheet3 中的计算公式

序号	单元格	公　式
1	B2	=COUNTIFS(Sheet1!$D:$D,B$1,Sheet1!$C:$C,LEFT($A$2,1))
2	B3	=SUMIFS(Sheet1!$E:$E,Sheet1!$D:$D,B$1,Sheet1!$C:$C,LEFT($A$3,1))
3	B4	=AVERAGEIFS(Sheet1!$E:$E,Sheet1!$D:$D,B$1,Sheet1!$C:$C,LEFT($A$4,1))

续表

序号	单元格	公　　式
4	B5	=COUNTIFS(Sheet1!$D:$D,B$1,Sheet1!$C:$C,LEFT($A$5,1))
5	B6	=SUMIFS(Sheet1!$E:$E,Sheet1!$D:$D,B$1,Sheet1!$C:$C,LEFT($A$6,1))
6	B7	=AVERAGEIFS(Sheet1!$E:$E,Sheet1!$D:$D,B$1,Sheet1!$C:$C,LEFT($A$7,1))

将B2到B7单元格中定义好的公式向右填充。

13.6 查找引用函数

13.6.1 查找引用函数列表

查找引用函数的函数名及用法如表13-10所示。

表13-10　查找引用函数

序号	函数名	用　　法
1	AREAS	返回函数参数所包含的区域个数
2	MATCH	返回数据区域内某一数值在本数据区域内的位置
3	ADDRESS	给定行号和列标返回单元格引用地址(即返回单元格名称)
4	INDIRECT	返回指定单元格里存放的内容
5	COLUMN	有参数,返回给定单元格所在的列号;无参数,返回所在单元格的列号
6	ROW	有参数,返回给定单元格所在的行号;无参数,返回所在单元格的行号
7	COLUMNS	返回参数指定区域内所包含的列数
8	ROWS	返回参数指定区域内所包含的行数
9	CHOOSE	根据索引值,返回参数串中相应位置的值
10	INDEX	返回参数所示区域内指定行列交叉处单元格的值
11	OFFSET	给定区域按照指定的偏移量重新进行范围引用
12	HLOOKUP	按行查找(返回区域中首行满足条件元素所对应的指定行单元格的值)
13	VLOOKUP	按列查找(返回区域中首列满足条件元素所对应的指定列单元格的值)
14	LOOKUP	行列查找
15	HYPERLINK	创建超级链接
16	TRANSPOSE	行列转置

13.6.2 常用查找引用函数

1. VLOOKUP函数

说明:
按列查找,返回区域中首列满足条件元素所对应的指定列单元格的值。
语法:

VLOOKUP(lookup_value, table_array, col_index_num, [range_lookup])

参数：

lookup_value，要在表格或区域的第一列中搜索的值。

table_array，要在其中查找数据的单元格区域。

col_index_num，table_array 参数中将返回的匹配值的列号。

range_lookup，指定查找精确匹配值还是近似匹配值。

查找引用函数 VLOOKUP 的使用如图 13-11 所示，在 Sheet1 工作表中给出某单位所有员工的信息，利用 VLOOKUP 函数在 Sheet1 中查找每位员工的所属部门，将查找结果显示在 Sheet2 的相应位置，Sheet2 中定义的公式如表 13-11 所示。

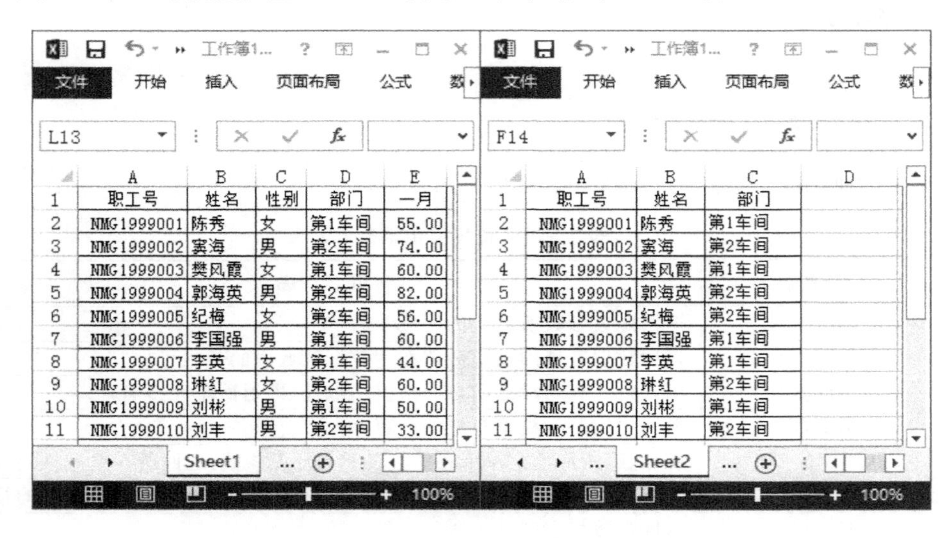

	A	B	C	D	E
1	职工号	姓名	性别	部门	一月
2	NMG1999001	陈秀	女	第1车间	55.00
3	NMG1999002	窦海	男	第2车间	74.00
4	NMG1999003	樊风霞	女	第1车间	60.00
5	NMG1999004	郭海英	男	第2车间	82.00
6	NMG1999005	纪梅	女	第2车间	56.00
7	NMG1999006	李国强	男	第1车间	60.00
8	NMG1999007	李英	女	第1车间	44.00
9	NMG1999008	琳红	女	第2车间	60.00
10	NMG1999009	刘彬	男	第1车间	50.00
11	NMG1999010	刘丰	男	第2车间	33.00

	A	B	C	D
1	职工号	姓名	部门	
2	NMG1999001	陈秀	第1车间	
3	NMG1999002	窦海	第2车间	
4	NMG1999003	樊风霞	第1车间	
5	NMG1999004	郭海英	第2车间	
6	NMG1999005	纪梅	第2车间	
7	NMG1999006	李国强	第1车间	
8	NMG1999007	李英	第1车间	
9	NMG1999008	琳红	第2车间	
10	NMG1999009	刘彬	第1车间	
11	NMG1999010	刘丰	第2车间	

图 13-11　查找引用函数 VLOOKUP 的使用

表 13-11　Sheet2 中的计算公式

序号	单元格	公　式
1	C2	=VLOOKUP($A2,Sheet1!$A$2:$E$11,4)

将 C2 单元格中定义好的公式向下填充。

2. HLOOKUP 函数

说明：

按行查找，返回区域中首行满足条件元素所对应的指定行单元格的值。

语法：

HLOOKUP(lookup_value, table_array, row_index_num, [range_lookup])

参数：

lookup_value，要在表格或区域的第一行中搜索的值。

table_array，要在其中查找数据的单元格区域。

row_index_num，table_array参数中将返回的匹配值的行号。

range_lookup，指定查找精确匹配值还是近似匹配值。

查找引用函数HLOOKUP的使用如图13-12和图13-13所示。

在Sheet1工作表中给出某单位所有员工的信息，将Sheet1中的数据区域复制，转置粘贴到Sheet4工作表中，转置后的结果如图13-12所示。

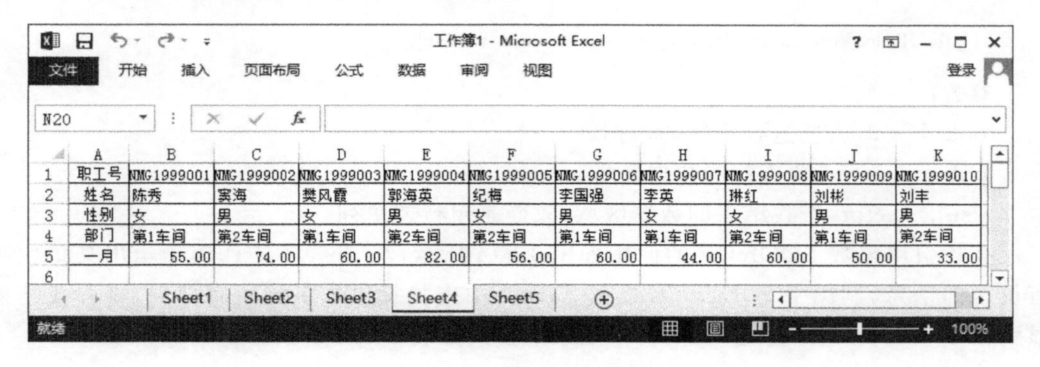

	A	B	C	D	E	F	G	H	I	J	K
1	职工号	NMG1999001	NMG1999002	NMG1999003	NMG1999004	NMG1999005	NMG1999006	NMG1999007	NMG1999008	NMG1999009	NMG1999010
2	姓名	陈秀	窦海	樊风霞	郭海英	纪梅	李国强	李英	琳红	刘彬	刘丰
3	性别	女	男	女	男	女	男	女	女	男	男
4	部门	第1车间	第2车间	第1车间	第2车间	第2车间	第1车间	第1车间	第2车间	第1车间	第2车间
5	一月	55.00	74.00	60.00	82.00	56.00	60.00	44.00	60.00	50.00	33.00
6											

图13-12　数据行列转置

在Sheet5工作表C1单元格中，利用数据验证设置可以选择职工号的下拉列表，根据所选择的职工号通过HLOOKUP函数在Sheet4中查找所选员工的信息，将查找结果显示在Sheet5的相应位置，Sheet5中定义的公式如表13-12所示。

工作簿1 - Microsof...
文件 开始 插入 页面布局 公式 数据 审阅 视
C1　NMG1999004

	A	B	C	D	E
1	请选择职工号		NMG1999004		
2	职工号	姓名	性别	部门	一月
3	NMG1999004	郭海英	男	第2车间	82
4					
5					

Sheet4 Sheet5
就绪 100%

图13-13　查找引用函数HLOOKUP的使用

表13-12　Sheet5中的计算公式

序号	单元格	公　式
1	A3	=HLOOKUP($C$1,Sheet4!$B$1:$K$5,1)
2	B3	=HLOOKUP($C$1,Sheet4!$B$1:$K$5,2)
3	C3	=HLOOKUP($C$1,Sheet4!$B$1:$K$5,3)
4	D3	=HLOOKUP($C$1,Sheet4!$B$1:$K$5,4)
5	E3	=HLOOKUP($C$1,Sheet4!$B$1:$K$5,5)

将A3单元格中定义好的公式向右填充，修改函数中代表行序号的参数即可。

3. LOOKUP 函数

说明：
行列查找。
语法：

LOOKUP(lookup_value, lookup_vector, [result_vector])

参数：
lookup_value，要进行查找的数据。
lookup_vector，要查找的数据区域。
result_vector，查找结果的数据区域，只能是单行或单列。

查找引用函数 LOOKUP 的使用如图 13-14 所示，在 Sheet1 工作表中给出某单位所有员工的信息，利用 LOOKUP 函数在 Sheet1 中查找每位员工的所属部门，将查找结果显示在 Sheet3 的相应位置，Sheet3 中定义的公式如表 13-13 所示。

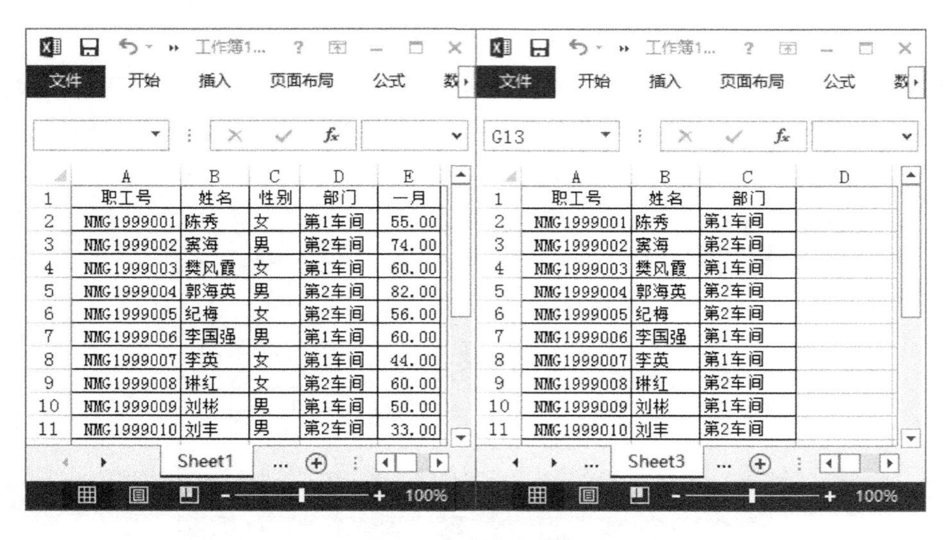

图 13-14 查找引用函数 LOOKUP 的使用

表 13-13 Sheet3 中的计算公式

序号	单元格	公　　式
1	C2	=LOOKUP($A2,Sheet1!$A$2:$A$11,Sheet1!$D$2:$D$11)

将 C2 单元格中定义好的公式向下填充。

13.7 财务函数

13.7.1 财务函数列表

财务函数的函数名及用法如表 13-14 所示。

表 13-14　财务函数

序号	函数名	用　法
1	SLN	用直线法计提固定资产折旧
2	SYD	用年数总和法计提固定资产折旧
3	DDB	用双倍余额递减法计提固定资产折旧
4	PMT	计算固定利率等额分期付款的年金
5	IPMT	计算固定利率等额分期付款的利息
6	CUMIPMT	计算固定利率等额分期付款的两期间贷款利息和
7	PPMT	计算固定利率等额分期付款的每期还款的本金
8	CUMPRINC	计算固定利率等额分期付款的两期间还款的本金和
9	FV	计算固定利率等额分期投资的未来值
10	FVSCHEDULE	计算初始本金在变动利率下的未来值
11	ISPMT	计算等额分期付款期间内的利息
12	NPER	计算固定年金还款期数
13	ACCRINT	计算定期付息有价证券的应计利息
14	ACCRINTM	计算到期一次性付息有价证券的应计利息
15	COUPDAYBS	计算从票息期开始到成交日之间的天数
16	COUPDAYS	计算成交日在内的付息期的天数
17	COUPDAYSNC	计算从成交日到下一付息日之间的天数
18	COUPNCD	计算成交日过后的下一付息日的日期
19	COUPPCD	计算成交日之前的上一付息日的日期
20	COUPNUM	计算成交日和到期日之间的利息应付次数
21	NPV	计算非固定年金的净现值
22	XNPV	计算一组现金流的净现值
23	PV	计算固定年金的现值
24	NOMINAL	基于给定的实际利率和年复利期数,计算名义年利率
25	EFFECT	利用给定的名义年利率和每年的复利期数,计算有效的年利率
26	RATE	计算年金的各期利率
27	INTRATE	计算一次性付息证券的利率
28	IRR	计算一组现金流的内部报酬率
29	DISC	计算有价证券的贴现率
30	MIRR	计算某一连续期间内现金流的修正内部收益率
31	ODDFYIELD	计算首期付息日不固定有价证券第一期为奇数的债券收益率
32	ODDFPRICE	计算首期付息日不固定面值 100 有价证券且第一期是奇数的债券现价
33	ODDLPRICE	计算首期付息日不固定面值 100 有价证券且最后一期是奇数的债券现价
34	ODDLYIELD	计算末期付息日不固定有价证券最后一期为奇数的债券不能收益率
35	PRICE	计算定期付息的面值 100 的有价证券的价格
36	PRICEDISC	计算折价发行的面值 100 的有价证券的价格
37	PRICEMAT	计算到期付息的面值 100 的有价证券的价格
38	RECEIVED	计算一次性付息的有价证券到期收回的金额
39	XIRR	计算一组不定期发生的现金流的内部收益率

续表

序号	函数名	用　　法
40	YIELD	计算定期付息有价证券的收益率
41	YIELDDISC	计算折价发行的有价证券的年收益率
42	YIELDMAT	计算到期付息的有价证券的年收益率
43	TBILLEQ	计算国库券的债券等效收益率
44	TBILLPRICE	计算面值 100 的国库券的价格
45	TBILLYIELD	计算国库券的收益率

13.7.2　常用财务函数

1. PMT 函数

说明：

计算固定利率等额分期付款的年金。

语法：

PMT(rate, nper, pv, [fv], [type])

参数：

rate，贷款利率。

nper，贷款期。

pv，贷款金额。

fv，还贷后的余额。如果省略则假定其值为 0。

type，还贷时间。1 为期初，0 或省略为期末。

财务函数 PMT 的使用如图 13-15 所示，在 Sheet1 工作表中给出某人向银行贷款 10000 元，年利率 8%，贷款分 10 年还清，利用财务函数 PMT 做一个还贷计划书，Sheet1 中定义的公式如表 13-15 所示。

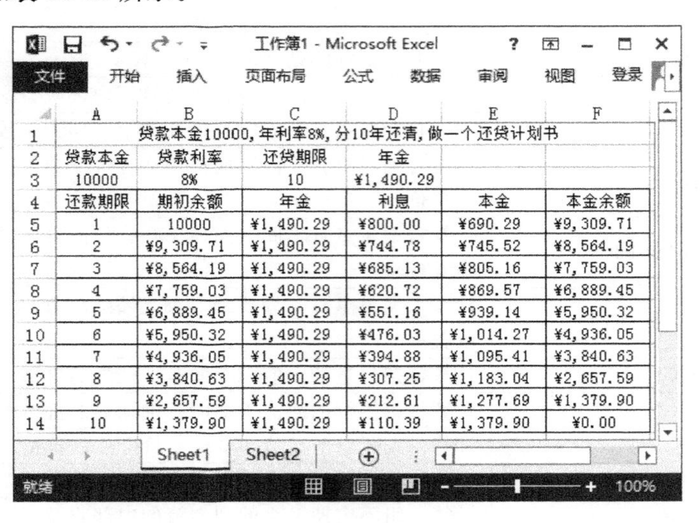

	A	B	C	D	E	F
1	贷款本金10000，年利率8%，分10年还清，做一个还贷计划书					
2	贷款本金	贷款利率	还贷期限	年金		
3	10000	8%	10	¥1,490.29		
4	还款期限	期初余额	年金	利息	本金	本金余额
5	1	10000	¥1,490.29	¥800.00	¥690.29	¥9,309.71
6	2	¥9,309.71	¥1,490.29	¥744.78	¥745.52	¥8,564.19
7	3	¥8,564.19	¥1,490.29	¥685.13	¥805.16	¥7,759.03
8	4	¥7,759.03	¥1,490.29	¥620.72	¥869.57	¥6,889.45
9	5	¥6,889.45	¥1,490.29	¥551.16	¥939.14	¥5,950.32
10	6	¥5,950.32	¥1,490.29	¥476.03	¥1,014.27	¥4,936.05
11	7	¥4,936.05	¥1,490.29	¥394.88	¥1,095.41	¥3,840.63
12	8	¥3,840.63	¥1,490.29	¥307.25	¥1,183.04	¥2,657.59
13	9	¥2,657.59	¥1,490.29	¥212.61	¥1,277.69	¥1,379.90
14	10	¥1,379.90	¥1,490.29	¥110.39	¥1,379.90	¥0.00

图 13-15　还贷计划常规方法

表 13-15 Sheet1 中的计算公式

序号	单元格	公　式
1	D3	=-PMT(B3,C3,A3,0,0)
2	C5	=$D$3
3	D5	=B5*$B$3
4	E5	=C5-D5
5	F5	=B5-E5
6	B6	=F5

将 C5、D5、E5、F5、B6 单元格中定义好的公式向下填充。

2. IPMT 函数

说明：
计算固定利率等额分期付款的利息。
语法：

IPMT(rate, per, nper, pv, [fv], [type])

参数：
rate,贷款利率。
per,贷款的期数。
nper,贷款总期数。
pv,贷款金额。
fv,还贷后的余额。如果省略则假定其值为 0。
type,还贷时间。1 为期初,0 或省略为期末。

3. CUMIPMT 函数

说明：
计算固定利率等额分期付款的两期间贷款利息和。
语法：

CUMIPMT(rate, nper, pv, start_period, end_period, type)

参数：
rate,贷款利率。
nper,贷款总期数。
pv,现值。
start_period,还贷的首期。
end_period,还贷的末期。
type,还贷时间。1 为期初,0 或省略为期末。

4. PPMT 函数

说明：

计算固定利率等额分期付款的每期还款的本金。

语法：

PPMT(rate, per, nper, pv, [fv], [type])

参数：

rate,贷款利率。

per,贷款的期数。

nper,贷款总期数。

pv,贷款金额。

fv,还贷后的余额。如果省略则假定其值为 0。

type,还贷时间。1 为期初,0 或省略为期末。

5. CUMPRINC 函数

说明：

计算固定利率等额分期付款的两期间还款的本金和。

语法：

CUMPRINC(rate, nper, pv, start_period, end_period, type)

参数：

rate,贷款利率。

nper,贷款总期数。

pv,现值。

start_period,还贷的首期。

end_period,还贷的末期。

type,还贷时间。1 为期初,0 或省略为期末。

财务函数 PMT、IPMT、CUMIPMT、PPMT、CUMPRINC 的使用如图 13-16 所示,在 Sheet2 工作表中给出某人向银行贷款 10000 元,年利率 8%,贷款分 10 年还清,利用财务函数做一个还贷计划书,Sheet2 中定义的公式如表 13-16 所示。

表 13-16 Sheet1 中的计算公式

序号	单元格	公　　式
1	D3	=－PMT(B3,C3,A3,0,0)
2	C5	=＄D＄3
3	D5	=－IPMT(＄B＄3,A5,＄C＄3,＄A＄3,0)
4	E5	=－CUMIPMT(＄B＄3,＄C＄3,＄A＄3,＄A＄5,A5,0)
5	F5	=－PPMT(＄B＄3,A5,＄C＄3,＄A＄3)
6	G5	=－CUMPRINC(＄B＄3,＄C＄3,＄A＄3,＄A＄5,A5,0)
7	H5	=＄B5－＄F5
8	B6	＄H5

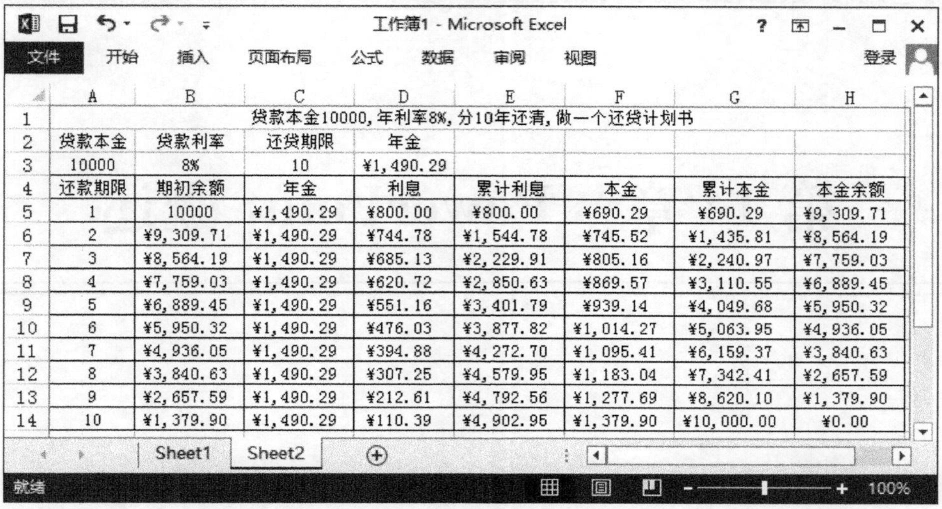

	A	B	C	D	E	F	G	H
1	贷款本金10000，年利率8%，分10年还清，做一个还贷计划书							
2	贷款本金	贷款利率	还贷期限	年金				
3	10000	8%	10	¥1,490.29				
4	还款期限	期初余额	年金	利息	累计利息	本金	累计本金	本金余额
5	1	10000	¥1,490.29	¥800.00	¥800.00	¥690.29	¥690.29	¥9,309.71
6	2	¥9,309.71	¥1,490.29	¥744.78	¥1,544.78	¥745.52	¥1,435.81	¥8,564.19
7	3	¥8,564.19	¥1,490.29	¥685.13	¥2,229.91	¥805.16	¥2,240.97	¥7,759.03
8	4	¥7,759.03	¥1,490.29	¥620.72	¥2,850.63	¥869.57	¥3,110.55	¥6,889.45
9	5	¥6,889.45	¥1,490.29	¥551.16	¥3,401.79	¥939.14	¥4,049.68	¥5,950.32
10	6	¥5,950.32	¥1,490.29	¥476.03	¥3,877.82	¥1,014.27	¥5,063.95	¥4,936.05
11	7	¥4,936.05	¥1,490.29	¥394.88	¥4,272.70	¥1,095.41	¥6,159.37	¥3,840.63
12	8	¥3,840.63	¥1,490.29	¥307.25	¥4,579.95	¥1,183.04	¥7,342.41	¥2,657.59
13	9	¥2,657.59	¥1,490.29	¥212.61	¥4,792.56	¥1,277.69	¥8,620.10	¥1,379.90
14	10	¥1,379.90	¥1,490.29	¥110.39	¥4,902.95	¥1,379.90	¥10,000.00	¥0.00

图 13-16　还贷计划书函数方法

将 C5、D5、E5、F5、G5、H5、B6 单元格中定义好的公式向下填充。

第 14 章　PowerPoint 概述

本章说明：

PowerPoint 软件主要用来制作演示文稿，利用幻灯片将内容加以动画，提高展示的效果。通过本章学习可以掌握演示文稿的创建、保存、打开、幻灯片视图、幻灯片管理等。

本章主要内容

- PowerPoint 文档创建
- PowerPoint 文档打开
- PowerPoint 演示文稿保存
- PowerPoint 导出演示文稿
- PowerPoint 幻灯片视图
- PowerPoint 幻灯片管理

本章拟解决的问题：

(1) 如何创建演示文稿？
(2) 如何打开演示文稿？
(3) 如何保存演示文稿？
(4) 如何将幻灯片打包成CD？
(5) 如何使用PPT视图？
(6) 如何插入幻灯片？
(7) 如何选定幻灯片？
(8) 如何删除幻灯片？
(9) 如何复制幻灯片？
(10) 如何移动幻灯片？
(11) 如何更改幻灯片的版式？

14.1 PowerPoint 文档创建

1. 利用快捷菜单创建演示文稿

在桌面或文件夹指定位置右击，在弹出的快捷菜单中选择【新建】→【Microsoft PowerPoint 演示文稿】命令，即可创建一个名为“Microsoft PowerPoint 演示文稿”的文件，创建完成后可以对该文件进行重命名，双击即可打开该演示文稿，如图14-1所示。

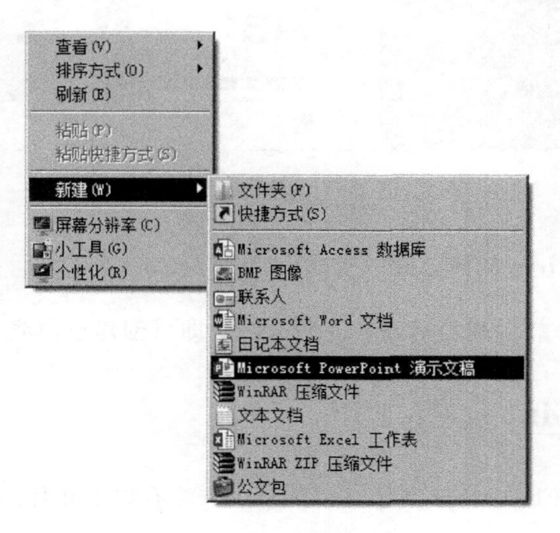

图14-1 右键快捷菜单

2. 利用 PowerPoint 启动菜单创建演示文稿

(1) 单击任务栏 Windows【开始】→【所有程序】→Microsoft Office2013→PowerPoint

2013 命令，如图 14-2 所示。

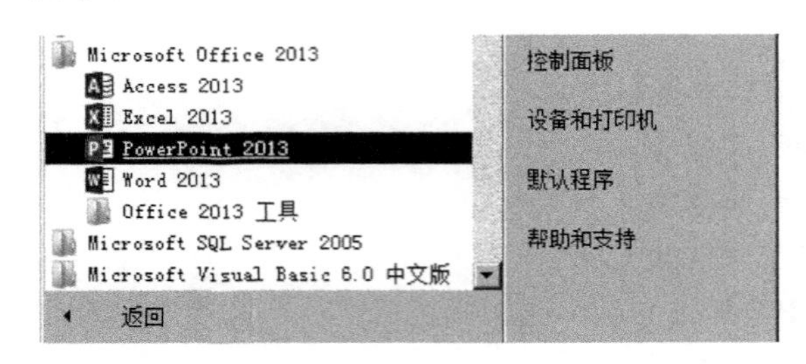

图 14-2　开始程序

(2) 启动成功后如图 14-3 所示，在这里可以选择创建一个空白的演示文稿，也可以选择主题模板。

图 14-3　空白演示文稿

3. 利用快捷键 Ctrl+N 创建演示文稿

启动 PowerPoint 软件成功后，按 Ctrl+N 键，即可创建空白演示文稿。

14.2　PowerPoint 文档打开

在 PowerPoint 2013 中打开演示文稿的常用方法有以下几种。

1. 使用【打开】对话框打开文档

(1) 单击【文件】→【打开】，或者利用快捷键 Ctrl + O，即可弹出【打开】窗口，如图 14-4 所示。

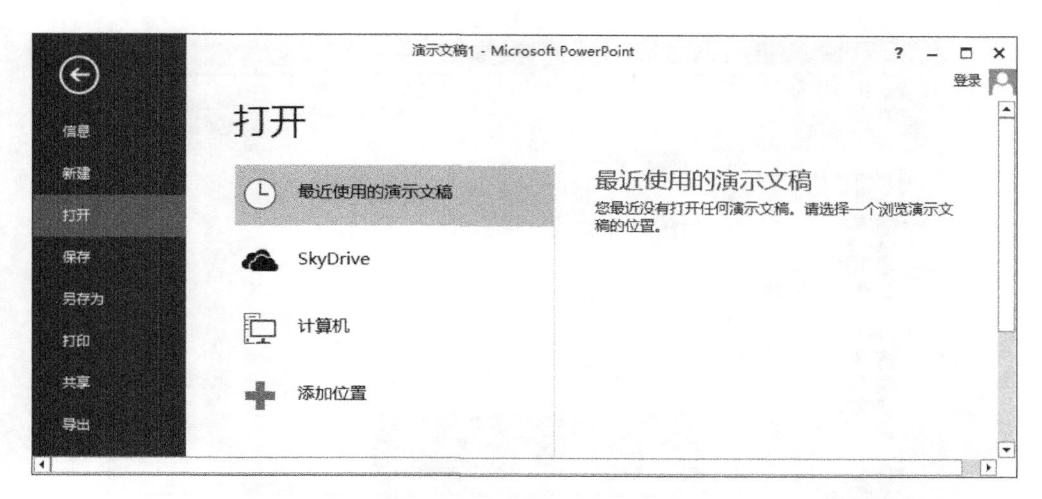

图 14-4 【打开】窗口

(2) 在打开的窗口界面中选择要打开的位置，如选择“计算机”，就弹出【打开】对话框，如图 14-5 所示。

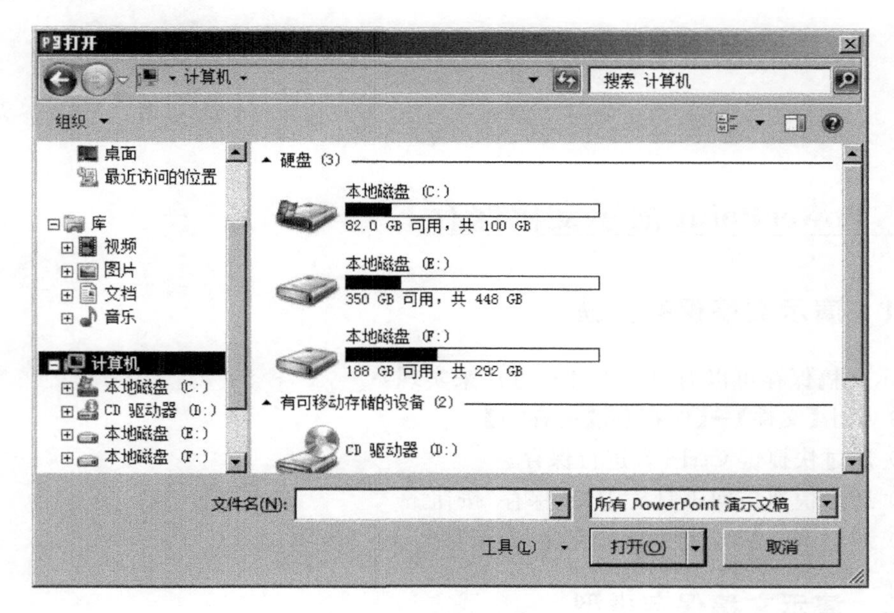

图 14-5 【打开】对话框

在【打开】对话框中，可以在右下方“所有 PowerPoint 演示文稿”所在的下拉列表中选择所需的文件类型。单击【打开】按钮右侧的下拉箭头，可以选择打开方式，包括“以只读方式打开”和“以副本方式打开”，如图 14-6 所示。

2. 双击演示文稿打开

选择所要打开的文档的位置，双击所要打开的演示文稿即可进入 PowerPoint 并打开该演示文稿。

图 14-6 打开方式

14.3 PowerPoint 演示文稿保存

14.3.1 演示文稿保存方法

演示文稿保存可以通过以下几种方法来实现：

(1) 单击【文件】→【保存】或【另存为】。

(2) 通过快捷键 Ctrl+S 进行保存。

(3) 通过快速访问工具栏中的“保存”按钮。

(4) 通过 F12 功能键进行另存为，效果如图 14-7 所示。

14.3.2 演示文稿保存类型

在【另存为】对话框中，默认的保存类型为.pptx 格式的“PowerPoint 演示文稿”，输入文件名后单击“保存类型”下拉列表框，如图 14-8 所示，用户可以选择要保存的文档类型。

常用的 PowerPoint 保存类型有下面几种：

(1) PowerPoint 演示文稿。

(2) PowerPoint 97-2003 演示文稿。

(3) PDF。

(4) MPEG-4 视频。

(5) GIF、JPEG、PNG 等图形格式。

图 14-7 【另存为】对话框

图 14-8 保存类型

14.4 PowerPoint 导出演示文稿

制作好的演示文稿，可以利用 PowerPoint 的导出功能保存成为其他类型格式的文档，如图 14-9 所示。

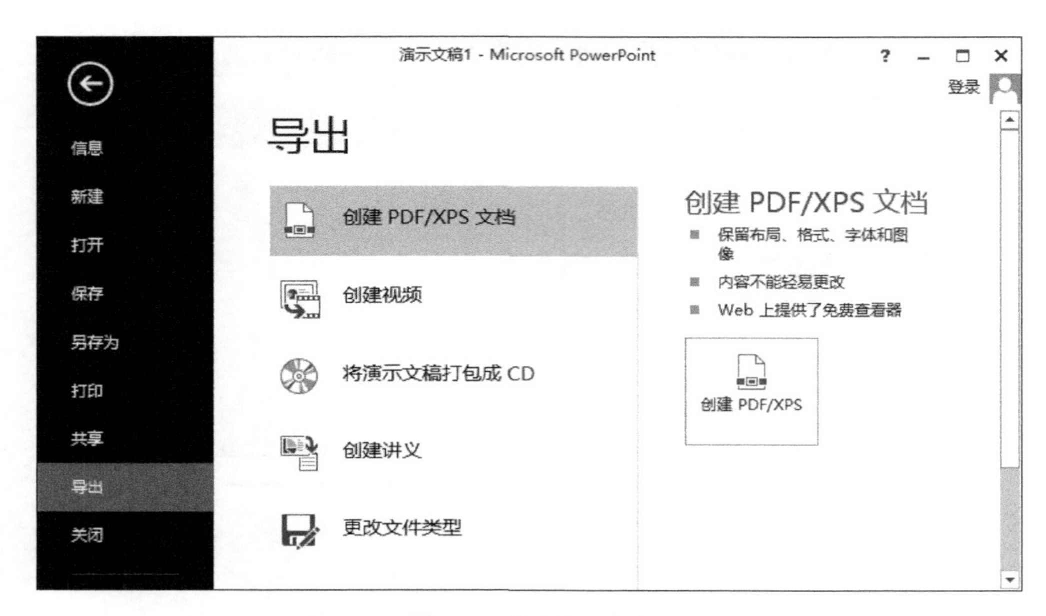

图 14-9　导出演示文稿

14.4.1　将演示文稿创建为 PDF/XPS 文档

将演示文稿创建为 PDF/XPS 文档主要是将幻灯片保存为 PDF 格式的文件，与另存为 PDF 格式类型的文件一样。

14.4.2　将演示文稿创建为视频

将演示文稿创建为视频主要是将幻灯片保存为 MPEG-4 视频格式的文件，与另存为 MPEG-4 视频格式类型的文件一样。

14.4.3　将演示文稿打包成 CD

在 PowerPoint 中，将演示文稿进行打包成 CD 后，可以在没有 PowerPoint 软件的计算机上播放幻灯片，打包时也可以把幻灯片所链接的对象打包在一起，以防链接文件丢失。

(1) 利用导出功能，如图 14-9 所示，选择“将演示文稿”打包成 CD，打开【打包成 CD】对话框，如图 14-10 所示，在这里可以添加打包的演示文稿，也可以删除不需要打包的演示文稿。

(2) 单击【选项】按钮，通过【选项】对话框可以对打包进行设置，如图 14-11 所示。

(3) 如果单击图 14-10 中所示的【复制到 CD】按钮，可以将演示文稿刻录到光盘上。

(4) 如果复制到 U 盘或本地计算机磁盘上则单击【复制到文件夹】按钮，即可弹出【复制到文件夹】对话框，在该对话框中输入文件夹名称，选择存档位置，单击【确定】按钮，即可将文件复制到指定的文件夹中，如图 14-12 所示。

(5) 单击【确定】按钮后，弹出提示框，如图 14-13 所示。

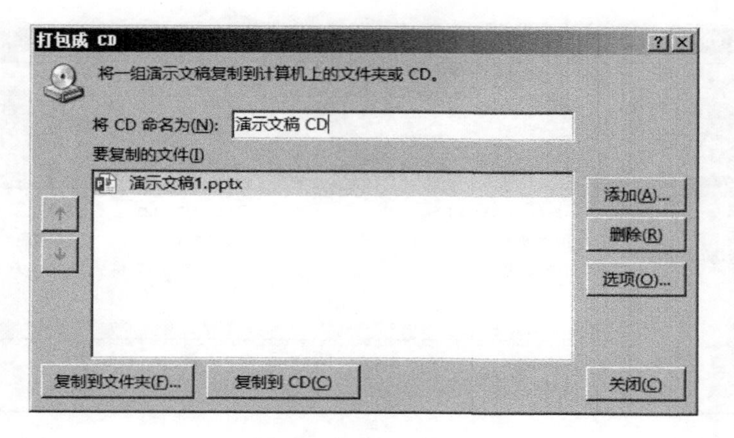

图 14-10　打包成 CD

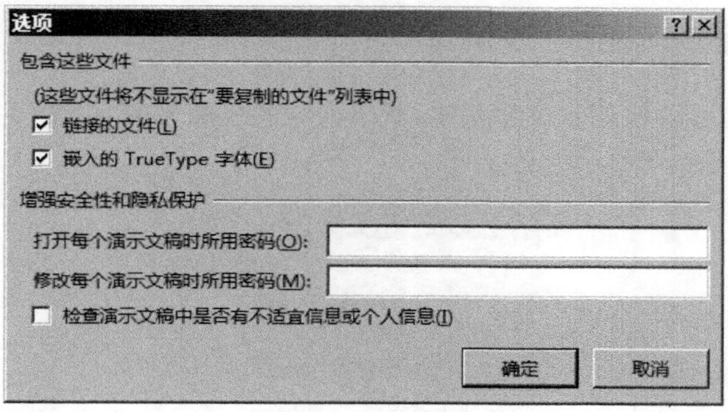

选项
包含这些文件
(这些文件将不显示在"要复制的文件"列表中)
链接的文件(L)
嵌入的 TrueType 字体(E)
增强安全性和隐私保护
打开每个演示文稿时所用密码(O):
修改每个演示文稿时所用密码(M):
检查演示文稿中是否有不适宜信息或个人信息(I)
确定
取消

图 14-11　选项设置

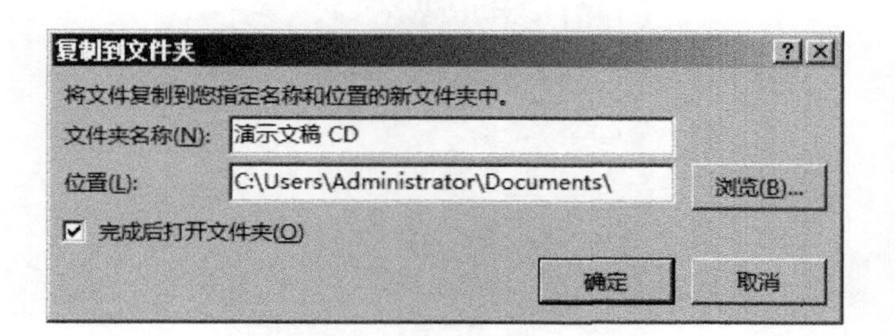

图 14-12　复制到文件夹

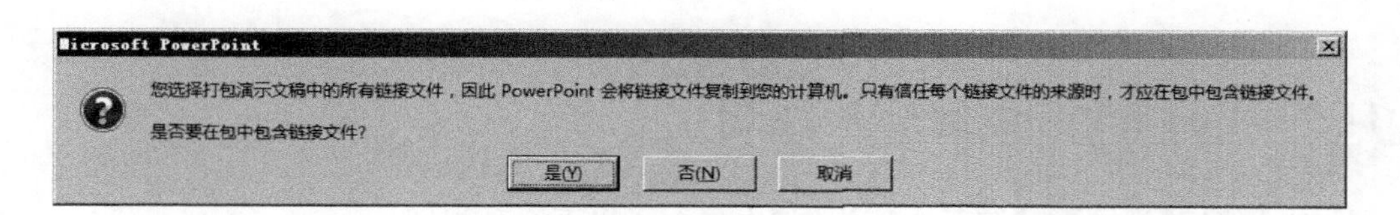

图 14-13　提示框

(6) 文件复制成功后，会弹出打包文件名对话框，演示文稿打包完成，如图 14-14 所示，通过 AUTORUN 可以进行演示文稿的安装与演示。

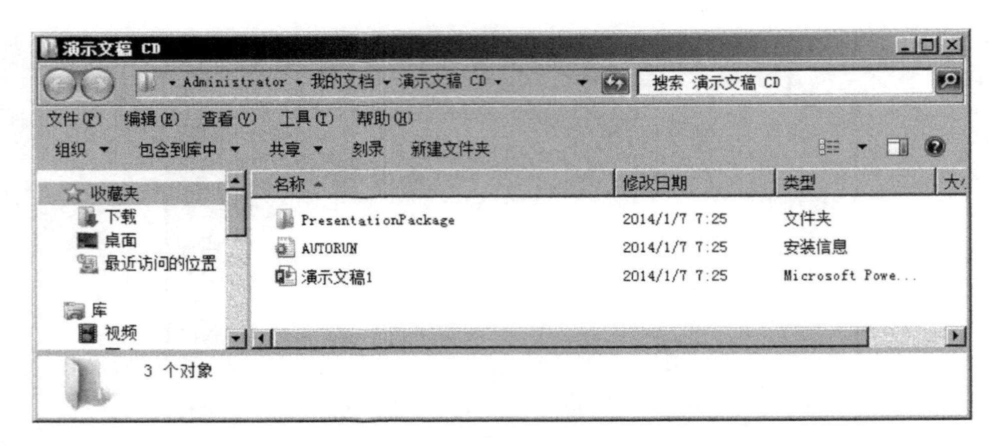

图 14-14 打包后的演示文稿

14.4.4 将演示文稿创建为讲义

通过创建讲义可以将演示文稿发送 Word 中进行编辑打印，讲义的形式如图 14-15 所示。

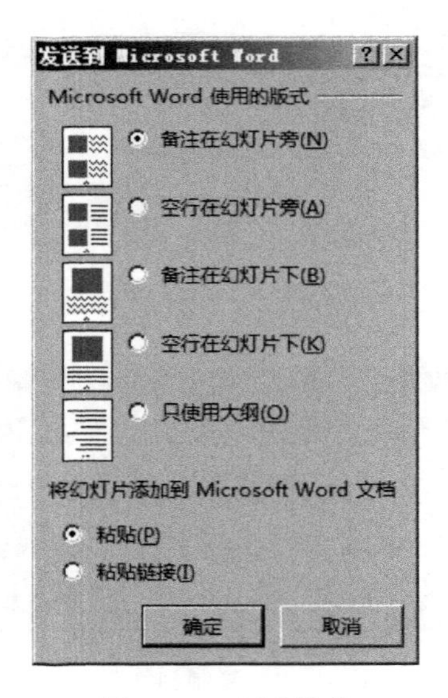

图 14-15 创建讲义

14.5 PowerPoint 幻灯片视图

在功能区【视图】→【演示文稿视图】中包含了以下 5 种视图。

1. 普通视图

在打开幻灯片后，系统默认的是普通视图。普通视图是制作幻灯片的主要视图，可输入文字、绘制图形、插入图片、插入声音和视频、设置动画、设置超链接等。

2. 大纲视图

大纲视图既可以编辑大纲层次，也可以编辑幻灯片的内容。

3. 幻灯片浏览视图

在幻灯片浏览视图中，将文档中的幻灯片以缩略图方式显示，此时只能对幻灯片操作，如移动、复制、删除等，不能对幻灯片内容进行编辑和修改。

4. 备注页视图

备注页视图主要用于对幻灯片添加备注说明等，该视图也不能对幻灯片的内容进行编辑或修改，只能添加备注内容。

5. 阅读版式视图

阅读版式视图主要是阅读幻灯片内容使用的一种视图。

14.6 PowerPoint 幻灯片管理

14.6.1 插入幻灯片

(1) 在演示文稿中，单击选中某张幻灯片，按下快捷键 Ctrl＋M，即可在当前幻灯片之后插入幻灯片。

(2) 功能区单击【开始】→【幻灯片】→【新建幻灯片】，打开下拉列表，在下拉列表中选择所需版式的幻灯片，也可在当前幻灯片之后插入幻灯片。

(3) 功能区单击【开始】→【幻灯片】→【新建幻灯片】→【重用幻灯片】，可以将其他演示文稿中的幻灯片插入到当前演示文稿中。

14.6.2 选定幻灯片

将幻灯片视图切换到幻灯片浏览视图，按表 14-1 所示操作，即可以选择需要的幻灯片。

表 14-1 鼠标选取

按　键	选择幻灯片
鼠标单击	选择一张幻灯片
Shift＋鼠标单击	选择多张连续幻灯片
Ctrl＋鼠标单击	选择多张不连续的幻灯片
Ctrl＋A	选择所有幻灯片

14.6.3 幻灯片编辑

1. 删除幻灯片

用户要删除不需要的幻灯片可以在普通视图或幻灯片浏览视图中利用下面两种

方法。

（1）选择欲删除的幻灯片，然后按键盘上的 Delete 键，即可将选定的幻灯片删除，其余幻灯片将按顺序上移。

（2）选择欲删除的幻灯片，然后右击，在弹出的快捷菜单中选择【删除幻灯片】命令，可将选定的幻灯片删除，其余幻灯片将按顺序上移。

2. 复制幻灯片

PowerPoint 支持以幻灯片为对象的复制操作。复制幻灯片可以利用下面 3 种方法。

（1）选中欲复制的幻灯片，在【开始】→【剪贴板】→【复制】，在需要插入幻灯片的位置进行粘贴。

（2）选择欲复制的幻灯片，右击，在弹出的快捷菜单中选择【复制幻灯片】命令，然后到指定位置选择【粘贴】命令即可。

（3）选择欲复制的幻灯片，按快捷键 Ctrl＋C 复制，到指定的位置通过 Ctrl＋V 进行粘贴。

3. 移动幻灯片

移动幻灯片可以通过浏览视图来实现。在浏览视图中可以通过下面两种方法实现幻灯片的移动。

（1）选中幻灯片后直接用鼠标左键拖动。

（2）通过剪切（Ctrl＋X）和粘贴（Ctrl＋V）实现。

14.6.4 更改幻灯片版式

PowerPoint 演示文稿中有“标题幻灯片”、“标题和内容”、“空白”等 11 种版式。

1. 利用【开始】选项卡中的幻灯片版式

单击要更改的幻灯片，然后在功能区单击【开始】→【幻灯片】→【版式】，即可打开“Office 主题”窗格，选择需要的版式即可完成幻灯片版式的更改。

2. 利用右键快捷菜单

选择需要更改版式的幻灯片，然后右击，即可弹出快捷菜单，在菜单中选择【版式】命令，即可打开“Office 主题”窗格，单击需要的版式，即可完成幻灯片版式更改。

第 15 章　PowerPoint 文档编辑

本章说明：

PowerPoint 文档编辑主要是对文本录入、文本格式及幻灯片格式进行设置。通过对本章的学习，可以对幻灯片进行美化，从而把内容更加形象地展示出来。

本章主要内容

- PowerPoint 文本编辑
- PowerPoint 文本格式
- PowerPoint 段落格式
- PowerPoint 幻灯片格式
- PowerPoint 幻灯片母版

本章拟解决的问题：

(1) 如何实现 Word 大纲文档与幻灯片之间的相互转换?
(2) 如何实现幻灯片在大纲视图中上下移动?
(3) 如何将幻灯片中统一的字体换成另外一种字体?
(4) 如何在幻灯片中调整行距?
(5) 如何设置幻灯片的背景?
(6) 如何设计幻灯片模板?
(7) 如何应用幻灯片主题?
(8) 如何制作幻灯片母版?

15.1 PowerPoint 文本编辑

15.1.1 在普通视图下编辑幻灯片内容

幻灯片的文本内容是在占位符文本框中输入的，编辑内容可以直接在占位符中选择相应的文本，如图 15-1 所示。

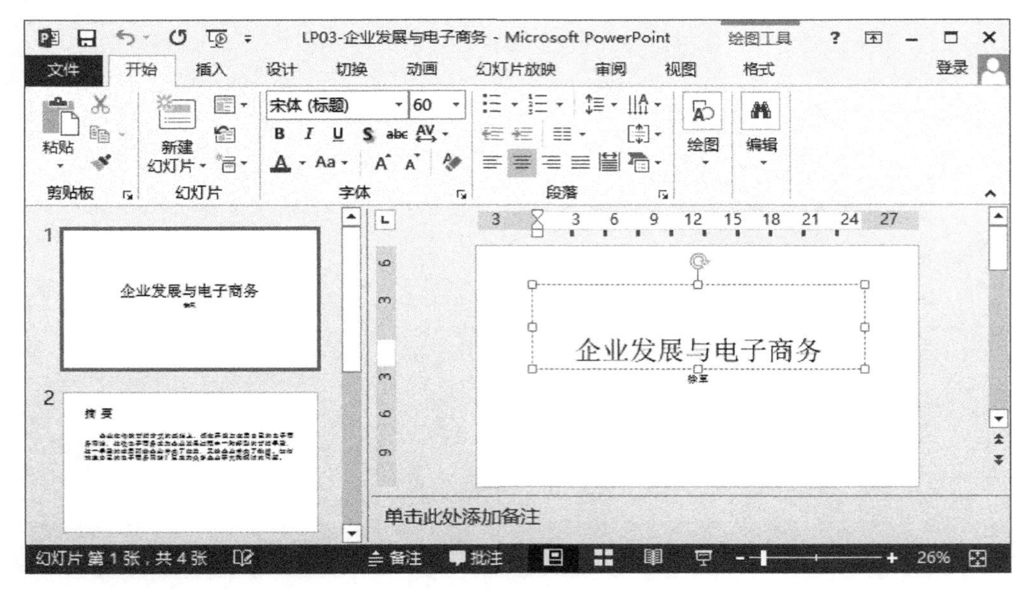

图 15-1　编辑文本

15.1.2 在大纲视图中输入文本内容

大纲视图与 Word 的大纲视图基本相同，输入具有层次结构的文本内容，如图 15-2 所示，左侧为大纲内容。

在大纲视图下，通过表 15-1 所示可以对文本进行编辑控制。

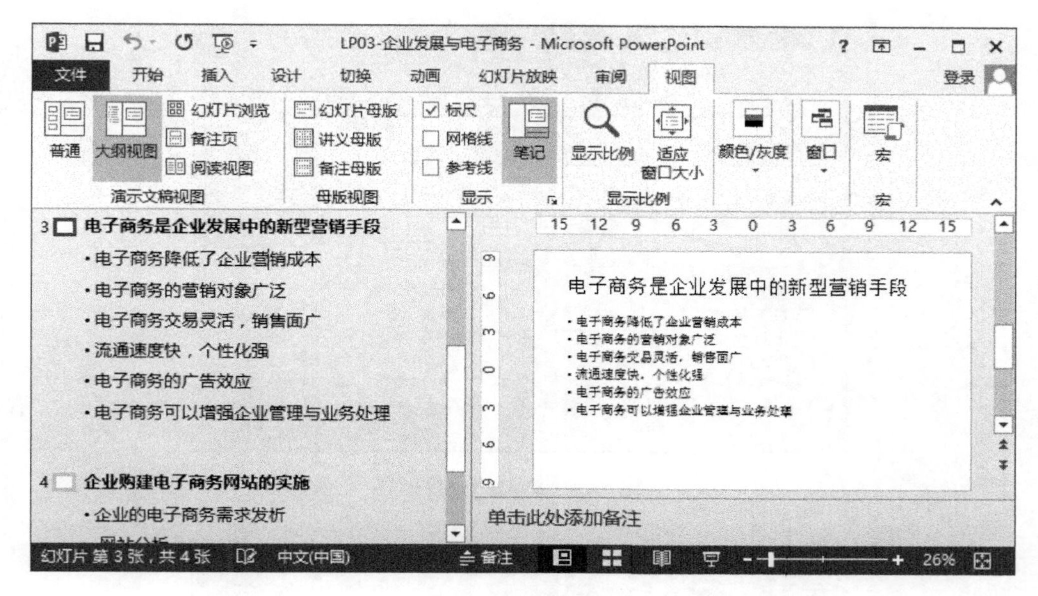

图 15-2　大纲视图

表 15-1　编辑文本控制键

按　　键	作　　用
Enter	下一张幻灯片或同级内容
Ctrl+Enter	输入正文或新的幻灯片
Shift+Enter	当前标题内容换行
Tab	下一级标题
Shift+Tab	上一级标题

15.2　PowerPoint 文本格式

15.2.1　字体设置

（1）在幻灯片中选中需要设置的文字，单击功能区【开始】→【字体】。

（2）单击【字体】右下方的对话框启动器，打开【字体】对话框。在该对话框中可以设置字体、字号、字体颜色、下划线线型、字体效果，如图 15-3 所示，单击【确定】按钮，完成对字体的设置。

15.2.2　字符间距

在【字体】对话框中，单击【字符间距】选项卡可以对字符间距进行设置。字符间距分为普通、加宽、降低。在“度量值”选框中输入数字，即可对字符间距设置度量值，如图 15-4 所示。

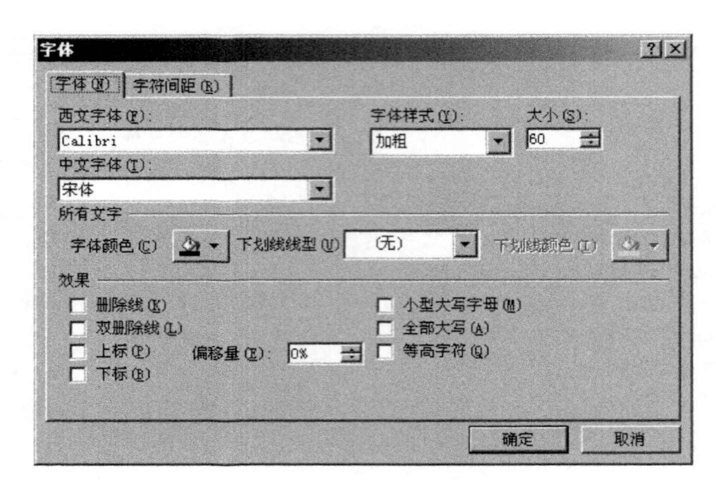

图 15-3 【字体】对话框

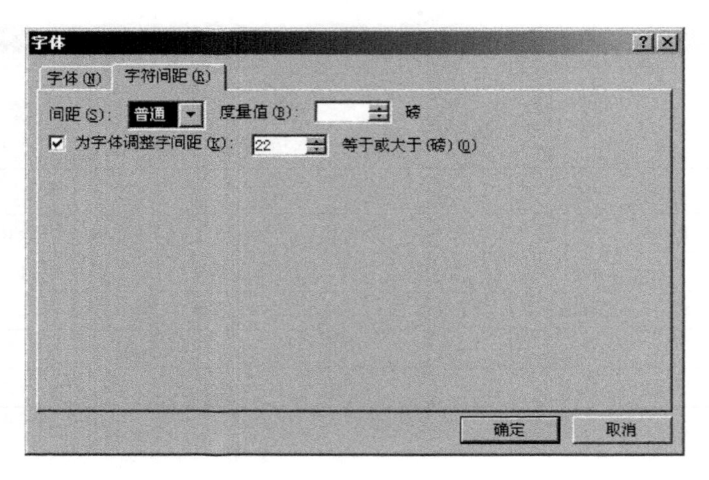

图 15-4 【字符间距】选项卡

15.2.3 替换字体

当在多张幻灯片上对相同字体进行修改时，建议使用【替换字体】对话框，用替换字体功能来实现。

(1) 功能区单击【开始】→【编辑】→【替换】→【替换字体】。

(2) 选择"替换字体"，即可打开【替换字体】对话框。例如将宋体替换为隶书，如图 15-5 所示。

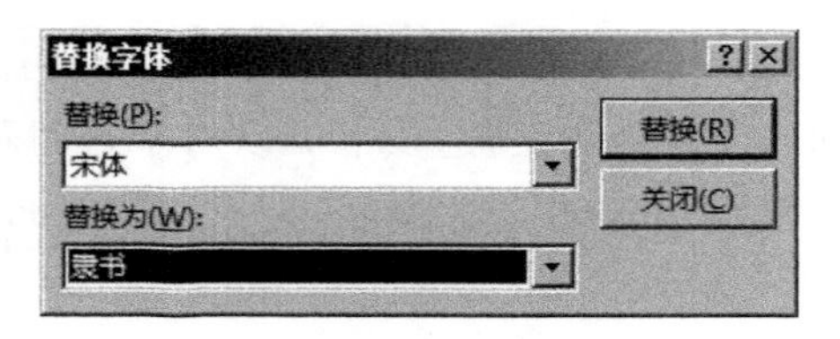

图 15-5 【替换字体】对话框

15.3 PowerPoint 段落格式

15.3.1 段落的对齐方式

（1）选中需设置对齐的段落，功能区单击【开始】→【段落】，格式菜单如图 15-6 所示。

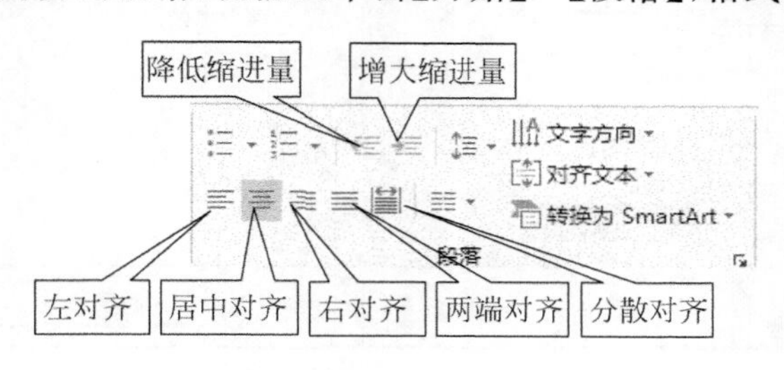

图 15-6　格式菜单

（2）利用【段落】对话框设置。

选中需设置对齐的段落，单击段落对话框启动器，打开【段落】对话框进行段落对齐方式的设置，如图 15-7 所示。

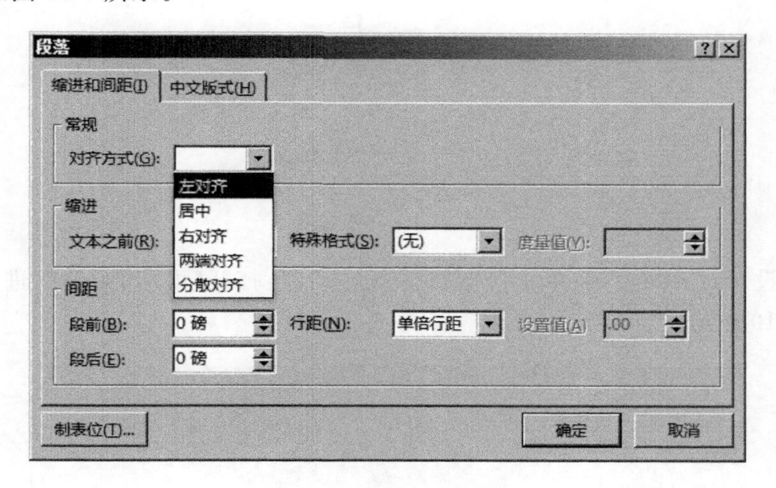

图 15-7　【段落】对话框

15.3.2 文本的对齐方式

单击【段落】对话框中的【中文版式】选项卡，在“常规”区域中可以设置文本的对齐方式。单击【确定】按钮，即完成设置并应用，如图 15-8 所示。

15.3.3 设置行间距

（1）选中要设置对齐的段落，在功能区单击【开始】→【段落】→【行距】，如图 15-9 所示。

（2）利用【段落】对话框设置。

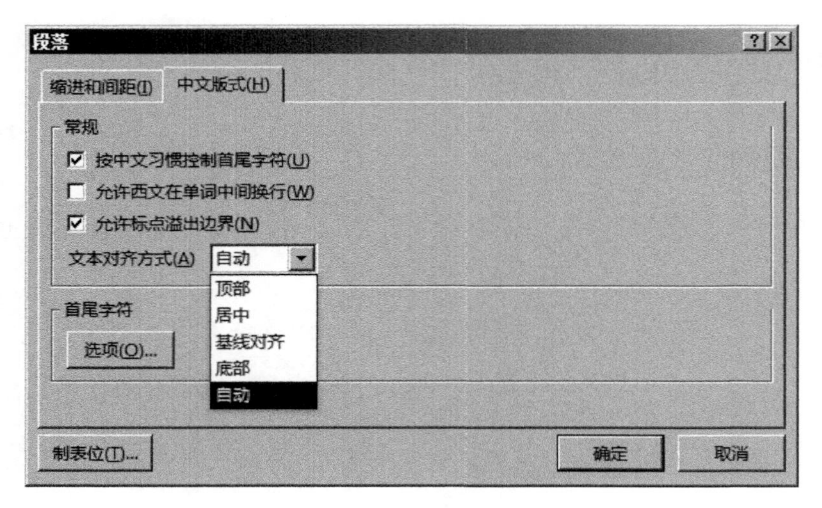

图 15-8 【中文版式】选项卡

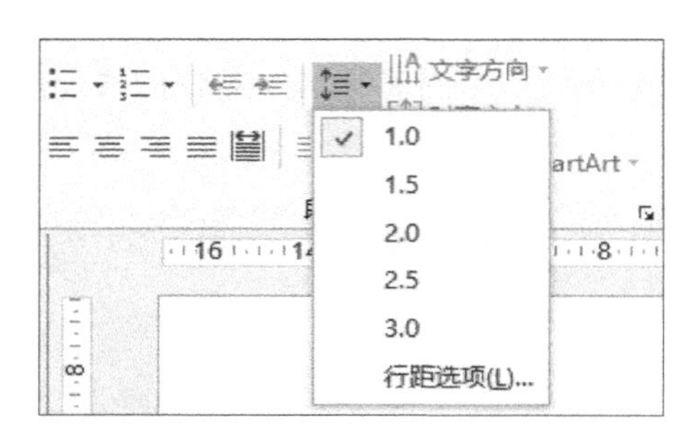

图 15-9 行距设置

选中要设置对齐的段落，单击段落对话框启动器，打开【段落】对话框进行行间距设置，如图 15-10 所示。

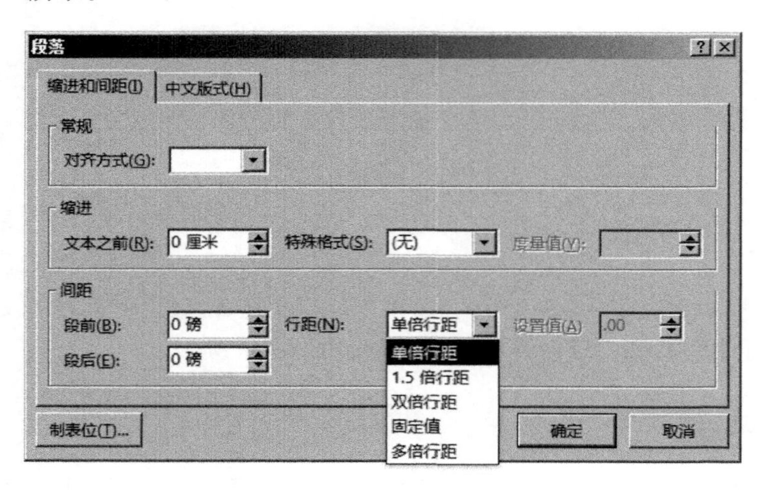

图 15-10 【段落】对话框

15.4 PowerPoint 幻灯片格式

15.4.1 幻灯片的版式

PowerPoint 演示文稿中有“标题幻灯片”、“标题和内容”、“空白”等 11 种版式，如图 15-11 所示。

15.4.2 幻灯片背景

(1) 在功能区单击【设计】→【设置背景格式】，打开【设置背景格式】对话框。

(2) 在幻灯片空白处右击，在弹出的快捷菜单中选择【设置背景格式】命令，打开【设置背景格式】对话框，如图 15-12 所示。

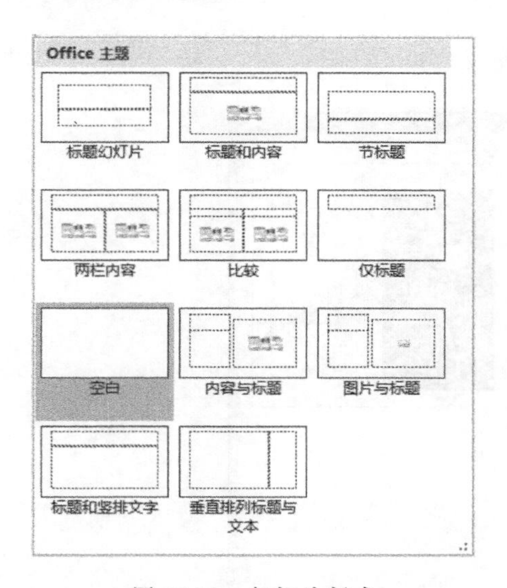

图 15-11 幻灯片版式

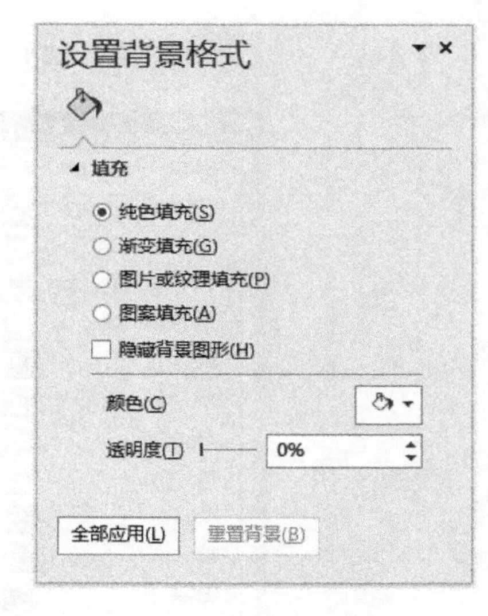

图 15-12 设置背景格式

幻灯片背景主要有以下几种格式：

(1) 纯色填充。

(2) 渐变填充。

(3) 图片或纹理填充。

(4) 图案填充。

15.4.3 幻灯片设计主题

在功能区单击【设计】→【主题】，打开“主题”的下拉列表，选择相应的主题即可，如图 15-13 所示。

15.4.4 幻灯片新建主题颜色

在功能区单击【设计】→【变体】→【颜色】→【自定义颜色】，打开【新建主题颜色】对话框，如图 15-14 所示。

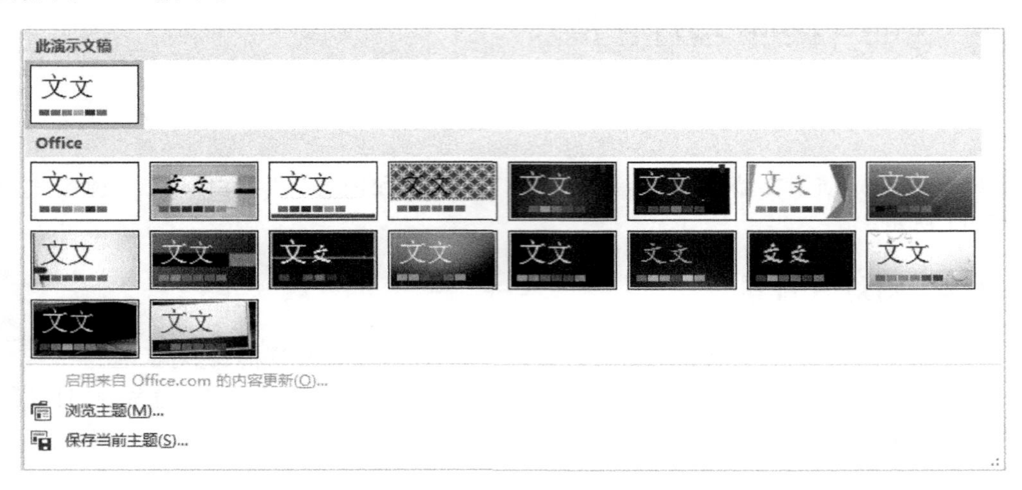

图 15-13　更改主题

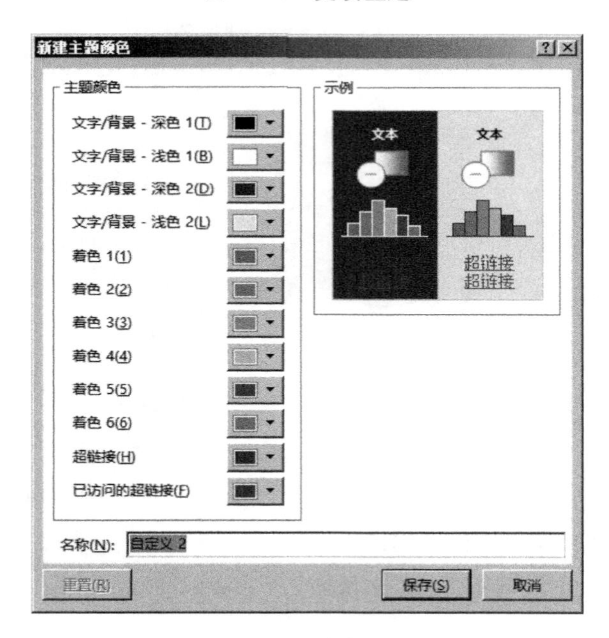

图 15-14　新建主题颜色

例如设置超链接的颜色，可以设置“超链接”颜色和“已访问的超链接”颜色。

15.5　PowerPoint 幻灯片母版

幻灯片母版包括幻灯片母版、讲义母板、备注母版三种。

15.5.1　幻灯片母版

幻灯片母版用来控制幻灯片上输入的标题和文本的格式与类型，对母版所做的任何改动都可以应用于所有使用此母版的幻灯片上，如图15-15所示。

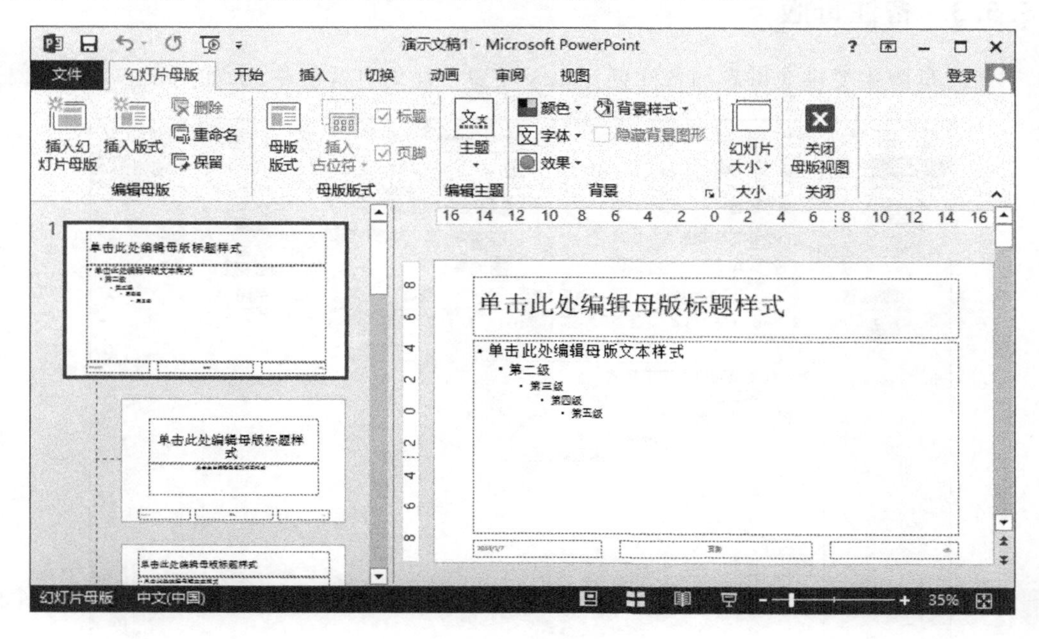

图15-15　幻灯片母版

15.5.2　讲义母版

讲义母版主要用于控制幻灯片以讲义打印的格式，如图15-16所示。

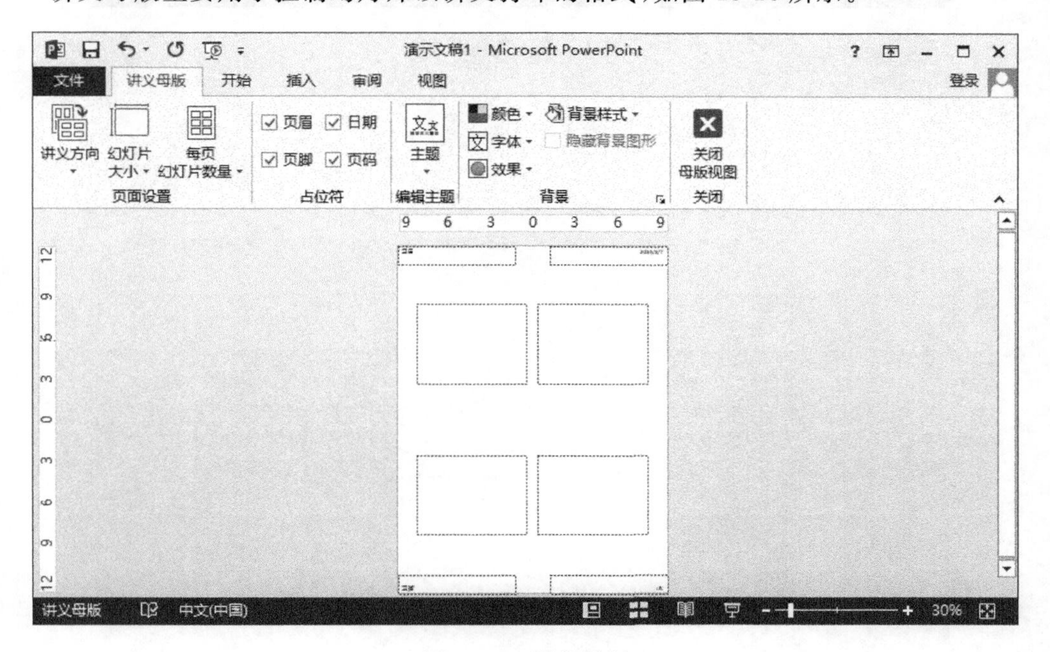

图15-16　讲义母版

15.5.3 备注母版

备注母版主要供演讲者加备注使用以及设置备注幻灯片的格式，如图 15-17 所示。

图 15-17　备注母版

第 16 章　PowerPoint 中对象的插入

本章说明：

PowerPoint 幻灯片中可以插入各种对象，包括表格、形状、图片、艺术字、图表、多媒体、组织结构图等。通过本章的学习可以掌握幻灯片中各种对象的插入与管理。

本章主要内容

- PowerPoint 插入表格
- PowerPoint 插入形状
- PowerPoint 插入图像
- PowerPoint 插入图表
- PowerPoint 插入艺术字
- PowerPoint 插入多媒体
- PowerPoint 插入 SmartArt

本章拟解决的问题：

(1) 如何在幻灯片中插入表格并取消系统给定的默认样式？
(2) 如何在幻灯片中绘制图形？
(3) 如何绘制宽和高相同或以某点为中心的图形？
(4) 如何设置图形的叠放次序、对齐方式、旋转？
(5) 如何插入图片？
(6) 如何插入图表？
(7) 如何插入多媒体？
(8) 如何在播放音频时隐藏图标？
(9) 如何插入 SmartArt？

16.1 在 PowerPoint 中插入表格

16.1.1 在 PowerPoint 中插入表格的方法

在 PowerPoint 中插入表格常用如下 4 种方法。

(1) 可将 Word 或 Excel 中已经做好的表格复制，粘贴到幻灯片中，再选中表格并调整表格内容的字号、表格的大小和位置。

(2)【插入】→【表格】在幻灯片插入一个表格，如图 16-1 所示。

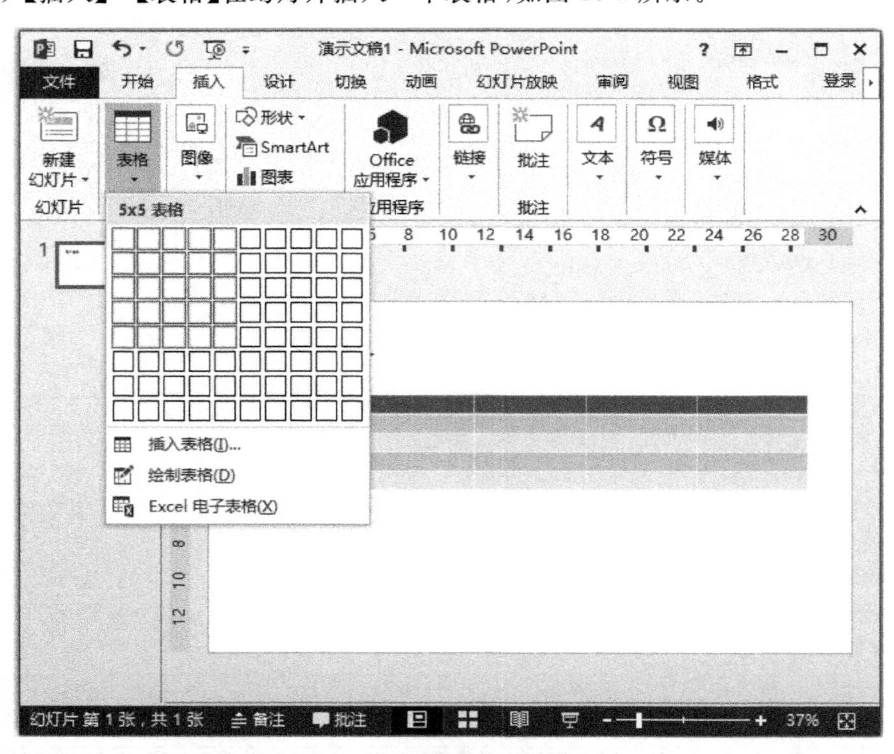

图 16-1 插入表格

(3)【插入】→【表格】→【插入表格】,打开【插入表格】对话框,如图16-2所示。

(4)利用幻灯片版式中的插入对象插入表格,如图16-3所示。

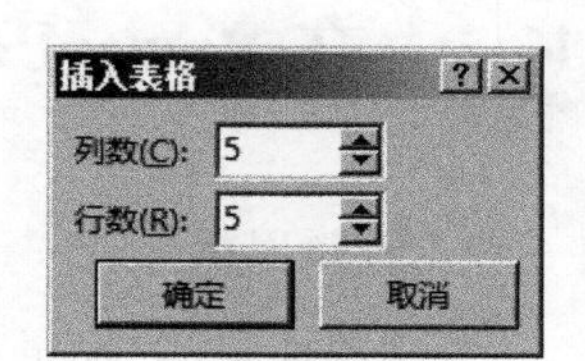

图 16-2 【插入表格】对话框

16.1.2 PowerPoint 表格样式

如果要取消系统给定的表格默认样式,选中表格后,单击【设计】→【表格样式】,选择"无样式,网格型",即可取消生成表格时系统给定的默认样式,如图16-4所示。

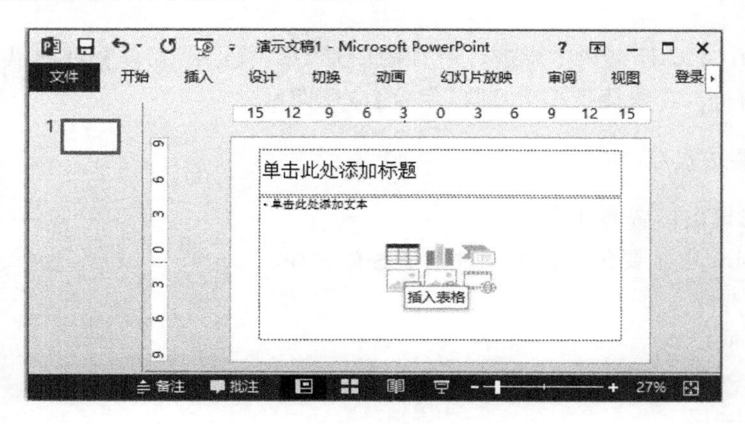

图 16-3 插入表格

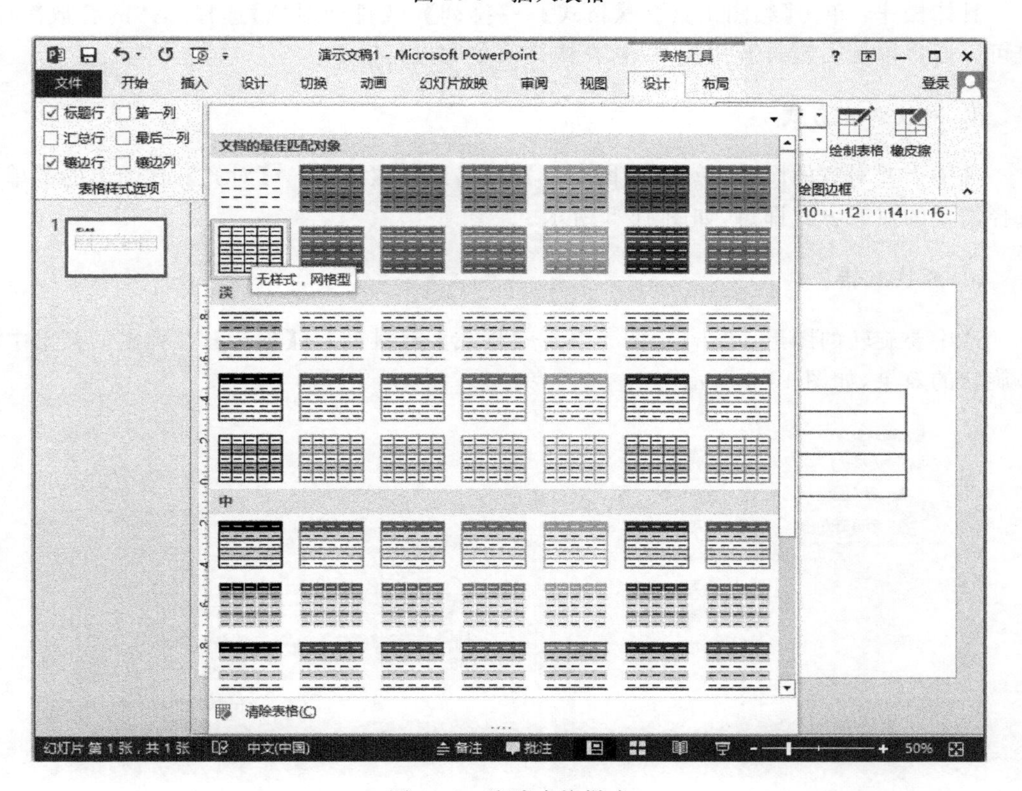

图 16-4 取消表格样式

16.2 在 PowerPoint 中插入形状

1. 绘制形状

在绘制图形时，如果按下 Shift 键，则可绘制宽高相等的图形；如果按下 Ctrl 键，则可绘制以某一点为中心发散的图形。

2. 形状组合

利用 Shift 或 Ctrl 键选中要进行组合的图形，单击【绘图工具】→【格式】→【排列】→【组合】，或者右击，在快捷菜单中选择【组合】命令即可。

3. 形状叠放次序

多个图形可以设置叠放次序。

PowerPoint 中主要包括以下 4 种图形叠放次序：

(1) 置于顶层。

(2) 置于底层。

(3) 上移一层。

(4) 下移一层。

具体操作：单击【绘图工具】→【格式】→【排列】→【排列对象】选择具体的叠放次序，也可以通过鼠标右键打开快捷菜单，在快捷菜单中进行选择。

4. 形状对齐方式

选中需要对齐的图形，单击【绘图工具】→【格式】→【排列】→【对齐】，在弹出的菜单中选择需要的对齐方式即可，如图 16-5 所示。

5. 形状旋转

选中要旋转的图形，单击【绘图工具】→【格式】→【排列】→【旋转】，在弹出的菜单中选择旋转的效果，如图 16-6 所示。

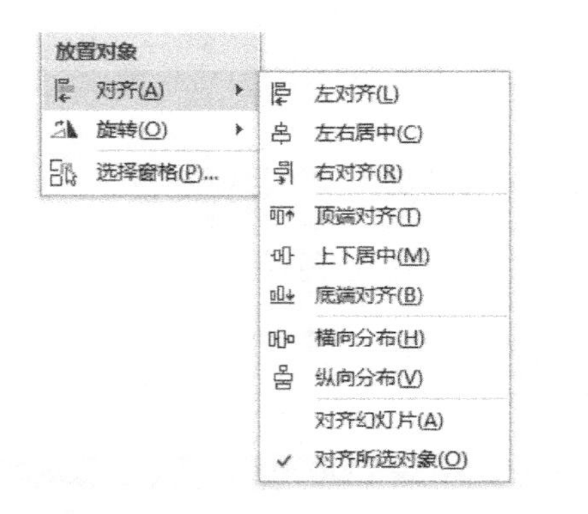

图 16-5 设置对齐方式

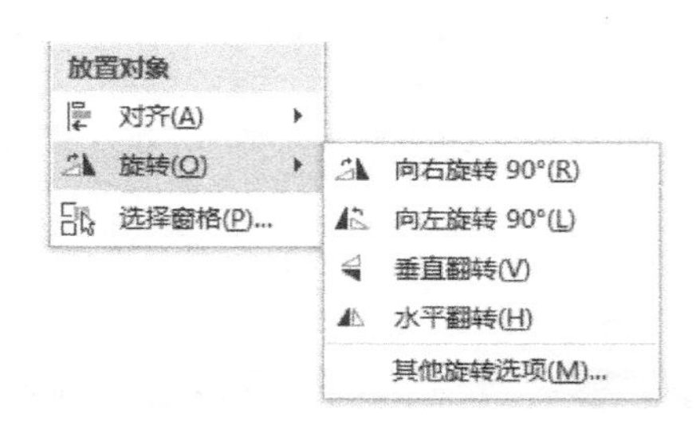

图 16-6 设置旋转

如果任意旋转度数，可选择【其他旋转选项】命令，打开【设置形状格式】对话框，在该对话框中调整旋转度数，例如调整 20°，如图 16-7 所示。

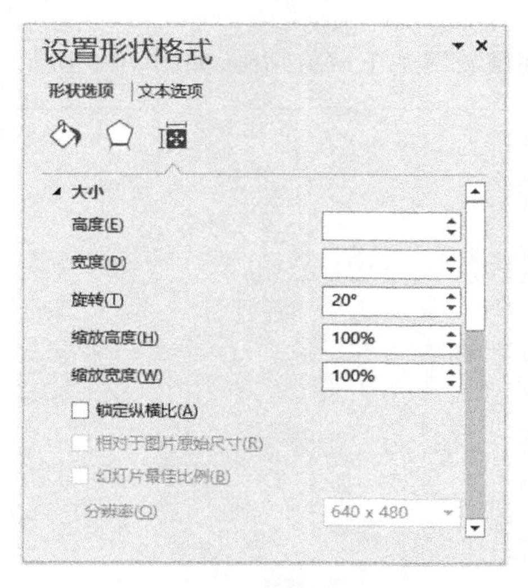

图 16-7　设置旋转度数

16.3 在 PowerPoint 中插入图像

PPT 可识别的图片包括.jpg、.png、.bmp、.gif 等格式。

1. 插入图片

选中要插入图片的幻灯片，单击【插入】→【图像】→【图片】，在【插入图片】对话框中选择图片所在的位置，单击【插入】按钮，即可将图片插入到幻灯片中，如图 16-8 所示。

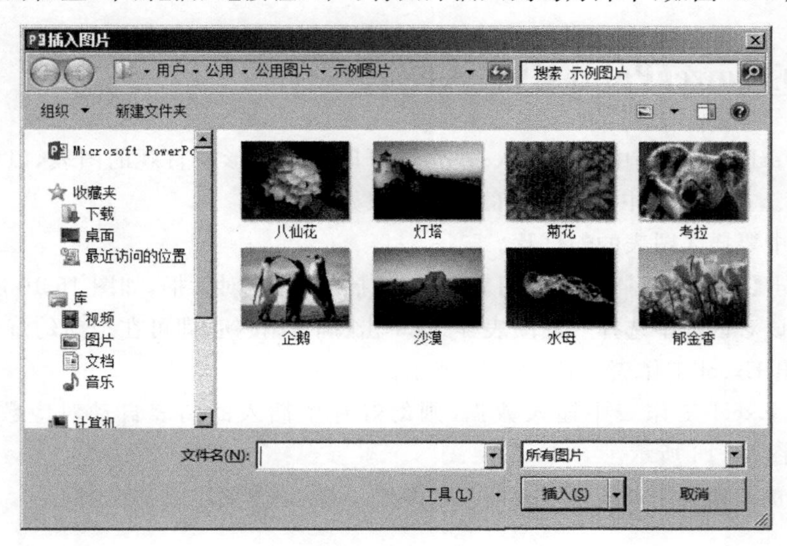

图 16-8　插入图片

对图片的格式进行修改与 Word 中的图片修改基本一样，请查阅本书第 7 章。

2. 联机图片

联机图片主要是指在微软网站下载剪贴画，如图 16-9 所示。

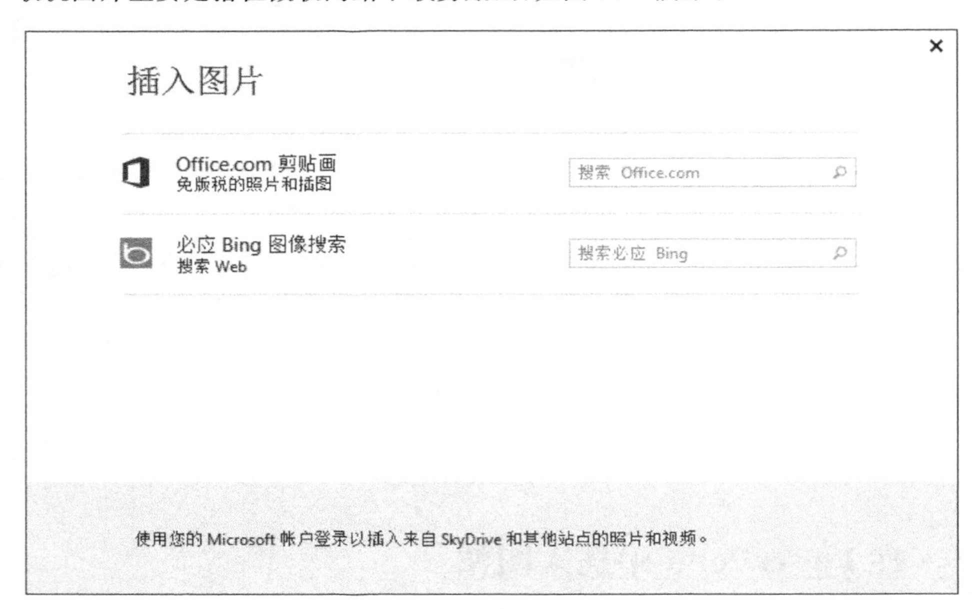

图 16-9　下载剪贴画

3. 插入屏幕截图

插入屏幕截图是指把当前打开的屏幕窗口进行截图，以图片的形式插入到幻灯片中。

16.4 在 PowerPoint 中插入图表

在 PowerPoint 文档中除了插入表格，还可以插入更形象直观的图表，以便用户更好地分析数据。在幻灯片中插入图表的操作步骤如下：

(1) 选中要插入图表的幻灯片。

(2) 单击【插入】→【插图】→【图表】，弹出【插入图表】对话框，如图 16-10 所示。

(3) 在该对话框中选择一种图表样式，单击【确定】按钮，即可在当前幻灯片中插入图表，并且弹出 Excel 工作表，如图 16-11 所示。

(4) 在 Excel 工作表中输入数据，则幻灯片中插入的图表自动对应数据改变，如图 16-12 和图 16-13 所示。

对图表的修改与 Excel 中图表的修改基本一样，请参阅本书第 13 章。

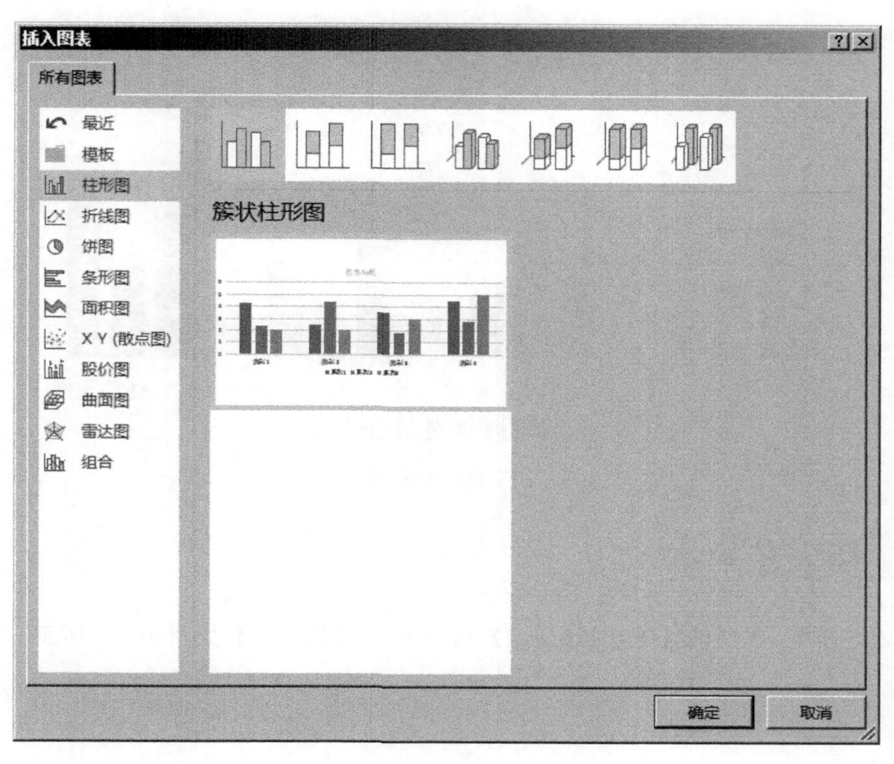

图 16-10　插入图表

Microsoft PowerPoint 中的图表

	A	B	C	D	E	F
1		系列 1	系列 2	系列 3		
2	类别 1	4.3	2.4	2		
3	类别 2	2.5	4.4	2		
4	类别 3	3.5	1.8	3		
5	类别 4	4.5	2.8	5		
6						
7						
8						

图 16-11　Excel 工作表

Microsoft PowerPoint 中的图表

	A	B	C	D	E	F
1		计算机	外语	数学		
2	张三	4.3	2.4	2		
3	李四	2.5	4.4	2		
4	王五	3.5	1.8	3		
5	赵六	4.5	2.8	5		
6						
7						
8						

图 16-12　输入数据

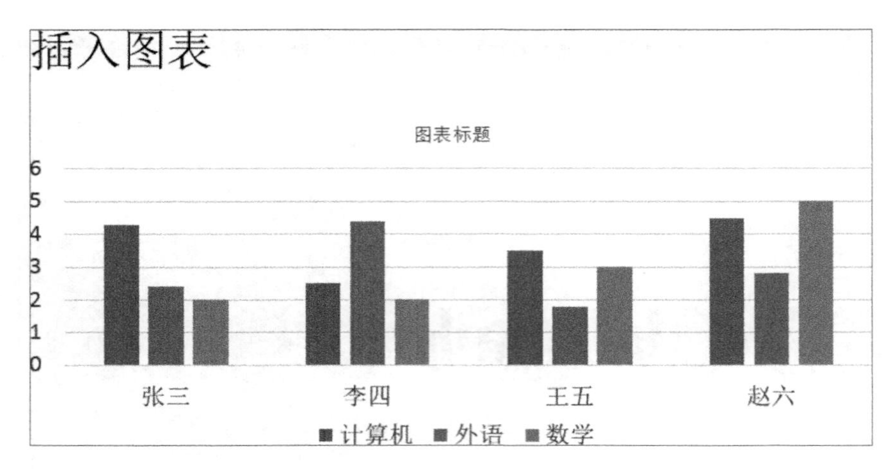

图 16-13　生成图表

16.5 插入艺术字

插入艺术字，在功能区中选择【插入】→【文本】→【艺术字】，如图 16-14 所示。

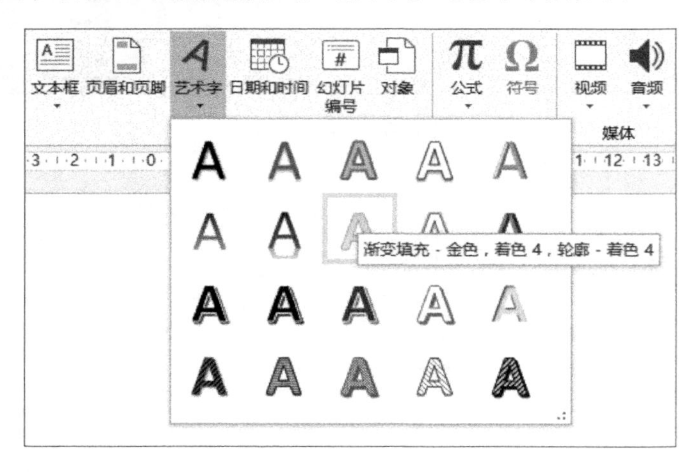

图 16-14　插入艺术字

1. 艺术字的形状样式

艺术字的形状样式有以下几种形式：

(1) 形状样式。

(2) 形状填充。

(3) 形状轮廓。

(4) 形状效果。

2. 艺术字文本样式

艺术字文本样式主要有以下几种形式：

(1) 文本样式。
(2) 文本填充。
(3) 文本轮廓。
(4) 文本效果。
艺术字形状样式和文本样式的设置如图16-15所示。

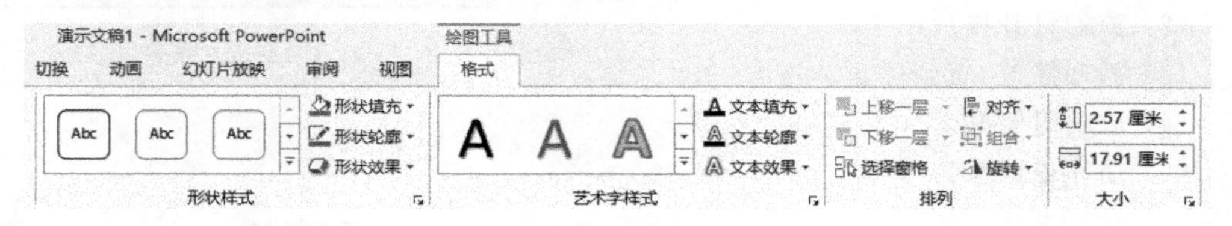

图16-15 艺术字设置

16.6 在PowerPoint中插入多媒体

16.6.1 插入音频

1. 插入音频文件

单击【插入】→【媒体】→【音频】→【PC上的音频】,在【插入音频】对话框窗口中选择插入的音频文件,如图16-16所示。

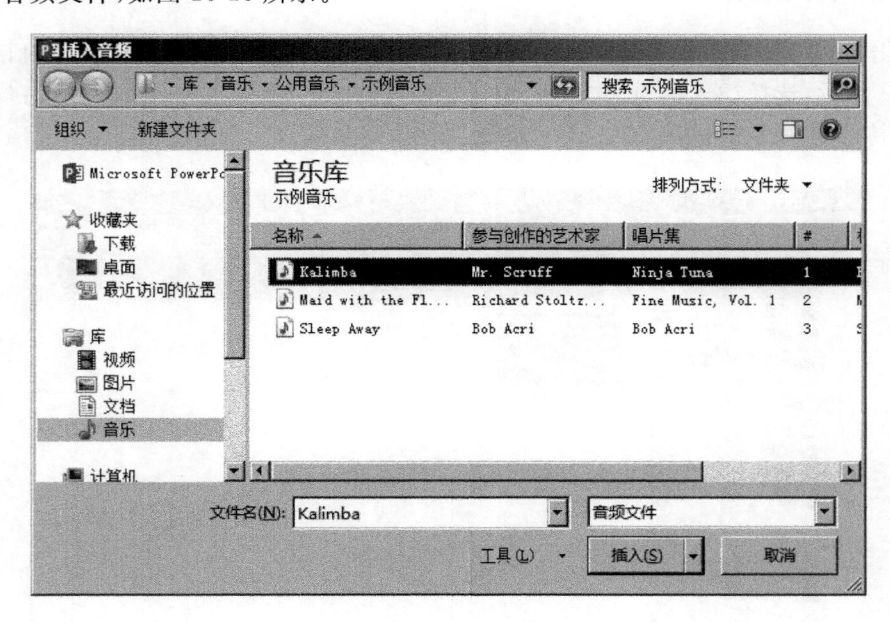

图16-16 插入音频

2. 插入录制音频

单击【插入】→【媒体】→【音频】→【录制音频】,会弹出【录制声音】对话框。可录制需要插入的声音,如图16-17所示。

3. 音频播放时的控制

插入的音频在幻灯片播放时，可按如图 16-18 所示进行设置。主要包括以下几种设置：

(1) 在后台播放。

(2) 跨幻灯片播放。

(3) 循环播放，直到停止。

(4) 放映时隐藏。

(5) 播完返回头。

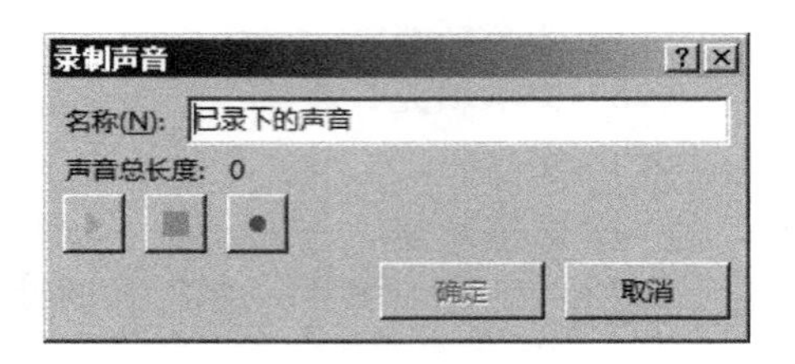

图 16-17 录音

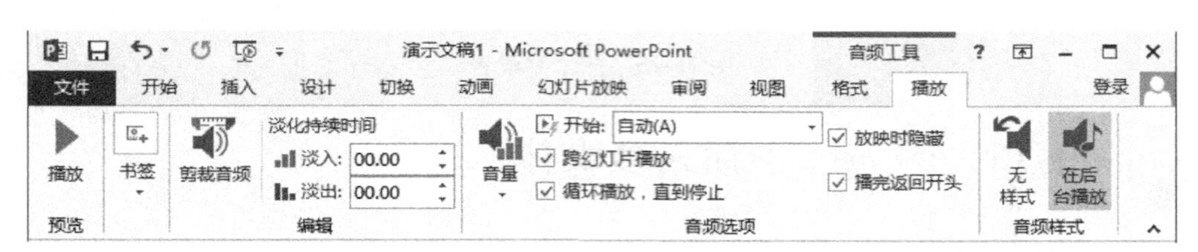

图 16-18 音频工具

16.6.2 插入视频

1. 插入视频文件

单击【插入】→【媒体】→【视频】→【PC 上的视频】，打开【插入视频文件】对话框，如图 16-19 所示，选择插入的视频文件，单击【插入】按钮，即可将视频插入到幻灯片中。PPT 支持的视频文件包括.asf、.avi、.mpg、.wmv 等格式。

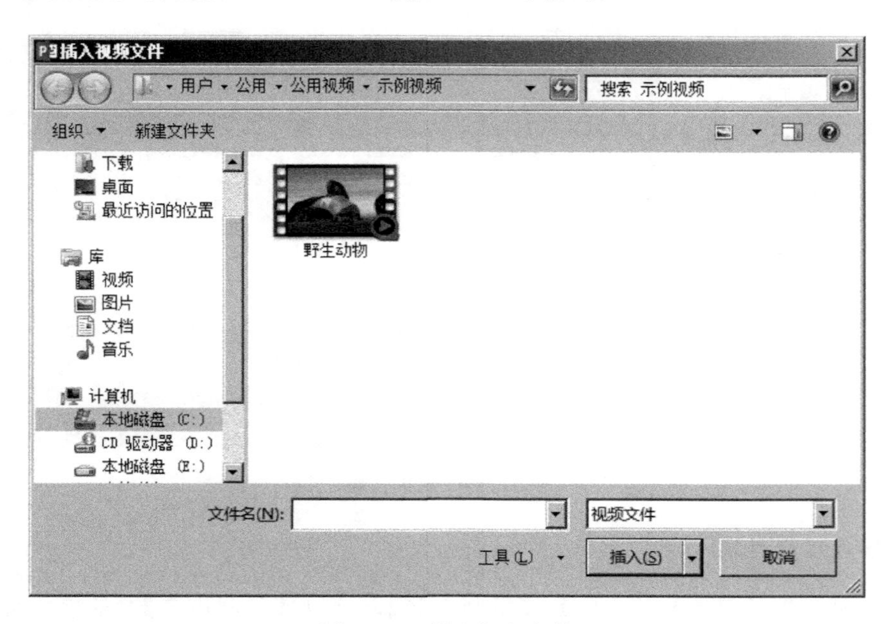

图 16-19 插入视频文件

2. 视频播放时的控制

插入的视频在幻灯片播放时，可按如图 16-20 所示进行设置。主要包括以下几种设置：

（1）全屏播放。

（2）循环播放，直到停止。

（3）未播放时隐藏。

（4）播完返回开头。

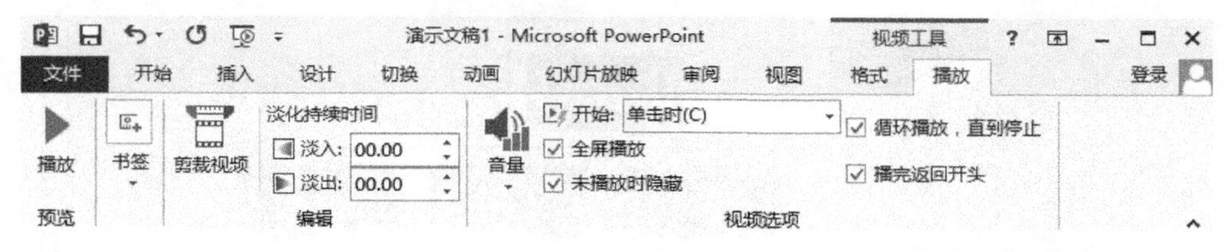

图 16-20　视频工具

16.7 在 PowerPoint 中插入 SmartArt

SmartArt 是表示一种层次或隶属关系的图形。

（1）单击【插入】→【插图】→【SmartArt】，即可弹出【选择 SmartArt 图形】对话框，如图 16-21 所示。

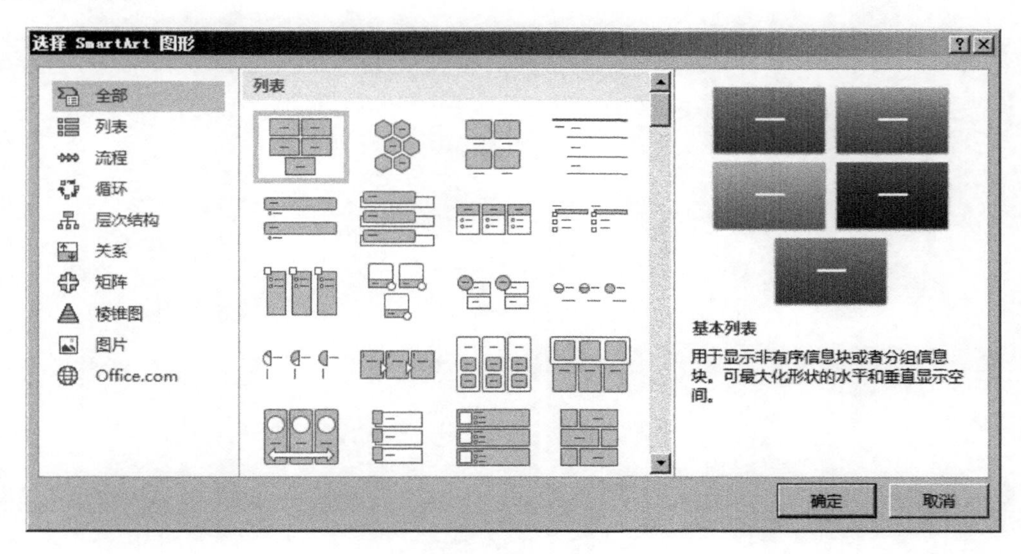

图 16-21　选择 SmartArt 图形

（2）选择需要的 SmartArt 类型，单击【确定】按钮，即可将选中的 SmartArt 插入到幻灯片中，如插入层次结构中的组织结构图，效果如图 16-22 所示。

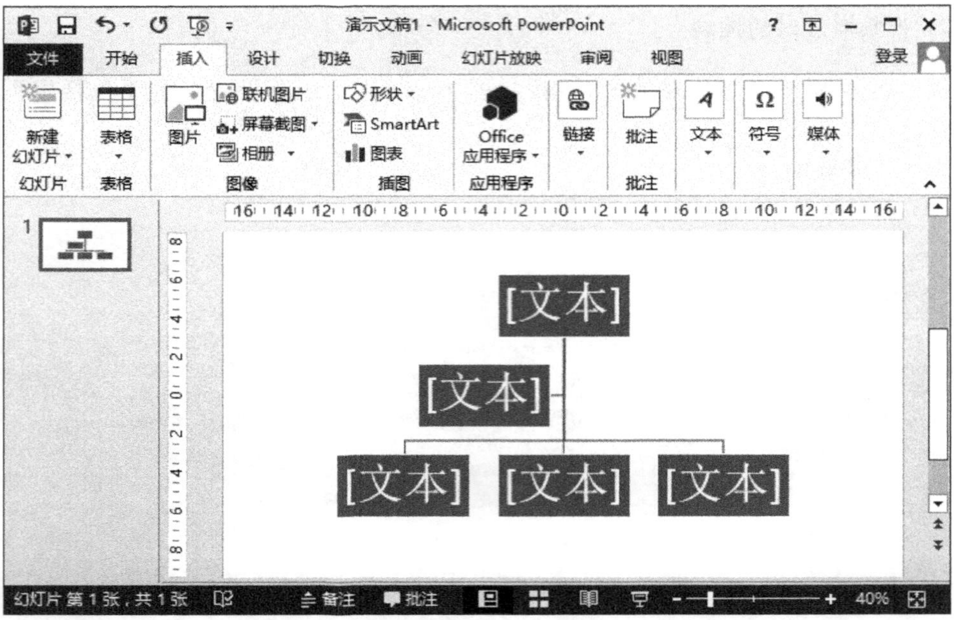

图 16-22　插入 SmartArt 示例

第 17 章　PowerPoint 动画与播放

本章说明：

通过 PowerPoint 制作的幻灯片可以为其设置各种动画，使幻灯片内容更加形象地展示出来，通过本章的学习可以掌握动画的制作及播放。

本章主要内容

- PowerPoint 自定义动画
- PowerPoint 幻灯片切换动画
- PowerPoint 中的超链接
- PowerPoint 动作按钮与动作设置
- PowerPoint 幻灯片放映
- PowerPoint 放映时的控制

本章拟解决的问题：

(1) 如何将其他文件的幻灯片转到当前文档中？
(2) 如何设置让音乐在多张幻灯片间进行播放？
(3) 如何让动画在播放幻灯片时自动播放？
(4) 如何从当前幻灯片开始播放？
(5) 如何设置动画播放后隐藏？
(6) 如何设置幻灯片间的动画切换效果？
(7) 如何打开动作设置？
(8) 如何设置幻灯片与动画自动循环播放？
(9) 如何设置幻灯片循环播放？
(10) 如何自定义幻灯片播放顺序？

17.1 PowerPoint 自定义动画

17.1.1 自定义动画

自定义动画用于设置幻灯片中的对象达到一种动画效果。首先选中要添加动画的对象，单击【动画】→【添加动画】，选择一种动画效果，也可以在右侧打开"动画窗格"修改设置好的动画，如图 17-1 所示。

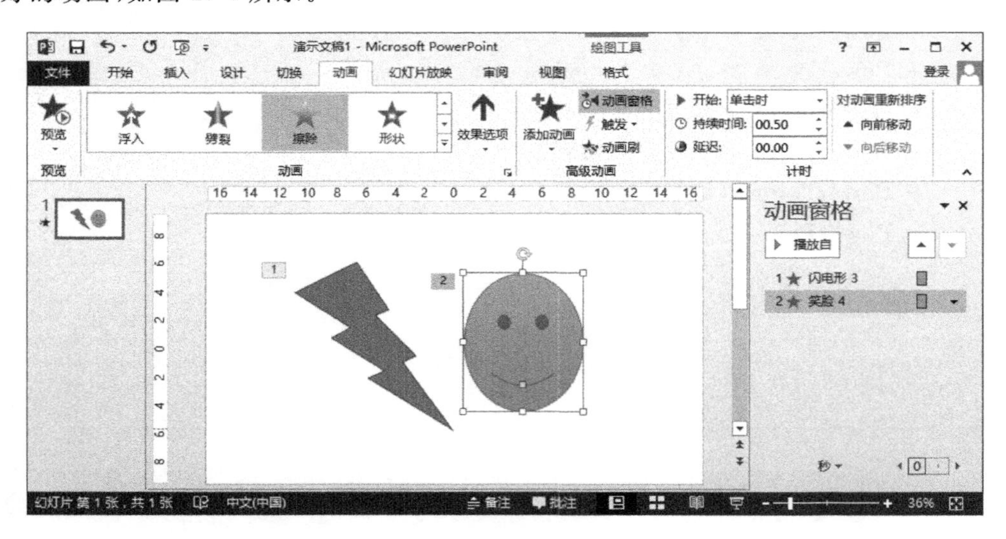

图 17-1 添加动画效果

17.1.2 动画效果

PowerPoint 提供 4 种动画效果，如表 17-1 所示。

"进入"、"强调"、"退出"中又有"基本型"、"细微型"、"温和型"、"华丽型"4 种。以"进入"为例，选择"进入"的"更多进入效果"，打开【添加进入效果】对话框，如图 17-3 所示。

表 17-1 动画效果

动画效果	动画含义
进入	对象进入幻灯片的动画
强调	强调对象的动画
退出	对象退出幻灯片的动画
动作路径	设置对象在幻灯片中的动作路径

图 17-2 【添加进入效果】对话框

17.1.3 效果选项

(1) 动画设置完毕后，有的动画会有相应的效果选项，不同的动画效果选项不一样，例如“擦除”动画的效果选项如图 17-3 所示。

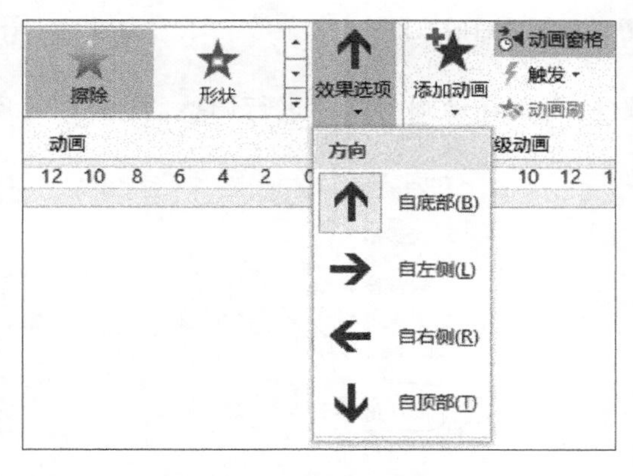

图 17-3 效果选项示例

(2) 可以使用动画的对话框启动器设置效果选项的方向，如图 17-4 所示。

(3) 设置动画效果选项时，可以为动画添加声音效果，如图 17-5 所示。

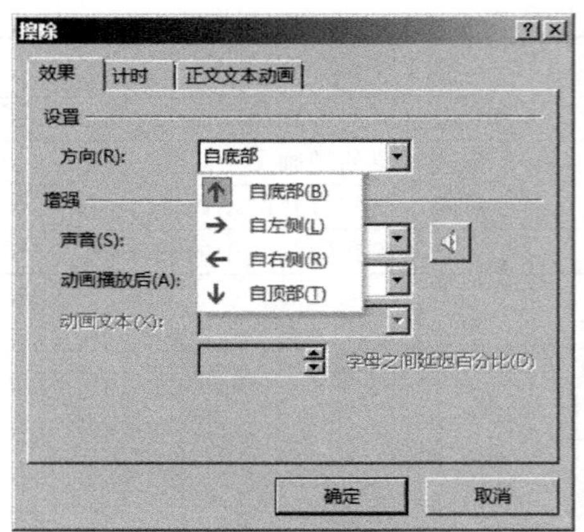

图 17-4　擦除效果设置

图 17-5　擦除声音设置

(4) 动画播放后可以设置动画播放后的效果，如图 17-6 所示。

(5) 播放的快慢可以通过计时来设置，如图 17-7 所示。

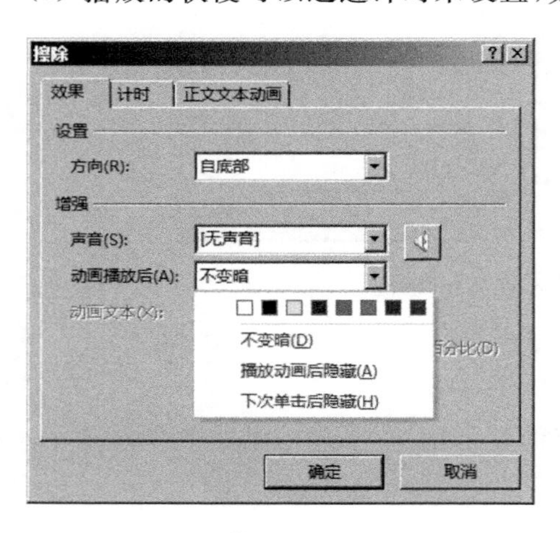

图 17-6　设置擦除动画播放后的效果

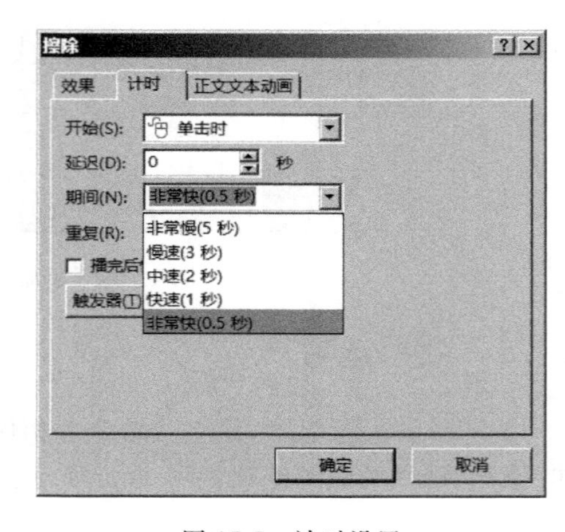

图 17-7　计时设置

(6) 动画的先后顺序，可以在动画窗格中进行调整，如图 17-8 所示。

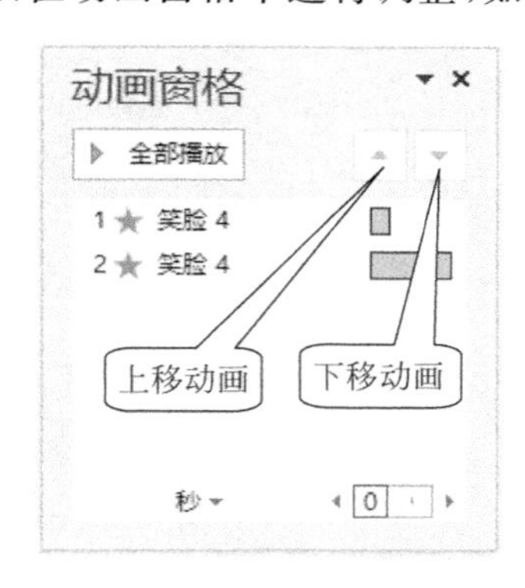

图 17-8　动画窗格

17.2 PowerPoint 幻灯片切换动画

幻灯片切换动画是指多个幻灯片之间在换片时设置的动画。

(1) 单击【切换】→【切换到此幻灯片】→【切换方案】,打开下拉列表,在下拉列表中选择要切换的幻灯片效果,如图 17-9 所示。

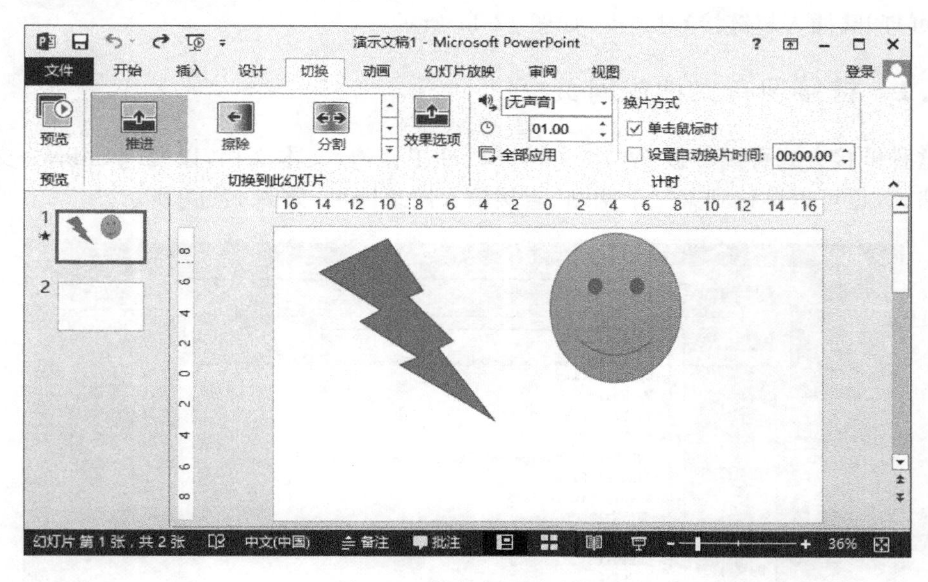

图 17-9 切换幻灯片方案

(2) 每一个切换动画也有相应的效果选项,例如“推进”的切换动画的效果选项如图 17-10 所示。

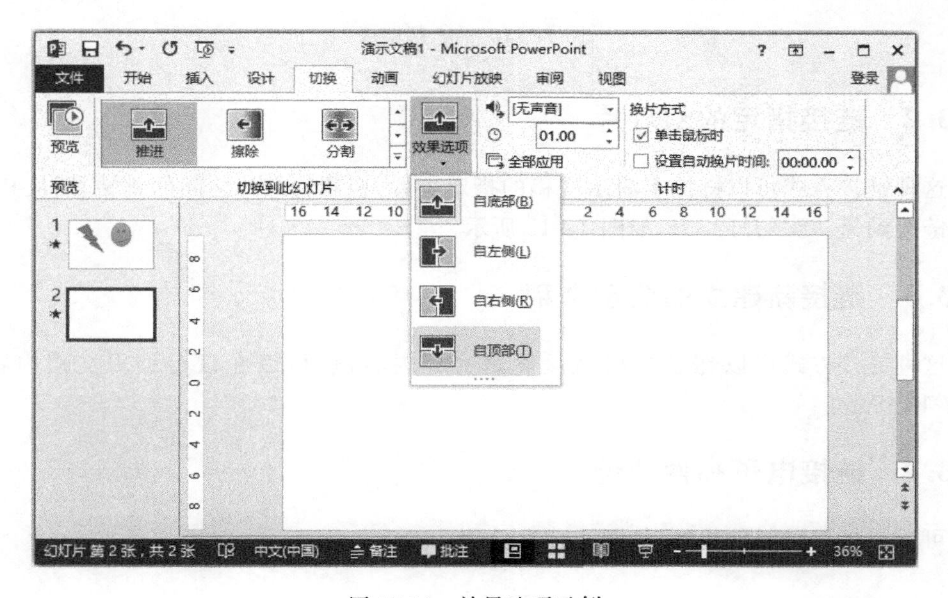

图 17-10 效果选项示例

（3）换片方式有“单击鼠标时”和“设置自动换片时间”两种，使用“自动换片时间”在指定的时间之后就会自动换片，不用人为控制。

17.3 PowerPoint 中的超链接

选中要设置超链接的内容，单击【插入】→【链接】→【超链接】或者使用快捷键 Ctrl+K，则可打开【插入超链接】对话框，如图 17-11 所示。

17.3.1 链接现有文件或网页

这种链接方式可以链接 Word 文档、Excel 工作簿、文本文档，以及 Windows 支持的文件格式，也可以链接到某一个网站，直接输入网址即可，如图 17-11 所示。

图 17-11　插入超链接

17.3.2 链接指定的幻灯片

这种链接方式可以链接本演示文稿的指定位置，控制幻灯片之间的跳转，即从某张幻灯片链接到另一张幻灯片上，如图 17-12 所示。

17.3.3 链接新建立的演示文稿

这种链接方式可以在链接后直接编辑文档内容，也可以在以后编辑文档内容，如图 17-13 所示。

17.3.4 链接电子邮件地址

可以链接电子邮件地址，如图 17-14 所示。

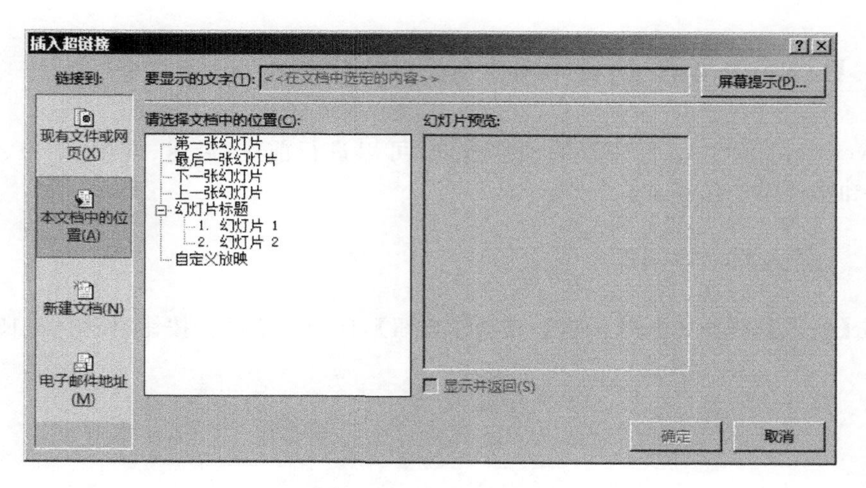

图 17-12 超链接设置

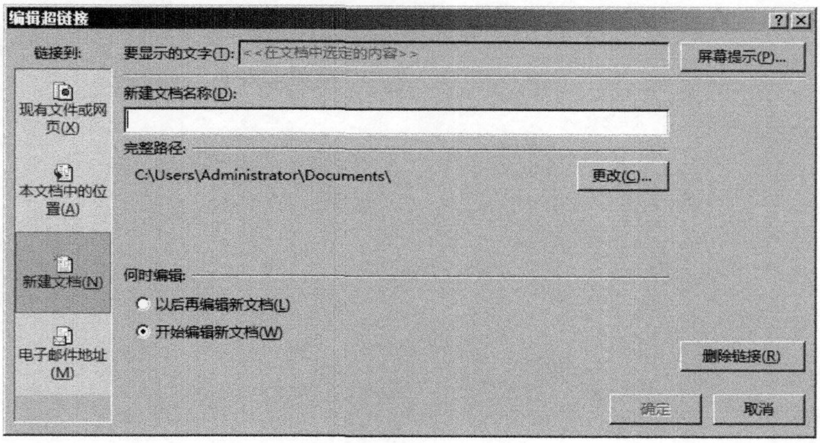

图 17-13 编辑超链接

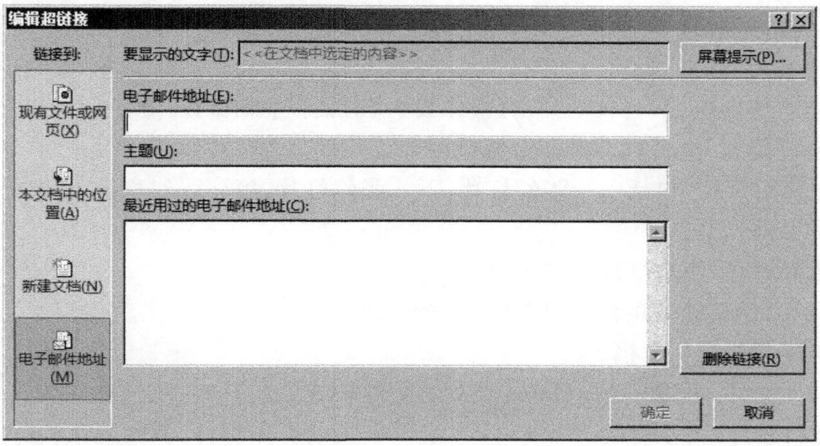

图 17-14 链接电子邮件地址

17.4 PowerPoint 动作按钮与动作设置

PowerPoint 包含 12 个内置的动作按钮，可以进行前进、后退、开始、结束、帮助、文档、声音和影片等动作设置。

17.4.1 插入动作按钮

单击【插入】→【插图】→【形状】→【动作按钮】，任选一个动作按钮，如图 17-15 所示。

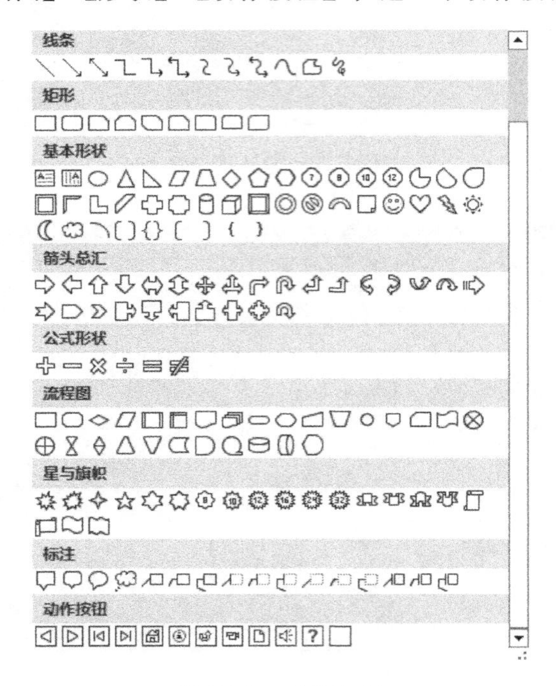

图 17-15 动作按钮

17.4.2 动作设置

绘制完动作按钮后，会自动弹出【操作设置】对话框，如图 17-16 所示。以“单击鼠标”为例，在“超链接到”里可以选择如下链接内容：

（1）链接幻灯片，包括上一张幻灯片，下一张幻灯片，第一张幻灯片，最后一张幻灯片以及指定的某张幻灯片。

（2）结束放映，使幻灯片播放结束。

（3）URL，链接指定的网站，输入相应的网址。

（4）链接其他演示文稿。

（5）其他文件，可以是 Windows 支持的文件格式。

（6）运行程序，可以打开 Windows 系统下安装的应用软件，例如腾讯 QQ。

图 17-16　动作设置

17.5 PowerPoint 幻灯片放映

17.5.1　幻灯片的放映方法

方法一,【幻灯片放映】→【从头开始】。演示文稿有 3 种放映幻灯片的方式:从头开始,从当前幻灯片开始,自定义幻灯片放映。

方法二,单击状态栏上“幻灯片放映”按钮,等价于从当前幻灯片开始放映。

方法三,利用快捷键进行幻灯片的放映:F5 为从头开始放映,Shift+F5 为从当前幻灯片开始放映。

17.5.2　幻灯片内对象动画间的切换

当给对象添加动画后,默认为“单击时”播放下一动画,若将动画计时改为“上一动画之后”,则对象的动画为自动播放,如图 17-17 所示。

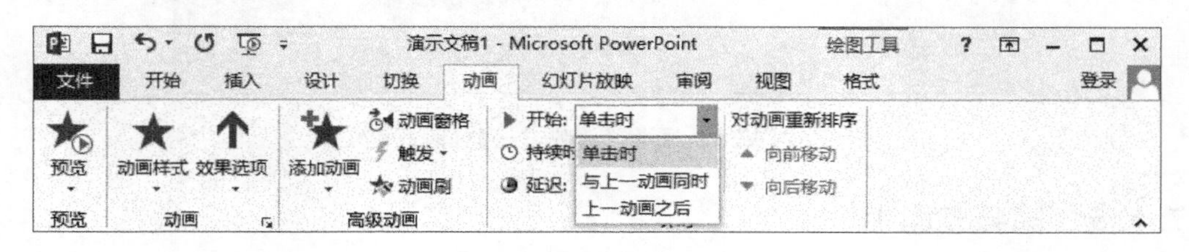

图 17-17　动画播放方式

17.5.3 幻灯片间的切换

单击【切换】→【切换到此幻灯片】,可选择幻灯片间的切换效果和方式。将“换片方式”中的“单击鼠标时”取消,选中“设置自动换片时间”,则可实现幻灯片间的自动切换,如图 17-18 所示。

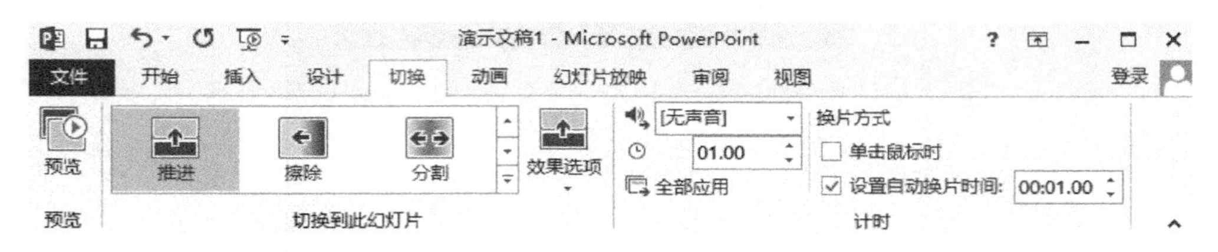

图 17-18　幻灯片自动切换

17.5.4 幻灯片循环播放

(1) 将所有动画设置为自动播放,即“上一动画之后”。

(2) 设置幻灯片的自动切换,即“设置自动换片时间”。

(3) 选择【幻灯片放映】→【设置】→【设置幻灯片放映】,即可打开【设置放映方式】对话框,在该对话框中选择“循环放映,按 ESC 键终止”,如图 17-19 所示。

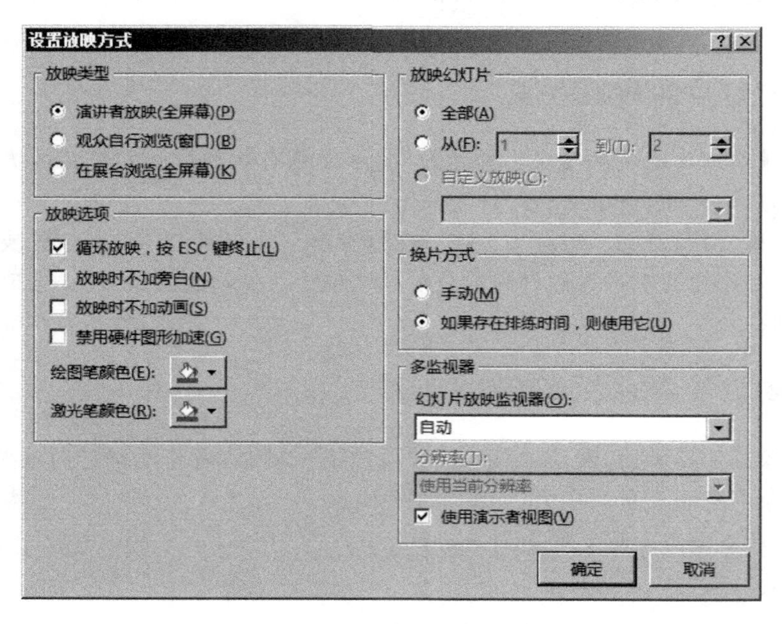

图 17-19　【设置放映方式】对话框

17.5.5 隐藏幻灯片

当播放幻灯片时,如果不需要播放某张幻灯片,可将其隐藏。

选择【幻灯片放映】→【设置】→【隐藏幻灯片】,即可将该幻灯片在放映时隐藏。在选中隐藏的幻灯片的左上角将出现隐藏标记。再次单击【隐藏幻灯片】命令可取消隐藏标记。

17.6 PowerPoint 放映时的控制

通过快捷键来实现幻灯片的放映更加方便，如表17-2所示。

表17-2 幻灯片放映快捷键

按键	命令
F5	从头放映
Shift+F5	从当前幻灯片放映
Home	回到第一张幻灯片
End	到最后一张幻灯片
Page Down、空格、回车、向右光标键、向下光标键、鼠标左键单击	到下一张幻灯片或下一个动画
Page Up、向上光标键、向左光标键	到上一张幻灯片或上一个动画

第 18 章　页面设置及打印

本章说明：

通过本章学习可以掌握 Word、Excel、PowerPoint 在打印时对页面纸张大小、页边距、页眉页脚以及打印选项等的设置。

本章主要内容

- Word 页面设置及打印
- Excel 页面设置及打印
- PowerPoint 页面设置及打印

本章拟解决的问题：

(1) Word 如何设置纸张大小、方向、页边距？
(2) Word 如何打印对称页边距、拼页、书籍折页、反向书籍折页等？
(3) Word 如何设置页眉、页脚格式？
(4) Word 如何设置奇偶页的页眉、页脚不同？
(5) Word 如何设置首页不同？
(6) Word 如何设置每行字符数、每页行数？
(7) Word 如何给文档添加行号？
(8) Excel 如何设置纸张大小及页边距？
(9) Excel 如何设置打印时使用缩打？
(10) Excel 如何设置页眉与页脚？
(11) Excel 如何设置打印标题行与标题列？
(12) PowerPoint 如何设置幻灯片大小？
(13) PowerPoint 如何设置每页纸打印幻灯片的个数？
(14) PowerPoint 如何设置打印备注内容？
(15) PowerPoint 如何转换到 Word 中进行打印？

18.1 Word 页面设置及打印

18.1.1 Word 页面设置

用户在打印文档之前，首先要进行页面设置。单击【页面布局】→【页面设置】右下角对话框启动器，打开【页面设置】对话框，在该对话框中有【页边距】、【纸张】、【版式】、【文档网格】4 个选项卡。

1. 页边距设置

(1) 在【页边距】选项卡中，可以设置纸张的上、下、左、右边距，以及装订线和装订线的位置。
(2) 设置纸张方向(纵向/横向)。
(3) 设置页码范围，包括对称页边距、拼页、书籍折页、反向书籍折页等，如图 18-1 所示。

2. 纸张设置

在【纸张】选项卡中进行纸张设置，如图 18-2 所示。
(1) 设置纸张大小，包括纸张的宽度和高度。
(2) 设置纸张来源。
(3) 单击【打印选项】按钮可打开【Word 选项】对话框，从而完成打印时选项的设置。

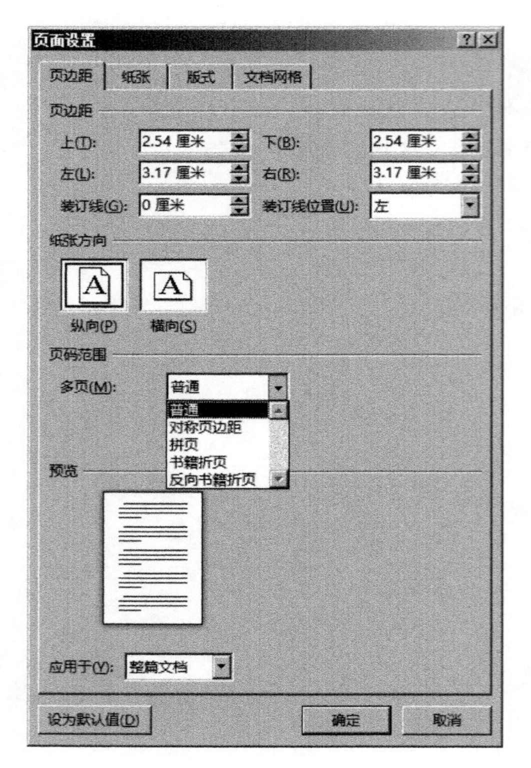

图 18-1 【页面设置】对话框中的【页边距】选项卡

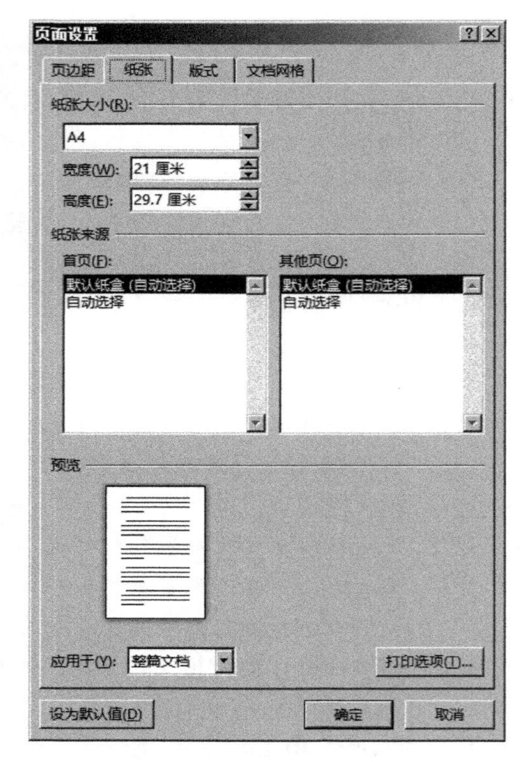

图 18-2 【纸张】选项卡

3. 版式设置

在【版式】选项卡中进行版式设置，如图 18-3 所示。

(1) 设置页眉和页脚的格式，可以设置页眉页脚区域中奇偶页不同、首页不同。

(2) 设置页眉页脚与纸张边界的距离。

(3) 设置页面的垂直对齐方式。

(4) 给文档添加行号。

(5) 给文档添加边框。

4. 文档网格设置

在【文档网格】选项卡中进行文档网格设置，如图 18-4 所示。

(1) 设置文字排列方向(水平方向和垂直方向)。

(2) 设置文档的分栏。还可在【页面布局】→【页面设置】→【分栏】中实现文档的分栏设置。

(3) 当选择“指定行和字符网格”时可设置每页行数和每行字符数。

(4) 设置绘图网格，即设置网格线是具体参数。

(5) 单击【字体设置】按钮可打开【字体】对话框，设置文档字体。

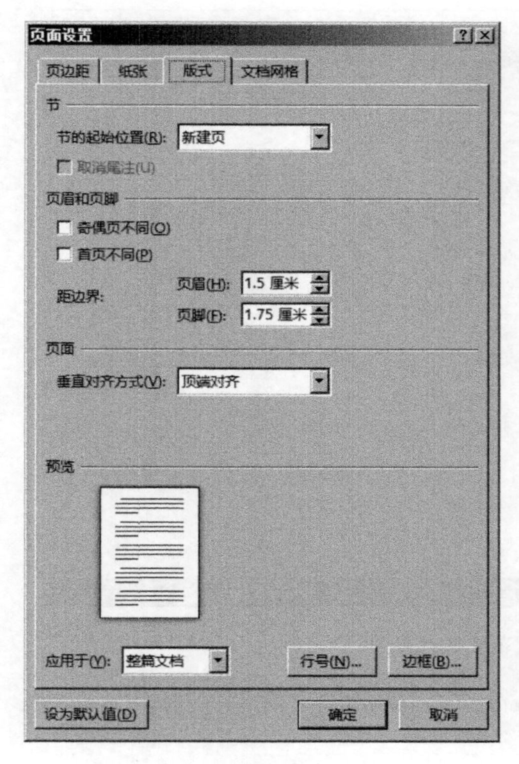

图 18-3 【版式】选项卡

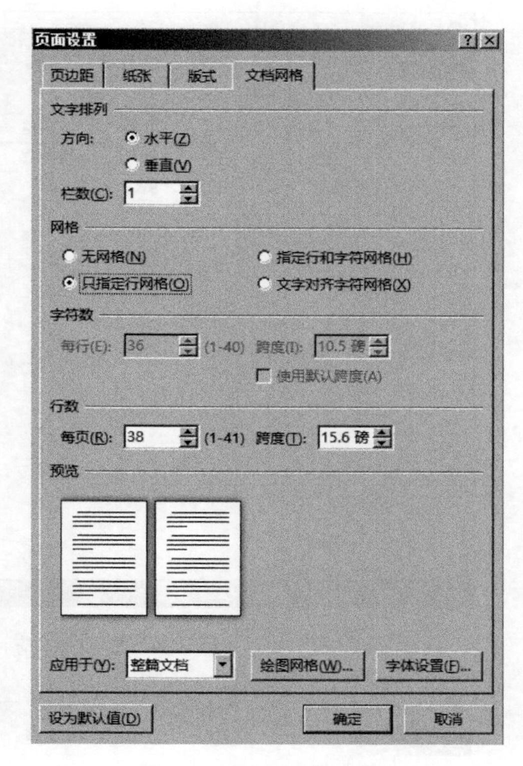

图 18-4 【文档网格】选项卡

5. 页面设置的应用范围

【页面设置】对话框中每个选项卡的左下角都有一个“应用于”,是用来指定页面设置中的操作应用于什么范围的,若想将文档前面与后面两部分的页面设置不同,则在“应用于”的下拉列表中选择“插入点之后”。图 18-5 所示为将文档中的前一页与后一页的纸张方向分别设置成横向、纵向。

18.1.2 Word 页眉和页脚

Word 文档中的页眉和页脚初始均为无内容。

1. 插入页眉和页脚

(1) 单击【插入】→【页眉和页脚】→【页眉】或【页脚】→【编辑页眉】或【编辑页脚】,根据需要进行编辑,也可以在打开的下拉列表中选择内置的样式使用,如图 18-6 所示。

(2) 用户可以在“页眉”或“页脚”区域输入内容,还可以在页眉和页脚工具的【设计】选项卡中选择插入页码、日期和时间等对象,在对页眉页脚进行设置时,还可以根据需要设置页眉页脚首页不同、奇偶页不同,在页眉和页脚工具的【设计】选项卡【选项】组中勾选“首页不同”、“奇偶页不同”,完成编辑后单击【关闭页眉和页脚】按钮即可,如图 18-7 所示。

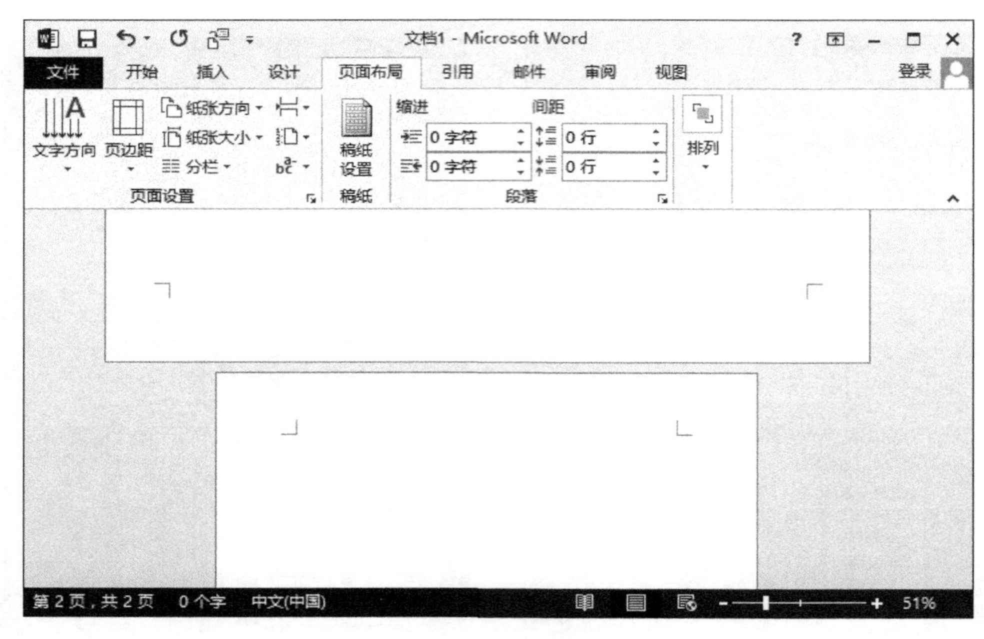

图 18-5　应用范围的设置

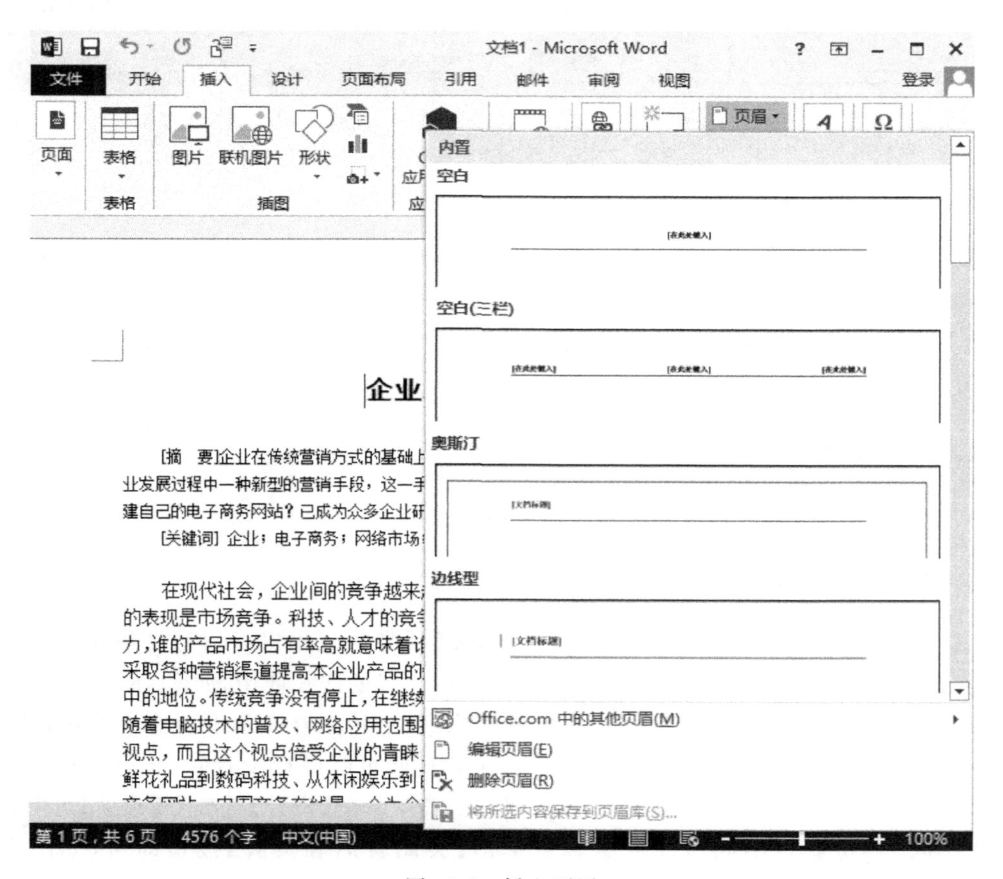

图 18-6　插入页眉

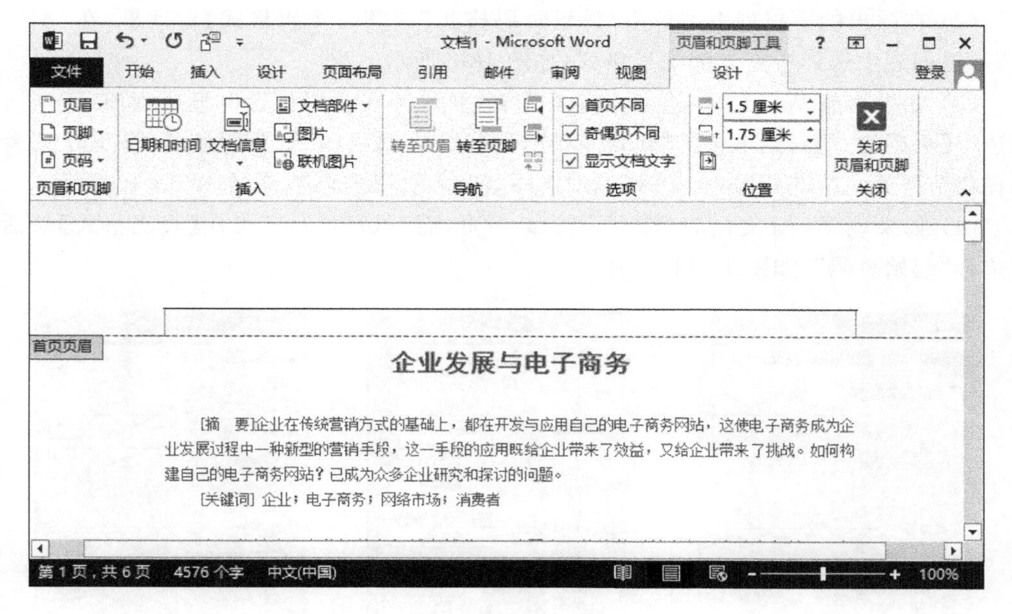

图 18-7　页眉设计选项卡

2. 插入页码并设置页码格式

(1) 单击【插入】→【页眉和页脚】→【页码】，在弹出的下拉列表中可选择页码的位置，如图 18-8 所示。

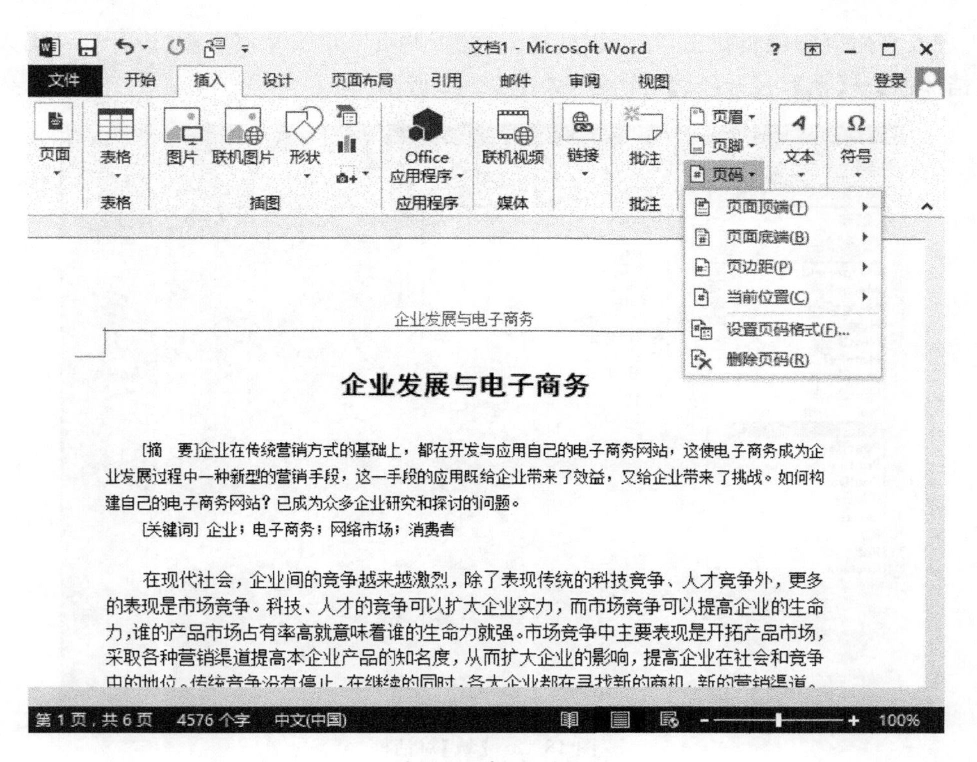

图 18-8　插入页码

(2) 在弹出的下拉列表中单击“设置页码格式”，打开【页码格式】对话框，在“编号格式”下拉列表中选择所需要的编号格式，如图 18-9 所示。

(3) 如果当前 Word 文档包括多个章节，并且希望在页码位置能显示当前章节号，可以选中【页码格式】对话框中的“包含章节号”复选框，然后在“章节起始样式”下拉列表中选择章节样式；在“使用分隔符”列表中选择章节和页码的分割符，如图 18-10 所示。

(4) 如果该 Word 文档的起始页码为某一页，而不是第一页，可在【页码格式】对话框中选择“起始页码”，如图 18-11 所示。

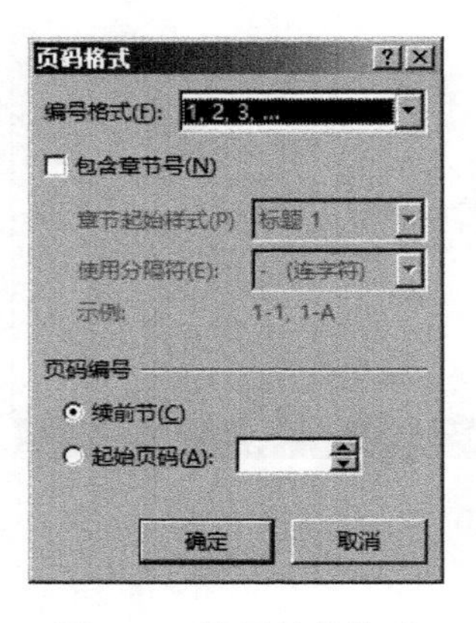

图 18-9 设置编号格式

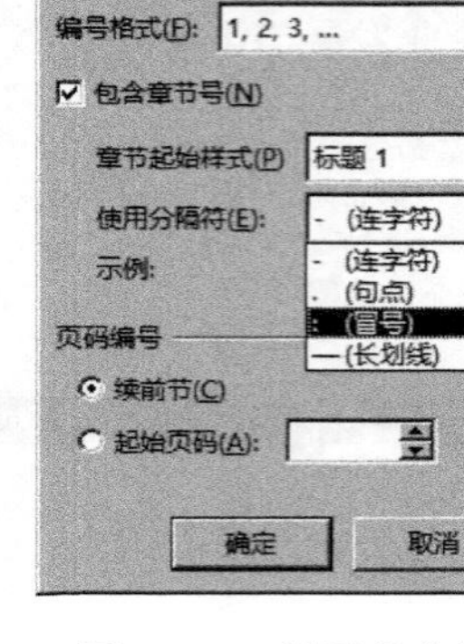

图 18-10 设置章节号

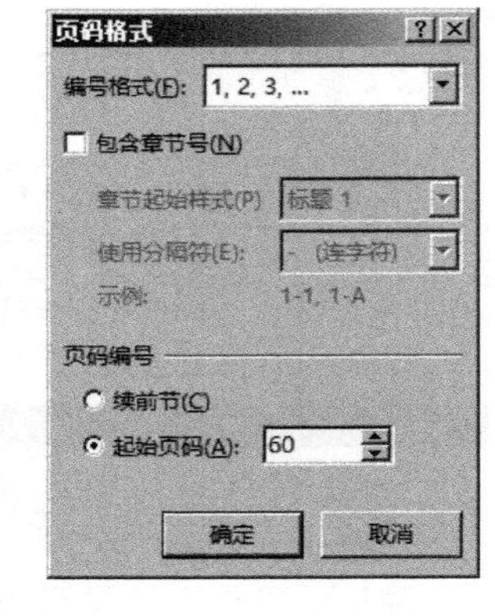

图 18-11 设置页码编号

3. 设置“第 x 页共 y 页”的页码格式

进入页眉页脚编辑状态，在页脚处输入“第页共页”，单击页眉页脚【设计】→【插入】→【文档部件】→【域】，打开【域】对话框，如图 18-12 所示。

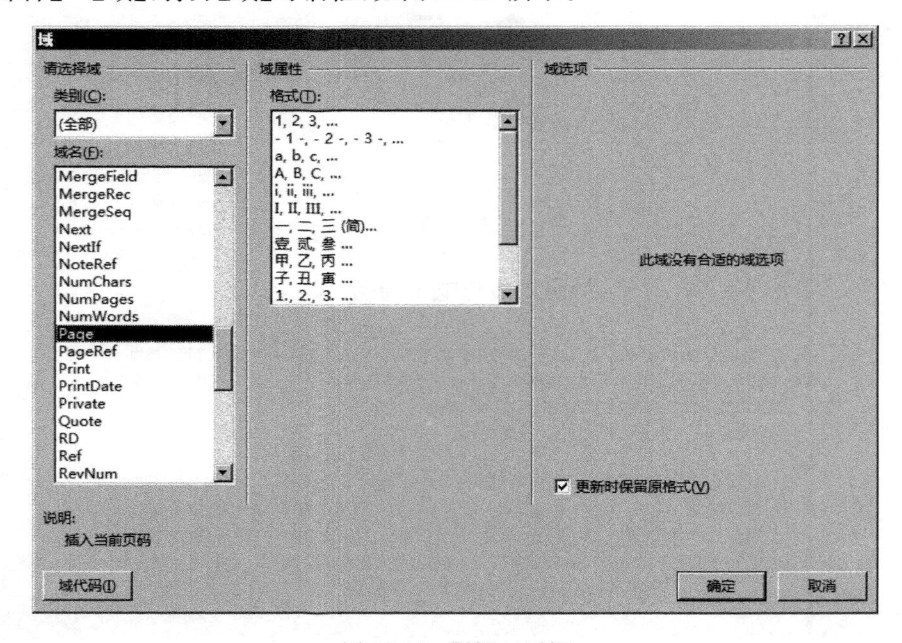

图 18-12 【域】对话框

设置的具体步骤如表 18-1 所示。

表 18-1 “第 x 页共 y 页”格式设置

序号	鼠标位置	类别	域名	格式
1	“第页”中间	编号	Page	1,2,3,……
2	“共页”中间	文档信息	NumPages	1,2,3,……

设置完成的最终效果如图 18-13 所示。

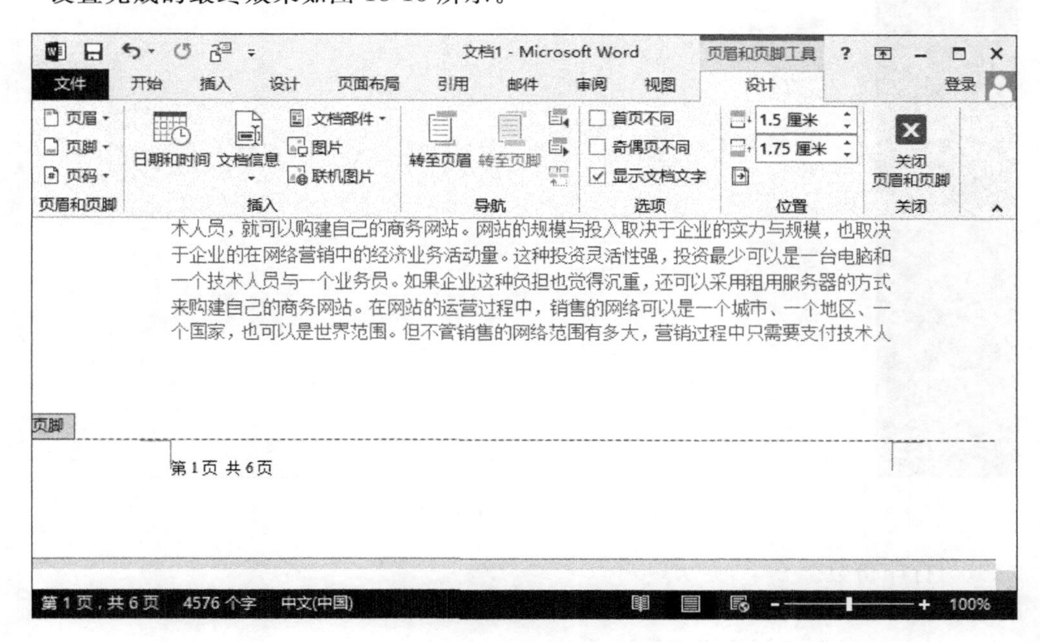

图 18-13 页码格式设置完成

18.1.3 Word 打印设置

单击【文件】→【打印】，或用快捷键 Ctrl+P，即进入“打印”设置，如图 18-14 所示。

Word 进行打印时，主要解决下面几个问题：

(1) 打印全部(所有页)。

(2) 打印所选内容(把在 Word 中选取的内容打印出来)。

(3) 打印当前页面(文档中光标所在页)。

(4) 自定义打印范围(如打印第 5 页和第 9 页，第 12 页到第 15 页)。

(5) 打印奇数页或偶数页。

(6) 单面打印或手动双面打印。

(7) 逐页打印或逐份打印。“逐份打印”为将在完成第 1 份打印任务后，再打印第 2 份、第 3 份……；“逐页打印”为将第 1 页打印足够的份数后再将第 2 页打印足够的份数，以此类推。

(8) 纸张方向、大小、边距。

(9) 缩放打印。

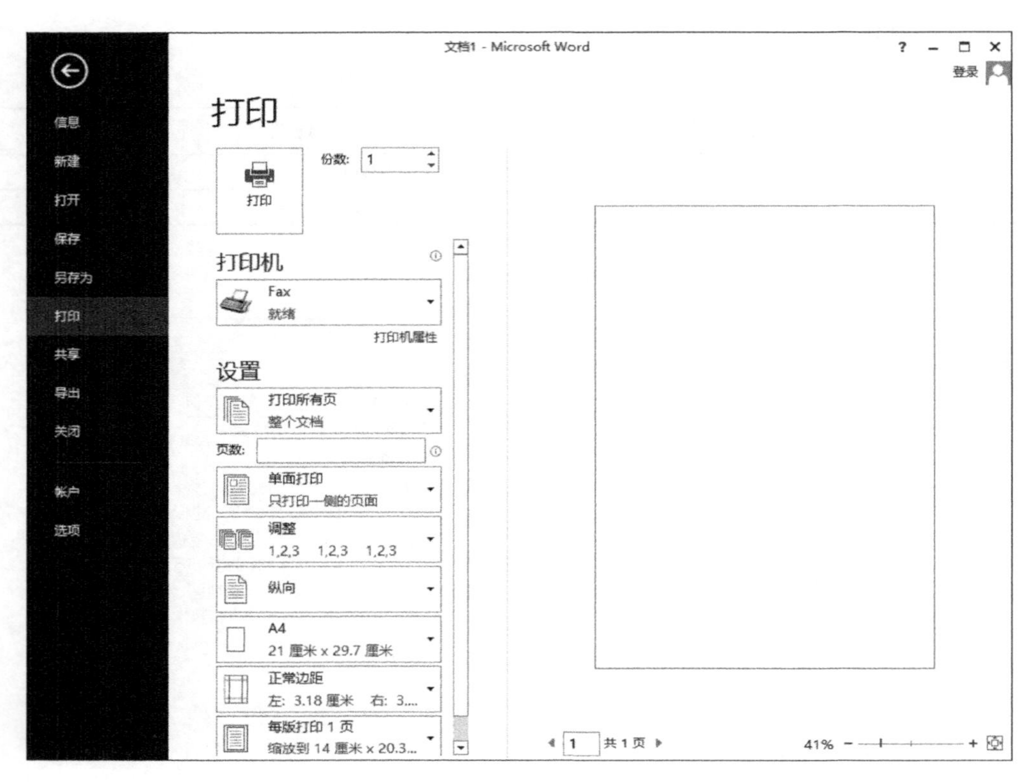

图 18-14 Word 打印设置

(10) 打印份数。

18.2 Excel 页面设置及打印

18.2.1 Excel 页面设置

在打印之前，首先要根据打印需要进行页面设置。单击【页面布局】→【页面设置】右下角对话框启动器，打开【页面设置】对话框，在该对话框中有【页面】、【页边距】、【页眉/页脚】、【工作表】4 个选项卡，如图 18-15 所示。

1. 页面设置

(1) 在【页面】选项卡中，可以设置纸张方向(纵向/横向)，如图 18-15 所示。

(2) 设置纸张的缩放。

(3) 设置纸张大小、打印质量等。

2. 页边距设置

(1) 在【页边距】选项卡中，可以设置纸张的上、下、左、右边距，以及页眉、页脚距离纸张边界的距离，如图 18-16 所示。

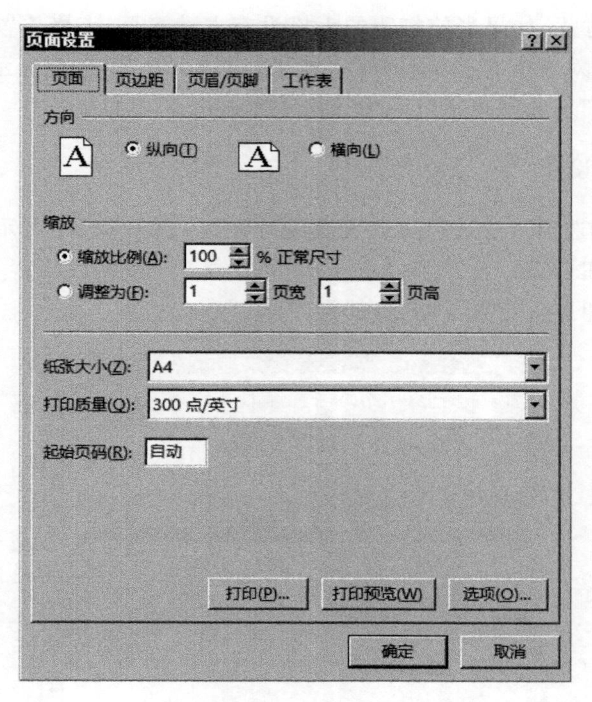

图 18-15 【页面设置】对话框中的【页面】选项卡

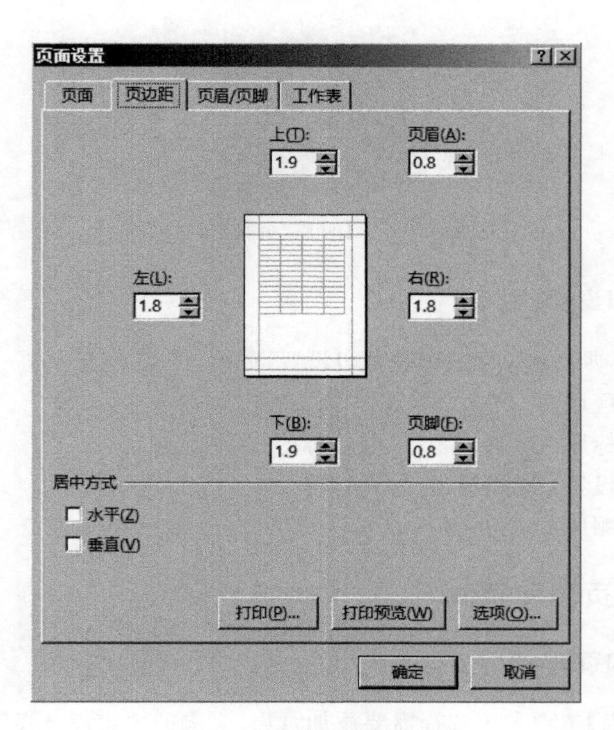

图 18-16 【页边距】选项卡

(2) 设置居中方式，如果当前打印的表格没有占满一页，表格位置默认会以水平方向左对齐，垂直方向顶对齐的方式进行打印，如果选择“水平”复选框表示页面中表格水平居中；如果选择“垂直”复选框表示页面中表格垂直居中。

3. 页眉和页脚设置

在【页眉/页脚】选项卡中进行页眉和页脚的设置，如图 18-17 所示。

(1) 设置页眉和页脚。

(2) 设置页眉和页脚首页不同、奇偶页不同。

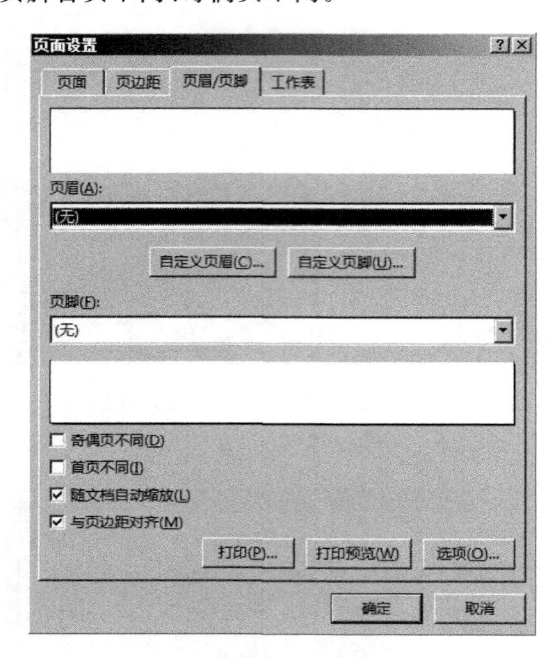

图 18-17 【页眉/页脚】选项卡

4. 工作表打印设置

在【工作表】选项卡中进行工作表打印设置，如图 18-18 所示。

(1) 设置打印区域。

(2) 设置打印标题：顶端标题行、左端标题行。

(3) 其他打印设置：网格线、行号列标等。

(4) 设置打印顺序。

18.2.2 Excel 页眉和页脚

1. 选择页眉和页脚

在【页眉和页脚】选项卡中选择需要添加页眉、页脚的内容以及显示方式。选择“奇偶页不同”复选框可以分别定义在奇数页和偶数页上显示不同的页眉或页脚，选择“首页不同”复选框可以定义在首页和其余页上显示不同的页眉或页脚，如图 18-17 所示。

页面设置
页面 页边距 页眉/页脚 工作表
打印区域(A):
打印标题
顶端标题行(R):
左端标题列(C):
打印
网格线(G) 批注(M): (无)
单色打印(B) 错误单元格打印为(E): 显示值
草稿品质(Q)
行号列标(L)
打印顺序
先列后行(D)
先行后列(V)
打印(P)... 打印预览(W) 选项(O)...
确定 取消

图 18-18 【工作表】选项卡

2. 自定义页眉和页脚

对于页眉和页脚除了选择现有的样式外还可以根据需要自定义页眉和页脚。在【页眉和页脚】选项卡中选择【自定义页眉】或【自定义页脚】按钮，如图 18-17 所示，即可打开设置对话框。此处以设置自定义页脚为例，选择【自定义页脚】按钮后可打开【页脚】对话框，如图 18-19 所示。根据需要输入页脚内容，通过对话框中的功能按钮进行页脚的设置，按钮的功能含义如表 18-2 所示。

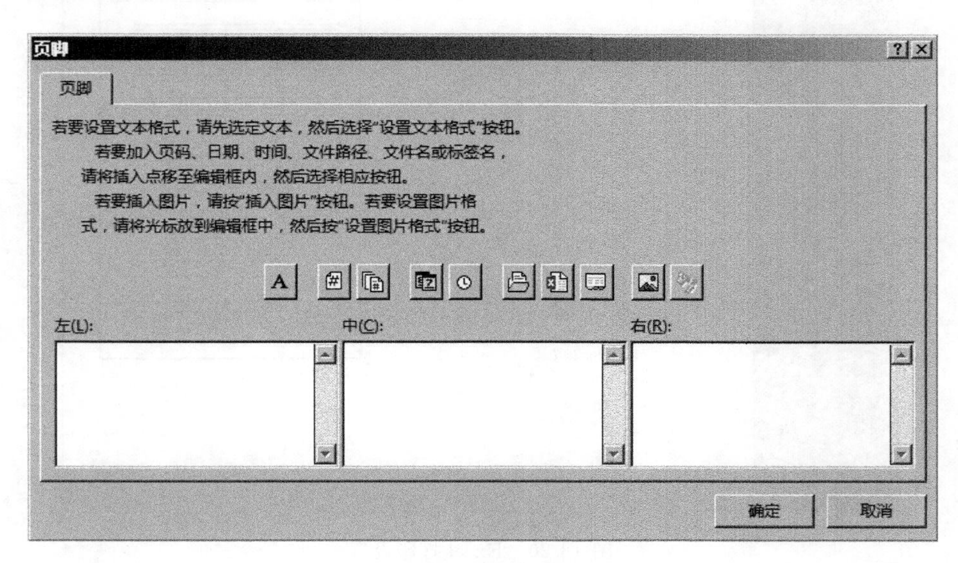

图 18-19 【页脚】对话框

表 18-2 自定义页眉和页脚中的功能按钮

按钮	功　　能	按钮	功　　能
	设置文字格式		插入文件路径
	插入页码		插入文件名
	插入页数		插入数据表名称
	插入日期		插入图片
	插入时间		设置图片格式

18.2.3 Excel 打印

1. 设置打印区域

系统默认的打印区域是当前页面中所有内容，用户可以根据需要，设定当前页面中需要打印的部分。操作如下：

(1) 选定工作表中需要打印的数据区域。

(2) 单击【页面布局】→【页面设置】→【打印区域】→【设置打印区域】。

2. 打印设置

单击【文件】→【打印】，或用快捷键 Ctrl+P，即进入“打印”设置，如图 18-20 所示。

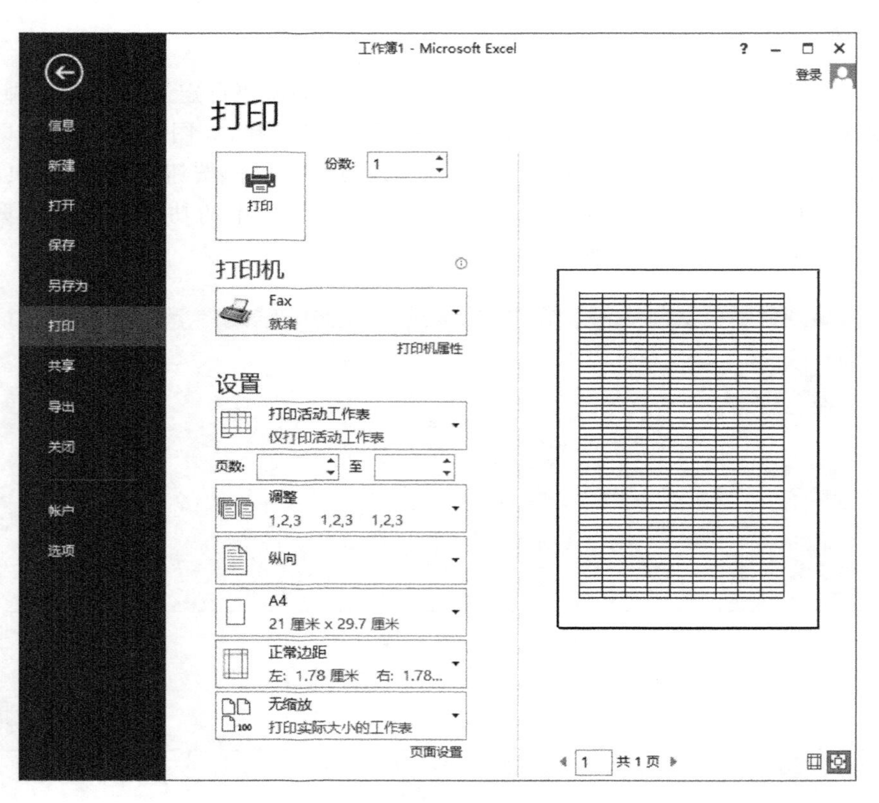

图 18-20 Excel 打印设置

Excel进行打印时，主要解决下面几个问题：

(1) 打印活动工作表(当前工作表)。

(2) 打印整个工作簿(工作簿中所有工作表)。

(3) 打印选定区域(把在Excel中选取的内容打印出来)。

(4) 自定义打印范围(设置页数 x 至 y)。

(5) 设置是否进行有序打印。

(6) 纸张方向、大小、边距。

(7) 缩放打印。

(8) 打印份数。

(9) 打印预览，单击右下角显示比例按钮中右边的放大按钮，可以将显示内容放大，单击左边的恢复按钮，就会恢复到原来的显示比例。

18.3 PowerPoint页面设置及打印

18.3.1 PowerPoint页面设置

用户在打印幻灯片之前，首先要进行页面设置。对于PowerPoint而言，页面设置即幻灯片大小设置。单击【设计】→【自定义】→【幻灯片大小】，可打开【幻灯片大小】对话框，如图18-21所示。

在【幻灯片大小】对话框中主要设置的内容有：

(1) 幻灯片大小。

(2) 宽度、高度。

(3) 幻灯片编号起始值。

(4) 幻灯片的方向。

(5) 备注、讲义和大纲的方向。

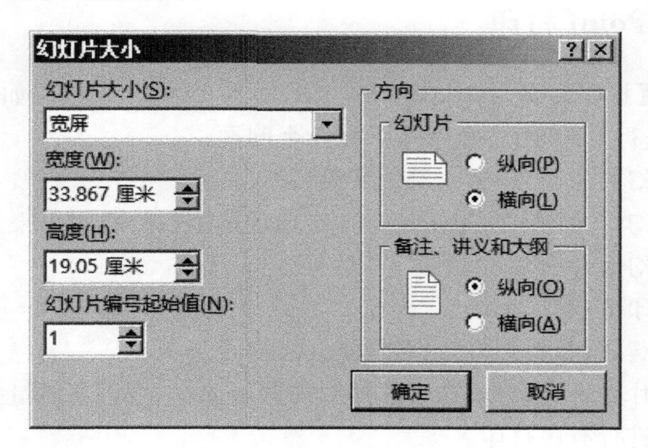

图18-21 【幻灯片大小】对话框

18.3.2 PowerPoint 页眉和页脚

在 PowerPoint 中对页眉和页脚的设置【插入】→【文本】→【页眉和页脚】，即可打开【页眉和页脚】对话框，如图 18-22 所示。

在【页眉和页脚】对话框中可以进行的设置有：

(1) 日期和时间。

(2) 幻灯片编号。

(3) 页脚。

图 18-22 【页眉和页脚】对话框

18.3.3 PowerPoint 打印

单击【文件】→【打印】，或用快捷键 Ctrl+P，即进入“打印”设置，如图 18-23 所示。

PowerPoint 进行打印时，主要解决下面几个问题：

(1) 打印全部幻灯片(打印整个演示文稿)。

(2) 打印所选幻灯片(把在 PowerPoint 中选取的幻灯片打印出来)。

(3) 打印当前幻灯片。

(4) 自定义打印范围。

(5) 设置打印版式(整页幻灯片、备注页、大纲)及讲义。

(6) 设置幻灯片是否有边框、是否根据纸张调整大小、是否高质量打印。

(7) 设置是否进行有序打印。

(8) 设置打印颜色模式。

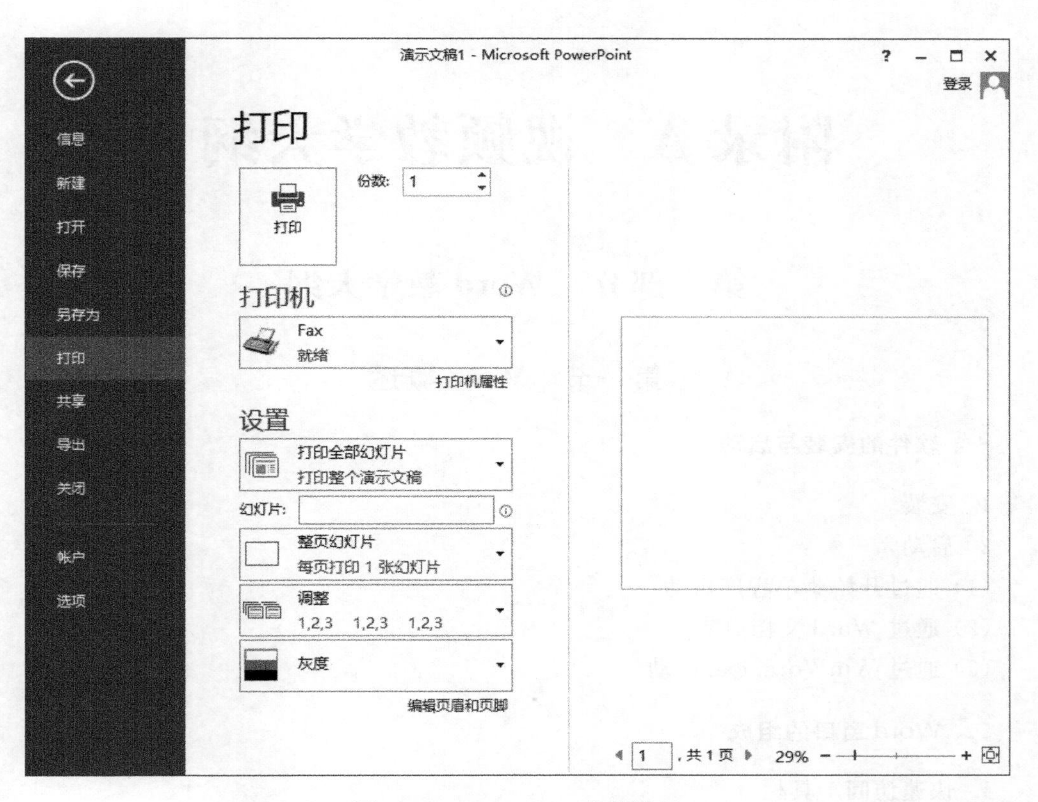

图 18-23　PowerPoint 打印设置

附录 A　视频教学大纲

第一部分　Word 教学大纲

第一节　Word 概述

一、软件的安装与启动

1. 安装
2. 启动
(1) 通过开始菜单程序启动
(2) 通过 Word 文档启动
(3) 通过 WinWord.exe 启动

二、Word 窗口的组成

1. 快速访问工具栏
2. 标题栏
3. 文件菜单
4. 功能区
5. 标尺
(1) 打开页面设置
(2) 制表位
(3) 段落的缩进
(4) 调整页边距
(5) 编辑区
6. 状态栏
7. 滚动条及按钮
8. 窗口拆分
9. 视图切换按钮
10. 显示比例

三、Word 视图

1. 各种视图
(1) 页面视图
(2) 阅读视图

(3) Web 版式视图
(4) 大纲视图
(5) 草稿视图
2. 视图显示比例

四、帮助的使用

1. F1
2. Shift+F1

第二节　Word 文档操作

一、创建文档

1. 创建方法
(1) 文件菜单或快速访问工具栏中的新建
(2) Ctrl+N
2. 特殊文档的创建使用
(1) 稿纸
(2) 邮件合并
(3) 目录
(4) 脚注与尾注
(5) 批注
(6) 修订

二、保存文档

1. 保存方法
(1) 文件菜单或快速访问工具栏中的保存
(2) Ctrl+S
(3) F12
2. 保存类型
(1) Word 文档/ Word97—2003 文档
(2) Word 模板/ Word97—2003 模板
(3) Web 页
(4) PDF
3. 文档加密

三、文档的打开

1. 打开的方法
(1) 文件菜单或快速访问工具栏中的打开
(2) Ctrl+O

2. 打开方式
(1) 打开
(2) 以只读方式打开
(3) 以副本方式打开

四、文档关闭

1. Ctrl+W
2. Alt+F4

第三节 Word 文档编辑

一、文本输入

1. 文字与标点的输入
(1) 输入法输入
(2) 软键盘输入
2. 符号的输入
(1) 软键盘的输入
(2) 插入符号
3. 插入编号
4. 插入公式
5. 日期和时间的输入
6. 即点即输

二、插入点移动

1. 利用鼠标移动【借助于滚动条及按钮】
2. 利用键盘移动
(1) 四个光标键【字符之间或行间移动】
(2) Home/End【行首或行尾】
(3) Pgup/Pgdn【上一屏或下一屏】
(4) Ctrl+Home/Ctrl+End【文档首或文档尾】
(5) Ctrl+Pgup/Ctrl+Pgdn【上一页或下一页】
(6) Shift+F5【回到上一次位置】

三、文本的选取

1. 用鼠标进行选取
(1) 选中一个词【双击左键】
(2) 选中一句【Ctrl+左键单击】
(3) 选中一行【在选定区单击】
(4) 选中一段【在段落上三击左键或选定区双击左键】

(5) 选中所有【选定区三击左键或 Ctrl＋A】
(6) 矩形文本选取【Alt＋左键拖动】
(7) 选定连续文本【Shift＋左键单击】
(8) 选定不连续文本【Ctrl＋左键单击】
(9) 任意范围选取【在编区拖动或选定区拖动鼠标左键】
2. 用键盘进行选取
(1) Shift＋光标键
(2) Shift＋Home/Shift＋End
(3) Shift＋Pgup/Shift＋Pgdn
(4) Shift＋Ctrl＋ Home/Shift＋Ctrl＋ End

四、文本操作

1. 移动
(1) 左键拖动
(2) 剪切 Ctrl＋X/粘贴 Ctrl＋V
(3) 右键拖动
2. 复制
(1) Ctrl＋左键拖动
(2) 复制 Ctrl＋C/粘贴 Ctrl＋V
(3) 右键拖动
3. 删除

五、查找与替换

1. 查找与替换打开方法
(1) Ctrl＋F 或 Ctrl＋H
(2) 高级查找与替换
2. 查找与替换的应用
(1) 继续查询使用 Shift＋F4
(2) 格式替换
(3) 特殊字符的查找
(4) 查找书签
(5) 查找与定位

第四节　Word 文档格式化

一、字体设置

1. 设置方法
(1) 工具
(2) 字体对话框

2. 字体对话框
(1) 字体
(2) 高级

二、段落设置

1. 段落的缩进
(1) 首行缩进
(2) 悬挂缩进
(3) 左缩进
(4) 右缩进
2. 段落的对齐方式
(1) 左对齐
(2) 右对齐
(3) 居中对齐
(4) 分散对齐
(5) 两端对齐
3. 行间距与段前段后
(1) 行距
(2) 段前与段后

三、项目符号与编号

1. 项目符号
(1) 现有符号
(2) 图片符号
(3) 自定义符号
2. 编号
(1) 现有编号
(2) 自定义编号
(3) 多级编号

四、边框与底纹

1. 边框
(1) 文字边框
(2) 段落边框
(3) 页面边框
2. 底纹
(1) 文字底纹
(2) 段落底纹

五、分栏

1. 分栏
(1) 栏数
(2) 栏宽
2. 常见的几种分栏

六、制表位

1. 对齐方式
(1) 左对齐
(2) 右对齐
(3) 居中对齐
(4) 小数点对齐
(5) 竖线对齐
2. 制表位的前导符
3. 文本转换成表格

七、特殊中文版式

1. 文字加宽
2. 更改大小写
3. 文字方向
4. 首字下沉
5. 拼音指南
6. 带圈字符
7. 纵横混排
8. 合并字符
9. 双行合一

第五节　Word 表格处理

一、表格的生成

1. 插入表格
2. 绘制表格

二、表格中插入点的移动

1. Tab【下一单元格】
2. Shift+Tab【上一单元格】
3. Alt+Home【同行的第一个格】
4. Alt+End【同行的最后一个格】

5. Alt+Pgup【同列的第一个格】

6. Alt+Pgdn【同列的最后一个格】

三、表格中行列的选取

1. 一行或多行的选取

(1) 选定区单击左键选中一行

(2) 选定区左键拖动选中多行

2. 一列或多列的选取

(1) 列选取指针单击选中一列

(2) 列选取指针拖动选中多列

3. 选中连续或不连续的单元格

(1) Shift+左键单击

(2) Ctrl+左键单击

4. 整表的选取

(1) 单击表格移动控制点

(2) 表格工具的选择

5. 键盘进行选取

在插入点移动键的基础上加 Shift 即可

四、行列的操作

1. 行列操作

(1) 增加行列

(2) 删除行列

(3) 移动行列

(4) 复制行列

2. 单元格操作

(1) 拆分

(2) 合并

(3) 表格拆分

3. 行高与列宽

(1) 鼠标在表线上拖动

(2) 鼠标在标尺上拖动

(3) 表格大小控制点

(4) 表格属性

五、表格格式设定

1. 字体、字号、字型、文字颜色

2. 文字对齐方式

3. 单元格文字方向

4. 线型与底纹
5. 表格样式

六、表格的高级处理

1. 自动调整
(1) 根据内容调整
(2) 根据窗口进行调整
(3) 平均分布各行与平均分布各列
(4) 固定列宽
2. 文本与表格的转换
(1) 表格转换成文本
(2) 文本转换成表格

第六节　Word 图文混排

一、插入图片或联机图片

1. 图片调整
2. 图片样式
3. 图片排列
4. 图片大小

二、插入形状

1. 形状类别
2. 形状组合
3. Shift 或 Ctrl 绘制形状
4. 形状样式
5. 形状排列
6. 形状大小

三、插入 SmartArt 图形

1. 创建 SmartArt 图形
2. SmartArt 图形布局
3. SmartArt 图形颜色
4. SmartArt 图形样式
5. SmartArt 图形形状样式
6. 更改 SmartArt 图形形状
7. 重置 SmartArt 图形

四、插入文本框

1. 横排文本框

2. 竖排文本框

五、艺术字

1. 艺术字样式
2. 形状样式

六、页面格式

1. 添加封面
2. 页面背景
3. 页面水印

七、设置页码格式

1. 插入分隔符
2. 设置连续页码
3. 设置起始页码
4. 用页眉和页脚设置页码格式

第二部分　Excel 教学大纲

第一节　Excel 工作簿

一、工作簿的组成

1. 工作簿的定义
(1) 工作簿
(2) 文件：XLSX/XLS
2. 工作簿窗口
(1) 文件菜单
(2) 标题栏
(3) 快速访问工具栏
(4) 功能区
(5) 编辑栏
(6) 名称框
(7) 插入函数
(8) 行号与列标
(9) 工作表标签与标签滚动按钮
(10) 状态栏与快速计算

二、工作簿的操作

1. 创建工作簿

(1) 文件菜单或快速访问工具栏中的新建
(2) Ctrl+N
(3) 基于模板创建
2. 工作簿窗口切换
(1) Ctrl+F6
(2) 视图→切换窗口
3. 工作簿保存
(1) 文件菜单或快速访问工具栏中的保存/另存为
(2) Ctrl+S
(3) F12
4. 工作簿保存类型
(1) 工作簿【保存时如何加密】
(2) 启用宏的工作簿
(3) 模板
(4) 网页
(5) PDF
5. 工作簿的关闭
(1) Ctrl+W/Ctrl+F4
(2) 关闭按钮
6. 工作簿的打开
(1) 文件菜单或快速访问工具栏中的打开
(2) Ctrl+O
7. 打开方式
(1) 打开
(2) 以只读方式打开
(3) 以副本方式打开

第二节　Excel 工作表

一、工作表视图

1. 编辑栏
2. 网络线
3. 行号与列标

二、工作表定义

1. 工作表的默认数
2. 改变工作表的默认数
3. 工作表的选定
(1) 连续的工作表 Shift+左键

(2) 不连续工作表 Ctrl＋左键

三、工作表操作

1. 插入工作表
2. 重命名工作表
3. 工作表的移动
4. 工作表的复制
5. 工作表的删除
6. 工作表的隐藏
7. 工作表标签颜色
8. 工作表的拆分
9. 工作表冻结窗格
10. 工作表窗口排列

四、表格操作

1. 表格的生成
2. 插入点移动

(1) 光标键【单元格移动】
(2) Tab/Shift＋Tab【下一个单元格或上一个单元格】
(3) Ctrl＋四个光标键【定位到工作表首尾】
(4) Pgup/Pgdn【上下移动单元格，相当于垂直滚动条】
(5) Alt＋Pgup/Alt＋Pgdn【左右移动单元格，相当于水平滚动条】
(6) Ctrl＋Home/Ctrl＋End【数据首或数据尾】
(7) Ctrl＋Pgup/Ctrl＋Pgdn【工作表间的切换】
(8) Home【本行第一个单元格】

3. 表格范围选取

(1) 拖动法
(2) Shift＋光标键
(3) Ctrl＋左键
(4) Shift＋左键
(5) 整行/多行/连续行/不连续行
(6) 整列/多列/连续列/不连续列
(7) Ctrl＋A/全选按钮

4. 表格的复制与移动
5. 表格行高列宽设定
6. 表格行列的移动与复制

(1) 左键拖动是覆盖式移动
(2) Shift＋左键拖动插入式移动
(3) Ctrl＋左键拖动覆盖式复制

(4) Ctrl+Shift+左键拖动是插入式复制
7. 格式化表格
(1) 字体、字号
(2) 数字格式
(3) 对齐方式
(4) 图案
(5) 保护
8. 表格样式
(1) 单元格样式
(2) 表格样式
(3) 条件格式

五、数据填充

1. 上下左右填充
(1) 向下填充 Ctrl+D
(2) 向右填充 Ctrl+R
2. 序列填充
(1) 等差序列
(2) 等比序列
(3) 日期序列
(4) 任意序列
3. 不同单元格输入相同数据
4. 数值变为字符填充
5. 记忆式键入
6. 分数填充
7. 填至成组工作表
8. 不同工作表输入相同数据

第三节 Excel 公式与函数

一、公式定义

1. 定义方法
(1) =
(2) 编辑栏
(3) 插入函数
2. 运算符
(1) 算术运算符：+　-　*　/　^　%
(2) 比较运算符：<　<=　>　>=　<>
3. 字符连接运算符：&

二、单元格引用(F4)

1. 引用形式
(1) A1
(2) $A$1
(3) A$1
(4) $A1
2. 单元格范围引用
(1) A1：A6
(2) A1：C5
(3) A：A
(4) A：B
(5) 1：1
(6) 1：3
(7) A1,B2,C2

三、公式格式

1. 同一个工作表：A1
2. 不同工作表：工作表名！A1
3. 不同工作簿：[工作簿名.XLS/XLSX]工作表名!A1
4. 不同磁盘的不同工作簿：'盘符路径[工作簿名.XLS/XLSX]工作表名'!A1

第四节　数据处理与图表

一、数据处理

1. 数据排序
(1) 单字段排序
(2) 多字段排序
2. 数据筛选
(1) 自定义筛选
(2) 高级筛选
3. 数据验证
4. 分类汇总

二、图表应用

1. 迷你图
2. 图表的生成
(1) 图表类型
(2) 数据源与数据切换

(3) 图表布局
(4) 图表样式
(5) 图表标签
(6) 图表坐标轴
(7) 图表分析
3. 数据透视表

第五节 Excel常用函数

一、数学函数

序号	函数名	用　法
1	RAND	返回0和1之间的随机数
2	RANDBETWEEN	返回两个数之间的随机数
3	INT	返回不大于该数的最大整数
4	MOD	返回两数相除的余数
5	ROUND	对一个数进行四舍五入
6	TRUNC	对一个数进行截尾取整
7	SUBTOTAL	分类汇总

二、日期和时间函数

序号	函数名	用　法
1	DATE	将指定的年月日数字转换成日期
2	TIME	将指定的时分秒数字转换成时间
3	TODAY	返回计算机系统的当前日期
4	NOW	返回计算机系统的当前日期和时间

三、文本函数

序号	函数名	用　法
1	LEFT	返回一个字符串左边的 N 个字符
2	RIGHT	返回一个字符串右边的 N 个字符
3	MID	返回一个字符串指定位置开始的 N 个字符
4	LEN	返回字符串中字符的个数
5	VALUE	将文本参数转换为数字

四、逻辑函数

序号	函数名	用　　法
1	AND	如果所有参数为 TRUE,则返回 TRUE,否则返回 FALSE
2	OR	如果有一个参数为 TRUE,则返回 TRUE
3	NOT	反转参数的逻辑值
4	IF	对逻辑条件进行判断,如果条件成立执行表达式 1,否则执行表达式 2

五、统计函数

序号	函数名	函数作用
1	SUM	求和
2	SUMIF	单一条件下求和
3	SUMIFS	多条件下求和
4	AVERAGE	返回一组数的算术平均值,忽略逻辑值和文本
5	AVERAGEIF	单一条件下计算平均值
6	AVERAGEIFS	多条件下计算平均值
7	MAX	返回一组数值中的最大值忽略逻辑值和文本
8	MIN	返回一组数值中的最小值忽略逻辑值和文本
9	COUNT	计算数值区域中数字单元格的个数(忽略逻辑值和文本字符串)
10	COUNTIF	单一条件下求个数
11	COUNTIFS	多条件下求个数

六、查找引用函数

序号	函数名	函数作用
1	VLOOKUP	按列查找(返回区域中首列满足条件元素所对应的指定列单元格的值)
2	HLOOKUP	按行查找(返回区域中首行满足条件元素所对应的指定行单元格的值)
3	LOOKUP	行列查找

七、财务函数

序号	函数名	函数作用
1	PMT	计算固定利率等额分期付款的年金
2	IPMT	计算固定利率等额分期付款的利息
3	CUMIPMT	计算固定利率等额分期付款的两期间贷款利息和
4	PPMT	计算固定利率等额分期付款的每期还款的本金
5	CUMPRINC	计算固定利率等额分期付款的两期间还款的本金和

第三部分　PowerPoint 教学大纲

第一节　PowerPoint 概述

一、启动

(1) 利用开始菜单启动
(2) 利用 Powerpnt.exe 启动
(3) 利用快捷方式启动
(4) 利用演示文稿进行启动【可以是已有的，也可以是新建的】

二、PPT 的使用环境

1. 文件菜单
2. 标题栏
3. 快速访问工具栏
4. 功能区
5. 编辑窗口
(1) 标尺
(2) 制表位
(3) 幻灯片窗口、幻灯片编辑窗口、备注窗口
(4) 状态栏

三、幻灯片视图

1. 普通视图
2. 大纲视图
3. 幻灯片浏览视图
4. 备注页视图
5. 阅读视图
6. 幻灯片放映视图
7. 幻灯片显示比例

四、PPT 的退出

1. 关闭按钮
2. Alt+F4

第二节　演示文稿管理

一、创建演示文稿

二、保存演示文稿

1. 保存的方法

(1) Ctrl+S

(2) 文件菜单或快速访问工具栏中的保存

2. 保存类型

(1) 演示文稿

(2) 演示文稿模板

(3) GIF、JPG、PNG、BMP 等图像

(4) PDF 文档

3. 打包演示文稿

三、演示文稿的打开

四、管理幻灯片

1. 选定幻灯片

(1) 所有

(2) 连续

(3) 不连续

2. 编辑幻灯片【幻灯片浏览视图】

(1) 移动

(2) 复制

(3) 删除

3. 插入幻灯片

(1) Ctrl+M

(2) 从其他文件插入

五、打印演示文稿

1. 打印页面设置

2. 打印指定幻灯片或当前幻灯片

3. 打印的内容

第三节　文本编辑与格式

一、文本与各种符号的输入

1. 利用输入法输入

2. 利用软键盘输入

3. 插入符号

二、大纲视图中编辑文本

1. 控制键

(1) 回车【下一张幻灯片】

(2) Ctrl＋回车【输入正文】
(3) Shift＋回车【换行】
(4) Tab【下一级标题】
(5) Shift＋Tab【上一级标题】
2. 各种问题的分析
(1) Word 大纲文档与幻灯片间的转换
(2) 幻灯片的先后顺序通过大纲上移与下移实现

三、文本格式

1. 字体
(1) 字体、字号、字型、颜色
(2) 替换字体
2. 段落
(1) 段落的对齐方式
(2) 段落的缩进
(3) 行距
3. 更改大小写
4. 项目符号与编号

四、幻灯片的格式

1. 幻灯片的版式
2. 幻灯片背景
3. 幻灯片主题
4. 幻灯片新建主题颜色

五、幻灯片母版

1. 幻灯片母版
2. 讲义母版
3. 备注母版

第四节　在幻灯片中插入对象

一、表格的插入

1. 表格插入的方法
2. 表格中的操作
(1) 表格的行高与列宽
(2) 插入行或列
(3) 删除行或列
(4) 合并与拆分

(5) 表格中文本的对齐方式
(6) 表格中的文字方向
(7) 表格的边框
(8) 表格的填充

二、幻灯片中绘制图形

1. Shift 与 Ctrl 的应用
2. 叠放次序
3. 图形的组合
4. 对齐与分布
5. 旋转与环绕

三、幻灯片中插入图片

四、插入艺术字

五、插入图表

1. 插入的方法
(1) 图表版式
(2) 插入菜单中的图表
2. 图表操作
(1) 图表类型
(2) 图表选项
(3) 三维图表
(4) 行与列转换
(5) 坐标轴格式

六、插入多媒体

音频/视频

七、组织结构图

第五节　幻灯片动画与效果

一、幻灯片动画

1. 自定义动画
2. 动画效果
3. 幻灯片切换动画

二、动作按钮与操作设置

1. 动作按钮
2. 操作设置
(1) 链接 URL
(2) 链接指定的幻灯片
(3) 链接其他的演示文稿
(4) 链接其他文档
(5) 链接其他的应用程序

三、幻灯片放映

1. 对象动画间的切换
2. 幻灯片间的切换
3. 幻灯片循环播放

四、放映时的控制

1. F5/Shift＋F5/Home/End
2. 空格、回车、左键、Pgdn、Pgup/鼠标右键/鼠标指针选项

第四部分 页面设置及打印

一、Word 页面设置及打印

1. Word 页面设置
2. Word 页眉和页脚
3. Word 打印设置

二、Excel 页面设置及打印

1. Excel 页面设置
2. Excel 页眉和页脚
3. Excel 打印

三、PowerPoint 页面设置及打印

1. PowerPoint 页面设置
2. PowerPoint 页眉和页脚
3. PowerPoint 打印

附录 B　视频教学实例

➢ Windows 的基本操作

1. 快捷键的使用

Start

Start＋E 打开计算机

Start＋D 显示桌面

Start＋R 打开运行

Alt＋Tab 应用程序之间的切换

Ctrl＋N 新建

Ctrl＋W 关闭

Ctrl＋O 打开文档

Ctrl＋S 保存文档

F12 另存为

2. 如何将 Windows 系统下的文件全部显示出来？

3. 如何显示文件的扩展名？

4. 如何将窗口或屏幕复制 Word 文档中？

Alt＋Prtscr

Prtscr

➢ 输入法的使用

1. 如何添加或删除输入法？

2. 如何通过键盘控制输入法？

3. 通过输入法输入各种符号？

第一部分　Word 教学实例

➢ Word 软件的启动

1. 如何通过程序来启动 word 软件、Excel 软件、PowerPoint 软件？

Winword. exe

Excel. exe

Powerpnt. exe

2. 如何通过 PPT 的控制按钮来实现软件的启动？

Ctrl＋K

➢ Word 窗口的组成

1. 如何在快速访问工具栏中添加新工具？

2. 如何通过标题栏最大化和还原窗口？
3. 如何设置 Word 选项？
4. 如何选择文字时不显示浮动工具栏？
5. 如何显示或隐藏功能区？
Ctrl+F1
6. 如何通过快捷键控制功能区的使用？
Alt
7. 如何显示或隐藏标尺？
8. 如何进行窗口拆分？
9. 如何调整文档的显示比例？

➢ **Word 标尺与页面设置**

1. 如何进入页面设置？
2. 如何设置纸张的页边距？
3. 如何打印拼页，书籍对折页，对称页边距？
4. 如何设置纸张大小？
5. 如何给文档添加行号？
6. 如何设置文档每页 30 行，每行 25 个汉字？

➢ **Word 标尺与制表位**

1. 如何通过制表位输入列对齐数据？
2. 如何将制表位的列对齐数据转换成表格？
3. 各种情况的文本怎样转化成表格？
4. 在 Excel 中如何实现行列转置？
5. 如何将表格转换成文本？

➢ **Word 标尺与段落缩进**

1. 如何通过标尺调整页边距？
2. 如何调整段落的缩进？

➢ **Word 视图**

1. Word 视图有哪些？
2. 如何通过大纲视图输入具有层次结构的文档？
Tab Shift+Tab
3. 如何将大纲视图转换成 PPT？
4. 如何将 PPT 转换成 Word 文档？
5. 如何调整视图的显示比例？

➢ **Word 帮助**

1. 如何打开帮助？
2. 如何复制帮助文字？
3. 如何显示文档现有格式？

➢ **Word 文档创建**

1. 创建文档的方法有哪些？

2. 如何使用稿纸?
3. 如何制作中文信封?
4. 如何使用邮件合并?
5. 如何制作手动目录?
6. 如何制作自动目录?
7. 如何在文档中使用脚注与尾注?
8. 如何使用批注?
9. 如何使用修订?

➢ **Word 文档保存**

1. 文档保存的方法有哪些?
2. 如何保存各种类型的文档?
3. 如何文档加密码?
4. 如何在断电的情况下,让文档输入的内容丢失最少?

➢ **Word 文档打开与关闭**

1. 文档打开的方法有哪些?
2. 文档打开的方式有哪些?
3. 如何关闭文档?

➢ **Word 文本输入**

1. 如何输入文字与标点?
2. 如何输入各种符号?
3. 如何使用数字编号?
4. 如何定义数学公式?
5. 如何插入计算机系统的日期和时间?
6. 如何启用即点即输?

➢ **Word 插入点移动**

1. 利用鼠标如何移动插入点?
2. 利用键盘如何移动插入点?

➢ **Word 文本的选取**

1. 利用鼠标如何选取文本?
2. 利用键盘如何选取文本?

➢ **Word 文本操作**

1. 如何移动文本?
2. 如何复制文本?
3. 如何删除文本?

➢ **Word 查找与替换**

1. 如何进行查找,如何实现继续查找?
2. 如何实现格式替换?
3. 如何删除文档中多余的回车?
4. 如何删除文档中多余的空格?

5. 如何将手动换行符换成段落标记？
6. 如何定位到文档的某一页？
7. 如何通过书签进行定位？

➢ **Word 字体设置**

1. 字体设置的方法有哪些？
2. 如何使用工具设置字体格式？
3. 如何设置字间距与位置？

➢ **Word 段落设置**

1. 如何设置段落的缩进？
2. 如何设置段落的对齐方式？
3. 如何设置行间距与段前段后？

➢ **Word 项目符号与编号**

1. 如何设置字符项目符号？
2. 如何修改项目符号的颜色？
3. 如何设置图片符号？
4. 如何设置项目编号？
5. 如何修改编号格式？
6. 如何自定义编号？
7. 如何使用多级编号？

➢ **Word 边框与底纹**

1. 如何设置文字或段落的边框与底纹？
2. 如何设置页面边框？
3. 如何自定义边框？
4. 如何设置艺术型页面边框？

➢ **Word 分栏**

1. 如何进行整篇文档分栏？
2. 如何对部分文字进行分栏？
3. 如何调整栏宽或栏数？
4. 常见的几种分栏形式？

➢ **Word 特殊中文版式**

1. 如何对文字加宽？
2. 如何更改大小写？
3. 如何调整文字方向？
4. 如何设置首字下沉？
5. 如何使用拼音指南？
6. 如何设置带圈字符？
7. 如何进行纵横混排？
8. 如何使用合并字符？
9. 如何进行双行合一？

> **Word 表格操作**

1. 如何生成表格?
2. 如何在表格中移动插入点?
3. 在表格中如何进行行列的选取?
4. 在表格中如何进行行列的操作?

> **Word 表格的格式与调整**

1. 如何设定表格格式?
2. 表格的自动调整?

> **插入图片或联机图片**

1. 如何来调整图片?
2. 如何调整图片样式?
3. 如何对图片进行排列?
4. 如何调整图片大小?

> **插入形状**

1. 形状有哪些类别?
2. 如何组合形状?
3. 如何使用 Shift 或 Ctrl 绘制形状?
4. 如何设置形状样式?
5. 如何排列形状?
6. 如何调整形状的大小?

> **插入 SmartArt 图形**

1. SmartArt 图形有哪些类别?
2. 如何对 SmartArt 图形进行布局?
3. 如何更改 SmartArt 图形的颜色?
4. 如何调整 SmartArt 图形的样式?
5. 如何调整 SmartArt 图形的形状样式?
6. 如何更改 SmartArt 图形的形状?
7. 如何重置 SmartArt 图形?

> **插入文本框与艺术字**

1. 如何插入文本框?
2. 如何插入艺术字?

> **页面格式**

1. 如何添加封面?
2. 如何设置页面的背景?
3. 如何给页面添加水印?

> **设置页码格式**

1. 如何插入分隔符?
2. 如何插入页码?
3. 如何设置起始页码?

4. 如何设置页码格式?

第二部分　Excel 教学实例

➢ **Excel 工作簿**

1. Office2003 与 Office2013 的文件区别?
2. Excel 工作簿窗口有哪些组成?
3. 如何恢复 Excel 快速访问工具栏的默认设置?
4. 编辑栏的作用有哪些?

输入或修改数据

定义或修改公式

5. 名称框的作用有哪些?

单元格的定位

进行范围的选取

定义名称

6. 如何删除定义好的名称?
7. 如何插入函数,在插入函数的过程中如何快速查找函数?
8. 在 Excel 中如何快速指向工作表最后一行或最后一列或第一行或第一列?

Excel 的最后一行:1048576 行

Excel 的最后一列: XFD 列共 16384 列

9. 如何给工作簿加密码?
10. 如何制作企业营业税模板?
11. 如何将工作簿或工作表存为网页?
12. 工作簿的打开方式有哪些?

➢ **Excel 工作表**

1. 如何对行号与列标进行显示和隐藏?
2. 如何更改工作表默认数?
3. 如何选取连续或不连续的工作表?
4. 如何生成含有 400 个甚至更多工作表的工作簿?
5. 如何显示或隐藏工作表?
6. 如何实现工作表中数据的前后照应?
7. 如何冻结窗格?
8. 在表格中如何移动插入点?
9. 在 Excel 中如何将数字快速转换为中文大写?

➢ **Excel 公式与函数**

1. 如何定义公式?
2. 如何取消公式的输入?
3. 打开 LE01 计件工资,完成下列操作:

在一月和二月两列的后面各增加一列,分别为一月完成情况、二月完成情况;

判断一月和二月的生产情况，标准是70件，如果完成为TRUE，未完成为FALSE。

4. 如何对单元格进行引用？

5. 打开LE04各类存款利息计算表，在Sheet1和Sheet2工作表中完成相应的计算。

6. 打开LE05存款利息计算，完成相应的计算，理解同一工作表、不同工作表公式格式的含义。

7. 打开LE07超市、LE08超市商品销售，完成相应的计算，理解不同工作簿公式格式的含义，将LE07超市关闭，查看LE08超市商品销售中的公式，理解含有盘符路径公式格式的含义。

➢ **Excel数据处理与图表**

1. 如何进行多字段排序？

2. 如何进行数据高级筛选？

3. 打开LE01计件工资，利用筛选与状态栏的快速计算完成数据统计。

4. 如何设置数据验证？

5. 如何对数据进行分类汇总？

6. 如何生成迷你图？

7. 如何更改图表类型？

8. 如何切换图表行列？

9. 如何设置图表元素？

10. 如何生成数据透视表、数据透视图？

➢ **Excel常用函数**

1. 打开LE16数学函数，根据Sheet1中数据，利用SUBTOTAL函数在Sheet2中对第一车间1月份的生产件数汇总平均值、最大值、最小值、求和。

2. 打开LE17逻辑函数，根据生产件数利用IF函数判断员工是否合格，判断标准是：生产件数大于等于70就合格，否则不合格。

3. 打开LE01计件工资，根据生产件数利用IF函数判断员工是否合格，判断标准是：一月和二月的生产件数都大于等于70就合格，否则不合格。

4. 打开LE04各类存款利息计算表，在Sheet3工作表中根据储户的存款年限计算存款利息。

5. 打开LE06存款利息计算表，在存款工作表中根据储户的存款年限计算存款利息。

6. 打开LE18统计函数1，根据Sheet1中数据，利用相应函数在Sheet2中统计1月生产件数的最大值、最小值、求和、平均值、个数。

7. 打开LE12企业计件工资统计，完成“全年计件数统计”工作表中的数据统计。

8. 打开LE19统计函数2，完成下列操作：

根据Sheet1中数据，利用相应函数在Sheet2中计算各车间总人数、各车间1月总件数、各车间1月平均件数。

根据Sheet1中数据，利用相应函数在Sheet3中计算各车间男员工人数、男员工生产总件数、男员工生产平均件数、女员工人数、女员工生产总件数、女员工生产平均件数。

9. 打开LE20查找引用函数，完成相应计算。

10. 打开LE14人员基本工资汇总统计,完成相应的计算。
11. 打开LE21财务函数,利用财务函数做一个还贷计划书。

第三部分 PowerPoint 教学实例

➢ **PowerPoint 概述**

1. PPT软件的启动方式有哪些?
2. PPT的使用环境。
3. PPT的各种视图方式。

➢ **演示文稿管理**

4. 如何将幻灯片保存成图片?
5. 如何将幻灯片保存成pdf文档?
6. 如何将幻灯片打包成cd数据包?
7. 在什么视图下操作幻灯片最方便?
8. 如何增加幻灯片?
9. 如何将其他文档中的幻灯片转到当前文档中使用?

➢ **文本编辑与格式**

10. Word大纲与PPT幻灯片间如何相互转换?
11. 幻灯片在大纲视图中如何实现上下移动?
12. 如何将幻灯片中的字体统一替换成另一种字体?
13. 如何更改幻灯片的版式?
14. 如何设置幻灯片背景?
15. 如何应用幻灯片主题?
16. 如何使用幻灯片母版?

➢ **在幻灯中片中插入对象**

17. 如何在幻灯片中插入表格?
18. 如何取消系统给定的默认表格样式?
19. 如何给表格中的表线修改颜色?
20. 如何绘制等高等宽的图形?
21. 如何绘制从中心发散的图形?
22. 如何恢复图片到原始状态?
23. 如何取消系统给定的默认艺术字样式?
24. 如何添加图表元素?
25. 如何使用快速布局?
26. 如何切换图表行列?
27. 如何重新启动Excel编辑数据?
28. 如何更改图表类型?
29. 如何隐藏音频图标?
30. 如何设置音乐在多张幻灯片间播放?

31. 如何将文字与 SmartArt 图形进行相互转换?

➢ **幻灯片动画与效果**

32. 如何调整动画的播放顺序?
33. 如何设置动画播放后变成其他颜色?
34. 如何设置动画播放后隐藏?
35. 如何设置幻灯片间的动画切换?
36. 如何打开操作设置对话框?
37. 如何更改超链接的颜色?
38. 如何设置动画间的自动播放?
39. 如何设置幻灯片间的自动播放?
40. 如何设置整个幻灯片的自动循环播放?
41. 如何自定义幻灯片的播放顺序?

第四部分　页面设置及打印

➢ **Word 页面设置及打印**

1. 如何添加或删除页码?
2. 如何设置页眉首页不同、奇偶页不同?
3. 如何设置文档的起始页码?
4. 如何设置"第 X 页,共 Y 页"的页码格式?
5. 如何调整页码在页脚的位置?
6. 如何区分文档的"逐份打印"与"逐页打印"?

➢ **Excel 页面设置及打印**

1. 如何设置页眉与页脚?
2. 如何设置打印标题行与标题列?

➢ **PowerPoint 页面设置及打印**

1. 如何设置幻灯片大小?
2. 如何设置标题幻灯片中不显示页眉和页脚?
3. 如何设置每页纸打印幻灯片的个数?

附录C　上机实验操作题库

第一部分　Word上机实验

📖 KSWA基础操作

一、KSWA01-表格制作

1. 打开“KSWA01-01”Word文档，完成下列操作，效果如“图KSWA01-01”所示。
(1) 加上表格标题“公司内部销售单”，字体为黑体、三号、居中；
(2) 按效果图合并单元格并添加单元格内容；
(3) 设置表格内文字字体为黑体、五号，大写金额单元格中的文字间距为加宽6磅；
(4) 设置整个表格水平居中，单元格中的内容水平垂直均居中对齐。
2. 打开“KSWA01-02”Word文档，完成下列操作，效果如“图KSWA01-02”所示。
(1) 表格标题文字设置为宋体、小三、加粗、居中，字符间距加宽2磅；
(2) 按效果图合并单元格并添加单元格内容；
(3) 表格内的文字为宋体、五号；
(4) 根据效果图设置表格的边框样式。
3. 打开“KSWA01-03”Word文档，完成下列操作，效果如“图KSWA01-03”所示。
(1) 表格标题为宋体、一号、加双下划线、居中，字符间距加宽4磅；
(2) “年、月、日”前加下划线、居中；
(3) 按效果图合并单元格并添加单元格内容；
(4) 表格内的文字为宋体、五号、居中；
(5) 添加颜色为深蓝色1.5磅的外边框，在合适位置添加颜色为红色1.5磅的边框。
4. 打开“KSWA01-04”Word文档，完成下列操作，效果如“图KSWA01-04”所示。
(1) 表格标题文字设置为华文彩云、小一、加字符底纹、居中；
(2) 斜线表头通过形状工具和文本框制作；
(3) 按效果图合并单元格并添加单元格内容；
(4) 表格内及表格下面的文字为宋体、五号；
(5) 按效果图制作表尾，利用软键盘输入“×”。
5. 打开“KSWA01-05”Word文档，完成下列操作，效果如“图KSWA01-05”所示。
(1) 表格标题文字设置为宋体、二号、添加双下划线、居中，字符间距加宽2磅；
(2) 利用即点即输功能输入购货单位、年月日；
(3) 按效果图合并单元格并添加单元格内容；

(4) 最后一行内容在表格中制作完成，并且设置该行的表格没有边框。

6. 打开“KSWA01-06”Word文档，完成下列操作，效果如“图KSWA01-06”所示。

(1) 表格标题文字设置为黑体、20号、居中；

(2) 按效果图合并单元格并添加单元格内容；

(3) 最后一行内容利用即点即输功能完成；

(4) 设置表格的外框线样式为双线框；

(5) 除标题文字外其余文字设置为宋体、11号。

二、KSWA02-流程图

1. 打开“KSWA02-01”Word文档，完成下列操作，效果如“图KSWA02-01”所示。

(1) 按效果图绘制形状；

(2) 在形状中添加文字并居中；

(3) 按效果图绘制流程箭头。

2. 打开“KSWA02-02”Word文档，完成下列操作，效果如“图KSWA02-02”所示。

(1) 按效果图绘制形状；

(2) 在形状中添加文字并居中；

(3) 按效果图绘制流程箭头。

3. 打开“KSWA02-03”Word文档，完成下列操作，效果如“图KSWA02-03”所示。

(1) 按效果图绘制形状；

(2) 在形状中添加文字并居中；

(3) 按效果图绘制流程箭头。

4. 打开“KSWA02-04”Word文档，完成下列操作，效果如“图KSWA02-04”所示。

(1) 按效果图绘制形状；

(2) 在形状中添加文字并居中；

(3) 按效果图绘制流程箭头。

三、KSWA03-SmartArt图形

1. 打开“KSWA03-01”Word文档，完成下列操作，效果如“图KSWA03-01”所示。

(1) 设置纸张为16开，纸张方向为横向；

(2) “董事长”的形状填充色为红色，字号为29，形状效果的棱台顶端为角度；

(3) “总经理”的形状填充色为浅蓝，字号为29，形状效果的棱台顶端为十字形；

(4) “总经理助理”的形状填充色为紫色，字号为24，形状效果的棱台顶端为凸起；

(5) “人事部、行政部、财务部”的形状填充色为绿色，字号为29，形状效果的棱台顶端为艺术装饰。

2. 打开“KSWA03-02”Word文档，完成下列操作，效果如“图KSWA03-02”所示。

(1) “主席及副主席(社团联)”的形状填充色为浅蓝，字号为21，形状效果的棱台顶端为圆；

(2) “副主席(学生会)”的形状填充色为红色，字号为21，形状效果的棱台顶端为艺术装饰；

(3)“社团联合会、志愿者协会、常务委员会”的形状填充色为橙色，字号为20，形状效果的棱台顶端为角度。

四、KSWA04-稿纸设置

1. 打开“KSWA04-01”Word文档，完成下列操作，效果如“图KSWA04-01”所示。

(1) 生成如效果图所示的15×20的稿纸，页脚设置为行数×列数=格数，右对齐，网格颜色为绿色；

(2) 将文字字体设置为华文行楷；

(3) 将段落标记统一替换为手动换行符；

(4) 设置“首字下沉”3行，全文左缩进两个字符；

(5) 添加艺术字“荷塘月色”，设置文字效果为发光中的蓝色，18pt发光。

2. 打开“KSWA04-02”Word文档，完成下列操作，效果如“图KSWA04-02”所示。

(1) 生成如效果图所示的稿纸，行数×列数为20×20，网格颜色为绿色；

(2) 页脚格式为行数×列数，左对齐；

(3) 段落首行缩进两个字符；

(4) 在标题下方插入一条线，设置成3磅、红色；

(5) 标题文字通过艺术字制作，设置艺术字加粗显示，文本填充与轮廓均为红色。

五、KSWA05-脚注与尾注

1. 打开“KSWA05-01”Word文档，完成下列操作，效果如“图KSWA05-01”所示。

(1) 设置纸张高度为18厘米，页边距中的上、下均为2.54厘米；

(2) 插入图片“鲁迅”，自动换行设置为四周型环绕；

(3) 为图片添加边框，颜色为浅蓝、宽为1.5磅；

(4) 插入如图所示的脚注；

(5) 设置页面边框为艺术型。

2. 打开“KSWA05-02”Word文档，完成下列操作，效果如“图KSWA05-02”所示。

(1) 设置纸张宽为21厘米，高为18厘米；

(2) 标题居中显示；

(3) 每个段落首行缩进两个字符；

(4) 添加脚注；

(5) 添加行号。

六、KSWA06-页眉和页脚

1. 打开“KSWA06-01”Word文档，完成下列操作，效果如“图KSWA06-01.PDF”所示。

(1) 设置页眉奇偶页不同，奇数页页眉为“电子商务”，偶数页页眉为“企业发展”；

(2) 设置页面底端的页码格式为“带状物”；

(3) 在最后一页“参考文献”后面插入书签，书签名为“参考文献”；

(4) 为文档插入封面，样式为内置中的花丝，将封面中的日期更改为“2013-1-1”，其余部分删除；

(5) 为文档封面设置艺术型页面边框，宽度为30磅；

(6) 将文档保存后，再另存为PDF类型文件，文件名为KSWA06-01。

2. 打开"KSWA06-02"Word文档，完成下列操作，效果如"图KSWA06-02.PDF"所示。

(1) 设置文章标题文字为：宋体、二号、加粗、蓝色、双下划线、居中；

(2) 添加页码，设置页码格式为罗马字母Ⅰ、Ⅱ、Ⅲ……，起始页码为4；

(3) 添加页眉，通过文档部件在页眉处添加用户信息为：ITAT教育工程；

(4) 通过编号给"一元二次方程有三个特点："下面的特点添加①②③格式的编号；

(5) 根据效果图在文中相应位置利用上下标插入公式。

七、KSWA07-分栏应用

1. 打开"KSWA07-01"Word文档，完成下列操作，效果如"图KSWA07-01"所示。

(1) 每个段落的首行缩进两个字符并设置为1.5倍行距；

(2) 给第一段文字设置彩色双波浪边框；

(3) 第二段文字添加底纹为茶色，背景2，深色10%，样式为5%，红色；

(4) 将第三段内容分为两栏，并加分隔线；

(5) 将第三段内容的文字添加阴影边框。

2. 打开"KSWA07-02"Word文档，完成下列操作，效果分别如"图KSWA07-02A"、"图KSWA07-02B"、"图KSWA07-02C"所示，并将文档分别存为"KSWA07-02A"、"KSWA07-02B"、"KSWA07-02C"。

(1) 如"图KSWA07-02A"所示，段落分栏为两栏；

(2) 如"图KSWA07-02B"所示，段落分栏为两栏，偏左；

(3) 如"图KSWA07-02C"所示，段落分栏是在指定位置"五四初期"前面的位置分栏。

八、KSWA08-文本与表格转换

1. 打开"KSWA08-01"Word文档，完成下列操作，效果如"图KSWA08-01A"和"图KSWA08-01B"所示。

(1) 根据效果图KSWA08-01A设定制表位；

(2) 根据制表位输入相应的内容；

(3) 保存文件后，将文字内容转换成表格，并另存为"KSWA08-01B"Word文档；

(4) 将转换后的表格文字居中对齐。

2. 打开"KSWA08-02"Word文档，完成下列操作，效果如"图KSWA08-02"所示。

(1) 将文档中的表格转换为文本，文字分隔符为"★"；

(2) 将赵六的销售量335加删除线，并设置其底纹填充为黄色，图案样式为15%；

(3) 在销售量335右侧输入375，并插入字符边框，设置底纹图案为20%，颜色为红色；

(4) 为标题"一月份电视机销售情况"添加拼音指南。

3. 打开"KSWA08-03"Word文档，完成下列操作，效果如"图KSWA08-03"所示。

(1) 将文本段落转换成1列14行的表；

(2) 在表格右侧插入 3 列,并设成根据窗口自动调整表格;
(3) 添加标题行输入“网站名称、网站性质、公司地址、网站域名”;
(4) 所有列采用“平均分布各列”;
(5) 表格标题行居中对齐。
4. 打开“KSWA08-04”Word 文档,完成下列操作,效果如“图 KSWA08-04”所示。
(1) 利用文本转换成表格的功能,将所给出的文档转换成表格;
(2) 设置表格样式为清单表 7 彩色-着色 2;
(3) 设置表格中的文字,字体为楷体,字号为四号,并居中;
(4) 标题行及第一列字体设置为加粗。

九、KSWA09-目录制作

1. 打开“KSWA09-01”Word 文档,完成下列操作,效果如“图 KSWA09-01”所示。
(1) 设定右对齐制表位;
(2) 按效果图设定制表位前导符;
(3) 输入目录内容。
2. 打开“KSWA09-02”Word 文档,完成下列操作,效果如“图 KSWA09-02”所示。
(1) 设置如图所示的目录标题格式;
(2) 设置目录格式为“自动目录 1”;
(3) 调整“目录”两个字为居中对齐;
(4) 设置目录和正文不在同一页显示,并更新页码。

十、KSWA10-公式应用

1. 打开“KSWA10-01”Word 文档,完成下列操作,效果如“图 KSWA10-01”所示。
(1) 设置标题为黑体、三号,居中对齐;
(2) 公式名称为宋体、三号;
(3) 制作如图所示的一元二次方程公式;
(4) 制作如图所示的累加求和公式;
(5) 制作如图所示的有求和符号的累加求和公式;
(6) 并将公式更改为“显示”。
2. 打开“KSWA10-02”Word 文档,完成下列操作,效果如“图 KSWA10-02”所示。
(1) 设置页边距上下左右均为 2 厘米;
(2) 在文中相应的位置插入公式 $\mathrm{A}=\iint_{\mathrm{D}}\sqrt{1+\left(\frac{\partial \mathrm{Z}}{\partial \mathrm{X}}\right)^{2}+\left(\frac{\partial \mathrm{Z}}{\partial \mathrm{X}}\right)^{2}}\,\mathrm{dxdy}$;

(3) 将“但是究竟是什么阻碍了我们的成功? 我认为是:”下面的内容加入编号,编号的样式为:i),ii),iii)……。

十一、KSWA11-项目符号与编号及水印

1. 打开“KSWA11-01”Word 文档,完成下列操作,效果如“图 KSWA11-01”所示。
(1) 设置标题为宋体、小三、加粗、红色,居中对齐;

(2) 打开并粘贴“运行对话框”；
(3) 设置项目符号，一级项目符号颜色设置为蓝色；
(4) 设置二级项目符号。
2. 打开“KSWA11-02”Word 文档，完成下列操作，效果如“图 KSWA11-02”所示。
(1) 运用自定义项目编号设置图中“水果、蔬菜、粮食”所示的编号格式；
(2) 运用自定义项目编号设置图中水果类文字所示的编号格式；
(3) 运用自定义项目符号设置图中蔬菜类和粮食类文字所示的项目符号；
(4) 设置项目符号与编号的颜色、层次；
(5) 设置文字与符号均为黑体、四号、加粗显示。
3. 打开“KSWA11-03”Word 文档，完成下列操作，效果如“图 KSWA11-03”所示。
(1) 根据所给文档，设置项目符号，要求项目符号为自定义项目符号；
(2) 将“蓝海大学、经济大学、理工大学”字体设置为黑体、小二、红色、加粗；
(3) 设置其余标题项目符号的大小为小三，文字为宋体、五号；
(4) 添加文字水印“ITAT 教育工程”；
(5) 将纸张高度设为 18 厘米。
4. 打开“KSWA11-04”Word 文档，完成下列操作，效果如“图 KSWA11-04”所示。
(1) 自定义纸张大小为高 16 厘米，宽 16 厘米，设置背景颜色为由白色到浅蓝；
(2) 编辑水印文字“办公自动化”，设置为隶书、72 号、红色并倾斜；
(3) 添加页眉文字“中国省份”，设置为隶书、一号、黄色；
(4) 利用多级编号输入效果图的内容。
5. 打开“KSWA11-05”Word 文档，完成下列操作，效果如“图 KSWA11-05”所示。
(1) 将第一段文字首行缩进两个字符，其余段落设置行间距为 2 倍行距；
(2) 设置项目符号，并将项目符号大小设置为二号；
(3) 在页眉处添加文字“北京欢迎你”，将文字设置为隶书、小初、红色；
(4) 添加“福娃”图片水印。

十二、KSWA12-图片和艺术字

1. 打开“KSWA12-01”Word 文档，完成下列操作，效果如“图 KSWA12-01”所示。
(1) 插入图片“灯笼”，调整大小，高宽均为 10 厘米；
(2) 插入艺术字“大红灯笼高高挂”，文本效果为转换中的“槽形”，按效果图调整；
(3) 插入艺术字“欢乐中国年”，文本效果为转换中的“停止”，按效果图调整；
(4) 设置如效果图所示的页面边框。
2. 打开“KSWA12-02”Word 文档，完成下列操作，效果如“图 KSWA12-02”所示。
(1) 插入图片“李白”；
(2) 设置图片格式：高为 15 厘米，宽为 18 厘米；
(3) 通过文本框插入标题：标题为“古诗词”，字体为宋体，字号为小初，字形为加粗；
(4) 将文本框设置为形状填充和形状轮廓的颜色均填充为白色，背景 1，深色 15%；
(5) 请根据“KSWA12-02. txt”文本文件中的内容制作古诗词；
(6) 通过文本框设置古诗词的字体为楷体，字号为小二，字形为加粗，形状填充为纹理中的新闻纸；

(7) 注释的字体为楷体，字号为小四，字形为加粗。

3. 打开“KSWA12-03”Word 文档，完成下列操作，效果如“图 KSWA12-03”所示。

(1) 插入图片“背景”；

(2) 设置图片格式：高度为 20 厘米，宽度为 15 厘米；

(3) 设置艺术字：插入艺术字“个人简历”。(要求：字体：楷体，字号：48，文本填充颜色：浅蓝，文本轮廓颜色：蓝色，阴影效果为“右下斜偏移”，自动换行方式为浮于文字上方，文字方向：垂直)；

(4) 通过文本框设置内容，包括：姓名、专业、学历、学校、电话，字体为宋体，字号为小二，并在文字后面加下划线。

4. 打开“KSWA12-04”Word 文档，完成下列操作，效果如“图 KSWA12-04”所示。

(1) 插入图片“三字经”；

(2) 设置图片格式：宽度为 18 厘米，自动换行方式为衬于文字下方，居中对齐；

(3) 通过文本框添加“人之初性本善性相近习相远”，字体：隶书，字号：小二，字符间距为加宽 3 磅，并添加拼音指南；

(4) 请根据示例图通过文本框添加注释，要求：字体为宋体，字号为五号，并给“注：”加字符底纹。

5. 打开“KSWA12-05”Word 文档，完成下列操作，效果如“图 KSWA12-05”所示。

(1) 设置纸张大小为 B5，页边距上下左右均为 3.5cm；

(2) 插入图片“绿色原野”，设置图片的高度为 18cm，宽度为 12cm，图片样式为金属椭圆，自动换行为衬于文字下方并居中；

(3) 插入艺术字“生命的美好在于对梦想的追求”，自动换行方式设置为浮于文字上方，文本填充颜色为黄色，文本轮廓颜色为橙色，文本效果为转换中的“上弯弧”；

(4) 插入竖排文本框，将素材文本文件“KSWA12-05”中的内容粘贴至文本框内，设置文字为楷体、二号，文本框的形状填充为无填充，形状轮廓为无轮廓。

6. 打开“KSWA12-06”Word 文档，完成下列操作，效果如“图 KSWA12-06”所示。

(1) 添加图片“春”，设置图片宽 17 厘米，衬于文字下方并且左右居中；

(2) 素材文件夹下的文本文件“KSWA12-06”中提供了需要的文字内容，通过绘制文本框添加第一段文字，首行缩进 2 个字符，并且给文本框添加样式为彩色轮廓-红色，强调颜色 2，阴影样式为右下斜偏移；

(3) 绘制“竖卷形”并旋转，设置形状填充为白色，添加春联“绿竹别其三分景红梅正报万家春”，文字为隶书、30 号、黑色，设置文字方向为竖排、居中对齐并且不随绘制的形状旋转；

(4) 通过艺术字制作横批“春回大地”，文本填充为红色、文本轮廓为黄色；字体设置为隶书、72 号、加粗，设置文字效果为转换中的“两端近”；

(5) 添加效果图所示的页面边框，宽度为 30 磅。

十三、KSWA13-邮件合并

1. 打开“KSWA 13-01”Word 文档和“KSWA 13-01”Excel 文件，制作如“图 KSWA 13-01”

效果的信封。总计27个,效果图只给出了第1个。

(1) 通过中文信封向导,选择国内信封-B6;

(2) 输入寄信人信息;

(3) 插入邮编;

(4) 输入“地址”两个字,并插入地址合并域;

(5) 输入“收件人”三个字,并插入收件人合并域;

(6) 完成邮件合并。

2. 打开“KSWA13-02”Word文档和“KSWA13-02”Excel文件,制作如“图KSWA13-02”效果的成绩单。总计28个,效果图只给出了第1个。

(1) 通过邮件合并分步向导制作;

(2) 插入姓名合并域;

(3) 插入计算机合并域;

(4) 插入外语合并域;

(5) 插入数学合并域;

(6) 完成邮件合并。

3. 打开“KSWA 13-03”Word文档和“KSWA 13-03”Excel文件,制作如“图KSWA 13-03”效果的奖状。总计27个,效果图只给出了第1个。

(1) 插入图片“奖状”,并设置图片宽度为16厘米;

(2) 设置图片自动换行方式为衬于文字下方并左右居中;

(3) 利用文本框输入文字内容;

(4) 通过邮件合并分步向导制作;

(5) 插入姓名合并域;

(6) 完成邮件合并。

十四、KSWA14-图文混排

1. 打开“KSWA14-01”Word文档,完成下列操作,效果如“图KSWA14-01”所示。

(1) 插入“荣誉证书”图片,自动换行方式设置为衬于文字下方;

(2) 运用艺术字插入“荣誉证书”,文字设置为隶书、32号、加粗,文本填充为红色,文本轮廓填充为黄色;

(3) 根据素材文件夹下文本文件“KSWA14-01”的内容,通过文本框制作荣誉证书获奖内容,设置文本框的形状填充为无填充,形状轮廓为无轮廓,设置正文段落首行缩进2个字符,在文本框中利用制表位实现落款在标尺刻度为18处左对齐;

(4) 制作名称为“内蒙古计算机协会”的公章,公章外框线为3磅、红色,形状填充为无颜色,公章上文字采用艺术字,并对公章的对象进行组合。

2. 打开“KSWA14-02”Word文档,完成下列操作,效果如“KSWA14-02.PDF”所示。

(1) 运用艺术字插入“签订购销合同的注意事项”,文字为:隶书、32号、加粗,文本填充为红色,文本轮廓为黄色,自动换行方式设置为浮于文字上方;

(2) 设置全文段落首行缩进2个字符;

(3) 设置文章中的一级标题加波浪型红色下划线,段前与段后各一行;

(4) 设置如效果图所示的页面边框,宽度为30磅。

3. 打开"KSWA14-03"Word文档,完成下列操作,效果如"KSWA14-03.PDF"所示。

(1) 将标题"教育部教育管理信息中心文件"设置成宋体、二号、红色、加粗、居中,段前1行,段后2行;

(2) 将"关于传达学习……的通知"字体设置为宋体、四号、加粗;

(3) 文件的正文部分设置为楷体、四号、1.5倍行距;

(4) 设置正文段落首行缩进2个字符,利用制表位实现落款在标尺刻度24处左对齐;

(5) 按照效果图调整其他内容的对齐方式,在适当的位置插入直线,设置为红色、3磅。

4. 打开"KSWA14-04"Word文档,完成下列操作,效果如"图KSWA14-04"所示。

(1) 设置纸张大小为16开;

(2) 第一行文字设置为黑体、三号、居中,第二行文字设置为宋体、小四;

(3) 通过屏幕截图工具将Windows附件中的计算器(科学型)截取到文档中,居中;

(4) 将"MC键….为0。"一行文字设置为黑体、四号,为"清除"两个字加粗线下划线,"存储单元"四个字添加字符边框;

(5) 将"MR键….屏幕上。"一行文字设置为楷体、四号、加粗,为"读出"和"显示"两个词组添加着重号;

(6) 将"MS键….取而代之。"一行文字设置为宋体、四号、倾斜,为"取而代之"文字添加文本效果和版式;

(7) 将"M+键….单元格中。"一行文字设置为隶书、三号,为"累加到"文字添加字符底纹;

(8) 添加如图所示的项目符号;

(9) 在页面底端插入页码60,居中对齐。

十五、KSWA15-插入符号

打开"KSWA15-01"Word文档,按效果图插入符号,效果如"图KSWA15-01"所示。

(1) 按效果图插入符号;

(2) 按效果图插入编号①~⑤;

(3) 按效果图插入噪音和警告标志;

(4) 插入系统日期。

十六、KSWA16-批注与英文大小写

1. 打开"KSWA16-01"Word文档,新建批注,效果如"图KSWA16-01"所示。

(1) 添加项目编号;

(2) 修改用户名为张三,缩写为"张三";

(3) 在"说明"的第2条"填写A1或A2表……B1、B2或B3表。"处新建批注,内容为"选择相应表格填写,其他表格删除。";

(4) 批注的颜色设为蓝色,边距设为靠右,批注框指定宽度为8厘米。

2. 打开“KSWA16-02”Word 文档,完成下列操作,效果如“图 KSWA16-02”所示。

(1) 第一段英文全为大写;

(2) 第二段英文每个单词首字母改为大写;

(3) 第三段英文句首字母为大写。

十七、KSWA17-特殊中文版式

打开“KSWA17-01”Word 文档,完成下列操作,效果如“图 KSWA17-01”所示。

(1) 将标题“个人所得税的扣缴”设为隶书、小初、加粗、红色、居中,给文字加拼音;

(2) 将文章所有正文内容行距设为 1.5 倍;

(3) 将第一段文字第一个字“扣”首字下沉三行;

(4) 将第二段文字“工资薪金”设为合并字符,文字为宋体、12 磅,并设置黄色底纹;

(5) 将第三段文字中的“个体工商户”设为宋体、加粗,调整字符间距为加宽 3 磅,并加着重号;

(6) 将第四段的“对企事业单位承包经营承租经营所得应纳的税款”双行合一,并设置为宋体、二号、红色、加粗;

(7) 将第五段文字中的“中国”设为宋体、三号,加带圈字符,样式为增大圈号;

(8) 通过竖排文本框添加“个人所得税”,自动换行方式为四周型环绕,设置文本框内的文字加粗并居中显示,文本框颜色填充为黄色,线条色填充为红色,粗细为 1 磅。

🕮 KSWB 综合操作

一、KSWB01-基本编辑

1. 打开“KSWB01-01”Word 文档,完成下列操作,效果如“图 KSWB01-01”所示。

(1) 通过清除格式,把文档原有格式全部清除掉;

(2) 将文档中蓝色显示文字的超级链接取消;

(3) 每个段落首行缩进 2 个字符;

(4) 将文档中的半角标点符号改为全角标点符号;

(5) 将标题行的“使用邮件合并创建并打印信函及其他文档”文字居中,字体为宋体,字号为小二,段前与段后各 1 行;

(6) 为“邮件合并过程需要执行以下所有步骤:”下面的文字添加“图 KSWB01-01”效果中的编号,并设置行间距为 1.5 倍;

(7) 为“提示”一段文字添加橙色双线边框,底纹为茶色背景 2,深色 10%;

(8) 设置“提示”两个字为红色并加着重号;

(9) 加页面边框为艺术型边框,宽度为 15 磅。

2. 打开“KSWB01-02”Word 文档,完成下列操作,效果如“图 KSWB01-02A”所示。

(1) 设置纸张大小为 B5,上下左右边距均为 2 厘米;

(2) 用艺术字添加“全球金融危机”标题,字体为宋体,字号为 44 号、居中;

(3) 每个段落的首行缩进 2 个字符;

(4) 为第一段文字加边框与底纹,边框为双波浪线绿色,底纹为茶色,背景 2;

(5) 为三种金融危机表现添加项目符号;

(6) 将最后一段文字分成两栏并加分隔线;

(7) 设置文章摘要标题,如"图 KSWB01-02B"所示;

(8) 将第二段文字转换成繁体字,行间距为 1.5 倍,字符间距为加宽 1 磅;

(9) 将"金融危机类型可以分为:"缩放为 200%。

3. 打开"KSWB01-03"Word 文档,完成下列操作,效果如"图 KSWB01-03"所示。

(1) 给文章加题目"人生的命运与机会",设置文字为隶书、小初、居中、添加如"图 KSWB01-03"所示的下划线;

(2) 每段文字首行缩进 2 个字符,1.5 倍行距;

(3) 正文内容设置为宋体、四号、深蓝色;

(4) 为第一段的部分文字添加着重号;

(5) 将第三段文字在指定位置进行分栏;

(6) 将最后一段文字简转繁,字符间距加宽 3 磅;

(7) 插入图片"时间"设置图片高、宽均为 5 厘米,自动换行为四周环绕型,添加图片样式为"圆形对角,白色",设置图片效果为发光中的橙色,18pt 发光,着色 6;调整图片到适当的位置;

(8) 添加如效果图所示的艺术型边框,30 磅。

4. 打开"KSWB01-04"Word 文档,完成下列操作,效果如"图 KSWB01-04"所示。

(1) 设置纸张大小为 A4 纸,页边距上下左右均为 2 厘米;

(2) 将标题"2010 上海世博会内蒙古馆"设置为楷体、二号、加粗、红色、居中对齐;

(3) 文档中一级标题设置为黑体、绿色、三号,段间距为段前一行;

(4) 将文章中所有段落文字首行缩进两个字符;

(5) 将第一段文字分为偏左的两栏,加分隔线;

(6) 从正文第二段开始将所有的"内蒙古"替换为"Inner Mongolia",颜色为蓝色,字形为倾斜,字号为四号;

(7) 插入"图片 1",自动换行为紧密型环绕,并将该图片大小调整为高度 6 厘米,宽度 10 厘米,裁剪为形状中的云形,图片效果为柔化边缘 5 磅。

5. 打开"KSWB01-05"Word 文档,完成下列操作,效果如"图 KSWB01-05"所示。

(1) 设置纸张大小为 A4 纸,页边距上下左右均为 2 厘米;

(2) 通过艺术字添加标题"知识园地",字体为隶书,字号为 44,字形为加粗,自动换行为浮于文字上方,文本效果为转换,弯曲中的波形 2;

(3) 插入"图片 1",调整大小为高 6 厘米,宽 4 厘米,自动换行为紧密型环绕,将图片裁剪为形状中的椭圆;

(4) 插入形状为流程图中的"资料带",边框和填充色均为浅绿色,紧密型环绕,将标题"预防感冒好习惯"及对应内容添加到形状中,标题为华文行楷、小二、红色、加粗;

(5) 标题"剪纸"用艺术字插入,文本填充和轮廓均为紫色,紧密型环绕,文本效果为转换,弯曲中的波形 1;

(6) 插入"图片 2",调整大小为高 6 厘米,宽 4 厘米,紧密型环绕;

(7) “武则天”一段内容行距为 1.5 倍，文字颜色为深蓝色，插入“图片 3”，四周型环绕。

二、KSWB02-综合编辑

1. 打开“KSWB02-01”Word 文档，完成下列操作，效果如“KSWB02-01.PDF”所示。

(1) 设置纸张为 A4 纸，上、左、右页边距为 3 厘米，下边距为 5 厘米；

(2) 标题字体采用黑体、四号、加粗、居中；

(3) 称谓字体为宋体、14 号、加粗、左对齐；

(4) 正文内容行距为 1.5 倍行距；

(5) 正文内容除一级标题外均首行缩进 2 个字符；

(6) 根据效果图添加项目符号，项目符号设置为紫色、加粗；

(7) 加入页眉页脚，页眉为“5A 集团采购项目”，页脚为“公平公正精诚协作”，页脚距边界 4 厘米；

(8) 将给出的图片“塔”作为图片水印插入；

(9) 设置如文件“KSWB02-01.PDF”中所示的文本框边框。

2. 打开“KSWB02-02”Word 文档，完成下列操作，效果如“KSWB02-02.PDF”所示。

(1) 设置纸张大小为 B5，页边距上下左右均为 3 厘米；

(2) 设置标题字体为楷体、一号、加粗、深蓝色、居中；

(3) 正文字体设置为楷体、小三，首行缩进 2 个字符，段前段后 0.5 行，行距为 1.5 倍行距；

(4) 将第一段文字设置首字下沉，字体为幼圆，下沉 2 行，距正文 0.5 厘米；

(5) 给“领导力四大境界”下面的内容加入项目符号，颜色为紫色；

(6) 在“人格魅力”一段中插入名为“钥匙”的图片，调整图片大小高宽均为 6 厘米，自动换行为紧密型环绕，图片样式金属椭圆，为图片应用艺术效果影印；

(7) 将文中卡耐基的一段话在指定的位置“虽然这些都极为重要。”后面分栏，分为两栏靠右，加入分隔线；

(8) 在文档中插入水印，文字为“成功哲理”，字体为华文行楷，字号为 72 号，颜色为深蓝色，设置水印文字为不透明；

(9) 给整篇文档加入艺术边框，宽度为 30 磅；

(10) 制作如效果图所示的页眉页脚。

3. 打开“KSWB02-03”Word 文档，完成下列操作，效果如“KSWB02-03.PDF”所示。

(1) 为文档添加标题样式，标题 1：黑体、小三、加粗、居中，段前 1 行，段后 1 行，单倍行距；

(2) 标题 2：黑体、四号、加粗，段前 1 行，段后 0.5 行，1.12 倍行距；

(3) 标题 3：宋体、常规、五号，段前 1 行，段后 0.5 行，1.17 倍行距；

(4) 通过设置的标题样式生成目录，并将目录与正文分页显示，要求目录页码正确；

(5) 设置页眉页脚：首页不同、奇偶页不同，依照效果图添加页眉，并在正文页脚处添加格式为“-1-”的页码，注意，目录页不显示页码；

(6) 将给出的图片“电子商务”作为图片水印插入。

4. 打开“KSWB02-04”Word 文档,完成下列操作,效果如“KSWB02-04. PDF”所示。

(1) 设置纸张大小为 A4,页边距为上下左右均为 3 厘米;

(2) 为文档添加标题样式,标题 1 的格式为:黑体、小二、居中对齐,1.5 倍行距;

(3) 标题 2 的格式为:黑体、小三,段前 1 行,段后 0.5 行,1.5 倍行距,并添加如“KSWB02-04. PDF”所示的边框;

(4) 第 1 页为封面页,插入封面“花丝”,设置文档标题为“员工培训方案”,文档副标题为“2014 年”,将页面下方的时间地址等删除;

(5) 第 2 页为目录页,通过设置的标题样式使用内置中的“自动目录 1”生成目录,并将目录与正文分页显示,要求目录页码正确。

5. 打开“KSWB02-05”Word 文档,完成下列操作,效果如“KSWB02-05. PDF”所示。

(1) 设置纸张宽度为 22 厘米,高度为 30 厘米;

(2) 文档标题设置为宋体、一号、加粗、双下划线、红色、居中;

(3) 参照“KSWB02-05. PDF”文件添加项目符号和编号,一级标题设置为宋体、三号、加粗、绿色;

(4) 添加页眉“商务策划实施方案”;

(5) 参照“KSWB02-05. PDF”文件添加页脚;

(6) 设置页眉距边界 2 厘米,页脚距边界 2 厘米;

(7) 添加水印“商务策划”,其效果参照“KSWB02-05. PDF”。

第二部分 Excel 上机实验

🕮 KSEA 基础操作

一、KSEA01-表格制作

1. 打开“KSEA01-01”工作簿,完成下列操作。

(1) 在 Sheet1 工作表中制作如“图 KSEA01-01”所示表格;

(2) 实际金额、人民币(大写)和(小写)均用公式计算完成。

2. 打开“KSEA01-02”工作簿,完成下列操作。

(1) 在 Sheet1 中制作如“图 KSEA01-02”所示表格;

(2) 单位成本、合计、采购成本通过公式计算完成。

3. 打开“KSEA01-03”工作簿,完成下列操作。

(1) 在 Sheet1 中制作如“图 KSEA01-03”所示表格;

(2) 实际成本、合计通过公式计算完成。

4. 打开“KSEA01-04”工作簿,完成下列操作。

(1) 在 Sheet1 中制作如“图 KSEA01-04”所示表格;

(2) 标题文字为宋体,24 号,加粗,合并后居中。

5. 打开“KSEA01-05”工作簿,完成下列操作。

(1) 在 Sheet1 中制作如“图 KSEA01-05”所示表格;

(2) 标题文字为宋体,24 号,加粗,合并后居中。

二、KSEA02-图表应用

1. 打开“KSEA02-01”工作簿,完成下列操作。

(1) 在“消费者信心指数”工作表中根据数据插入二维簇状柱形图;

(2) 将日期设为横坐标轴 X 轴的数据;

(3) 图表标题为“消费者消费信心指数分析”;

(4) 将信心指数项设为带数据标记的折线图,最终效果如“图 KSEA02-01A”所示;

(5) 将“消费者信心指数”工作表中的图表粘贴到“条形图”工作表中,更改图表类型为簇状条形图;

(6) 更改预期指数图例项颜色为绿色;

(7) 为信心指数项添加线性趋势线,最终效果如“图 KSEA02-01B”所示。

2. 打开“KSEA02-02”工作簿,完成下列操作。

(1) 在“2008 年 9 月工业与去年同期相比增长速度”工作表中根据数据插入二维簇状柱形图;

(2) 将横坐标轴 X 轴数据文字方向更改为竖排显示;

(3) 将纵坐标轴 Y 轴数据格式更改为带有人民币符号和 2 位小数位数;

(4) 图表标题为“工业增长速度”,最终效果如“图 KSEA02-02A”所示;

(5) 将“2008 年 9 月工业与去年同期相比增长速度”工作表中的图表粘贴到“工业增长图”工作表中,切换图表行/列;

(6) 将横坐标轴 X 文字方向改为横排显示;

(7) 在图表左侧显示图例;

(8) 显示数据表和图例项标示,最终效果如“图 KSEA02-02B”所示。

3. 打开“KSEA02-03”工作簿,完成下列操作。

(1) 在 Sheet1 工作表中根据数据插入三维簇状柱形图;

(2) 更改纵坐标轴 Y 轴数据主要刻度单位为 20;

(3) 图表标题为“企业统计图表”;

(4) 添加横坐标轴 X 轴标题,名称为“企业名称”,放到 X 轴右侧;

(5) 添加纵坐标轴 Y 轴标题,名称为“金额”,放到 Y 轴上方,最终效果如“图 KSEA02-03A”所示;

(6) 将 Sheet1 工作表中的图表粘贴到 Sheet2 工作表中,切换图表行/列;

(7) 在图表右侧显示图例,并将横坐标轴 X 轴标题“企业名称”放到图表右上角,最终效果如“图 KSEA02-03B”所示。

4. 打开“KSEA02-04”工作簿,完成下列操作。

(1) 在 Sheet1 工作表中,计算企业增值税;

(2) 根据数据插入二维簇状柱形图,图表标题为“企业增值税”最终效果如“图 KSEA02-04A”所示;

(3) 将 Sheet1 工作表中的图表粘贴到 Sheet2 工作表中,切换图表行/列,并在图表左侧显示图例,最终效果图如“图 KSEA02-04B”所示。

5. 打开"KSEA02-05"工作簿,完成下列操作。

(1) 在"价格增长率"工作表中,求出城市价格增长率和农村价格增长率(基数是100),数据保留1位小数,最终效果如"图KSEA02-05A"所示;

(2) 在"2010年2月商品零售价类指数(基数是100)"工作表中,插入二维簇状柱形图;

(3) 将横坐标轴X轴数据文字方向设为竖排显示;

(4) 将纵坐标轴Y轴数据主要刻度单位设为20,最小值为0,最大值为120;

(5) 图表标题为"价格增长率",最终效果如"图KSEA02-05B"所示。

6. 打开"KSEA02-06"工作簿,完成下列操作。

(1) 在"2009年2月客运人数"工作表中,计算出2009年2月客运人数,数据保留2位小数;

(2) 在"2010年2月全社会客运量"工作表中插入二维簇状柱形图;

(3) 图表标题为"2010年2月全社会客运人数(亿)";

(4) 将纵轴Y轴数据坐标轴选项设为最大值为10;

(5) 显示数据表和图例项标示;

(6) 为横坐标轴X轴增加坐标轴标题,名称为"客运类型",最终效果图如"图KSEA02-06"所示。

7. 打开"KSEA02-07"工作簿,完成下列操作。

(1) 根据Sheet1工作表中数据插入二维簇状柱形图;

(2) 更改"四季度"图例颜色为纹理中的"纸涉草纸";

(3) 将纵坐标轴Y轴数据格式更改为中文大写数字格式;

(4) 将横坐标轴X轴数据文字方向设为竖排显示;

(5) 设置图表标题不显示,最终效果如"图KSEA02-07A"所示;

(6) 将Sheet1工作表中的图表粘贴到Sheet2工作表工作表中,切换图表行/列;

(7) 将横坐标轴X轴数据文字方向设为横排显示;

(8) 添加图表标题,名称为"产品市场份额统计表";

(9) 图表图例在顶部显示;

(10) 不显示图表主要网格,最终效果如"图KSEA02-07B"所示。

8. 打开"KSEA02-08"工作簿,完成下列操作。

(1) 根据Sheet1工作表中的数据插入二维簇状柱形图;

(2) 图表标题为"产量表";

(3) 将2009年图例颜色更改橙色;

(4) 图表下方显示数据表和图例项标示,最终效果如"图KSEA02-08A"所示;

(5) 将Sheet1工作表中的图表粘贴到Sheet2工作表中,并切换图表行/列;

(6) 将图例在顶部显示;

(7) 增加Y轴纵坐标轴标题为"产量",文字为竖排,放在Y轴上方,最终效果如"图KSEA02-08B"所示。

9. 打开"KSEA02-09"工作簿,完成下列操作。

(1) 根据"人员基本工资"工作表所给数据,在新工作表中插入数据透视表,并命名为

"数据透视表"；

(2) 将"职工号"作为报表筛选，"性别"作为列标签，"部门"作为行标签，对"实发工资"进行求和，并生成效果如"图 KSEA02-09"所示的数据透视图。

10. 打开"KSEA02-10"工作簿，完成下列操作。

(1) 根据 Sheet1 工作表所给数据，在新工作表中插入数据透视表，并命名为"数据透视表"；

(2) 将"产品类别"作为报表筛选，"销售季别"作为列标签，"产品名称"作为行标签，对"销货金额"进行求和，并生成效果如"图 KSEA02-10"所示的透视图。

三、KSEA03-格式编辑

1. 打开"KSEA03-01"工作簿，完成下列操作。

(1) 在 Sheet1 工作表进行操作，效果如"图 KSEA03-01A"所示，标签更名为"月份统计"，颜色为红色；

(2) 给所有数据加框线，字体设置为宋体 12 号；

(3) 将标题行设置为隶书、红色、加粗、倾斜、居中、行高 20，填充为黄色；

(4) 设置第一列列宽为 10，文字水平居中，并加粗；

(5) 计算全年合计；

(6) 将"月份统计"工作表复制并更名为"排序"；

(7) 在排序工作表中，按部门降序，全年合计升序排序，最终效果如"图 KSEA03-01B"所示；

(8) 从"月份统计"工作表中筛选出第三车间的职工信息，并将其粘入 Sheet2 工作表中，将 Sheet2 更名为"第 3 车间"，效果如"图 KSEA03-01C"所示；

(9) 在"月份统计"工作表的 C2 单元格处冻结窗格。

2. 打开"KSEA03-02"工作簿，完成下列操作。

(1) 将 Sheet2 删除，计算 Sheet1 工作表中的全年合计，标签更名为"全年合计"；

(2) 插入 4 个新工作表分别命名为"插入行"、"数据隐藏"、"排序"和"符号插入"，将"全年合计"工作表中的数据复制到新工作表中；

(3) 在"插入行"工作表中，在"JC010 刘丰"的上面插入一行，设置行高为 20，填充颜色为绿色；

(4) 将表格最上面表线设为红色，粗线，最下面表线设为蓝色，粗线，效果如"图 KSEA03-02A"所示；

(5) 在"数据隐藏"工作表中将所有数据自动调整列宽，将 4 月到 12 月的数据隐藏；

(6) 设置 Q 列数据颜色为蓝色、加粗、左对齐，效果如"图 KSEA03-02B"所示；

(7) 在"排序"工作表中按部门降序排序，效果如"图 KSEA03-02C"所示；

(8) 在"符号插入"工作表中的 B2-B4 单元格人名前插入符号◎，效果如"图 KSEA03-02D"所示。

3. 打开"KSEA03-03"工作簿，完成下列操作。

(1) 在 Sheet1 中，给数据加所有框线，水平、垂直均居中对齐，标签更名为"职工信息"；

(2) 设置标题行中的“职工号”为宋体、倾斜、14号，“姓名”为楷体、加粗、14号、加双下划线，其它为宋体、11号、紫色、加粗；

(3) 给职工号列数据(不包括职工号)添加红色粗实线外框线；

(4) 将性别列数据(不包括性别)倾斜45度，文字颜色为绿色，字形为加粗；

(5) 设置1月份数据保留两位小数；

(6) 按姓名降序排序；

(7) 在Sheet1中插入形状中的右大括号，形状轮廓为蓝色，标注6-10行；

(8) 插入形状中的矩形，形状填充为无填充，形状轮廓为无轮廓，添加文字“优秀员工”，文字颜色为红色，最终效果如“图KSEA03-03A”所示；

(9) 筛选出第3车间的相关信息，并将筛选结果粘贴至新工作表中，将新工作表命名为“筛选”，效果如“图KSEA03-03B”所示。

4. 打开“KSEA03-04”工作簿，完成下列操作。

(1) 在Sheet1中为数据加所有框线，设置标题行字为宋体、16号、加粗，自动调整列宽，标签更名为“工资信息”，颜色为红色；

(2) 在第一行上插入一行，行高20，填充为红色，着色2，淡色60%；

(3) 第一列前插入一列，列宽为3，填充为紫色，着色4，淡色40%；

(4) 计算实发工资，数据格式为：中文小写数字；

(5) 奖金后插入一列，计算奖金占基本工资的比例，用百分比表示，自动调整列宽；

(6) 将津贴列数据加双下划线，下划线与文字颜色均为绿色；

(7) 设置房租列数据字体加粗，框线为双线红色；

(8) 设置水电费列数据保留两位小数，加人民币符号；

(9) 进行多字段排序，按部门升序，职工号降序，最终效果如“图KSEA02-04”所示；

四、KSEA04-页面布局

1. 打开“KSEA04-01”工作簿，完成下列操作。

(1) 在Sheet1工作表中进行操作，打印预览的效果如“图KSEA04-01”所示，标签更名为“计件统计”，颜色为黄色；

(2) 将第一列数据设置为黑体、12号、红色、加粗，自动调整列宽；设置第一行行高为20，添加底纹为浅绿色，字体颜色为白色，字形为加粗；

(3) 在3月后插入一列“一季度合计”，在6月后插入一列“二季度合计”，新插入的两列自动调整列宽，并用公式进行合计计算；

(4) 给表格加上边框，上边框和下边框为双线；

(5) 在表头上面插入一行，输入“产品计件统计表”，并设置为黑体、加粗、20号、水平跨列居中；

(6) 给“总件数”一行添加填充颜色为白色、背景1、深色5%；

(7) 设置纸张为B5、横向，预览时表格水平居中显示；

(8) 自定义页眉为“企业全年统计表”，页脚为工作表标签名。

2. 打开“KSEA04-02”工作簿，完成下列填充。

(1) 在Sheet1中F列(2月)后插入一列增加“2月环比增长率”，G列(3月)后插入一列"3 月环比增长率"两列，将新增加的两列自动调整列宽；

(2) 计算 2 月环比增长率和 3 月环比增长率，以百分比显示保留两位小数；

(3) 为表格添加框线，外框线为红色、粗线，内框线为绿色、双线；

(4) 在第 10 行后面、第 20 行后面、第 30 行后面插入分页符，如图 KSEA04-02A；

(5) 设置打印顶端标题行为第 1 行，左端标题列为第 1 列；

(6) 将 Sheet1 工作表标签更名为"环比增长率"；

(7) 设置页脚为工作表标签名，居中显示；

(8) 设置页脚显示位置为 15 厘米；

(9) 设置表格打印时水平居中显示；

(10) 设置打印时打印行号与列标，打印预览的效果如"图 KSEA04-02B"所示。

3. 打开"KSEA04-03"工作簿，完成下列操作。

(1) 在 Sheet1 中为数据加所有框线，所有数据自动调整列宽，将 Sheet1 中的内容复制到 Sheet2 中；

(2) 在 Sheet1 中自定义页边距，上下左右均为 4，纸张方向为"横向"；

(3) 在 Sheet1 中的 A21 单元格插入分页符；

(4) 在 Sheet1 中设置表格在打印时水平垂直居中；

(5) 在 Sheet1 中设置页面背景为素材中的图片"背景.JPG"，效果如"图 KSEA04-03A"所示；

(6) 将 Sheet1 工作表标签更名为"页面布局"，Sheet2 工作表标签更名为"数据筛选"；

(7) 新建 4 个工作表 Sheet3、Sheet4、Sheet5、Sheet6，并分别命名为"第 1 车间"、"第 2 车间"、"第 3 车间"和"第 4 车间"，并将其标签颜分别设置成红色、浅蓝色、黄色和紫色；

(8) 在"数据筛选"工作表中 G 列后增加"一季度合计"一列，并添加框线，并计算一季度合计额，合计额为三个月的数值之和；

(9) 在"数据筛选"工作表中分别筛选出每个车间"一季度合计"中大于等于 700 小于等于 800 的人员信息，并将筛选结果分别复制到"第 1 车间"、"第 2 车间"、"第 3 车间"和"第 4 车间"工作表中，所有数据自动调整列宽，效果分别如"图 KSEA04-03B、图 KSEA04-03C、图 KSEA04-03D、图 KSEA04-03E"所示。

4. 打开"KSEA04-04"工作簿，完成下列操作。

(1) 在 Sheet1 中给数据加双线框线，数据水平垂直居中对齐，将 Sheet1 中的数据复制到 Sheet2 中；

(2) 在 Sheet1 中设置页眉页脚，页眉居中显示"第 1 页"，页脚居中显示：工作表标签名；

(3) 在 Sheet1 中设置页眉和页脚距边界的距离为 3，页边距上下为 4，左右为 3；

(4) 在 Sheet1 中设置数据在打印预览时水平垂直居中，如"图 KSEA04-04A"所示；

(5) 在 Sheet1 中设置页面背景为素材中的图片"背景.JPG"；

(6) 在 Sheet1 中将数据设为红色字，Sheet1 标签改为"页面设置"，标签颜色为绿色，最终效果如"图 KSEA04-04B"所示；

(7) 在 Sheet2 中运用名称管理器将单元格区域 E2:G36 命名为"数据"；

(8) 在 Sheet2 中按部门进行分类汇总，汇总方式为平均值，汇总项为 1 月、2 月、

3月，将汇总后的所有平均值设为保留两位小数，部门列自动调整列宽；

(9) 将分类汇总的显示级别设置为2级，Sheet2标签改为“分类汇总”，效果如“图KSEA04-04C”所示。

5. 打开“KSEA04-05”工作簿，完成下列操作。

(1) 在Sheet1中删除页面的背景；

(2) 在Sheet1中给数据加所有框线，设置数据水平垂直居中；

(3) 在Sheet1中设置第一行文字为：隶书、14号、加粗，自动调整列宽；

(4) 在Sheet1中设置页边距，左右为0.5，其他默认；

(5) 在Sheet1中设置数据在打印预览时水平居中；

(6) 在Sheet1中自定义页眉，左为：办公用具，宋体、16号；中为：绝密，宋体、16号、加粗、红色；

(7) 在Sheet1中设置打印标题行为第1行；

(8) 在Sheet1中运用条件格式将1月到12月中小于200的数据设置为浅蓝色粗体，背景色设为黄色，最终效果如“图KSEA04-05”所示。

6. 打开“KSEA04-06”工作簿，完成下列操作。

(1) 在Sheet1中为数据加所有框线，设置数据水平居中对齐，自动调整列宽，将Sheet1中的数据复制到Sheet2中；

(2) 在Sheet1中调整页边距，上为3，下为3.5，左右为0.5；

(3) 在Sheet1中自定义页脚：左侧插入日期，中间插入页码，右侧插入素材文件夹中名为“图片.JPG”图片；

(4) 在Sheet1中设置标题行文字为：宋体、12号、加粗，自动调整列宽；

(5) 在Sheet1中设置打印标题行为第1行；

(6) 在Sheet1中设置数据区在打印预览时水平居中，最终效果如“图KSEA04-06A”所示；

(7) 在Sheet2中的Q列(全年合计)后插入三列，分别为“最大值”、“最小值”和“平均值”，添加加所有框线；

(8) 设置数据文字大小为10号并自动调整列宽；

(9) 在Sheet2中求出每人1月到12月的最大值、最小值和平均值，其中平均值保留两位小数，最终效果如“图KSEA04-06B”所示。

五、KSEA05-数据填充

1. 打开“KSEA05-01”工作簿，完成下列操作。

(1) 在Sheet1工作表中完成下列操作，以下填充均填充至200行；

(2) A列(星期)数据采用序列中的自动填充；

(3) B列(车牌)数据采用序列中的自动填充；

(4) C列(工作日)数据采用序列中日期的工作日填充；

(5) D列(等差)数据采用序列中的等差填充，步长值为2；

(6) E列(自定义序列)数据采用自定义序列填充，分别为“天骄A8001X、天骄A9010X、天骄E3010X、天骄E2010X、天骄E3016X”；

(7) F 列(日期)数据采用序列日期中的按年填充;

(8) G 列(月份)数据采用序列中的自动填充;

(9) 为数据区域加上所有框线,最终效果如“图 KSEA05-01”所示。

2. 打开“KSEA05-02”工作簿,完下成列操作。

(1) 在 Sheet1 中给表格添加标题,名称为“职工基本信息”,并设置为宋体、20 号、粗体、红色,合并居中对齐;

(2) A 列(职工号)数据通过序列中的等差序列进行填充,步长值为 1;

(3) B 列(姓名)数据通过自定义序列进行填充;

(4) C 列(性别)数据通过不同单元格输入相同数据完成;

(5) D 列(来源)数据设置数据验证序列,通过下拉列表选择完成数据填写;

(6) E 列(部门)数据通过记忆式键入填写;

(7) F 列(身份证号)数据通过将数值转为字符型输入;

(8) 给表格加上双线边框,颜色为浅蓝色,所有文字水平、垂直均居中对齐;

(9) 将表格单元格样式设为“好”,最终效果如“图 KSEA05-02”所示。

六、KSEA06-样式应用

1. 打开“KSEA06-01”工作簿,完成下列操作。

(1) 在 Sheet1 工作表进行操作,效果如“图 KSEA06-01”所示,工作表标签更名为“销售情况”;

(2) 通过自动调整列宽设置表格的宽度,并添加表线;

(3) 计算总销售和每个月份占总销售的比;

(4) 将 1 到 3 月的销售百分比设置为百分比格式,并保留 2 位小数;

(5) 将 1 月销售量高于本月平均值的用浅红色填充深红色文本显示;

(6) 将 2 月销售量最低的前 3 个用红色加粗文本显示;

(7) 将 3 月销售量最高的前 3 个用红色加粗文本显示;

(8) 新建工作表,将表格全部移动到新工作表中,要求移动后表格的大小和格式不发生变化。

2. 打开“KSEA06-02”工作簿,完成下列操作。

(1) 在 Sheet1 工作表中进行操作,效果如“图 KSEA06-02”所示,工作表标签更名“市场统计”;

(2) 为表格数据区域添加所有框线;

(3) 将 A1 到 G1 单元格合并后居中,单元格样式设置为“适中”;

(4) 将 A 列数据字体设置为红色字体,A2 单元格设置为 45 度;

(5) 将一季度中大于 10 的用黄色进行填充;

(6) 将二季度中低于平均值的将图案颜色设为红色,图案样式为 25%灰色;

(7) 将三季度中重复的值设为蓝色填充;

(8) 将三季度与四季度中数据不一致的设置图案颜色为黑色,图案样式为 50%灰色;

(9) 将合计列利用自动求和功能求得各个产品的年度销售合计,设置蓝色数据条和三色交通灯(无边框)图标集,并添加人民币符号、保留两位小数;

(10) 计算 G 列数据并设置为中文大写数字，将 G 列自动调整列宽；

(11) 利用替换功能将橙汁替换为健力宝。

3. 打开“KSEA06-03”工作簿，完成下列操作。

(1) 在 Sheet1 中删除“JC011 刘慧”以下的数据(不包括“JC011 刘慧”)；

(2) 利用绘图边框网格给数据加紫色边框；

(3) 利用绘图边框给职工号列绘制红色粗实线边框；

(4) 将 Sheet1 工作表标签命名为“全年合计”，颜色设置为绿色；

(5) 选中姓名列，设置单元格样式为“好”；

(6) 插入标题“工作记录”，并设置为隶书、48 号、红色，合并后居中显示；

(7) 表格中内容对齐方式为水平垂直居中对齐；

(8) 设置除标题行外的其它行，行高为 20；

(9) 求出每个人全年生产合计，最终效果如“图 KSEA06-03A”所示；

(10) 将 Sheet1 工作表复制，命名为“条件格式”，取消标签颜色；

(11) 将 1 月份生产量小于 221 的单元格设置为黄色填充，深黄色文本；

(12) 利用条件格式将 3 月份生产量前 10%标记为浅红色填充色、深红色文本；

(13) 给表格套用表格样式“表样式中等深浅 5”，最终效果如“图 KSEA06-03B”所示。

4. 打开“KSEA06-04”工作簿，完成下列操作。

(1) 在 Sheet1 中给数据加深蓝色框线；

(2) 设置数据字体为宋体，字号为 16 号，自动调整列宽；

(3) 将“1 月，2 月，3 月”设为上标的格式，将“姓名，性别，部门”设为下标格式；

(4) 将 D 列列宽设为 6，给 D 列应用自动换行；

(5) 在 Sheet1 中给表格应用“表样式中等深浅 5”，效果如“图 KSEA06-04A”所示；

(6) 筛选出 1 月工作量的大于 300 的信息，粘贴到 Sheet2 中；

(7) 在 Sheet2 中插入形状，将姓名列中的“马华”圈起来，设置形状无填充颜色，形状轮廓为蓝色；

(8) 保护工作簿结构，密码为 123，最终效果如“图 KSEA06-04B”所示。

5. 打开“KSEA06-05”工作簿，完成下列操作。

(1) 在 Sheet1 中给数据区域加所有框线；

(2) 将第一行数据设置为宋体、16 号、加粗、红色，并自动调整列宽；

(3) 按部门升序，全年合计降序排序；

(4) 为 1 月数据应用条件格式中的“橙色数据条”；

(5) 为 2 月数据应用条件格式中的“红黄绿色阶”；

(6) 为 3 月数据应用条件格式中的“三色交通灯(有边框)”；

(7) 为 4 月到 12 月数据应用条件格式找出值最大的 10 项，设置为加粗，黄色底纹；

(8) 给全年合计数据应用条件格式中的数据条，数据条格式为渐变填充紫色；

(9) 保护工作表，密码为 123，设置允许此工作表的所有用户进行行列的插入与删除操作，最终效果如“图 KSEA06-05”所示。

6. 打开“KSEA06-06”工作簿，完成下列操作。

(1) 将 Sheet1 工作表标签更名“求和”，颜色设为紫色；

(2) 在"求和"工作表中的H1单元格中输入"第一季度"四个字，并求出第一季度的生产总额；

(3) 为"求和"工作表中数据加所有框线，将第一行的字体设置为黑体，字号为12号，字形为倾斜，效果如"图KSEA06-06A"所示；

(4) 将"求和"工作表中的内容复制到新插入的工作表中，新工作表的标签名改为"生产总额"，将1月数据中数值大于300的用红色底纹填充；

(5) 在"生产总额"工作表中将姓名中含有"刘"字的用黄色底纹填充；

(6) 在"生产总额"工作表中为性别列设置数据验证，以下拉列表的方式进行选择；

(7) 在"生产总额"工作表中为2月数据设置条件格式中的"绿－黄色阶"；

(8) 在"生产总额"工作表中按部门汇总3月的最小值，效果如"图KSEA06-06B"所示；

7. 打开"KSEA06-07"工作簿，完成下列操作。

(1) 在"销售表"中将表格标题设为隶书、24号、粗体、红色，合并后居中；

(2) 除标题行外，所有数据区域加上框线，设置第2行高为60，列宽设为12，字体为宋体14号粗体，表格底纹填充为浅蓝色，文本方向倾斜45度，设置3到12行行高为20；

(3) 产品编号采用序列中的自动填充；

(4) 将B3到B12单元格区域的数据设为倾斜；

(5) 将C3到C12单元格区域的数据设为倾斜、加粗、红色、加双下划线；

(6) 给D3到D12单元格区域加上人民币符号，设置为2位小数位，并加千位分隔符；

(7) 通过求和函数求出四个月的销售数量，通过公式求出销售额；

(8) 通过条件格式将销售数量大于200的用红色字，黄色底纹填充显示；

(9) 通过条件格式将销售额小于20万元的设置为绿色、带双下划线，销售额大于50万小于60万的设置为蓝色、加粗倾斜，效果如"图KSEA06-07A"所示；

(10) 将"销售表"工作表复制，复制的工作表命名为"筛选"，筛选出"彩电"信息，效果如"图KSEA06-07B"所示；

(11) 将"销售表"工作表复制，复制的工作表命名为"排序分类汇总"，产品类型降序排序，按产品类型对销售额进行分类汇总，效果如"图KSEA06-07C"所示。

七、KSEA07-排序筛选

1 打开"KSEA07-01"工作簿，完成下列操作。

(1) 在Sheet1工作表中进行操作，效果如"图KSEA07-01A"所示，标签重命名为"全年合计"，颜色为红色；

(2) 用公式计算全年合计的金额；

(3) 给数据区加上框线；

(4) 设置表格自动调整列宽；

(5) 将"全年合计"工作表的首行冻结；

(6) 将"全年合计"工作表复制，标签分别更名为"单字段排序""多字段排序"；

(7) 在"单字段排序"工作表中按部门降序排序，效果如"图KSEA07-01B"所示；

(8) 在"多字段排序"工作表中按性别升序，全年合计降序排序，效果如"图KSEA07-

01C”所示。

2．打开“KSEA07-02”工作簿，完成下列操作。

（1）在Sheet1中，给数据加绿色框线，文字水平、垂直均居中对齐；

（2）设置第一行字段为宋体、16号、加粗、红色；

（3）删除4月到12月的数据，为“全年合计”单元格应用自动换行；

（4）一月份数据按单元格颜色排序，将黄色排在最后；

（5）隐藏Sheet1中的网格线，工作表标签名为“全年合计”，效果如“图KSEA07-02A”所示；

（6）插入新工作表命名为“筛选”，筛选出女职工的信息复制到“筛选”工作表中，效果如“图KSEA07-02B”所示；

（7）插入新工作表命名为“排序”，将“全年合计”工作表中数据复制到“排序”工作表中，对2月产量进行降序排序，效果如“图KSEA07-02C”所示。

3．打开“KSEA07-03”工作簿，完成下列操作。

（1）在Sheet1中给数据加所有框线，工作表标签名为“排序”，第一行文字加粗，隐藏E到M列数据；

（2）在Q列后增加“全年合计中文大写”列，设置该列与全年合计列格式一致，并为“全年合计中文大写”单元格应用自动换行；

（3）将“全年合计中文大写”列数据的格式设为中文大写数字；

（4）给第一行数据设置双色填充，颜色1为白色，颜色2为浅绿色，底纹样式为中心辐射；

（5）按部门降序排序，最终效果如“图KSEA07-03A”所示；

（6）插入新工作表命名为“筛选”，筛选第1车间和第3车间的数据复制到“筛选”工作表中，粘贴选项设置为保留源列宽，效果如“图KSEA07-03B”所示。

4．打开“KSEA07-04”工作簿，完成下列操作。

（1）在Sheet1中为数据加红色双线框线；

（2）在Sheet1中将1月数据中的重复值设置为绿色、粗体显示；

（3）在Sheet1中将2月数据中低于平均值的数据设置为橙色、加粗显示；

（4）在Sheet1中将3月数据应用条件格式中的“三色旗”；

（5）在Sheet1中为职工号设置数据验证，使得输入的职工号长度必须等于5，输入信息的标题为“输入职工号”，输入信息为“职工号长度必须为5位”，效果如“图KSEA07-04A”所示；

（6）插入新工作表命名为“1月重复值”，在Sheet1中按颜色筛选出1月数据中绿色字体的信息，复制到“1月重复值”工作表中，效果如“图KSEA07-04B”所示；

（7）插入新工作表命名为“3月绿旗”，将Sheet1中数据复制到“3月绿旗”工作表，按图标颜色筛选出3月数据中绿旗图标信息，效果如“图KSEA07-04C”所示；

5．打开“KSEA07-05”工作簿，完成下列操作。

（1）为Sheet1中的数据添加所有框线，将Sheet1中的内容复制到Sheet2中；

（2）将Sheet1工作表的标签改名为“AA”，将Sheet2工作表的标签改名为“BB”；

（3）在“AA”中G列后增加“一季度合计”一列，为该列添加框线并自动调整列宽；

(4) 在“AA”中计算一季度合计额，合计额为三个月的数值之和；

(5) 在“AA”中2月后插入一列“2月基期增长率”，3月后插入一列“3月基期增长率”，基期数据是1月数据，计算2月和3月的基期增长率，用百分比表示，保留两位小数，所有数据自动调整列宽；

(6) 在“AA”中通过查找替换，将B列中含有“刘”字的姓名替换为红色、加粗，效果如“图KSEA07-05A”所示；

(7) 在“BB”工作表中运用名称管理器将单元格区域A1:A20的名称设为“JC”；

(8) 在“BB”工作表中按性别进行升序、部门进行降序排列；

(9) 在“BB”工作表中为F7单元格插入批注，批注内容为“休假一周”，最终效果如“图KSEA07-05B”所示。

6. 打开“KSEA07-06”工作簿，完成下列操作。

(1) 将“产品销售”工作表中字体设为宋体，字号为10号，数据加上双线红色表线；

(2) 将标题行文字加粗，填充为黄色，标签颜色设为绿色；

(3) 设置表格行高为20，所有数据区域文字水平、垂直均居中对齐；

(4) 将D列(单价)单元格区域统一设成保留两位小数；

(5) 用公式求出F列(销售额)数据，并添加人民币符号，保留2位小数，最终效果如“图KSEA07-06A”所示；

(6) 将“产品销售”工作表复制，更改标签名为“排序”，设置工作表标签颜色为红色；

(7) 在“排序”工作表中按类别名称升序，销售量降序，将销售额大于1万小于3万的填充为橙色，最终效果如“图KSEA07-06B”所示；

(8) 插入新工作表命名为“筛选”，将工作表标签颜色设为橙色；

(9) 在“产品销售”工作表筛选出类别名称为“饮料”和“点心”的数据复制到“筛选”工作表中，自动调整列宽；

(10) 在“筛选”工作表中按类别名称降序排序，并设置第一行文本倾斜45度，最终效果如“图KSEA07-06C”所示。

八、KSEA08-分类汇总

1. 打开“KSEA08-01”工作簿，完成下列操作。

(1) 将Sheet1工作表移动到Sheet4工作表后面；

(2) 在Sheet2中给数据加所有框线，并将Sheet2中的内容复制到Sheet3中；

(3) 在Sheet2中F列后加入列别为“2月+1月”，“2月-1月”，“2月*1月”，“2月/1月”，设置标题行文字为隶书、18号、蓝色，自动调整列宽，添加所有框线；

(4) 在Sheet2中计算G到J列的结果，J列数据保留两位小数；

(5) 在Sheet2中为表格应用表样式“表样式中等深浅11”，并设置不显示筛选按钮；

(6) 在Sheet2中运用条件格式将H列中小于0的值填充为红色，最终效果如“图KSEA08-01A”所示；

(7) 在Sheet3中按性别进分类汇总，汇总方式为求和，选定汇总项为1月和2月，最终效果如“图KSEA08-01B”所示；

(8) 在Sheet4中运用函数分别求出Sheet2中第一车间一月份和二月份的最大值、最小值和平均值，平均值保留两位小数，最终效果如“图 KSEA08-01C”所示。

2. 打开“KSEA08-02”工作簿，完成下列操作。

(1) 将 Sheet1 工作表复制，并更名为“排序”，在排序工作表中，按地区升序排序，效果如“图 KSEA08-02A”；

(2) 将 Sheet1 工作表复制，并更名为“分类汇总”，分类汇总工作表中，按地区对人均国内生产总值汇总平均值，效果如“图 KSEA08-02B”；

(3) 将“分类汇总”工作表复制，并更名为“分类汇总二级明细”，在此表中显分类汇总的二级明细，效果如“图 KSEA08-02C”；

(4) 将 Sheet1 工作表复制，并更名为“国内生产总值筛选”，在国内生产总值筛选工作表中，筛选出国内生产总值大于 5000 的数据，效果如“图 KSEA08-02D”；

(5) 将 Sheet1 工作表复制，并更名为“地区筛选”，在地区筛选工作表中，筛选出地区为内蒙古的数据，并填充为黄色，效果如“图 KSEA08-02E”；

(6) 将 Sheet1 工作表更名为“国内生产总值”，标签颜色为红色。

九、KSEA09-数据验证

1. 打开“KSEA09-01”工作簿，完成下列操作。

(1) 在 Sheet1 中，将 A1 到 A4 单元格定义名称为“车间”，在 B1 单元格通过数据验证设置可通过下拉列表选择要填充的车间，效果如“图 KSEA09-01A”所示；

(2) 在 Sheet2 中给数据加所有框线，自动调整列宽；

(3) 在 Sheet2 中设置页边距：左右为 0.5，打印预览时数据区水平垂直居中；

(4) 在 Sheet2 中自定义页眉页脚，页眉中间为“全年统计表”，并设置为宋体、加粗、18 号，页脚右侧插入页码；

(5) 在 Sheet2 中设置第 1 行文字加粗，且水平垂直均居中；

(6) 在 Sheet2 中设置打印标题行，并且在打印时打印行号和列标；

(7) 计算每个月份及全年的合计、最大值、最小值、平均值，效果如“图 KSEA09-01B”所示；

2. 打开“KSEA09-02”工作簿，完成下列操作。

(1) 在“职工销售”工作表中为表格添加标题“职工销售情况表”，并设置为隶书、20 号、粗体、蓝色，合并后居中对齐；

(2) A 列(销售日期)数据采用序列中按日填充；

(3) B 列(销售人)数据通过不同单元格输入相同数据完成；

(4) C 列(产品类型)数据采用记忆式键入完成；

(5) D 列(销售地点)数据设置数据验证，通过下拉列表选择完成数据填写；

(6) 为 E 列(金额)数据加上人民币符号，并保留 2 位小数；

(7) 设置金额列数据验证为大于 0 且小于 10000，出错警告为样式中的“警告”，标题为“出错”，错误提示信息为“与金额值允许输入的范围不符!”；

(8) 设置除标题行以外的数据区域表格行高为 18，列宽为 13，文字水平、垂直均居中对齐，字体为宋体，字号为 10 号，效果如“图 KSEA09-02A”所示；

(9) 将“职工销售”工作表进行复制，复制的工作表命名为“筛选”，标签颜色为红色，在“筛选”工作表中筛选出产品类型为“鼠标键盘”的数据，效果如“图 KSEA09-02B”所示；

(10) 将“职工销售”工作表进行复制，复制的工作表命名为“分类汇总”，按销售人分类汇总金额总和，将分类汇总显示为二级明细，效果如“图 KSEA09-02C”所示。

3. 打开“KSEA09-03”工作簿，完成下列操作。

(1) 在 Sheet1 中为数据加所有框线；

(2) 将 A 列职工号数据按单元格颜色排序，黄色在顶端；C 列性别按数值升序；

(3) 为 1 月到 12 月数据设置数据验证，输入范围为 0～400，出错警告为样式中的停止，标题为“出错!”，错误信息为“超出输入范围，禁止输入!”；

(4) 为全年合计列数据应用条件格式中的“四向箭头彩色”，效果如“图 KSEA09-03A”所示；

(5) 将所有数据选择性粘贴数值到 Sheet2 中；

(6) 按部门升序排序；

(7) 按部门分类汇总全年合计的和，效果如“图 KSEA09-03B”所示。

十、KSEA10-基本计算

1. 打开“KSEA10-01”工作簿，完成下列操作。

(1) 在 Sheet1 中给数据加所有框线；

(2) 将 A 列职工号数据按单元格颜色排序，红色在底端，E 列 1 月数据按字体颜色排序，绿色在顶端；

(3) 将 3 月到 12 月的数据中值最小的 10%项文字设置为紫色、加粗倾斜；

(4) 为全年合计应用条件格式中的蓝色数据条；

(5) 在表格上方插入标题行，标题内容为“生产计划表”，宋体、20 号、合并后居中，效果如“图 KSEA10-01A”所示；

(6) 通过填充成组工作表，将 Sheet1 中的数据填充到 Sheet2、Sheet3 中；

(7) 将 Sheet2 标签改为“平均值”，按部门分类汇总全年合计的平均值，效果如“图 KSEA10-01B”所示；

(8) 将 Sheet3 标签改为“筛选”，筛选出男员工的信息，效果如“图 KSEA10-01C”所示。

2. 打开“KSEA10-02”工作簿，完成下列操作。

(1) 隐藏 Sheet1 工作表；

(2) 在 Sheet2 中给数据加所有框线，框线颜色为绿色，数据自动调整列宽；

(3) 将 Sheet2 中的数据复制到 Sheet3 中，并将 Sheet3 中数据框线颜色改为浅蓝色，将第一行的数据加粗显示；

(4) 在 Sheet2 中在 G 列(3 月)、J 列(6 月)、M 列(9 月)、P 列(12 月)后均插入列别为“一季度合计”、“二季度合计”、“三季度合计”、“四季度合计”，自动调整列宽，并通过自动求和计算结果；

(5) 在 Sheet2 中在 L 列(二季度合计)、P 列(三季度合计)和 T 列(四季度合计)后各插入一列别为“第二季度环比增长率”、“第三季度环比增长率”、“第四季度环比增长率”，并计算结果，自动调整列宽，结果用百分比表示，保留两位小数；

(6) 将1月到12月这12列数据隐藏,在Sheet2中应用条件格式将"第二季度环比增长率"、"第三季度环比增长率"和"第四季度环比增长率"中小于0.00%的数据加粗倾斜,填充为浅绿色,效果如"图KSEA10-02A"所示;

(7) 在Sheet3中运用名称管理器将单元格A1:Q36区域命名为"全年汇总",将E1:G36区域命名为"一季度",H1:J36区域命名为"二季度",K1:M36区域命名为"三季度",N1:P36区域命名为"四季度",效果如"图KSEA10-02B"所示。

3. 打开"KSEA10-03"工作簿,完成下列填充。

(1) 在Sheet1中填充如"图KSEA10-03A"所示数列;

(2) 在Sheet2中,增加"1月增长率"、"2月增长率"、"3月增长率"三列;

(3) 根据本月与上一个月的数据,计算1月增长率、2月增长率、3月增长率,结果设置为百分比,保留两位小数;

(4) 为数据加所有框线;

(5) 设置标题行行高为30,填充为渐变双色水平,颜色1为白色,颜色2为蓝色,效果如"图KSEA10-03B"所示;

(6) 将Sheet2工作表中的数据复制到Sheet3中,保持数据的行高和列宽均不变;

4. 打开"KSEA10-04"工作簿,完成下列操作。

(1) 在Sheet1工作表中插入"一月完成情况"和"二月完成情况"两列;

(2) 给表格中数据区域加上所有框线,设置数据区域文字大小为10号;

(3) 将每列数据自动调整列宽;

(4) 利用公式计算"一月完成情况"和"二月完成情况",如果大于等于70件,则为合格,否则为不合格,最终效果如"图KSEA10-04A"所示;

(5) 在Sheet2工作表中,计算"完成件数是否合格",如果一月和二月完成件数都大于等于70为合格,否则为不合格,效果如"图KSEA10-04B"所示。

5. 打开"KSEA10-05"工作簿,完成下列操作。

(1) 在"工资"工作表中,给表格数据区域加上所有框线,设置行高为20,列宽为9;

(2) 设置标题行字体为宋体、12号、粗体,居中对齐,填充为黄色;

(3) 求出实发工资,其中:实发工资=基本工资+奖金+津贴-房租-水电费;

(4) 给数据区域前加上人民币符号,并保留两位小数位数;

(5) 将数据区域设置水平、垂直均居中对齐,最终效果如"图KSEA10-05A"所示;

(6) 将"工资"工作表进行复制,复制的工作表命名为"升序",按职工号升序排序,最终效果如"图KSEA10-05B"所示;

(7) 将"工资"工作表进行复制,复制的工作表命名为"分类汇总",按部门分类汇总实发工资总和,最终效果如"图KSEA10-05C"所示。

6. 打开"KSEA10-06"工作簿,完成下列操作。

(1) 在"月份统计"工作表中利用函数计算每位员工的全年合计和月平均值(小数位数为2位);

(2) 按月平均值降序排序,填入名次列(1,2,3…);

(3) 在名次列后增加"获奖情况"列,利用函数计算获奖情况,名次为1的获奖情况为冠军,名次为2的获奖情况为亚军,名次为3的获奖情况为季军,其余的均为优秀奖;

(4) 给数据区域加上所有框线,并自动调整列宽,最终效果如“图 KSEA10-06A”;

(5) 将“月份统计”工作表复制并更名为“图表”;

(6) 按职工号升序排序;

(7) 用姓名和月平均值生成带数据标记的折线图;

(8) 更改图表样式为“样式 3”,添加图表标题为“全年 12 月平均值”;

(9) 将纵坐标轴 Y 轴数据格式更改为最小值 280,将横坐标轴 X 轴数据文字方向更改为竖排显示,最终效果如“图 KSEA10-06B”;

(10) 将“月份统计”工作表中的 A 到 D 列数据复制到“全年统计”工作表中;

(11) 在“全年统计”工作表中汇总全年合计、全年最高值、全年最低值,效果如“图 KSEA10-06C”;

(12) 按车间名称汇总各个车间的总产量,最终效果如“图 KSEA10-06D”。

7. 打开“KSEA10-07”工作簿,完成下列操作。

(1) 根据“产品销售统计”工作表计算金额和增长率,并为计算出的增长率设置为百分比格式,保留 1 位小数,效果如“图 KSEA10-07A”所示;

(2) 将增长率为负值的数据筛选复制到“负增长率”工作表,并保留源列宽,效果如“图 KSEA10-07B”所示;

(3) 根据“商品单价”工作表中的数据,在“商品数量”工作表中通过数据验证制作商品名一列,可以通过下拉列表进行选择;

(4) 定义单价列公式,使得选择商品名后,可自动填充所选商品的单价;

(5) 定义金额的公式,如果数量为空或 0,金额不计算,否则计算金额,效果如“图 KSEA10-07C”所示。

8. 打开“KSEA10-08”工作簿,完成下列操作。

(1) 给 Sheet1 工作表中数据区域加上所有框线;

(2) 邮箱一列数据由字符连接运算符连接起来,连接格式为:NMG_职工号@163. COM;

(3) 例如:NMG_101@163. COM;

(4) 将 C 列(邮箱)自动调整列宽;

(5) 将 A1 到 C1 单元格区域文字水平、垂直均居中对齐,加粗显示;

(6) 为表格应用样式设为中等深浅中的“表样式中等深浅 3”,将筛选按钮设置为不显示,效果如“图 KSEA10-08”所示。

🕮 KSEB 综合操作

一、KSEB01-公式与函数计算

1. 打开“KSEB01-01”工作簿,完成下列操作。

(1) 将 Sheet1 工作表更名为“工资统计”,为数据添加所有框线,并自动调整列宽;

(2) 通过公式计算每位员工的基本工资,计算标准为:

- “高级工程师”,8000;
- “工程师”,5000;

• “助理工程师”,3000;

(3) 计算每位员工的工资项:

• 应发合计=基本工资+绩效工资+生活补贴;

• 代扣社会保险=基本工资 * 8%;

• 代扣住房公积金=基本工资 * 6%;

• 代扣其它为:每旷工 1 天扣 20;

• 实发合计=应发合计-房租-水电费-代扣社会保险-代扣住房公积金-代扣其他;

• 其中应发合计与实发合计保留 2 位小数,最终效果如“图 KSEB01-01A”。

(4) 将“工资统计”工作表复制,并更名为“分类汇总”,按部门对实发合计汇总求和,显示分类汇总的二级明细,效果如“图 KSEB01-01B”所示;

(5) 根据“工资统计”工作表所给数据,在新工作表中插入数据透视表,并将其工作表标签更名为“数据透视表”,将“部门”作为报表筛选,“性别”作为列标签,“职称”作为行标签,对“实发合计”进行求和;

(6) 根据数据透视表生成数据透视图,效果如“图 KSEB01-01C”所示。

2. 打开“KSEB01-02”工作簿,完成下列操作。

(1) 根据“月计件汇总”计算:

• 计算完成工作量情况,大于等于 70 件为完成,否则为未完成;

• 计算工资,大于等于 70 件,按每件 50 元计算,其他按每件 40 元计算;

• 计算奖金,大于 70 件的部分按每件 20 元计算,小于等于 70 件则没有奖金,效果如“图 KSEB01-02A”所示。

(2) 将未完成工作量的员工筛选到“未完成工作量”工作表中,效果如“图 KSEB01-02B”所示;

(3) 在“完成工作量统计”工作表中进行相应的计算,效果如“图 KSEB01-02C”所示;

(4) 将“商品销售金额统计(一)”工作表中的销售月份、销售数量、销售金额转置到“商品销售金额统计(二)”工作表中;

(5) 在“商品销售金额统计(一)”工作表计算销售金额,效果如“图 KSEB01-02D”所示;

(6) 在“商品销售金额统计(二)”工作表计算销售金额,自动调整列宽,效果如“图 KSEB01-02E”所示。

3. 打开“KSEB01-03”工作簿,完成下列操作。

(1) 计算“电动玩具”工作表全年合计,效果如“图 KSEB01-03A”所示;

(2) 在“分段情况统计”工作表,统计各个分段的人数情况,效果如“图 KSEB01-03B”所示;

(3) 在“全年每月汇总”工作表,统计每个月份的计件合计,效果如“图 KSEB01-03C”所示;

(4) 在“部门汇总”工作表中,汇总每个部门的人数,每个部门的各个月份合计,效果如“图 KSEB01-03D”所示。

4. 打开“KSEB01-04”工作簿,完成下列操作。

(1) 将 Sheet1 工作表更名为“销售单”,在销售金额列后依次添加“销售成本”、“销售税金”、“销售附加税金”、“销售收入”列，计算方法如下：

- 销售金额＝单价 * 销售量；
- 销售成本＝销售金额 * 20％；
- 销售税金＝(销售金额/(1＋6％)) * 6％；
- 销售附加税金＝销售税金 * 3％；
- 销售收入＝销售金额－销售成本－销售税金－销售附加税金；
- 以上计算结果均保留两位小数；
- 整个数据区域添加所有框线并自动调整列宽。

(2) 为“销售单”工作表添加标题为：“销售情况表”，格式为：黑体、24 号、蓝色、合并后居中；

(3) 将“销售单”工作表复制并更名为“排序”，按地区升序、产品降序排序，效果如“图 KSEB01-04A”所示；

(4) 将“销售单”工作表复制并更名为“条件格式”，通过条件格式将销售金额列中大于 10000 的数据用红色粗体显示，自动调整列宽，效果如“图 KSEB01-04B”所示；

(5) 将“销售单”工作表复制并更名为“分类汇总”，按销售员对销售收入汇总求和，显示分类汇总的二级明细，效果如“图 KSEB01-04C”所示；

(6) 将“销售单”工作表复制并更名为“图表”，按销售员对销售量汇总求和，显示二级明细后生成“饼图”，添加标题为“销售情况饼图”，居中显示数据标签，效果如“图 KSEB01-04D”所示。

5. 打开“KSEB01-05”工作簿，完成下列操作。

(1) 计算全年合计，并在全年合计列后增加年终测评列，利用函数计算年终测评，测评标准为：小于等于 3600 的为不合格，小于等于 3900 的为合格，大于 3900 的为优秀；

(2) 将 Sheet1 工作表更名为“年终测评”，为数据区域添加所有框线，设置字号为 10 号，并且自动调整列宽；

(3) 通过条件格式将测评为优秀的用红色字体黄色底纹显示，效果如“图 KSEB01-05A”所示；

(4) 将“年终测评”工作表复制并更名为“分类汇总”，按部门对全年合计汇总求和，效果如“图 KSEB01-05B”所示；

(5) 将 Sheet2 工作表更名为“车间统计”，利用函数计算每个车间的人数和全年合计，手工填入没有成绩；

(6) 在“车间统计”工作表生成如“图 KSEB01-05C”所示图表，图表类型为带数据标记的折线图。

6. 打开“KSEB01-06”工作簿，完成下列操作。

(1) 在“职工销售”工作表中，给表格加上所有框线，并在 D 列将 C 列数据转换为大写金额，效果如“图 KSEB01-06A”所示；

(2) 利用自动筛选将金额大于 100 万(含 100 万)的数据筛选到“销售额在 100 万以上(含 100 万)”工作表中，效果如“图 KSEB01-06B”所示；

(3) 将销售额在 100 万以下的数据筛选到“销售额在 100 万以下”工作表中，效果如“图 KSEB01-06C”所示；

(4) 在“奖金表”工作表中给所有数据加上所有框线,并根据销售额计算每个员工的奖金。

奖金发放的标准:

- 大于等于 320 万,为销售金额 * 0.2%;
- 大于等于 300 万,为销售金额 * 0.15%;
- 大于等于 280 万,为销售金额 * 0.1%;
- 大于等于 260 万,为销售金额 * 0.08%;
- 大于等于 200 万,为销售金额 * 0.06%;
- 大于等于 100 万,为销售金额 * 0.03%;
- 小于 100 万,不发奖金。

例如:某员工销售额为 320 万,奖金数即为 3200000 * 0.2% = 6400 元,效果如“图 KSEB01-06D”所示。

7. 打开“KSEB01-07”工作簿,完成下列操作。

(1) 给“电动玩具”和“统计”工作表的数据加上所有框线;

(2) 将“电动玩具”工作表中一月计件、二月计件和三月计件这三列的数值去掉小数位数,效果如“图 KSEB01-07A”所示;

(3) 运用相应函数求出“统计”工作表中不同分段的人数,最高件数,最低件数,平均件数,所求的结果去掉小数位数,未完成人数,小于 70 件为未完成,效果如“图 KSEB01-07B”所示。

二、KSEB02-金融计算

1. 打开“KSEB02-01”工作簿,完成下列操作。

(1) 在“存款数据”工作表,根据“期限与利率”工作表计算存款年利息,效果如“图 KSEB02-01A”所示;

(2) 在“销售表”中根据“单价表”、“销量表”计算每种商品的每个月的销售额,效果如“图 KSEB02-01B”所示;

(3) 将产品编号和产品名称两列复制到“全年总销售额”工作表中,并增加“全年总销售额”列,计算每种商品的全年销售额,计算结果添加人民币符号,并保留两位小数,效果如“图 KSEB02-01C”所示。

2. 打开“KSEB02-02”工作簿,完成下列操作。

(1) 在“复利计算十年期存款本利合计”工作表中通过复利计算十年期的存款及每年的利息、本利合计,效果如“图 KSEB02-02A”所示;

(2) 在“单利计算十年期存款本利合计”工作表中通过单利计算十年期的存款及每年的利息、本利合计,效果如“图 KSEB02-02B”所示;

(3) 在“十年还贷计划”工作表中计算十年期的贷款还贷计划,要求按年进行还款,计算每年的还款本金,还款利息等,还款为每期的期末,效果如“图 KSEB02-02C”所示。

3. 打开“KSEB02-03”工作簿,完成下列操作。

(1) 根据“利率”工作表,在“一年期存款”工作表中计算一年期存款年利息,效果图如“图 KSEB02-03A”所示;

(2) 根据“利率”工作表,在“三年期存款”工作表中计算三年期存款年利息,效果图如“图 KSEB02-03B”所示;

(3) 根据“利率”工作表,在“五年期存款”工作表中计算五年期存款年利息,效果图如“图 KSEB02-03C”所示;

(4) 在“不同年期存款”工作表中计算不同年期存款年利息,效果图如“图 KSEB02-03D”所示。

说明:年利率 1 年为 2%,2 年为 3%,3 年为 5%,5 年为 8%,10 年为 12%。

4. 打开“KSEB02-04”工作簿,完成下列操作。

(1) 根据“利率”工作表,在“存款”工作表中计算存款年利息,效果如“图 KSEB02-04A”所示;

(2) 在“5 年按月还贷计划”工作表中,计算 5 年期的贷款还款计划,要求按月进行还款,计算每个月的还款本金,还款利息等,还款为每期的期末,效果如“图 KSEB02-04B”所示。

5. 打开“KSEB02-05”工作簿,完成下列操作。

(1) 在“银行职员”工作表制定一个职工完成存款计划奖金发放标准:

- 如果实际完成数小于等于计划指标数,则没有奖金;
- 如果实际完成数超过计划指标数的值小于等于 100,按实际完成数的 1%发奖金;
- 如果实际完成数超过计划指标数的值小于等于 200,按实际完成数的 3%发奖金;
- 如果实际完成数超过计划指标数的值小于等于 300,按实际完成数的 4%发奖金;
- 如果实际完成数超过计划指标数的值大于 300,按实际完成数的 5%发奖金,效果图如“图 KSEB02-05A”所示。

(2) 将获得奖金的员工的数据通过筛选复制到“奖金”工作表中,效果图如“图 KSEB02-05B”所示。

三、KSEB03-数据统计

1. 打开“KSEB03-01”工作簿,完成下列操作。

(1) 在“海尔电器销售”工作表中给表格加上所有框线;

(2) 计算每位员工的销售总金额,将所有销售金额的数据添加千位分隔符和人民币符号,小数位数为 2 位,效果如“图 KSEB03-01A”所示;

(3) 将华北地区的数据筛选到“华北地区”工作表;

(4) 将西北地区的数据筛选到“西北地区”工作表;

(5) 将“海尔电器销售”工作表中的数据复制到“按销售地区分类汇总”工作表中,要求保持数据的行高列宽均不变,按销售地区分类汇总销售总金额的和,效果如“图 KSEB03-01B”所示;

(6) 在“销售地区汇总”工作表中计算每个销售地区的人数和销售总金额,(注意:手工填入数据没有成绩),效果如“图 KSEB03-01C”所示。

2. 打开“KSEB03-02”工作簿,完成下列操作。

(1) 在“机票价格”工作表中,求出机票折扣和机票现价,折扣的标准是:中国国航 9.5 折,南方航空 9 折,东方航空 8.5 折,上海航空 8 折,海南航空 7.5 折;

(2) 将机票现价统一加上人民币符号并保留2位小数位，效果如“图KSEB03-02A”所示；

(3) 将“机票价格”工作表数据复制到“排序”工作表中，按到达城市升序排序，航空公司降序排序，效果如“图KSEB03-02B”所示；

(4) 将“机票价格”工作表数据复制到“分类汇总”工作表中，按航空公司对机票现价进行汇总，显示分类汇总二级明细，效果如“图KSEB03-02C”所示；

(5) 根据“机票价格”工作表，求出“城市”工作表航班个数和机票现价和，效果如“图KSEB03-02D”所示。

3. 打开“KSEB03-03”工作簿，完成下列操作。

(1) 在“工作量人数统计”工作表中，统计出各月份生产量分别在40件以下、40～59件、60～69件、70～79件、80～89件、90件以上的职工人数；

(2) 计算出各个月份人均生产件数；

(3) 计算出各个月份最高生产件数；

(4) 计算出各个月份最低生产件数；

(5) 若月生产件数低于70件则被认为未完成计划，统计出各个月未完成计划的人数和总人数；

(6) “工作量人数统计”工作表中所有的计算结果没有小数位，并且左对齐，效果如“图KSEB03-03A”所示；

(7) 在“每个生产车间月总件数统计”工作表中，统计出每个生产车间各个月份的生产件数；

(8) 计算出每个车间全年的总生产件数；

(9) 计算出每个车间全年的平均生产件数，效果如“图KSEB03-03B”所示；

(10) 在“每个生产车间月平均件数统计”工作表中，统计出每个生产车间各个月份的平均生产件数，效果如“图KSEB03-03C”所示。

4. 打开“KSEB03-04”工作簿，完成下列操作。

(1) 根据“全年件数统计”工作表的数据在“每个生产车间男女总件数”工作表中，分别统计出每个生产车间男女总生产件数；

(2) 计算出每个车间的“车间总件数1”(车间总件数1＝男总件数＋女总件数)；

(3) 通过相应的函数计算出每个车间的“车间总件数2”，效果如“图KSEB03-04A”所示；

(4) 根据“全年件数统计”工作表的数据在“每个生产车间男女平均件数”工作表中，统计出每个生产车间男女员工的平均生产件数；

(5) 分别统计出每个生产车间男女总生产件数；

(6) 分别统计出每个生产车间男女总人数；

(7) 分别统计出每个生产车间的男平均件数1、女平均件数1，(平均件数＝总件数/总人数)；

(8) 通过相应的函数计算出每个车间的男平均件数2、女平均件数2，效果如“图KSEB03-04B”所示；

(9) 在“全年计件数汇总”工作表中，将全年合计一列下面的数据区域定义名称为“全年合计”，统计出每位员工的生产件数排名；

（10）统计出每位员工的生产件数占总件数的百分比，效果如“图 KSEB03-04C”所示；

（11）根据“全年计件数汇总”工作表的数据在“最高与最低件数”工作表中，分别统计出最高的十个总件数和最低的十个总件数，效果如“图 KSEB03-04D”所示。

5. 打开“KSEB03-05”工作簿，完成下列操作。

（1）根据“计件数”工作表中的数据在“计件统计”工作表中通过相应的函数分别完成查找各月最大值、最小值，统计各月工作人数以及每月平均工作量，效果如“图 KSEB03-05A”所示；

（2）根据“生产件数”工作表中的数据在“总数达标统计”工作表中按月份及车间统计各月达标和未达标的总工作数量，其中统计标准为：工作量大于等于 70 为达标，小于 70 为未达标；

（3）在“总数达标统计”工作表中统计各车间第一季度的总工作数量，效果如“图 KSEB03-05B”所示；

（4）根据“生产件数”工作表中的数据在“平均达标统计”工作表中按月份及车间统计各月达标和未达标的平均工作数量，其中统计标准为：工作量大于等于 70 为达标，小于 70 为未达标，效果如“图 KSEB03-05C”所示。

6. 打开“KSEB03-06”工作簿，完成下列操作。

（1）在“计件数”工作表中含有员工 1 月到 3 月的工作量，现将员工的工作量按从高到低分为 A 级至 F 级（6 个标准），根据此工作表中的数据在“统计结果”工作表中按月份及车间统计各月符合不同标准阶段的人数；

（2）在“统计结果”工作表中统计各车间工作人数，效果如“图 KSEB03-06A”所示；

（3）在“计件排名”工作表中给出了 11 月员工的计件情况，按照每位员工的生产件数从高到低排名，排名以数字形式表示，其中生产件数相同者名次相同；

（4）在“计件排名”工作表中按照每位员工的生产件数从高到低排名，排名以百分比形式表示，其中生产件数相同者名次相同，效果如“图 KSEB03-06B”所示。

7. 打开“KSEB03-07”工作簿，完成下列操作。

（1）根据“调查问卷”工作表，计算“性别”工作表的人数，效果如“图 KSEB03-07A”所示；

（2）根据“调查问卷”工作表，计算“年龄”工作表的人数，效果如“图 KSEB03-07B”所示；

（3）根据“调查问卷”工作表，计算“学历”工作表的人数，效果如“图 KSEB03-07C”所示；

（4）根据“调查问卷”工作表，计算“收入”工作表的人数，效果如“图 KSEB03-07D”所示；

（5）根据“调查问卷”工作表，计算“职业”工作表的人数，效果如“图 KSEB03-07E”所示；

（6）根据“调查问卷”工作表，计算“看重项”工作表的人数，效果如“图 KSEB03-07F”所示；

（7）根据“调查问卷”工作表，计算“价位”工作表的人数，效果如“图 KSEB03-07G”所示。

四、KSEB04-查找引用

1. 打开“KSEB04-01”工作簿，完成下列操作。

（1）分别给“人员基本工资”“部门”“扣发工资”工作表数据加上所有框线；

（2）在“扣发工资”工作表中求出扣除金额，旷工 1 天扣除标准是 20；

（3）为“扣发工资”工作表数据区域定义名称为“扣发”；

（4）通过查找函数和“扣发工资”工作表数据，求出“人员基本工资”工作表扣发一列数据；

（5）为“部门”工作表前两列数据区域定义名称为“部门”；

（6）通过查找函数和“部门”工作表数据，求出“人员基本工资”工作表中部门一列数据；

（7）求出“人员基本工资”工作表中的实发工资，并将该工作表中的数值统一设为两位小数，效果如“图 KSEB04-01A”所示；

（8）用函数求出“部门”工作表中的部门人数和部门工资总和，效果如“图 KSEB04-01B”所示。

2. 打开“KSEB04-02”工作簿，完成下列操作。

（1）在“价格”工作表中给出了 5 种商品的进货价格、零售价格和批发价格，“零售”和“批发”工作表中有 5 种商品 2013 年 4 月第一周内每天的销售量和批发量，根据这三个工作表的数据，利用相应的函数计算每日每种商品的零售价格、批发价格、进货价格；

（2）分别计算“零售”和“批发”工作表中的销售金额、批发金额以及进货金额，效果如“图 KSEB04-02A”和“图 KSEB04-02B”所示；

（3）在“利润汇总”工作表中，计算出每种商品的销售金额、批发金额、进货金额以及每种商品的利润，效果如“图 KSEB04-02C”所示。

3. 打开“KSEB04-03”工作簿，完成下列操作。

（1）在“提成比例”工作表中给出了根据工龄和销售额划分的提成比例标准，在“年终销售额提成计算”工作表中，有 20 位员工的信息以及总销售额；

（2）通过 VLOOKUP 函数计算每位员工的提成比例 1；

（3）通过 LOOKUP 函数计算每位员工的提成比例 2；

（4）计算每位员工的提成金额，效果如“图 KSEB04-03”所示。

4. 打开“KSEB04-04”工作簿，完成下列操作。

（1）在“采购”工作表中给出了需要采购商品的商品编号、商品名称、采购单价、采购数量以及供应商的信息；

（2）在“采购信息查询”工作表中根据“采购”工作表的数据通过数据验证选择要采购商品的编号，利用 LOOKUP 函数找到与该商品编号对应商品的信息，效果如“图 KSEB04-04A”所示；

（3）在“人员工资”工作表计算应发工资，并根据“个人所得税率”工作表的数据计算扣税，最后计算实发工资，效果如“图 KSEB04-04B”所示；

（4）在“人员查询”工作表中根据“人员工资”工作表的数据通过数据验证选择要查询的职工号，利用 VLOOKUP 函数完成每位职工的信息查询，并将各工资项的数据保留两位小数，效果如“图 KSEB04-04C”所示。

第三部分　PowerPoint 上机实验

📖 KSPA 基础操作

一、KSPA01-母版与格式编辑

1. 打开“KSPA01-01”Word 文档，完成下列动画制作，效果如“录像 KSPA01-01. EXE”所示。

（1）将“KSPA01-01”文档内容转换成幻灯片，保存为“KSPA01-01. PPTX”；

（2）进入幻灯片母版，幻灯片背景设置为：素材中的“图片 1”，透明度为：70%；

（3）母版标题样式采用：黑体、50 号、蓝色，进入动画设置为：展开、中速；为母版文本样式中的五级标题添加项目符号，进入动画设置为：擦除、自左侧、中速；动画间采用自动播放；

（4）给幻灯片加上“第 X 页”的格式页码，并设置文字为 20 号、加粗、红色。

（5）保存幻灯片后，将此演示文稿打包到考生文件夹下的 PPT 文件夹下。

2. 打开“KSPA01-02”PPT 演示文稿，完成下列动画制作，效果如“录像 KSPA01-02. EXE”所示。

（1）进入幻灯片母版，标题采用黑体、50 号、蓝色，母版文本样式中的五级标题采用红色；

（2）幻灯片背景采用纹理填充中的新闻纸；

（3）在右上角通过文本框输入“ITAT 教育工程”；

（4）给幻灯片加上页码；

（5）关闭母版后，选中“办公自动化讲座”建立链接，链接能够打开第二张幻灯片，选中“WORD”建立链接能够打开素材中的“KSPA01-02”Word 文档；

（6）保存幻灯片后，将此演示文稿中的每一张幻灯片存为 JPEG 格式的图片，保存到考生文件夹下的“效果图片”文件夹中。

3. 打开“KSPA01-03”PPT 演示文稿，完成下列动画制作，效果如“录像 KSPA01-03. EXE”所示。

（1）第一张幻灯片用标题幻灯片版式完成

• 输入标题文字，设置为隶书、44 号、紫色；

• 为副标题“http://www. itat. com. cn”建立超链接，单击可打开全国 ITAT 教育工程网站，链接的颜色为绿色，访问过的颜色为蓝色；

• 幻灯片背景填充为纹理中的“蓝色面巾纸”；

• 插入考生文件夹下的素材图片，设置该图片的白色区域为透明色，进入动画采用缩放、中速，单击时动画播放。

(2) 第二张幻灯片通过幻灯片母板完成

- 新增第二张幻灯片设置为标题和内容版式，输入文字内容；
- 进入幻灯片母板，标题采用黑体、44 号、蓝色，母板文本样式中五级标题采用红色；
- 为一级标题添加项目符号，二级标题添加①格式的编号；
- 幻灯片背景采用纹理填充中的"蓝色面巾纸"；
- 在幻灯片的左上角插入一个红色的五角星，形状填充为红色，形状轮廓为黄色；
- 关闭幻灯片母版。

4. 打开"KSPA01-04"PPT 演示文稿，完成下列动画制作，效果如"录像 KSPA01-04 . EXE"所示。

(1) 将幻灯片版式切换为空白版式，进入幻灯片母版；

(2) 幻灯片的背景格式设置为素材中的"图片 1"；

(3) 通过形状中的矩形、直线来绘制正方形，其中正方形的形状填充为：白色，背景 1，深色 50%，形状轮廓为：白色，背景 1，粗细为：3 磅，直线的形状轮廓为：白色，背景 1，粗细为：1 磅；

(4) 通过形状中的椭圆绘制两个正圆，均为无填充，形状轮廓为：黑色，文字 1，粗细为：10 磅，插入素材中的"图片 2"并放置在正中央，设置图片重新着色为：茶色，背景颜色 2，浅色，强调动画为：陀螺旋、360°顺时针、非常快；

(5) 关闭幻灯片母版，通过文本框添加倒计时的 3 个数字，分别放在 3 张幻灯片上，字体设置为：黑体、300 号、加粗，文本效果为：发光中的蓝色，18pt 发光，着色 1，退出动画设置为：淡出、与上一动画同步、非常快，动画声音为：照相机；

(6) 调整动画播放顺序，设置幻灯片间的连续播放。

5. 打开"KSPA01-05"PPT 演示文稿，完成下列动画制作，效果如"录像 KSPA01-05 . EXE"所示。

(1) 将幻灯片版式切换为空白版式，进入幻灯片母版，背景格式设置为纯色填充：红色，着色 2，淡色 60%；

(2) 插入形状斜纹绘制树干：形状填充和形状轮廓均为：茶色，背景 2，深色 75%，进行适当角度旋转并放置到相应位置上，进入动画设置为：擦除、自底部、快速；

(3) 关闭幻灯片母版，插入形状菱形绘制树叶，形状填充为：浅绿，形状轮廓为：绿色，进入动画设置为：淡出、非常快，进行适当角度旋转并放置到相应位置上。插入艺术字：字体为：隶书、200 号、浅绿，文字效果为棱台中的艺术装饰，进入动画设置为：缩放、中速；

(4) 新增幻灯片，插入形状云形绘制树冠，形状填充为：绿色，形状轮廓为：红色，着色 2，淡色 60%，进入动画为：展开，速度均为：中速，调整层次位置，艺术字步骤同上，将颜色改为绿色；

(5) 新增幻灯片，复制第 4 点要求中的树冠，将形状填充改为：橙色，其它不变，艺术字步骤同上，将颜色改为橙色；

(6) 新增幻灯片，插入形状云形：形状填充和形状轮廓均为：白色，背景 1，形状效果为：柔化边缘 5 磅，调整大小位置，进入动画为：缩放，慢速，艺术字步骤同上，将颜色改为白色；

(7) 调整动画播放顺序，动画间采用自动播放并设置整个幻灯片循环播放。

二、KSPA02-基本动画

1. 打开“KSPA02-01”PPT演示文稿，完成下列动画制作，效果如“录像KSPA02-01.EXE”所示。

(1) 将幻灯片版式切换为空白版式；

(2) 插入基本形状中的笑脸，笑脸形状颜色填充为渐变效果中的浅色渐变-着色5，大小为：高5厘米，宽5厘米；

(3) “欢迎光临”四个字采用艺术字添加，艺术字为宋体100号；

(4) 给笑脸添加动画，要求进入从底部中速飞入，飞入后隐藏；

(5) “欢迎光临”艺术字动画设置为：进入动画为：轮子，效果为：4轮辐图案；

(6) 调整动画播放顺序，动画间采用自动播放。

2. 打开“KSPA02-02”PPT演示文稿，完成下列动画制作，效果如“录像KSPA02-02.EXE”所示。

(1) 将幻灯片版式切换为空白版式；

(2) 王字的所有笔画采用形状中的矩形绘制，线条和填充颜色均为黑色；

(3) 按笔画顺序设置进入动画为慢速擦除效果；

(4) 调整动画播放顺序，动画间采用自动播放。

3. 打开“KSPA02-03”PPT演示文稿，完成下列动画制作，效果如“录像KSPA02-03.EXE”所示。

(1) 将幻灯片版式切换为空白版式；

(2) 文字采用艺术字内容为“中华山河美，神州天地新，风光宜人”，字体设置为黑体，字号为72号，加粗；

(3) 艺术字文字形状和线条填充颜色为黄色，文本框形状和线条填充为红色，形状效果为：发光中的蓝色，18pt发光，着色1；

(4) 调整艺术字竖联大小为高16厘米，宽3.5厘米。横批大小为高3.5厘米，宽12厘米；

(5) 对联进入动画使用非常慢速擦除效果；

(6) 调整动画播放顺序，动画间采用自动播放。

4. 打开“KSPA02-04”PPT演示文稿，完成下列动画制作，效果如“录像KSPA02-04.EXE”所示。

(1) 将幻灯片版式切换为空白版式；

(2) 设置幻灯片背景为纹理填充效果中的“蓝色面巾纸”；

(3) 通过艺术字制作，字体为宋体、66号，首先让“2008年北京奥运会”从右向左飞入，然后让“北京欢迎您”从左向右飞入，最后让“新北京新奥运”从右向左飞入，速度都为非常慢；

(4) 三个艺术字之间采用自动播放；

(5) 能够实现整个幻灯片循环播放。

5. 打开“KSPA02-05”PPT 演示文稿，完成下列动画制作，效果如“录像 KSPA02-05 .EXE”所示。

(1) 将幻灯片版式切换为空白版式；

(2) 所有文字采用艺术字制作，字体为宋体，字号为 100 号；

(3) “华”字进入动画采用中速螺旋飞入，其他文字进入动画采用中速玩具风车；

(4) 调整动画播放顺序，文字间的动画采用自动播放。

6. 打开“KSPA02-06”PPT 演示文稿，完成下列动画制作，效果如“录像 KSPA02-06 .EXE”所示。

(1) 将幻灯片版式切换为空白版式，背景格式设置为素材中的“图片 1”；

(2) 插入素材中的“图片 2”(插入两张)和“图片 3”，放置到适当位置，为“图片 2”添加图片效果为：阴影-右上对角透视；

(3) 插入素材中的“图片 4”(插入两张)，第一张，旋转-20°，进入动画设置为：飞入、自右上部、非常慢，第二张，进入动画设置为：飞入，自左侧，中速；

(4) 插入艺术字“圣诞快乐”，字体为：华文行楷、100 号，文本效果为：映像中的紧密映像，8pt 偏移量，发光中的红色，18pt 发光，着色 2，进入动画为：升起、快速；

(5) 调整动画播放顺序，动画间采用自动播放。

7. 打开“KSPA02-07”PPT 演示文稿，完成下列动画制作，效果如“录像 KSPA02-07 .EXE”所示。

(1) 将幻灯片版式切换为空白版式，背景格式设置为纹理：纸莎草纸；

(2) 插入形状中的等腰三角形和矩形绘制信封形状，宽均为 20 厘米，形状填充与形状轮廓均为：白色，其中等腰三角形的形状效果为：棱台中的柔圆，矩形的形状效果为：棱台中的艺术装饰，将两者组合，进入动画设置为：飞入、自底部、快速；

(3) 插入形状“矩形”，宽为 6 厘米，形状填充与形状轮廓均为：白色，形状效果为：棱台中的艺术装饰，添加文字为：基础操作、综合操作，文字为：华文细黑、30 号、加粗、红色，垂直对齐方式为：底端对齐；插入形状自定义动作按钮，宽为 5 厘米，添加文字为：Word，文字为：20 号、加粗，形状样式为：强烈效果-红色，强调颜色 2；将两者组合，进入动画设置为：缩放、快速；

(4) 重复第 3 步做出 Excel 与 PowerPoint，其中 Excel 按钮形状样式为：强烈效果-橄榄色，强调颜色 3，PowerPoint 按钮形状样式为：强烈效果-紫色，强调颜色 4；

(5) 插入艺术字“办公必备能力!”，文字设置为加粗，进入动画设置为：下拉、快速；强调动画为：波浪形、快速；

(6) 调整动画播放顺序，动画间采用自动播放。

8. 打开“KSPA02-08”PPT 演示文稿，完成下列动画制作，效果如“录像 KSPA02-08 .EXE”所示。

(1) 将幻灯片版式切换为空白版式，背景格式设置为素材中的“图片 1”；

(2) 插入素材中的“图片 2”，调整大小并放置到适当的位置，设置进入动画为：弹跳、中速，动画声音为：风铃，强调动画为：跷跷板、中速；

(3) 插入素材中的“图片 3”，图片效果为：映像中的紧密映像，接触，进入动画设置为：随机线条、水平、中速；

(4) 调整动画播放顺序,动画间采用自动播放。

9. 打开“KSPA02-09”PPT 演示文稿,完成下列动画制作,效果如“录像 KSPA02-09 . EXE”所示。

(1) 将幻灯片版式切换为空白版式,设置幻灯片背景为“图片 1”;

(2) 用艺术字添加标题“海航帆船-带你乘风破浪”,字体设置为隶书、44 号、黄色,进入动画设置为挥鞭式、中速,动画声音为打字机;

(3) 插入素材中的“图片 2”,图片大小为高 13 厘米,宽 13 厘米。用艺术字添加“海航帆船”,字体设置为宋体,字号为 24 号,旋转 45 度。将艺术字与图片 2 进行组合;

(4) 帆船动画动作路径为“S 型曲线 1”,速度为非常慢;

(5) 调整动画播放顺序,动画间采用自动播放。

10. 打开“KSPA02-10”PPT 演示文稿,完成下列动画制作,效果如“录像 KSPA02-10 . EXE”所示。

(1) 幻灯片采用空白版式,幻灯片背景填充采用素材中的图片 1;

(2) 插入素材中的图片 2,大小设置为高 8 厘米,宽 10 厘米;

(3) 插入素材中的图片 3,大小设置为高 9 厘米,宽 15 厘米;

(4) “和平号”采用艺术字,文本填充与文本轮廓均为黑色,文本效果为转换-弯曲中的“波形 2”,要求大小为高 1 厘米,宽 3 厘米,将艺术字“和平号”和飞机组合;

(5) 通过艺术字添加“我们都向往和平!”,字体为宋体、80 号,文本填充及轮廓均为红色,旋转 15 度,文本效果采用转换-弯曲中的“波形 2”,形状要求大小为高 6 厘米,宽 16 厘米;

(6) 动画播放时,首先是白鸽从左侧慢速飞入,飞到屏幕右侧后自动隐藏,飞入时声音为素材中的声音 1;

(7) 白鸽动画完成后,和平号飞机从右侧慢速飞入,飞到屏幕左侧后自动隐藏,飞入时声音为素材中的声音 2;

(8) 飞机动画完成后,“我们都向往和平!”采用基本缩放动画中的放大,速度为中速,声音为素材中的声音 3;

(9) 调整动画播放顺序,动画间采用自动播放。

🕮 KSPB 综合操作

一、KSPB01-设计动画

1. 打开“KSPB01-01”PPT 演示文稿,完成下列动画制作,效果如“录像 KSPB01-01 . EXE”所示。

(1) 将幻灯片版式切换为空白版式;

(2) 幻灯片背景填充为素材中的图片 1;

(3) 插入形状中基本形状椭圆,大小为高 2.5 厘米,宽 8 厘米,线条和形状都填充为白色,形状效果为柔化边缘 5 磅;

(4) 标题“探照灯效果”通过文本框添加,字体为宋体,字号为 48 号,文字颜色为白色,背景 1,深色 50%;

(5) 添加椭圆动画,通过动作路径中的绘制自定义路径曲线,设置椭圆动画路径从左到右后再返回左,强调动画为脉冲,速度为快速,重复3次,鼠标单击时动画播放。

2. 打开"KSPB01-02"PPT演示文稿,完成下列动画制作,效果如"录像KSPB01-02.EXE"所示。

(1) 将幻灯片版式切换为空白版式,背景格式设置为素材中的"图片1";

(2) 插入素材中的"图片2"和"图片3",将"图片3"置于底层,保持"图片3"高度不变的前提下设置宽度为25.5厘米;

(3) 将两张图片放置到合适的位置形成画卷未展开的效果,设置两张图片同步进入,进入动画为:淡出、中速,再为"图片3"添加路径为:向右、中速,调整路径长度形成画卷展开的效果;

(4) 插入文本框添加文字"天道酬勤",文字设置为:华文行楷、100号、文字阴影,字符间距为加宽10磅,对齐为:左右居中、上下居中,进入动画为:擦除、自左侧、快速;

(5) 调整动画播放顺序,除同步动画外,其余动画间采用自动播放。

3. 打开"KSPB01-03"PPT演示文稿,完成下列动画制作,效果如"录像KSPA02-10.EXE"所示。

(1) 将幻灯片版式切换为空白版式,背景格式设置为纯色填充:黑色;

(2) 绘制形状矩形,高宽均为2厘米,形状轮廓为无轮廓,形状效果为:棱台角度,各种类型通过多个矩形组合而成,形状颜色为:T形为橙色、O形为红色、L形为紫色、Z形为蓝色、I形为绿色;

(3) 通过动作路径中的自定义路径为T形添加动作路径,其余类型的动画均设置为自顶部中速飞入;

(4) 插入形状爆炸形2,添加文字"Game Over",文字设置为粗体、60号、黑色、文字阴影,形状填充和轮廓填充均为黄色,形状效果为柔化边缘10磅,进入动画设置为:基本缩放、从屏幕中心放大、非常快;

(5) 调整动画播放顺序,动画间采用自动播放。

4. 打开"KSPB01-04"PPT演示文稿,完成下列动画制作,效果如"录像KSPB01-04.EXE"所示。

(1) 将幻灯片版式切换为空白版式;

(2) 插入形状圆柱形绘制香烟,烟体形状填充为:无填充,烟嘴形状填充为:橙色,将两者组合,进入动画设置为:擦除、自左侧、慢速;

(3) 插入形状爆炸形1,形状填充与形状轮廓均为:红色,形状效果为:柔化边缘2.5磅,进入动画为:淡出、中速、重复3次;

(4) 插入形状禁止符,形状填充与形状轮廓均为:红色,形状效果为:阴影中的右上对角透视,棱台中的圆,进入动画为:基本缩放、缩小、非常快;插入文本框,添加文字"吸烟有害健康!",文字设置为:华文隶书、100号、加粗,进入动画设置为:基本缩放、从屏幕中心放大、非常快,要求两个动画同步。

(5) 调整动画播放顺序,除同步动画外,其余动画间采用自动播放。

5. 打开"KSPB01-05"PPT演示文稿,完成下列动画制作,效果如"录像KSPB01-05.EXE"所示。

(1) 将幻灯片版式切换为空白版式；

(2) 插入“图片 1”，将背景格式设置为纯色填充，填充颜色利用取色器拾取图片 1 中的黄色；

(3) 设置图片 1 进入动画为：弹跳，插入文本框“当我们还很小的时候，父母教会了我们”，文字设置为：隶书、40 号、加粗、文字阴影，进入动画设置为：楔入；

(4) 插入“图片 2”、“图片 3”进入动画设置为：淡出，插入文本框“吃饭”，文字格式及动画设置同上；

(5) 插入“图片 4”进入动画设置为：淡出，插入文本框“穿衣”，文字格式及动画设置同上；

(6) 插入“图片 5”进入动画设置为：淡出，插入文本框“学习”，文字格式及动画设置同上；

(7) 新增幻灯片插入“图片 6”，进入动画设置为：淡出，插入文本框“当他们已不再年轻，我们能做的……”，文字格式及动画设置同上；

(8) 插入艺术字“常回家看看”文字为：隶书、100 号、加粗，文本效果为：发光中的红色，18pt 发光，着色 2，进入动画设置为：基本缩放、放大、非常慢；

(9) 调整动画播放顺序，动画间采用自动播放，幻灯片间采用自动播放。

二、KSPB02-综合动画

1. 打开“KSPB02-01”PPT 演示文稿，完成下列动画制作，效果如“录像 KSPB02-01.EXE”所示。

(1) 将幻灯片版式切换为空白版式，背景格式设置为素材中的“图片 1”；

(2) 插入 4 个文本框按行填入文字“在人生的大海中，作为舵手的我们虽然不能掌握风的大小，但却可以调整帆的方向！”文字设置为：华文行楷、60 号、加粗，进入动画均设置为：擦除、自左侧、慢速，并为 4 个文本框分别设置延迟为：0 秒、4 秒、8 秒、12 秒；

(3) 插入素材中的“图片 2”，旋转角度为：175°，为“图片 2”绘制自定义路径，持续时间为 15 秒，取消路径平滑开始、平滑结束，形成毛笔写字的效果，进入动画设置为：飞入、自右上部、中速，鼠标单击时动画播放，形成蘸墨后提笔写字的效果；

(4) 调整动画播放顺序，设置文本框动画与路径动画同步；

(5) 再次插入素材中的“图片 2”放置到合适位置，进入动画设置为：飞入、自右下部、快速，形成写完放笔的效果。

2. 打开“KSPB02-02”PPT 演示文稿，完成下列动画制作，效果如“录像 KSPB02-02.EXE”所示。

(1) 将幻灯片版式切换为空白版式，背景格式采用素材中的“图片 1”；

(2) 插入竖排文本框，添加文字“水是生命之源！”，文字为：华文彩云、60 号、加粗、文字阴影，添加强调动画为：波浪形、快速，放置到适当的位置；

(3) 插入形状矩形，形状填充与形状轮廓均为：白色，背景 1，为矩形添加动作路径：向右、中速；

(4) 插入形状右箭头，形状填充与形状轮廓均为：黑色，添加文字“如果我们再不节约用水，那么地球上的最后一滴水必将是我们自己的眼泪……”文字为：华文琥珀、20

号、红色，右箭头进入动画设置为：擦除、自左侧、中速，与之同步的动画是矩形的退出，退出动画为：飞出、到右侧、快速；

(5) 插入素材中的“图片 2”，图片样式为：柔化边缘椭圆，图片效果为：柔化边缘 25 磅，进入动画设置为：楔入、中速；

(6) 调整动画播放顺序，除同步动画外，其余动画间采用自动播放。

3. 打开“KSPB02-03”PPT 演示文稿，完成下列动画制作，效果如“录像 KSPB02-03 . EXE”所示。

(1) 将幻灯片版式切换为空白版式，背景格式设置为素材中的“图片 1”；

(2) 插入素材中的的音频文件“KSPB02-03”，音频样式设置为在后台播放；

(3) 插入素材中的“图片 2”到“图片 4”，图片效果为：橄榄色，18pt 发光，着色 3，进入动画设置为：弹跳；

(4) 插入艺术字“人生就像是一场演奏”，文字设置为 60 号、加粗，进入动画设置为：缩放、中速；

(5) 插入文本框，分别输入：“I”、“Can”、“DoBetter”，文字设置为：华文行楷、100 号、红色、加粗，进入动画均设置为：基本缩放、放大、快速；

(6) 调整动画播放顺序，动画间采用自动播放。

4. 打开“KSPB02-04”PPT 演示文稿，完成下列动画制作，效果如“录像 KSPB02-04 . EXE”所示。

(1) 将幻灯片版式切换为空白版式，插入素材中的“图片 1”，适当调整大小置于当前幻灯片底部；

(2) 插入形状中的梯形绘制房顶，形状填充为：红色，着色 2，形状轮廓为：红色，着色 2，深色 25%，插入形状中的直线绘制墙，粗细为 6 磅，梯形与直线的进入动画均设置为：淡出；

(3) 在形状中添加文字“报刊长廊”，字体设置为宋体、45 号、黑色、加粗、文字阴影，进入动画设置为：飞入、自左侧；

(4) 插入素材中的“图片 2”、“图片 3”，调整大小，进入动画设置为：淡出；

(5) 插入素材中“图片 4”到“图片 9”，设置图片大小高宽均为 5 厘米，放置到合适位置，进入动画设置为：螺旋飞入、非常快；

(6) 通过形状中的“矩形”绘制桌子，进入动画设置为：淡出，插入素材中的“图片 10”，进入动画设置为：淡出，通过文本框添加文字“摊主有事外出，买报请自取，谢谢!”，字体为隶书、18 号，进入动画设置为：淡出，强调动画为：脉冲；

(7) 插入素材中的“图片 11”，进入动画设置为：飞入、自顶部，通过形状中的“椭圆”绘制钱币，填充及轮廓均为黑色，进入动画设置为：飞入、自顶部，设置“报刊长廊”中的个别报纸，按先后顺序分别以淡出来退出动画；

(8) 调整动画播放顺序，动画间采用自动播放。

5. 打开“KSPB02-05”PPT 演示文稿，完成下列动画制作，效果如“录像 KSPB02-05 . EXE”所示。

(1) 将幻灯片版式切换为空白版式，背景格式设置为纯色填充：黑色；

(2) 插入形状矩形，形状填充为：白色，背景 1，深色 50%，形状轮廓为：无轮廓，形状效果为：棱台中的圆，进入动画设置为：擦除、自底部；

（3）插入形状椭圆三个，前两个的形状填充为：茶色，背景 2，深色 10%，形状效果为：棱台中的圆，第三个的形状填充与形状轮廓均为：橄榄色，着色 3，淡色 40%，形状效果为：棱台中的圆，三个椭圆进入动画均设置为：自底部、中速、同步飞入；

（4）插入形状中的直线和椭圆绘制眼睛，其中直线的形状轮廓为：黑色、3 磅，形状效果为：阴影中的左下斜偏移，椭圆的形状填充与形状轮廓均为：黑色，将两者组合复制多个，进入动画设置为：缩放、快速，眼睛动画同步；

（5）插入形状椭圆形标注，形状填充为：无填充，形状轮廓为：白色，添加文字“快看！第三个鸡蛋长绿毛了！”，进入动画设置为：弹跳；

（6）插入形状圆角矩形标注，形状填充为：无填充，形状轮廓为：白色，添加文字“就是，就是，好恐怖啊！”，进入动画设置为：弹跳；

（7）插入形状中的直线和椭圆，用于绘制眼睛和嘴，其中直线的形状轮廓为：黑色、3 磅，形状效果为：阴影中的向下偏移，椭圆的形状填充与形状轮廓均为：黑色，将直线和椭圆组合，进入动画设置为：缩放；插入形状中的爆炸形 1，形状填充为：无填充，形状轮廓为：白色，添加文字“喂，我是猕猴桃！”，进入动画设置为：基本缩放、缩小，要求两个动画同步；

（8）在矩形中输入“闲谈勿论他人非，静坐常思自己过！”，文字设置为：宋体、40 号、加粗、橙色，文本效果为：橙色，18pt 发光，着色 6，进入动画设置为：上浮；将矩形置于顶层；

（9）调整动画播放顺序，除同步动画外，其余动画间采用自动播放。

6. 打开“KSPB02-06”PPT 演示文稿，完成下列动画制作，效果如“录像 KSPB02-06 .EXE”所示。

（1）将幻灯片版式切换为空白版式；

（2）插入素材中的“图片 1”，进入动画设置为：淡出、快速；插入素材中的“图片 2”，进入动画设置为：弹跳、快速；绘制文本框，添加文字：“How I plan to spend my life with you:”，字体为：华文行楷、50 号，文本效果为：橙色，18pt 发光，着色 6，转换弯曲中的波形 2，适当调整大小，进入动画设置为：擦除、自左侧、中速；

（3）新增幻灯片，插入素材中的“图片 3”，进入动画设置为：螺旋飞入；绘制文本框，添加文字：“We are together… We love each other …”，设置同第 2 点要求；

（4）新增幻灯片，插入素材中的“图片 4”，进入动画设置为：淡出；插入素材中的“图片 5”裁剪为形状中的云形标注，设置边框为橙色，效果为：橙色，18pt 发光，着色 6，进入动画设置为：弹跳；绘制文本框，添加文字：“Finally we got married”，设置同第 2 点要求；

（5）新增幻灯片，插入素材中的“图片 6”和“图片 1”，将“图片 1”水平翻转，进入动画均为：缩放，且两个动画同步；绘制文本框，添加文字：“Until we are old, we are still together...”，设置同第 2 点要求；

（6）调整动画播放顺序，除同步动画外，其余动画间采用自动播放，设置幻灯片间的换片方式为涟漪，并且设置整个幻灯片循环播放。

7. 打开“KSPB02-07”PPT 演示文稿，完成下列动画制作，效果如“录像 KSPB02-07

. EXE"所示。

(1) 将幻灯片版式切换为空白版式；

(2) 利用屏幕截图工具截取 Windows 运行对话框到幻灯片中，大小为高 8.5 厘米，宽 20 厘米；

(3) 按钮上的图形采用形状中基本形状椭圆绘制，填充为无色填充；

(4) "×按钮"标注采用形状标注中的矩形标注，形状填充为文理中的白色大理石，文字为宋体、20 号、红色；

(5) 其它按钮标注采用形状标注中的椭圆形标注，形状填充为渐变效果浅色变体，中心辐射，内部文字为宋体、20 号、黑色；

(6) 每个绘图标注采用组合(组合包含标注和椭圆框)；

(7) "输入程序位置和名称"采用横排文本框，文字设置为宋体、20 号、加粗，进入动画为展开；

(8) 进入动画分别为：

- "鼠标单击关闭"进入动画为：弹跳；
- "鼠标单击打开"进入动画为：劈裂上下向中央收缩；
- "鼠标单击浏览"进入动画为：缩放；
- "鼠标单击确定"进入动画为：下浮；
- "鼠标单击取消"进入动画为：曲线向上；
- 所有绘图标注动画播放后的效果为：下次单击后隐藏；

(9) 调整动画播放顺序，单击鼠标时动画播放。

8. 打开"KSPB02-08"PPT 演示文稿，完成下列动画制作，效果如"录像 KSPB02-08 . EXE"所示。

(1) 将幻灯片版式切换为空白版式；

(2) 插入艺术字"特别能吃苦，你做到了吗?"，进入动画设置为：下拉；

(3) 插入形状太阳形，形状填充为：橙色，形状轮廓为：黄色，添加动作路径为：向上弧线；

(4) 插入形状云形，其中一个形状填充为：无填充，进入动画均设置为：展开、快速，且云形动画同步；

(5) 插入艺术字"其实我们都做到了"，进入动画设置为：缩放；

(6) 右侧云形退出动画设置为：飞出、到右侧、慢速；插入艺术字"前四个字!"，进入动画为：飞入、自右侧、中速，并置于右侧云形下层，动画与云形退出动画同步；

(7) 调整动画播放顺序，除同步动画外，其余动画间采用自动播放。

9. 打开"KSPB02-09"PPT 演示文稿，完成下列动画制作，效果如"录像 KSPB02-09 . EXE"所示。

(1) 幻灯片采用空白版式；

(2) 设置幻灯片背景为填充效果中的渐变填充，类型为矩形，方向为中心辐射，渐变光圈中光圈 1 采用白色，位置为 30%，光圈 2 采用蓝色，位置为 100%；

(3) "中国中央电视台"通过 7 个艺术字完成，文字为宋体、250 号，放在幻灯片中央，进入动画为：基本缩放、从屏幕中心放大、中速，动画播放时，"中国中央电视台"7 个艺术字依次进入，播放后每个字自动隐藏；

(4) 插入一个整体“中国中央电视台”艺术字，文字为宋体、80 号，进入动画为：螺旋飞入、中速；

(5) 第 4 点要求的动画播放后单击鼠标“中国中央电视台”几个字颜色变成红色；

(6) 插入“CCTV”艺术字，文字为宋体、150 号，进入动画为：升起、中速。

10. 打开“KSPB02-10”PPT 演示文稿，完成下列动画制作，效果如“录像 KSPB02-10. EXE”所示。

(1) 将幻灯片版式切换为空白版式；

(2) 插入文本框，添加文字：“那些年我们曾站在同一起跑线上!”，字体设置为：华文行楷、40 号、加粗、蓝色，文本效果为：阴影中的右上对角透视，进入动画设置为：飞入、自右侧、快速，强调动画为：波浪形；

(3) 插入形状椭圆，绘制正圆，高宽均为 1 厘米，形状填充分别为：红色、浅绿、黄色、紫色，插入素材中的“图片 1”并与圆进行组合，进入动画设置为：缩放，进入动画与文本框的强调动画同步，添加路径为：向右，所添加路径长短不同；

(4) 绘制形状“太阳形”调整形状，高宽均为 10 厘米，添加数字，字号为：200 号、加粗、文字阴影，进入动画设置为：基本缩放、缩小、快速，播放动画后隐藏；

(5) 插入文本框，添加文字：“同一个起跑线，却是不同的终点!”，文字格式及动画设置同第 2 点要求；

(6) 调整动画的播放顺序，除同步动画外，其余动画间采用自动播放。

参 考 文 献

[1] 徐军.Excel在经济管理中的应用.北京：清华大学出版社，2011.

[2] 徐军.零起点学办公自动化.北京：清华大学出版社，2011.

[3] 徐军.EXCEL在经济管理中的应用与VBA程序设计.北京：清华大学出版社，2013.

[4] 张凯文.大学计算机基础.北京：清华大学出版社，2009.